致密砂岩油气藏高效压裂技术与实践

罗宏志　艾　昆　李晔旻　贾光亮　孔祥伟　等著

石油工业出版社

内 容 提 要

本书聚焦致密砂岩油气藏压裂技术领域，通过系统的理论阐述、深入的模型分析与实践应用总结，全面深入地呈现了该领域的核心知识与前沿成果，提供了直观的技术应用场景与实践经验，助力读者加深对致密油气藏高效压裂技术的理解与掌握，并全面掌握致密油气藏压裂技术体系，为该领域的技术创新与实践应用提供有力支撑与深刻启发。

本书可供致密砂岩油气藏压裂技术领域研究人员、工程师及相关专业师生参考。

图书在版编目（CIP）数据

致密砂岩油气藏高效压裂技术与实践/罗宏志等著. -- 北京：石油工业出版社，2025.5. -- ISBN 978-7-5183-7564-6

Ⅰ.TE357.1

中国国家版本馆 CIP 数据核字第 20254ZM598 号

出版发行：石油工业出版社
（北京市朝阳区安华里二区 1 号楼　100011）
网　　址：www.petropub.com
编辑部：（010）64523602
图书营销中心：（010）64523633
经　　销：全国新华书店
印　　刷：北京中石油彩色印刷有限责任公司

2025 年 5 月第 1 版　　2025 年 5 月第 1 次印刷
787 毫米×1092 毫米　开本：1/16　印张：16.5
字数：300 千字

定价：68.00 元
（如发现印装质量问题，我社图书营销中心负责调换）
版权所有，翻印必究

《致密砂岩油气藏高效压裂技术与实践》编委会

主　　任：罗宏志

副 主 任：艾　昆

委　　员：蒋学锋　蒋新立　张军义　焦延安　徐　敏
　　　　　付振永　隋明政　董强伟　章　伟　王燎原
　　　　　刘剑波　纪国法　李　亭　翟晓鹏　黄志强
　　　　　吴慧梅　靳文博

编审人员

主　　编：李晔旻　孔祥伟　车恒达

副 主 编：贾光亮　黄　浩　刘　冰　吴红建

编写人员（以姓氏拼音排序）：

　　　　　艾　青　常云超　陈　青　何　佳　江子风
　　　　　靳文博　李俊杰　李政潞　廖曦阳　林余璐
　　　　　宋小翔　汤　宇　王培源　温　帅　谢广宇
　　　　　辛　光　杨峻涛　杨婉婷　姚　振　郁　佩
　　　　　张　弛　张小梅　张雨农　赵宽伟　郑道明

前　言

在全球能源格局深度变革的时代背景下，致密油气藏的高效开发已成为能源领域的关键课题。致密油气藏低孔隙度与低渗透率的特性严重制约了油气的自然产出，而压裂技术则是突破这一瓶颈，实现致密油气藏经济开采的核心手段。本书旨在为油气行业的专业人士、科研工作者以及相关专业的学生呈现一部全面且深入的致密油气藏压裂技术专著。

第一章 "致密油气藏压裂技术的现状与进展"聚焦于宏观层面的技术发展态势。在国外方面，深入探讨了不同国家和地区针对致密油气藏所采用的压裂改造工艺及其最新进展，剖析其技术创新点与应用成效；国内部分则详细梳理了中国在致密油气藏压裂改造领域的工艺发展历程、现状、特点以及取得的显著成果。通过对国内外致密气藏压裂效果的系统分析对比，清晰地呈现全球致密油气藏压裂技术的多元格局与发展趋势，为后续章节的深入研究提供了广阔的技术背景与实践参照系。

第二章 "致密砂岩气藏影响压裂改造效果的主控因素"以杭锦旗区块为典型研究对象，深度挖掘混合水压裂工艺。首先对该区块的混合水压裂工艺现状进行全面剖析，随后多维度解析主控因素。在施工排量对改造效果的分析中，阐述其如何影响裂缝的扩展形态、压裂液的分布以及油气的渗流效率；总液量因素的研究揭示了液量与裂缝支撑、储层改造范围之间的内在关联；总砂量因素探讨了砂量对裂缝导流能力构建的关键作用；液氮用量分析着眼于其对压裂液性能、地层温度压力平衡以及返排效果的影响机制；压裂段数研究关注段数与储层覆盖率、改造均匀性的关系；穿层情况分析则考察其对裂缝纵向延伸、多层储层沟通的影响。此外，运用数学方法构建灰色关联数学模型，研发专属软件，实现对主控因素的量化分析与精准排序，为压裂方案的精细化设计提供了科学依据。

第三章 "致密气藏体积压裂起裂模型的建立及求解"围绕体积压裂这一前沿技术展开深入的理论探索与模型构建。从混合水压裂工艺压裂液沿井筒压力降数学模型入手，详细推导其在复杂井筒环境下的压力变化规律，涵盖固液两相流流动控制方程的建立与求解，深入研究压裂液在两相流状态下的运动特性；压裂液滤失二维数学模型则聚焦于压裂液在地层中的滤失行为，分析其与地层参数、压裂工艺参数之间的关系；缝内压裂液运动模型进一步揭示压裂液在裂缝内部的流动、扩散与携砂机制。在此基础上，深入探究张开型（Ⅰ型）、滑开型（Ⅱ型）、撕开型（Ⅲ型）裂纹尖端区域的应力场，精确解析不同类型裂纹在复杂应力环境下的起裂与扩展规律。创新性地提出体积压裂裂缝闭合状态判定模型，结合数值模拟技术中的 Cohesive 单元损伤模式、起裂与扩展准则以及损坏区流体流动性质等多方面研究成果，深入分析体积压裂裂缝从起裂到闭合的全过程，并通过实际井例对不同起裂压力预测模型进行对比验证，确保理论研究与工程实践的紧密结合。

第四章 "致密油气藏控制裂缝高度压裂技术"致力于解决致密油气藏压裂中裂缝控制

的关键问题。在裂缝拟三维模型建模分析研究中，系统推导压裂液沿井筒压力降数学模型，深入研究其在三维空间中的压力分布特征；压裂液滤失二维数学模型进一步细化对滤失行为的分析，考虑更多地层非均质性因素；缝内压裂液运动模型则优化对缝内流体运动的描述，提高模型的准确性。同时，建立裂缝宽度方程，精确计算裂缝宽度变化，为支撑剂的合理分布提供依据；下沉剂沿井筒运移速率计算则研究下沉剂在井筒中的运动规律，探索其对裂缝高度控制的辅助作用；裂缝高度方程综合多因素构建，实现对裂缝高度的精准预测；通过拟三维延伸模型的求解，为控制裂缝高度压裂施工提供全面的理论指导。在裂缝高度影响因素分析方面，研发"控制裂缝高度压裂计算分析系统"，以锦42井盒2段及锦38井盒1段等实际井为例进行现场验证，深入研究压裂液滤失影响因素，包括地层渗透率、压裂液黏度等对滤失量与裂缝形态的影响，以及地层岩石力学性质、施工参数等对裂缝高度的影响，全面总结规律并提出针对性的控制裂缝高度策略。此外，通过室内真三轴水力压裂模拟实验，深入研究储层环境基础物性对压裂效果的影响机制，为控制裂缝高度压裂技术的优化提供实验数据支持，最终实现控制裂缝高度压裂参数的科学优化与施工方案的精细调整。

第五章 "致密油气藏暂堵压裂技术"重点关注暂堵压裂技术中的关键要素。在致密砂岩暂堵剂性能评价及配方优选方面，针对低温暂堵剂展开深入研究，通过大量实验优选出最佳配方，详细分析新型暂堵剂溶解时间的影响因素，包括温度、压力、地层流体性质等对溶解速率的影响，以及共聚物聚合耗时对溶解速率的影响机制，全面评价暂堵剂的综合性能，确保其在致密砂岩储层中的有效性与可靠性。在致密砂岩水平井暂堵剂全井筒运移特征研究中，从暂堵剂全井筒运移受力分析入手，分别研究其在直井段、造斜段和水平段的运移行为，分析暂堵剂密度、粒径、流体流速等因素对运移行为的影响规律，为暂堵压裂技术在水平井中的精准应用提供理论依据。结合具体储层特征提出储层改造技术优化方案，并通过实际试验进行验证与完善。

第六章 "致密油气藏压后高效返排控制技术"着眼于压后返排这一重要环节。在致密砂岩裂缝内温度场模型建立及分析中，依据酸岩反应动力学理论，构建裂缝中酸液浓度分布模型并求解，研制酸化压裂后裂缝内酸液浓度场模块，深入研究酸蚀对裂缝长度、有效作用距离的影响规律以及酸化压裂后裂缝内酸液浓度场影响因素，包括酸液类型、浓度、注入速率等对浓度场分布的影响。利用应力损伤构建碳酸盐岩裂缝闭合模型，从酸化压裂油层套管管柱摩阻的理论推导出发，深入研究裂缝力学模型基础，创新性地提出考虑应力损伤的碳酸盐岩裂缝闭合状态判定方法并求解，详细分析其闭合过程与影响因素。在此基础上，建立高导流酸化压裂返排模型，深入研究支撑剂对高导流酸化压裂返排制度的影响，包括支撑剂粒径、浓度、分布等对返排压力、返排速率的影响，优化返排流程，提出不同酸化压裂返排特点及推荐做法，如加砂酸化压裂返排和不加砂酸化压裂返排的各自特点与适用条件，并通过大量现场应用及效果评价验证技术的有效性与可靠性，为致密油气藏压后返排提供科学的技术指导与实践经验。

第七章 "致密油气藏高效压裂技术实践"对前面章节所阐述的各类高效压裂技术进行全面的对比分析，从技术原理、适用范围、成本效益、施工难度等多方面进行综合评估。通过实际致密油气藏开发案例，详细展示这些高效压裂技术的应用与实践过程，包括施工方案设计、现场操作要点、遇到的问题与解决方案以及最终的开发效果评价等。这些实际案例为读者提供了直观的技术应用场景与实践经验，进一步加深了对致密油气藏高效压裂技术的理解与掌握，同时也为相关技术在未来的推广应用提供了有力的参考依据。

在编写本书的过程中，广泛调研国内外前沿研究成果与工程实践经验（其中西安石油大学靳文博完成 8.1 万字），力求内容的科学性、系统性与实用性。然而，鉴于致密油气藏压裂技术领域的不断创新与发展，以及著者自身认知的局限性，书中难免存在不足之处，诚挚欢迎广大读者批评指正。希望本书能够成为读者深入探究致密油气藏压裂技术的得力助手，为推动该领域的技术进步与实践应用贡献一份力量。

著者

2025 年 4 月

目 录

第一章 致密油气藏压裂技术的现状与进展 ··· 001
第一节 国外致密油气藏压裂改造工艺及进展现状 ··· 001
第二节 国内致密油气藏压裂改造工艺及进展现状 ··· 004
第三节 国内外致密油气藏压裂效果分析对比 ·· 008

第二章 致密砂岩气藏影响压裂改造效果的主控因素 ·· 010
第一节 杭锦旗区块混合水压裂工艺现状分析 ·· 010
第二节 杭锦旗致密砂岩气藏的压裂改造效果主控因素分析 ································ 011
第三节 压裂改造效果主控因素数学方法分析 ·· 016
第四节 压裂改造效果主控因素实验方法分析 ·· 018

第三章 致密气藏体积压裂起裂模型建立及求解 ··· 032
第一节 混合水体积压裂起裂模型建立及求解 ·· 032
第二节 体积压裂裂缝闭合状态判定 ·· 038
第三节 数值模拟模型简介 ·· 045
第四节 起裂压力预测模型对比分析 ·· 047

第四章 致密油气藏控制裂缝高度压裂技术 ·· 051
第一节 裂缝拟三维模型建模分析研究 ·· 051
第二节 裂缝尺寸及压裂液滤失影响因素分析 ·· 070
第三节 控制裂缝尺寸压裂参数优化分析 ··· 094

第五章 致密油气藏暂堵压裂技术 ·· 107
第一节 致密砂岩暂堵剂性能评价及配方优选 ·· 107
第二节 致密砂岩水平井暂堵剂全井筒运移特征 ··· 114
第三节 致密砂岩改造技术优化与试验 ·· 121

第六章 致密油气藏压裂后高效返排控制技术 ··· 130
第一节 致密砂岩裂缝内温度场模型建立及分析 ··· 130
第二节 考虑应力损伤的裂缝强制闭合模型 ·· 144
第三节 致密砂岩返排模型建立及制度优化 ·· 153
第四节 高导流酸化压裂返排特点及推荐做法 ·· 166

第七章　致密油气藏高效压裂技术实践 …… 173
第一节　DPH-207 裸眼水平井暂堵剂加量及参数设计 …… 173
第二节　D1-1-39 井压裂暂堵剂加量及参数设计 …… 198
第三节　耐酸性暂堵剂现场应用设计 …… 211

参考文献 …… 223
附录 …… 224
附录一　三维裂缝几何尺寸数据 …… 224
附录二　暂堵剂沿着井筒运移数据 …… 239
附录三　返排井筒流体力学关键数据 …… 246
附录四　混合水起裂压力关键数据 …… 250

第一章
致密油气藏压裂技术的现状与进展

致密油气藏广泛分布于全球，储量十分丰富，如北美的墨西哥湾、俄罗斯的西伯利亚地区，以及中国的鄂尔多斯盆地和重庆涪陵地区，都有典型的致密油气藏。这些油气藏普遍具有岩性致密、低孔隙度和低渗透率的特点，自然产能低甚至无产能，因此在开发过程中需要通过储层改造来提高采收率。由于致密油气藏的岩层致密性和低渗透性，仅采用常规油气藏开采技术将面临产量低、递减速率快等问题，因此，在开发前期必须对致密储层进行改造。

目前，水平井技术和水力压裂技术已成为致密油气藏改造的主流方法，能够有效增加裂缝数量和导流能力，改善储层渗透性。水力压裂已广泛应用于世界各地的大部分非常规油气藏开发中，通过大规模的裂缝网络改造，显著提高了油气产量，为致密油气资源的经济高效开发提供了技术支撑。

在致密砂岩储层的压裂改造研究中，Sihai Li 及其团队对水基和 CO_2 基流体进行了三轴压裂实验，以探索不同流体对均质和层状致密砂岩裂缝形成的影响。实验结果表明，超临界 CO_2 压裂在层状致密砂岩中能够有效诱导出复杂的水力裂缝网络，形成多级分支裂缝，有利于提高储层的有效导流能力。而相比之下，水基压裂则更倾向于生成表面光滑、清洁的主裂缝结构，裂缝复杂性相对较低。该研究为致密储层的压裂流体选择提供了科学依据，有助于提升非常规油气资源的开发效率。

第一节　国外致密油气藏压裂改造工艺及进展现状

国外压裂技术起步较早，自 1947 年美国堪萨斯州首次进行水力压裂试验以来，随着技术的不断创新与成熟，水力压裂已成为改造致密油气藏储层的核心方法之一。通过应用水力压裂技术，可显著提高致密油气资源的产量，推动非常规油气藏的高效开发。近年来，多种新型压裂工艺快速发展并得到广泛应用，如多级滑套分段压裂、泵送桥塞射孔分段压裂和连续油管底封拖动压裂等技术。这些技术的进步不仅提升了压裂施工的效率，还显著改善了压裂效果，实现了更加精准的裂缝控制和储层改造。在 2010 年之前，全球压裂技术服务及其配套工具主要由 Baker Hughes、Halliburton、Weatherford 和 NCS 等知名石油工程服务公司主导，这些公司在技术研发、装备制造和现场施工方面积累了丰富的经验。

一、连续油管拖动压裂技术

1. 连续油管底封拖动压裂技术

连续油管底封拖动压裂技术,也称为连续油管带底部封隔器环空加砂压裂技术,是一种高效的多层压裂工艺。该技术的管柱结构包括重复坐封的 Y211 封隔器、平衡阀、喷砂器、定位器、扶正接头和应急丢手工具等组件。施工流程如下:首先,通过连续油管将管柱下到预定深度位置,并利用定位器校准深度。其次,上提管柱,以实现封隔器内部轨道的切换,再下放管柱 2~3tf 进行封隔器坐封。压裂前,通过连续油管内注入含砂比例为 7% 的射孔液射开套管,建立与地层的液流通道。最后,从环空进行加砂压裂,确保有效的裂缝导流能力。

压裂完成后,上提管柱解除封隔器,然后重复这一过程进行下一层位的压裂施工。所有层位的压裂作业完成后,统一进行放喷作业,测试产能。该工艺通过灵活的多层次压裂施工,显著提升储层改造的效果和施工效率。连续油管底封拖动压裂工艺具有施工周期短的优势,一趟管柱即可完成射孔、封隔、压裂等所有步骤,简化了操作流程并缩短了整体作业时间。该技术的压裂规模可达 $4 \sim 6 m^3/min$,管柱起出井筒后即可直接进入生产状态。此外,管柱保持全通径设计,为后期的修井作业提供了便利,避免了额外的复杂操作。

目前,该技术在单趟管柱作业中的最高压裂段数可达数十段,大幅提升了施工效率。这种多段连续压裂的能力,不仅提高了储层改造的效果,还为非常规油气藏的高效开发提供了重要支持。

2. 连续油管拖动重复压裂工艺

随着老油田开发的持续推进,无产能或低产能的井段比例逐年上升,表现为压裂层段含油量降低、裂缝闭合、导流能力下降等问题。对于压裂层段跨度较大的油气井,采用二次压裂技术可以显著提升低效井的开发效益。连续油管拖动重复压裂工艺便是一种有效的二次压裂技术,其采用管内加砂压裂方式,压裂规模通常控制在 $2 m^3/min$ 以内。

NCS Energy Services 公司设计的重复压裂工具,主要包括水力扩张式封隔器(上封隔器)、底部压缩式封隔器(下封隔器)、压裂循环短节、喷砂器、定位器和水力锚等组件。具体施工步骤为:将管柱下入井内,通过定位器找到目标地层,上提并下放管柱以坐封下封隔器,然后进行喷砂射孔。接着,打开循环孔泵入压裂液,当排量达到设计值时,水力扩张式封隔器在节流压差的作用下胀封,实现对目标地层的密封,压裂液随之进入地层进行压裂作业。

这种工艺通过重新压裂已有层段,可有效改善储层导流能力,延长油井的生产周期,进一步提高老油田的开发效率和经济效益。

二、多级滑套分段压裂技术

滑套是一种安装在完井管柱上的预置"短节",用于开启压裂孔,建立地层与套管之间的通道。其工作通常通过投球憋压或下入开关工具等方式来实现。滑套适用于裸眼封隔器完井和套管完井,层间封隔可以通过压缩式裸眼封隔器或固井水泥环来实现。多级滑套可分为投球打开式、机械开关式和液压平衡式等几种类型。这些滑套类型可根据井下条件和施工要求选择,灵活性强,能够满足复杂储层改造的需求。

1. 投球式多级滑套分段压裂工艺

常规投球式多级滑套分段压裂技术已经成为国内外低渗透油气藏储层改造的关键手段。在压裂作业中，依次投放不同尺寸的憋压球，从下往上逐级开启滑套，实现较大规模的分段压裂。目前，常规投球式滑套的压裂级数一般为 12~20 级，能够适用于裸眼封隔器完井和套管完井两种作业方式。

随着新材料和新技术的不断进步，常规滑套使用的憋压球逐步从高分子材料向可溶材料过渡。可溶材料的憋压球在完成压裂作业后能够自行溶解，减少了后续打捞作业的麻烦。同样，球座也朝着速钻和可溶材料的方向发展，这不仅加快了后期井筒清理速率，还提升了作业的整体效率，减少了井下复杂情况的发生。该技术的持续改进，显著推动了低渗透油气藏开发的经济性和作业效率。

目前，一种新型的投球式大通径滑套已在国内率先开展了先导应用。这种滑套采用计数原理，通过设计轴向或环向步进计数机构，实现了投入相同尺寸的憋压球即可逐级开启各级预定滑套的功能。相比传统滑套，这种大通径滑套的最大优势在于无须进行磨铣作业，即可保持管柱的大通径设计。这种特点大幅缩短了施工周期，降低了操作的复杂性和井下作业风险，从而有效减少生产成本。大通径滑套的推广应用，提高了压裂效率、优化了储层改造效果，尤其是在低渗透油气藏和多层储层的开发中，带来了显著的技术和经济效益。

2. 机械开关式滑套分段压裂工艺

机械开关式滑套分段压裂工艺是一种新型技术，适用于储层的二次改造，能够对出水或出砂层位进行选择性关闭。该工艺可以根据地层地质条件和储层开发需求，通过封隔器将水平井分隔成多个段落，并使用连续油管带动专用机械开关工具，上提或下放工具来打开或关闭滑套。与传统滑套技术不同，机械开关式滑套不受滑套开启顺序的限制，可以灵活地针对特定地层进行测试或压裂改造。这种工艺的适用范围广泛，能够满足不同地质条件下的压裂和储层改造需求。

在压裂或测试时，使用开关工具打开目标滑套，完成作业后再关闭滑套，以防止产能损失或地层互通。在所有压裂或测试段落结束后，用开关工具将所有滑套重新打开，管柱保持全通径设计，便于后续的修井作业和进一步的储层开发。由于该技术的灵活性和操作简便性，使其在复杂储层的二次改造中具有显著优势。

3. 液压平衡式滑套分段压裂工艺

2007 年，NCS Energy Services 公司在北美各大油气田推广应用了连续油管底部封隔拖动压裂技术。在此基础上，该公司增加了预置滑套（液压平衡滑套），将传统的套管射孔改为通过滑套开启，射孔仅作为应急方案。这一改进显著降低了射孔时对管柱结构的冲蚀影响，延长了管柱在井下的工作寿命，同时提高了工作效率。NCS Energy Services 公司研发了猫鼬式滑套无限级压裂工具。其具体操作流程为：在钻井完成后，根据油气显示确定压裂层段，将液压平衡滑套通过预置管柱下到设计深度，并进行固井施工。依靠水泥环进行封隔，从而确保层段的有效分隔。接着，通过连续油管将滑套打开工具（底封工具）下到滑套附近，滑套定位器实现封隔器与滑套的精确对接。在定位成功后，将封隔器坐封在滑套内部，最后通过环空加压的方式打开滑套，实施环空加砂压裂。这种新型工艺提升了压裂作业的安全性和效率，为油气田的开发提供了更加灵活和高效的解决方案。

三、泵送桥塞射孔联作加砂压裂技术

目前,泵送桥塞射孔联作加砂压裂技术已成为北美地区致密页岩气压裂的主流技术,广泛应用于套管井。这项技术的主要特点是通过分簇射孔在同一段形成多条裂缝,压裂规模可达 $6\sim10m^3/min$,从而形成较为复杂的缝网,显著增加储层改造的体积,并提升增产效果。桥塞可以通过电缆泵送或连续油管下到设计位置进行坐封,随后进行射孔和压裂作业。压裂完成后,采用连续油管进行钻磨,最后进行测试和生产。这种工艺在单趟作业中能够高效完成多级射孔枪与坐封压裂桥塞的设置,泵入速率稳定,既节省了钻探时间,又降低了施工费用。同时,由于不需要夹层枪,施工程序更加灵活,适应性强。这些优势使泵送桥塞射孔联作加砂压裂技术在致密页岩气开发中得到了广泛的应用和认可。

1. 易钻桥塞

易钻桥塞由非金属材质组成,具有良好的可钻磨性能。压裂时每一个桥塞对每一层进行封隔,实现水平井的多级分段压裂。

2. 大通径桥塞

常规桥塞在施工过程中面临诸多挑战,如内通径小、磨铣时间长、钻屑难以清除以及施工费用高等问题。大通径桥塞有效地解决了这些难题。通过对结构优化、材料选择和热处理工艺的研究,大通径桥塞的内径相比于常规桥塞显著增大,无须钻除即可满足后期排采的要求,从而消除了使用连续油管时的作业风险,并缩短了整体作业周期。在压裂环节中,采用大通径桥塞的单井作业能够节约总成本 15%~20%。这一成本节省不仅提高了经济效益,还提升了施工效率,为油气田的开发提供了更为可靠和高效的技术支持。大通径桥塞的应用,标志着压裂技术在不断向更高效、经济的方向发展。

3. 可溶桥塞

近年来,国外开发出了可完全降解的桥塞射孔联作系统。在实施增产改造作业时,这种系统使用可完全降解的压裂球和桥塞(或球座)来替代传统的易钻桥塞进行层位封隔。压裂后,这些桥塞能够在地层水中迅速溶解,无须进行磨铣作业,从而极大地提高了作业效率,并显著降低了作业成本。通过采用可溶材料,这种桥塞不仅减少了后续的清理工作,还提升了作业的安全性和经济性,为油气开发提供了更为灵活和高效的解决方案。可溶桥塞的推广使用,标志着压裂技术在环保和经济效益上的双重进步。

目前,可溶解橡胶材料仍然是制约可溶桥塞大规模应用的关键因素。尽管可溶桥塞的材料配方合成和硫化工艺有了初步进展,但尚未达到工业化生产的水平。此外,桥塞在井下的溶解速率目前尚无法按照设计进行精准控制,这导致施工成功率相对较低。为了推动可溶桥塞的广泛应用,亟须在材料研发、工艺优化和溶解控制技术方面进行深入研究。通过改进材料配方和生产工艺,提升溶解速率的可控性,能够显著提高施工的成功率,进而促进可溶桥塞技术在油气开发中的实际应用。

第二节 国内致密油气藏压裂改造工艺及进展现状

国内对致密油气藏压裂改造工艺的研究相对滞后。近年来,中国石油工程技术研究院、胜利油田钻井研究院、江汉油田和中国石化石油机械股份有限公司等单位相继研制了拥有自主知识产权的压裂装备及工具,并逐渐在国内各大油气田推广,显著推动了中国压裂工具的国产化和产业化进程。随着中国常规油气田大多进入开发后期,普遍面临高含水和高采出程度的"双高"现状,迫切需要开发非常规油气资源。中国的致密油气资源丰富、分布广泛且储量巨大,然而,由于这些资源主要发育于中生代和新生代陆相湖盆沉积环境,主要位于断陷盆地和内陆凹陷盆地(如准噶尔盆地、鄂尔多斯盆地等),储层存在沉积环境变化剧烈、薄互层多、砂体分布不稳定、非均质性强、储层破碎且连通性差等诸多挑战。为应对这些开发难点,国内相继推出了多种致密储层改造工艺及技术。这些新技术的应用,将有助于提高致密油气藏的开发效率,推动资源的有效利用。

彭海军在人工隔层控制裂缝高度工艺的基础上,开展了室内实验和数值模拟研究,优化并形成了组合控制裂缝高度工艺技术。该技术在前置液阶段通过改变液体黏度和排量,以及铺置有效的人工隔层,成功抑制了水力裂缝向下扩展。在携砂液阶段,添加一定浓度的纤维,进一步提升了支撑剂对上部优质储层的支撑效果。这种组合控制裂缝高度工艺已在研究区实施了4井次,压后井温监测及裂缝反演结果显示,裂缝高度得到了较好的控制。前期采用全冻胶造长缝的压裂措施,人工裂缝高度为 $45\sim62m$,平均约 $53m$;而采用组合控制裂缝高度工艺后,人工裂缝高度降至 $20\sim36m$ 之间,平均 $29m$。这一技术在控制压裂裂缝高度方面展现了显著优势。该研究结论旨在进一步明确储层的甜点特征,归纳出适应的压裂技术,为致密油气藏的有效增产和开发提供有益借鉴。这一成果不仅推动了压裂技术的进步,也为未来类似项目的实施奠定了基础。

郭子航研究了压裂返排液在不同返排时期的水质变化规律,并对不同水质处理标准及目标污染物进行了比较分析。基于对压裂返排液清洁化处理的单项和组合技术的研究,提出了相应的处理流程。通用的组合处理技术流程为"预处理—氧化破胶—絮凝—除油除悬—深度氧化—除盐—特定深度处理",为压裂返排液的处理选择提供了明确的技术依据。这一研究为压裂返排液的清洁化处理奠定了基础,不仅能够有效改善返排液的水质,还为后续的环境保护和资源再利用提供了重要支持。通过选择合适的处理技术,能够更好地应对不同水质的挑战,提高返排液处理的效率和效果。

韩峰对几种全通径压裂工艺的主要特点和适用条件进行了深入分析,并总结了这些工艺的关键技术。结合涪陵、鄂尔多斯等地区的地层特点、井深结构和自然条件,提出了针对这些区域特性的压裂工艺及配套工具。该研究不仅明确了不同地区致密油气藏的压裂需求,还对中国深层页岩气开发中压裂工具的现场需求和发展趋势进行了预测,为新型压裂工具的研究和设计提供了宝贵参考。这一成果将有助于推动致密油气藏的高效开发,提升资源利用效率,满足日益增长的市场需求。

一、水力喷射与径向水平井分散砂体同步改造技术

针对中国陆相页岩油气砂体薄且分散的特点,采用直井内侧钻水平井与旋转导向水力喷砂射孔压裂联作等技术,可以实现对多分散砂体的同步改造,为非常规油气资源的开发提供宝贵的技术思路。

水力喷砂射孔压裂联作技术通过地面泵车将携砂液加压输入连续油管,到达井下射孔装置后进行射孔与压裂施工。该技术具有高造缝精度、近井污染小、工艺简单且成本低等显著优点,是高效开发非常规油气资源的重要手段。在玛湖致密砾岩油藏 Ma1 井的压裂改造过程中,艾白布·阿不力米提等采用了连续油管自适应定向水力喷砂射孔技术,对全井 14 段

进行了压裂改造。单段的最高排量达到 $0.72m^3/min$，最大加砂量为 $70m^3$，最高施工压力超过 75MPa。现场实验结果表明，相较于邻井的 3 口常规桥塞射孔联作压裂，Ma1 井的起裂压力降低了 26%，日均产量提升了 78.4%，显示出显著的改造效果。此项技术的成功应用，进一步验证了其在非常规油气资源开发中的潜力与价值。

李根生基于水力喷砂射孔压裂技术，开发了径向水平井技术，旨在在目标层内建立高导流通道，并通过侧钻多个分支井眼，实现对多砂体的同步压裂。这一技术已成为老井改造、剩余油挖潜和油气增产的重要方法，为多薄层或分散砂体储层的精准压裂改造提供了坚实的技术基础。

田守嶒等研发的径向井复合脉动水力压裂技术，结合了水力喷射径向水平井技术与脉动水力压裂技术，能够在近井地带形成复杂的裂缝网络，具备微裂缝发育良好、水力裂缝扩展迅速和起裂压力低等优势，为非常规油气资源的开发提供了新的思路，并经过现场试验验证了其有效性。

武晓光提出的"连续管+柔性钻具"侧钻超短水平井技术体系，采用了连续管、螺杆钻具、叠加式斜向器、柔性钻具和造斜钻头的组合，以及高钻压（30～50kN）和低转速（<80r/min）的造斜段钻进策略。在江汉油田陵 72—5CZ 井开展的现场试验中，成功钻出了造斜半径仅为 2.63m 的超短半径水平井，验证了该技术的先进性和可行性。这些创新技术的研发和应用，将显著推动中国非常规油气资源的高效开发。

利用侧钻水平井和旋转导向钻井等新一代钻井技术，结合水力喷砂射孔压裂联作技术，可以实现对多薄层分散砂体致密储层的经济高效开发。这种技术组合为中国强非均质复杂陆相致密油气藏的精准压裂改造提供了创新的思路和方法。通过优化钻井和压裂工艺，能更好地适应复杂的地质条件，提高资源的开发效率，推动致密油气藏的全面利用。

二、极限限流与暂堵转向精准压裂技术

目前，北美的致密油气已经成功实现大规模商业开发，通过延长改造段长并减少段内簇数来提高单井产量。然而，中国的致密油气面临较强的非均质性，水平方向储层物性变化显著，导致北美的开发方法难以直接复制，因此，亟须开发精准压裂技术，以满足非均质致密储层的不同改造需求。

在追求降本增效和高密造缝的理念下，当前的压裂施工作业通常采用多分段、多分簇、大液量、大砂量、大排量、低黏液体、低砂比和小粒径的作业模式。具体表现为：水平段长不变或缩短，射孔簇数从原来的 2～3 簇增加到现在的 5～11 簇，簇间距从 25～30m 缩短至 5～10m。

在中国的四川盆地长宁和威远地区，页岩气藏倾向于采用小段长和短簇间距的施工模式。簇间距从早期的 30～45m 缩短至 20～25m，试验井的平均日产气量从 $10.2×10^4m^3$ 增加到 $28.8×10^4m^3$，取得了显著效果。在吐哈油田的某区块，为了实现对缝控储量的开采，簇间距从约 46m 下调至 12m，改造效果同样显著。

除了对压裂施工技术参数的优化外，实现精准压裂改造还需依赖极限限流方法与暂堵转向技术。限流技术通过减少射孔数量和减小射孔孔径等手段来提高射孔摩阻，平衡缝间干扰与起裂压力的差异，从而缓解多簇裂缝的非均匀起裂问题。这些措施共同促进了致密油气的高效开发。

周福建基于极限限流方法提出了非均质储层的射孔方案优化方法。通过室内实验与矿场

试验，总结了炮眼冲蚀规律，并结合裂缝数值模拟研究，建立了非均质储层内的极限限流射孔优化图版。该优化方案能够根据段内破裂压力的非均质性设计射孔簇数，确保压裂液与支撑剂在各簇间的均匀分配，从而有效控制多簇裂缝的非均匀扩展程度在10%以内。这一方法为精准压裂改造提供了科学依据，显著提高了非均质储层的开发效率。

极限限流方法有助于确保各簇人工裂缝的均匀扩展。然而，研究结果表明，当簇间距降至10m及以下时，缝间应力阴影的干扰作用显著，仅凭极限限流方法难以实现高密度和均匀的造缝效果。因此，结合暂堵转向技术的应用，能够进一步提升精准压裂的效果。这一综合技术方案为复杂非均质储层的开发提供了有效支持，有助于克服应力干扰，实现更为理想的压裂改造效果。

暂堵转向压裂技术利用可降解的暂堵剂在已压开的裂缝内形成桥堵，阻止后续压裂液流入，从而在高应力区开启新的裂缝。这一方法有助于在长改造段内建立高密度的人工裂缝网络。该技术的核心是暂堵材料，通常根据实际需求被加工为不同尺寸和形状，以适应孔眼或裂缝内的暂堵要求。周福建研发了一系列适用于不同储层温压条件的耐温耐压暂堵剂，这些材料的最高耐温可达200℃，抗压能力为140MPa。通过优化暂堵剂的组合类型、用量和注入顺序，可以实现裂缝内或裂缝口的有效暂堵转向，从而为深层储层的压裂改造提供可靠的技术支持。这一创新技术显著提升了复杂储层的改造效果，促进了非常规油气资源的高效开发。

由于孔眼形状不规则等问题，传统的暂堵球在实际施工过程中的封堵效果较差。为了解决这一问题，吴宝成等研发了绳结式暂堵剂。该暂堵剂由聚合物纤维材料制成，具有以下结构特点：外保护壳、2~3cm的流苏状两翼以及一定直径的球形绳。其设计使得绳结式暂堵剂具备悬浮运移速率快、可变形以适应不规则孔眼、可自发降解等优点。此外，通过调节绳结的直径和双翼的尺寸，可以控制其转向能力和对炮眼的选择性，从而提高暂堵的效率。绳结式暂堵剂目前已在新疆玛湖的某井中进行了现场应用，并取得了良好的效果。这一创新解决方案为提升暂堵效果和施工效率提供了有力支持。

对暂堵作业进行实时监控与评估，不仅能够保障封堵的有效性，而且能为在线智能调控与实时优化提供前提条件。周福建提出了压力施工曲线叠加法对暂堵效果进行实时评估。曲线叠加法是指将投入暂堵剂前后的压力曲线进行叠加对比，从而判断转向效果，若暂堵施工后压力曲线高于暂堵施工前压力曲线，则暂堵转向成功，反之则暂堵转向失败。曲线叠加法能实时评估暂堵效果，实时调整暂堵方案，具有高达96%的准确性，是精准压裂的关键配套技术。

目前，结合极限限流设计方法和暂堵转向技术的精准压裂技术已在玛湖致密油区块进行了现场试验，取得了显著效果。试验结果显示，平均单井增产达15%，同时相较于传统方法，成本节约约30%。这一技术的成功应用不仅提高了油气产量，还有效降低了作业成本，展现出良好的推广前景。

三、微支撑剂与变黏滑溜水复杂缝网强化加砂技术

水力压裂后形成复杂裂缝，需要使用支撑剂来支撑裂缝，确保其具有较强的导流能力以支持油气流动。然而，在页岩或砾岩等非常规致密储层中，压裂过程中可能会与天然裂缝或弱面相互作用，产生大量微裂缝，形成复杂的缝网。微裂缝的开度通常在50~200μm之间，具有数量多、宽度小和走向复杂的特点。常规粒径的支撑剂难以有效地从主裂缝迁移到微裂

缝中，提供所需的支撑。

为了解决这一问题，国内开始对微支撑剂进行研究。李奔等人探讨了微支撑剂的增产机制及选配原则，指出与常规支撑剂相比，微支撑剂具有更强的导流能力、较慢的沉降速率和更长的运移距离。经微支撑剂支撑的微裂缝，其渗透率高出未支撑裂缝2~3个数量级，同时还能够有效降低压裂液的滤失。郭建春通过导流能力实验验证了微支撑剂在提高裂缝导流能力方面的有效性，其开展的大型可视化平板支撑剂运移实验，随着支撑剂粒径的减小，其运移距离增大，微支撑剂未形成明显的沉降沙堤，显示出良好的支撑效果。

为将支撑剂合理置入，需优化压裂液体系，以实现在压开体积缝网的同时，有效携带支撑剂并使其沉降至指定位置。早期采用的变黏滑溜水压裂液体系主要使用部分水解的聚丙烯酰胺作为降阻剂，后来引入了2-丙烯酰胺-2-甲基丙磺酸（AMPS）等化学基团，以提高降阻剂的耐盐性。近年来，学者们开始关注疏水单体的引入，这不仅提高了耐盐性，还实现了大范围的变黏特性。同时，变黏滑溜水的黏弹性携砂机制也成为研究的热点。孙亚东研究了疏水缔合聚合物降阻剂的黏弹性，并开发了基于反相乳液聚合物的一剂多能乳液聚合物压裂液配方。苏里格气田的现场试验结果显示，该压裂液体系具备良好的耐盐性能，破胶彻底且易于返排，工艺简便，证明了其在实际应用中的优越性。这些研究为优化压裂液体系，提升支撑剂的定位效果提供了有力支持。

变黏滑溜水体系通过调整加量浓度实现连续变黏携砂，这一特性有助于在线实时监测与智能调控。此外，该体系的清洁无害化配方使液体在进入地层后容易破胶、降解并返排，从而确保支撑裂缝与储层基质物性不受压裂施工作业的损害。结合微支撑剂的使用，能够有效支撑微裂缝和多级复杂裂缝网络，从而增强储层的供给能力。这种结合形成的复杂缝网强化加砂技术，具备环保、易降解、可循环利用、可连续调控和高效支撑等显著优势，是实现致密油气藏精准压裂与高效开发的重要技术手段之一。这种创新的技术路径为提高致密油气藏的开采效率提供了新的解决方案，推动了行业的发展。

第三节　国内外致密油气藏压裂效果分析对比

中国对致密油气资源的开发目前仍处于探索阶段，尚未形成成熟的技术体系以应对复杂的致密油气储层的挑战。相较于国外，整体上，中国在致密油气资源储层改造与提高采收率一体化技术以及监测方法的研发上依然处于追赶阶段。

（1）地质方面：国外的致密油气储层多为海相沉积，具备良好的储层物性，能够有效建立复杂的体积缝网；而中国的致密油气储层则主要发育于陆相沉积，往往薄层和互层多，砂体分布复杂，这给储层改造与提高采收率带来了重大挑战，因此迫切需要应用径向水平井结合暂堵转向技术，实现多薄层的同步开发。

（2）工艺技术方面：在国际上，普遍采用"水平井+分段多簇+复杂压裂液/支撑剂组合+实时监测"的技术体系进行储层改造。虽然整体技术手段差距不大，但中国的段内簇数普遍显著低于国外，亟须提升裂缝实时监测与多裂缝同步起裂技术。同时，中国的滑溜水压裂液体系在复杂程度和过程控制上也与国外存在较大差距，尚未满足智能调控的需求。

（3）机制研究方面：致密油气储层的流体渗流规律与常规储层存在显著差异。国内外学者通常采用岩心模拟、微流控模拟、数值模拟等手段研究渗流机制与开发过程。然而，国内在微流控芯片的精细程度上与国际水平还有差距。此外，目前用于致密油气储层压裂改造的商业化数值模拟软件主要为 CMG、Meyer 等国外产品，国内相关技术研究仍处于起步阶段，但像 FrSmart 这样的软件有望弥补中国在致密油气储层改造数值模拟技术上的不足。

鉴于中国多数致密油气储层起源于陆相沉积环境，具有非均质性强、渗透性差、薄/互层发育等特点，亟须具有针对性的新技术、新理念来实现高效开发致密油气资源。

结合调研结果分析，认为在致密油气藏精准压裂与提高采收率技术这一领域中，需要对以下内容加强研究：

（1）控制裂缝高度压裂技术：聚焦于控制裂缝高度压裂技术的深化研究，利用实时监测与数据分析，优化裂缝的形成和扩展。通过精准控制裂缝的开口与流动路径，提升裂缝网络的导流能力，为后续的油气流动提供有效保障。

（2）暂堵压裂技术：加强对新型可降解暂堵材料的开发，确保其在高压、高温环境下的性能稳定。同时，结合先进的监测技术，实现对压裂过程的动态调控，以确保暂堵材料的有效应用，提高裂缝的扩展精度与均匀性。

（3）高效返排控制技术：探索高效返排控制技术在致密油气藏中的应用，优化返排液体的流动路径，减少压裂液的回流损失。通过建立流体动力学模型，改善返排策略，提升产能回收效率。

（4）技术协同应用：整合控制裂缝高度压裂、暂堵压裂与高效返排控制技术，形成一体化技术体系。通过现场试验与数据反馈，验证各项技术在不同储层条件下的适用性与有效性，推动技术的综合应用。

第二章

致密砂岩气藏影响压裂改造效果的主控因素

第一节 杭锦旗区块混合水压裂工艺现状分析

自 2018—2019 年,东胜气田共完成 85 口水平井压裂改造,其中混合水压裂 11 口井,压裂段数总计 95 段,平均日产气量 $2.56\times10^4\text{m}^3/\text{d}$(表 2-1)。在该区块分别采用预置管柱 7 口井,套管+管外封隔 1 口井,套管固井 3 口井,多级管外封隔器分段压裂 6 口井,可溶桥塞分段压裂 2 口井,连续油管带底封水力喷射分段压裂 3 口井。

表 2-1 2018—2019 年杭锦旗工区混合水压裂压裂工艺统计表

年份	井区	井号	层位	垂深(m)	斜深(m)	压裂新工艺	压裂段数	施工排量(m^3/min)	总液量(m^3)	总砂量(m^3)	液氮用量(m^3)	日产气量($10^4\text{m}^3/\text{d}$)
2018	锦58	JPH-395	盒1	3210.4	3403	混合水压裂	7	2.0~5.5	4457.4	414.6	314.2	1.8995
		JPH-416	盒1	3223.14	3418	混合水压裂	8	5.9~8.0	4000.4	439	289.5	3.2985
		JPH-413	盒1	3186.28	3400	混合水压裂	11	4.5~5.5	5153	604	400.3	3.324
		J58P37H	盒3	3142.07	3287	混合水压裂	4	5~5.5	1936.4	213	138.7	2.7778
		JPH-406	盒1	3070.02	3274	混合水压裂	10	4.0~5.0	4363.4	486.4	328.6	2.688
		JPH-377	盒1	3098.76	3562	混合水压裂	6	4.0~5.1	2902.3	286	220.4	2.9592
		JPH-410	盒1	3147.82	3340	混合水压裂	11	4.3~5.5	4925.2	580	433.7	2.2872
		JPH-404	盒1	3005.45	3218	混合水压裂	9	4.5	4362.9	538	338.7	0.8208
		JPH-424	盒1	3019.82	3208	混合水压裂	11	4.0~5.0	4782.6	497.5	377.5	3.693

续表

年份	井区	井号	层位	垂深（m）	斜深（m）	压裂新工艺	压裂段数	施工排量（m³/min）	总液量（m³）	总砂量（m³）	液氮用量（m³）	日产气量（10⁴m³/d）
2018	锦58	JPH-432	盒1	3210.43	3416	混合水压裂、纳米压裂液	11	6.0~8.0	6242.9	683.2	453	2.7022
2019	锦58	JPH-433	盒1	3189.71	3399	混合水压裂	7	7	4972.9	464.3	329.8	1.7323

第二节 杭锦旗致密砂岩气藏的压裂改造效果主控因素分析

一、施工排量对改造效果的影响

图 2-1 为杭锦旗区块施工排量与日产气量关系图，图 2-2 为杭锦旗区块施工排量与日产气量趋势关系图。随着施工排量增大，日产气量呈现先增大后减小的趋势，施工排量的增大可增大压裂复杂缝的效果，从而增大日产气量，但复杂缝增大到一定效果以后，由于地层供气不足，使得日产气量与施工排量没有明显的正相关。

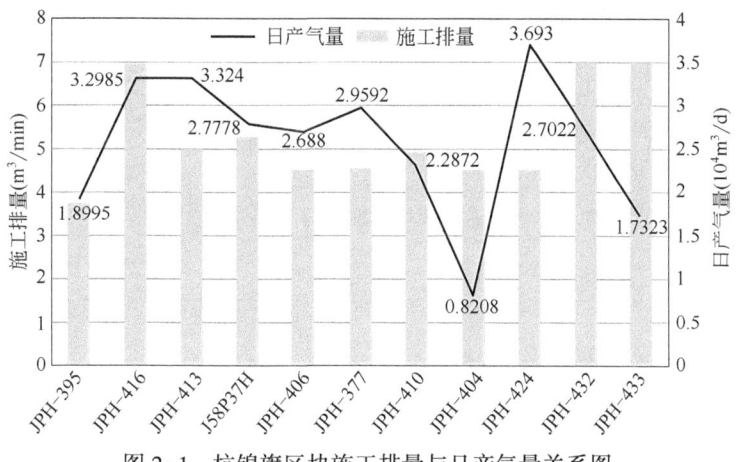

图 2-1 杭锦旗区块施工排量与日产气量关系图

二、总液量对改造效果的影响

图 2-3 为杭锦旗区块总液量与日产气量关系图，图 2-4 为杭锦旗区块总液量与日产气量趋势关系图。无阻流量与总液量间没有正比关系；随着总液量的增大，日产气量呈现先减小后增大的趋势。裂缝一旦闭合，压裂液返排越快、越彻底，日产气量越大。

三、总砂量对改造效果的影响

图 2-5 为杭锦旗区块总砂量与日产气量关系图，图 2-6 为杭锦旗区块总砂量与日产气

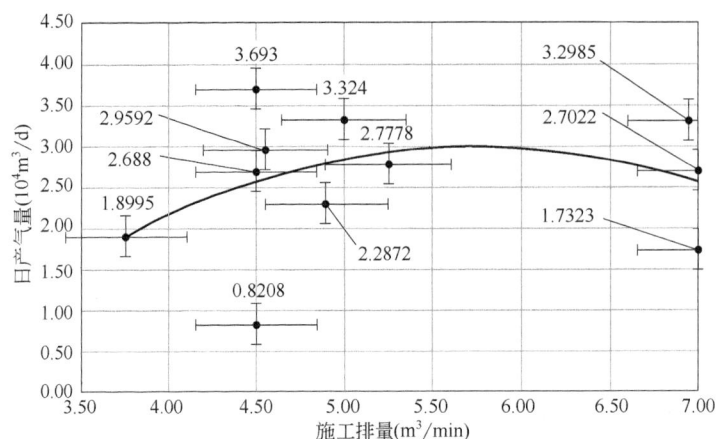

图 2-2　杭锦旗区块施工排量与日产气量趋势关系图

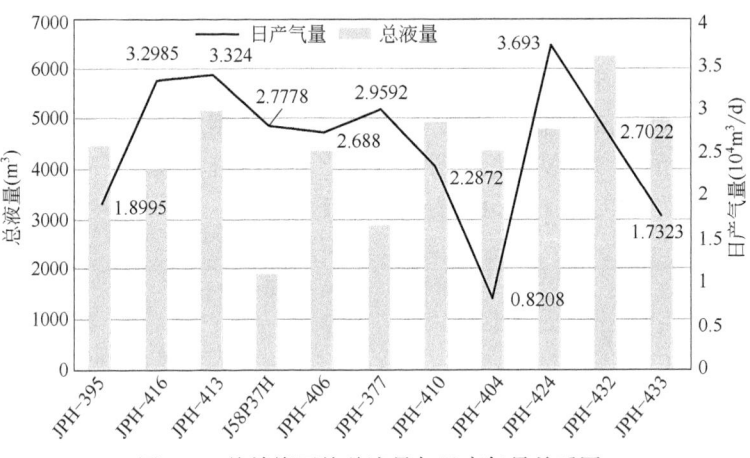

图 2-3　杭锦旗区块总液量与日产气量关系图

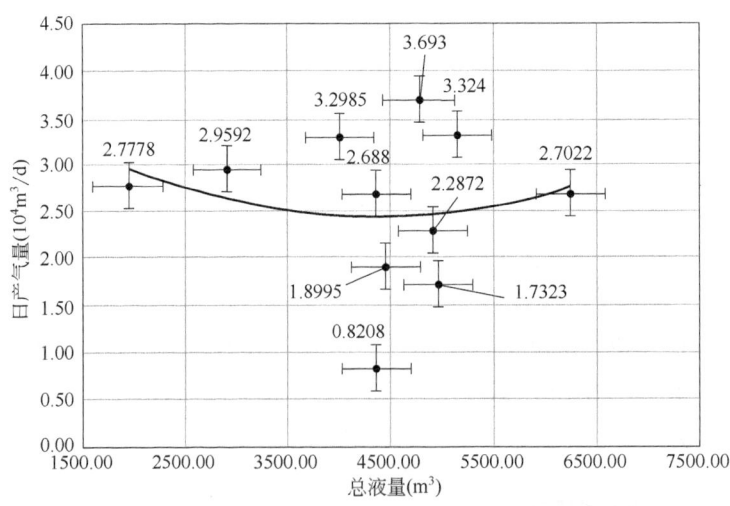

图 2-4　杭锦旗区块总液量与日产气量趋势关系图

量关系趋势图。总体来说，累计加砂量越大，日产气量越低，无阻流量与累计加砂量、平均加砂强度（每米储层获得砂量）具有明显的负相关性。

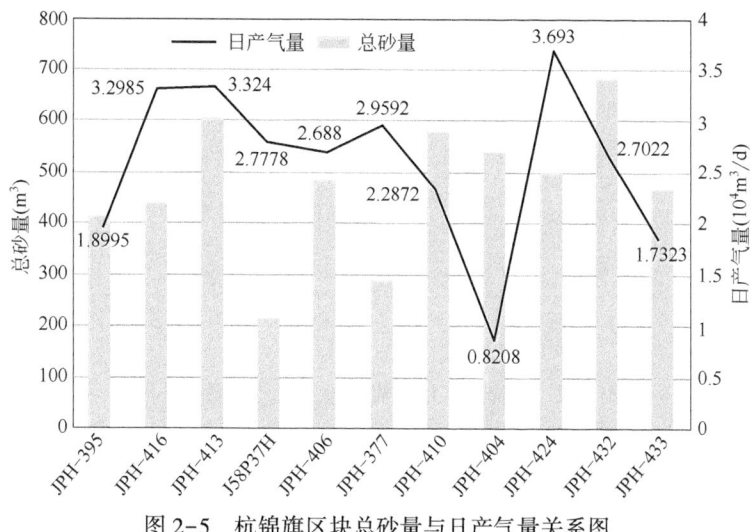

图 2-5　杭锦旗区块总砂量与日产气量关系图

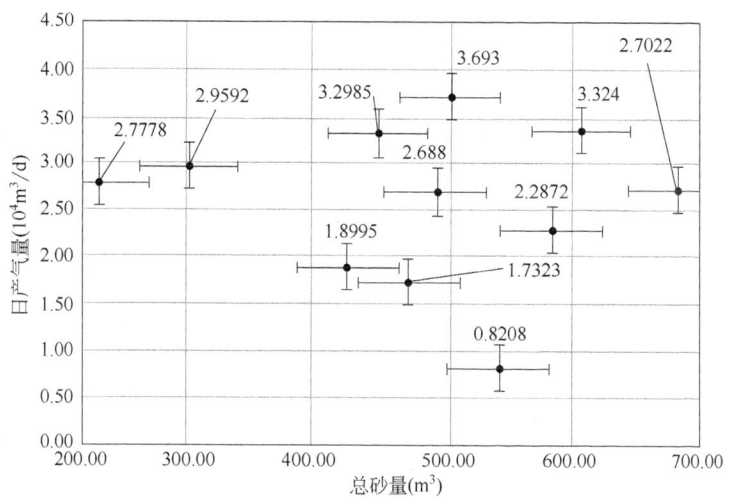

图 2-6　杭锦旗区块总砂量与日产气量关系趋势图

四、液氮用量对改造效果的影响

图 2-7 为杭锦旗区块液氮用量与日产气量关系图，图 2-8 为杭锦旗区块液氮用量与日产气量趋势关系图。总体来说，液氮用量越大无阻流量越高，但无阻流量与液量间没有正比关系，如果供液能力有限，导致压后产能低，产能递减快。液氮伴注对气井排液有着非常明显的作用，选择合理的伴注排量和用量，可以促使液体尽快排出，减少对地层的伤害，缩短试气周期。

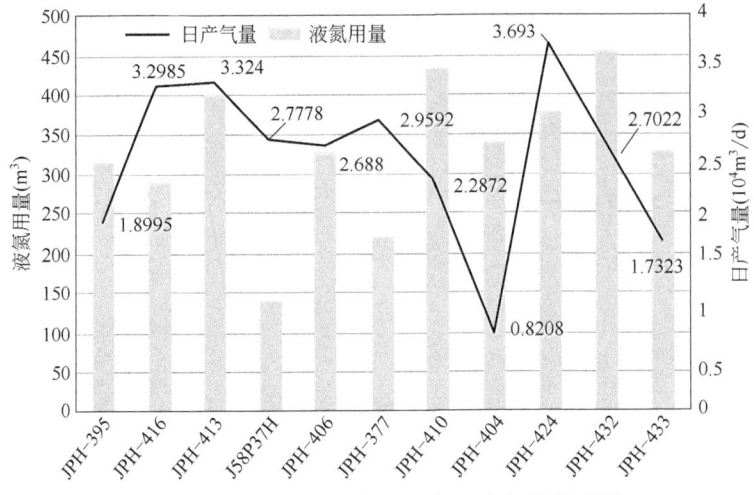

图 2-7　杭锦旗区块液氮用量与日产气量关系图

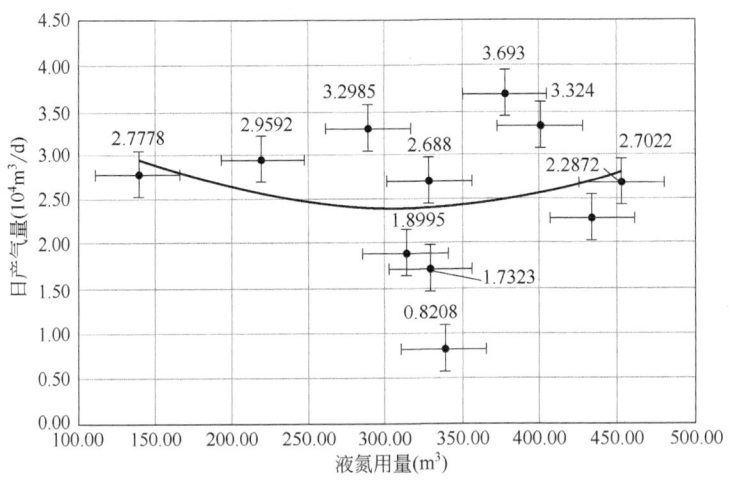

图 2-8　杭锦旗区块液氮用量与日产气量趋势关系图

五、压裂段数对改造效果的影响

图 2-9 为杭锦旗区块压裂段数与日产气量关系图，图 2-10 为杭锦旗区块压裂段数与日产气量趋势关系图。总体来说，压裂段数越多无阻流量越高，无阻流量与压裂段数呈现正比关系。随着压裂段数的增大，使人工裂缝沟通纵向储层效果越好，体积压裂缝网体积增大，日产气量更多。在初期压力传导未出现缝间干扰时，影响产量的主要是裂缝附近的流动压力，而在后期影响产量的因素新增了边界压力，地层压力下降更快，产量的下降也更快。

六、穿层情况对改造效果的影响

图 2-11 为杭锦旗区块穿层情况与日产气量关系图，图 2-12 为杭锦旗区块穿层与日产气量趋势关系图。总体来说，穿层的井较未穿层的井日产气量明显降低，呈现曲线下降的趋势。通过 11 口井穿层情况对比分析，穿层获得的最大日产气量 $2.9592 \times 10^4 \mathrm{m}^3/\mathrm{d}$，未穿层获得的最大日产气量为 $3.693 \times 10^4 \mathrm{m}^3/\mathrm{d}$。

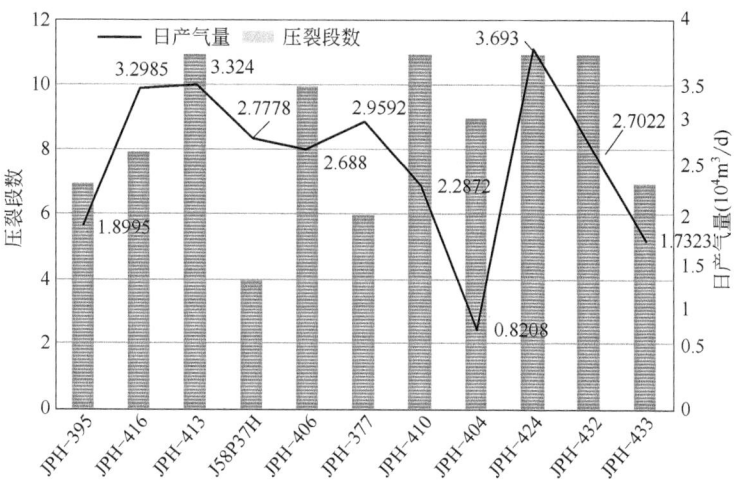

图 2-9　杭锦旗区块压裂段数与日产气量关系图

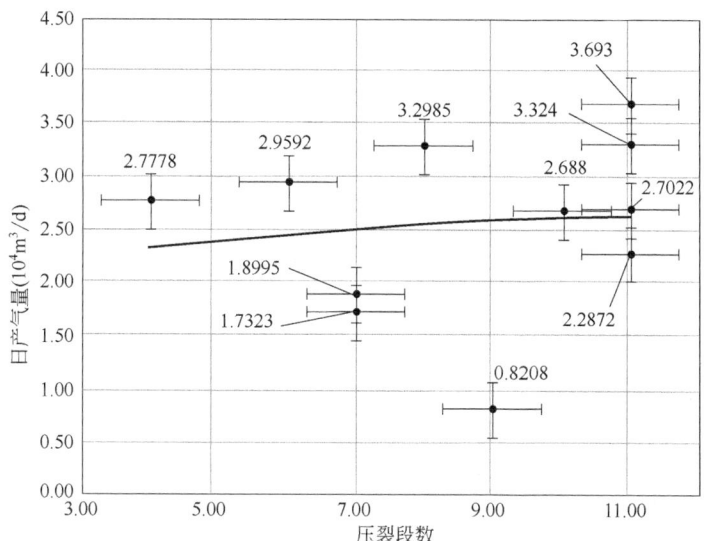

图 2-10　杭锦旗区块压裂段数与日产气量趋势关系图

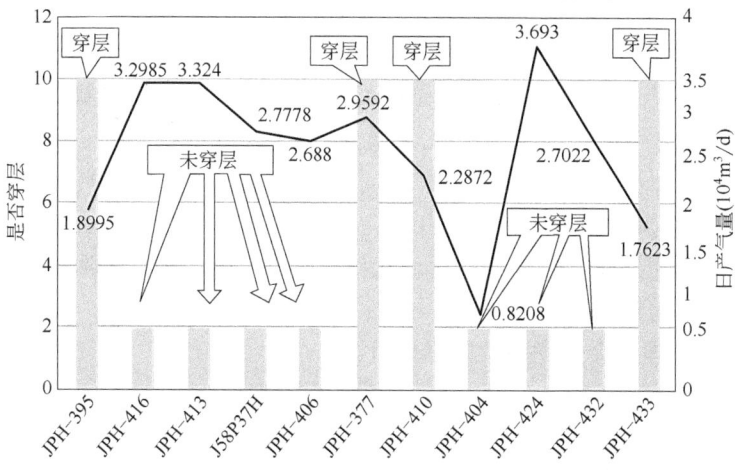

图 2-11　杭锦旗区块穿层情况与日产气量关系图
———日产气量；　　穿层情况

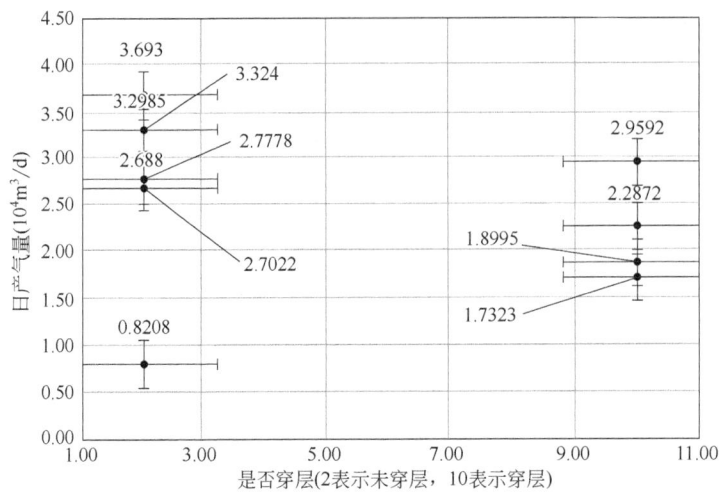

图2-12　杭锦旗区块穿层与日产气量趋势关系图

第三节　压裂改造效果主控因素数学方法分析

一、压裂效果关键因素灰色关联数学模型建立

灰色关联分析理论主要按照以下步骤进行：

（1）确定参考序列，即母序列 X_0 与子序列 X_i。

（2）原始数据预处理，即消除量纲、数值大小等因素对计算结果的影响，有均值化变换、初值化变换、标准化变换等。通常情况下采用初值化变换，因为数列大多数是呈现增长的趋势。若对原始数列只进行数值间的关联比较，可采用均值化变换。

（3）计算每个时刻点上母序列与各子序列差的绝对值 $\Delta_{0i}(t_j)$，即：

$$\Delta_{0i}(t_j)=X_0(t_j)-X_i(t_j) \tag{2-1}$$

式中，$X_0(t_j)$ 为 t_j 时刻的母序列；$X_i(t_j)$ 为 t_j 时刻的子序列。

（4）通过差值计算，取出其中的最大值和最小值，即：Δ_{max}、Δ_{min}。

（5）求在各时刻点上母序列 X_0 与各子序列 X_i 的关联度系数，计算公式为：

$$L_{0i}(t_j)=\frac{\Delta_{min}+\Delta_{max}}{\Delta_{0i}(t_j)+\rho\Delta_{max}} \tag{2-2}$$

式中，$\Delta_{0i}(t_j)$ 为 t_j 时刻的 $|X_i-X_0|$ 值；Δ_{max} 为 $|X_i-X_0|$ 的最大值；Δ_{min} 为 $|X_i-X_0|$ 的最小值，由进行比较的序列在经数据变换后相互相交而得；ρ 为分辨系数，其作用在于提高关联系数之间的差异显著性，在一般情况下可取 0.1~0.5，通常取 0.5。

（6）求关联度，即计算关联系数的平均值：

$$\gamma_{0i}=\frac{1}{n}\sum_{j=1}^{n}L_{0i}(t_j) \tag{2-3}$$

式中，γ_{0i} 表示第 i 个比较序列与参考序列之间的关联度（无量纲）；n 表示序列中数据点的个数；$L_{0i}(t_j)$ 表示第 t_j 个数据点的关联系数（无量纲）。

(7) 关联度排序。为了准确评价各个关联因素与母序列之间的关联程度，需将关联度系数按照大小排序，成为关联序。不同的子序列对于同一母序列而言，孰大孰小，进行排序之后可以明确各子序列对于母序列的"优劣""主次"关系，这种关系表示为：

若 $\gamma_{0a} > \gamma_{0b}$，则有表达式 $\langle X_a \mid X_0 \rangle > \langle X_b \mid X_0 \rangle$（优于）；

若 $\gamma_{0a} < \gamma_{0b}$，则有表达式 $\langle X_a \mid X_0 \rangle < \langle X_b \mid X_0 \rangle$（劣于）；

若 $\gamma_{0a} = \gamma_{0b}$，则有表达式 $\langle X_a \mid X_0 \rangle = \langle X_b \mid X_0 \rangle$（等价于）；

若 $\gamma_{0a} \geq \gamma_{0b}$，则有表达式 $\langle X_a \mid X_0 \rangle \geq \langle X_b \mid X_0 \rangle$（优于或等于）；

若 $\gamma_{0a} \leq \gamma_{0b}$，则有表达式 $\langle X_a \mid X_0 \rangle \leq \langle X_b \mid X_0 \rangle$（劣于或等于）。

显然，关联度与母序列 X_0、子序列 X_i、数据变换方式、数列长度以及分辨系数 ρ 等因素都有很大关系。由此可见，在进行关联度分析中，影响比较大的是多个子序列对于同一母序列的排列顺序，就单个子序列而言，关联度系数的大小并不是特别重要。因此，将这些关联度系数按照大小排列在一起，组成关联序列，它直接反映了各个子序列参数对于同一母序列评价参数的"主次"或"优劣"关系，以此为基础进行分析，从而明确哪些是主要影响因素，哪些是次要影响因素。

二、灰度关联软件研发

图 2-13 所示为灰度关联软件的分析界面，该软件采用通俗易懂的顺序结构编制，有利于数据的快速输入、计算和修改。为方便用户使用，增强软件系统的可操作性和可维护性，达到快捷计算的目的，整个系统采用 Windows 支持的 Access 数据库进行原始数据的输入和计算结果的保存，输入方式为键盘和数据文件两种，输出方式为数据和图形显示两种。将是否穿层压裂、总砂量、施工排量、压裂段数、液氮用量、液量等 6 个因素进行单因素模拟分析 11 组数据，输入灰度关联分析软件，进行关联度分析。

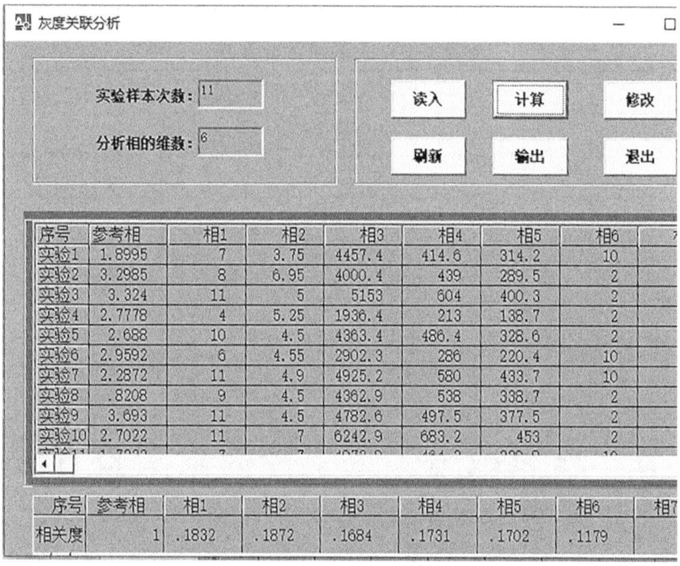

图 2-13 灰度关联软件的分析界面

影响压裂效果的因素众多，而且各个因素之间相互关联，非常复杂，通过调研，考虑将是否穿层压裂、总砂量、施工排量、压裂段数、液氮用量、液量等 6 个因素作为压裂效果的主要影响因素，见表2-2。

表2-2 压裂效果主要影响因素

序号	参考相 日产气量 ($10^4 m^3/d$)	相1 压裂段数	相2 施工排量 (m^3/min)	相3 总液量 (m^3)	相4 总砂量 (m^3)	相5 液氮用量 (m^3)	相6 是否穿层压裂
1	1.8995	7	3.75	4457.4	414.6	314.2	是
2	3.2985	8	6.95	4000.4	439	289.5	否
3	3.324	11	5	5153	604	400.3	否
4	2.7778	4	5.25	1936.4	213	138.7	否
5	2.688	10	4.5	4363.4	486.4	328.6	否
6	2.9592	6	4.55	2902.3	286	220.4	是
7	2.2872	11	4.9	4925.2	580	433.7	是
8	0.8208	9	4.5	4362.9	538	338.7	否
9	3.693	11	4.5	4782.6	497.5	377.5	否
10	2.7022	11	7	6242.9	683.2	453	否
11	1.7323	7	7	4972.9	464.3	329.8	是

由于影响压裂效果的各个因素的量纲单位各不相同，有些因素间数量级也不相同，这样的数据很难直接比较，因此对原始数据进行量纲消除，转换为可比较的数据序列。在计算的时候先对数据采用标准化变换，即先分别求出各个序列的平均值和标准差，然后将各个原始数据减去平均值再除以标准差，这样得到的新数据序列即为标准化序列。根据灰度关联理论，将压裂段数、施工排量、总液量、总砂量、液氮用量、是否穿层压裂等6个因素进行单因素模拟分析11组数据，输入灰度关联分析软件，进行关联度分析。从关联结果看出，不同因素的影响程度排序为施工排量>压裂段数>总砂量>液氮用量>总液量>是否穿层压裂（表2-3）。

表2-3 关联度计算结果

因素	关联度	排序
压裂段数	0.183186	②
施工排量	0.187233	①
总液量	0.168424	⑤
总砂量	0.1731	③
液氮用量	0.170162	④
是否穿层压裂	0.117894	⑥

第四节 压裂改造效果主控因素实验方法分析

一、支撑剂导流能力实验

1. 实验设备

实验采用支撑剂导流能力分析与评价设备（图2-14），该设备可进行API标准支撑剂裂缝导流能力分析评价实验、支撑剂嵌入岩板分析评价、裂缝宽度测量以及酸化工作液岩心板滤失实验等实验测试项目。主要通过模拟与实际情况相近的不同地层条件（不同储层温度、压力等），在这些条件下对不同类型支撑剂进行短期或长期导流能力实验，并对实验结果进行对比分析，选择导流效果好的支撑剂。

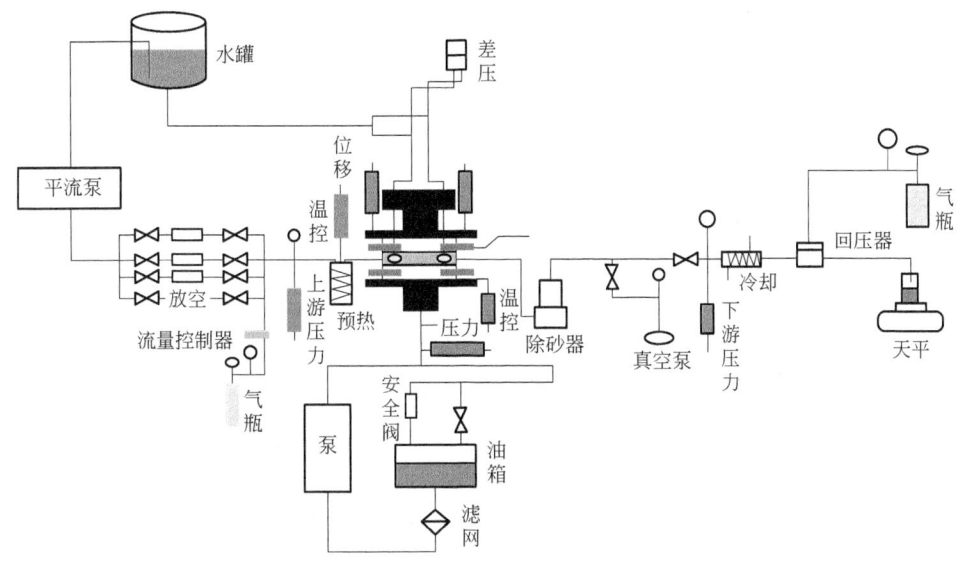

图2-14　支撑剂导流能力分析与评价设备结构参考图

该支撑剂导流能力分析与评价设备主要由标准API导流室、液压机、回压系统、计量系统、增压系统、流动系统、计算机操控系统以及数据采集系统等部分组成。该设备可容许的实验温度最高170℃，施加在导流室上的最大闭合压力为130MPa，最大的流体注液流量50mL/min。进行导流能力评价实验时，支撑剂实验液体压力为0~6.9MPa，实验液体流量为0~20mL/min，流动压力测量范围为0~20.7MPa，裂缝宽度测量为12.7mm±0.0025mm，导流能力测试实验周期可达0~720h。压差传感器量程为0~7kPa，精度为±0.5%；天平称量至少为100g，精度为0.1g。实验中更为常见的是设置1~10mL/min范围内的流量进行驱替，这个流量可确保流体处于达西流状态，因此可以不考虑非达西流的影响。与国内常用的支撑剂导流能力评价实验设备FCES-100相比，该设备具有计量精度高、自动化程度高、功能多样化等优点。

2. 实验原理

支撑剂导流能力实验是根据SY/T 6302—2009《压裂支撑剂填充层短期导流能力评价推荐方法》进行的导流能力测试。实验仪器的基本原理是：裂缝的渗透率可以由流体渗流的流量来反映，使用一台液压机提供闭合压力作用于导流室上，实验时在试样岩板上加载足够长时间的闭合压力使得支撑剂层达到半稳定状态。在一定闭合压力下，设定排量使流体流过支撑剂填充层，分别测量记录不同的闭合压力条件下支撑剂的充填厚度、压差（入口和出口点的压差）以及流量。最后通过流体渗流的达西公式来计算支撑剂填充层的导流能力和渗透率，从而确定裂缝的导流能力。

实验中通常使用蒸馏水或压裂液作为实验介质，在确保流体处于层流状态下进行实验。实验原理符合API标准。通过式(2-4)计算支撑裂缝在液体层流（达西流）条件下的渗透率：

$$K_f = \frac{0.99998\mu QL}{w_f \Delta p W} \tag{2-4}$$

支撑裂缝导流能力按照公式(2-5)计算：

$$C_f = K_f W_f = \frac{0.99998\mu QL}{\Delta p W} \tag{2-5}$$

式中　K_f——支撑裂缝的渗透率，μm^2；

μ——实验温度下实验液体的黏度，$mPa \cdot s$；

Q——流量，cm^3/s；

L——测压孔之间的长度，cm；

W——导流室支撑剂充填宽度，cm；

W_f——支撑剂充填厚度，cm；

Δp——压差（上游入口压力减去下游出口压力），kPa；

C_f——支撑裂缝的导流能力，$\mu m^2 \cdot cm$。

其中，API导流室支撑剂充填层宽度$W=17.78cm$，两测压孔间的距离$L=17.78cm$，代入式(2-4)和式(2-5)，将计算公式进行简化，得到简化的支撑裂缝渗透率计算公式(2-6)：

$$K_f = \frac{4.6666\mu Q}{\Delta p W_f} \tag{2-6}$$

简化的支撑裂缝导流能力计算公式为：

$$C_f = K_f W_f = \frac{4.6666\mu Q}{\Delta p} \tag{2-7}$$

二、实验方法

实验方法包括实验准备和实验步骤流程以及实验方案等内容。开始实验之前，必须做好实验条件的准备工作，主要包括岩板（携砂液）制备、导流室装填、传感器校准和闭合压力调试等。

1. 实验准备

1）岩板准备

实验中使用的岩板由研究区块一定储层深度（6000~8000m）或现场露头的全尺寸岩心加工而成，以最大限度反映储层的真实情况。从地层中取出全尺寸岩心，加工获取直径为5cm的圆柱形岩样。制备程序为：

（1）先从圆柱端面的中间劈缝：沿预期裂缝走向预制划痕，将预制划痕的岩板装入剖缝器底座中，安装剖缝器，打开压力实验机加压使岩板按预制划痕方向自然劈裂，如图2-15所示。

（2）再利用岩石切割机将全直径岩心切成长度20cm、宽约4cm、高度为1~2cm的长方体岩样。

（3）根据实验仪器导流室规格，将切好的长方体岩样使用线切割机加工成标准岩板，加工后的岩板长17.7cm，宽3.81cm，高0.8~1.5cm，岩板两端打磨成半圆形。

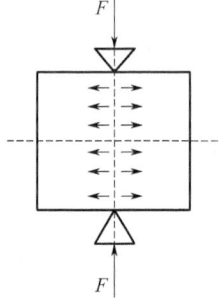

图2-15　全尺寸岩心劈裂示意图

（4）将经过加工的岩板均匀抹上 PVC 胶，风干 24h 后备用。

注意事项：（1）使用线切割机加工岩板前要将岩心固定，保证加工过程中不移动。（2）在岩板涂抹 PVC 胶之前，先将岩板边角磨平，防止岩板抹胶后无法放进导流室。（3）在岩板涂抹 PVC 胶之前，在岩板上下两面贴上胶带，防止 PVC 胶粘在岩板面上。（4）岩板涂抹 PVC 胶时，尽量保证岩板侧面各处涂抹厚度均匀。

2）导流室装填

导流室按照 API 标准设计，其结构示意图如图 2-16 所示，导流室尺寸等各项参数均达到国际标准 ISO 13503—5 及国内标准 SY/T 6302—2009 的要求，模拟地层温度和闭合压力等条件下的两级裂缝系统内支撑剂的长期及短期导流能力实验（图 2-17~图 2-19）。

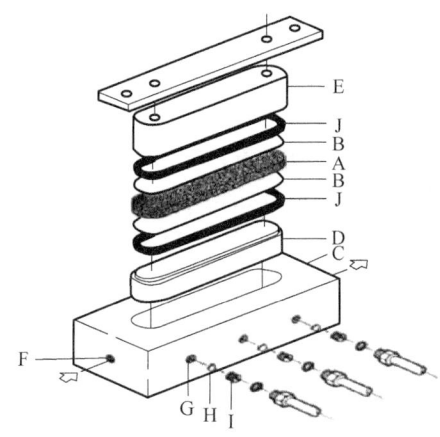

图 2-16　API 导流室示意图

A—支撑剂填充层（17.78cm×3.81cm×$W_f$cm）；B—金属板；C—导流室主体；D—下活塞；E—上活塞；
F—测试液体进/出口；G—压差输出口；H—多孔金属滤网；I—调节螺栓；J—方形密封圈

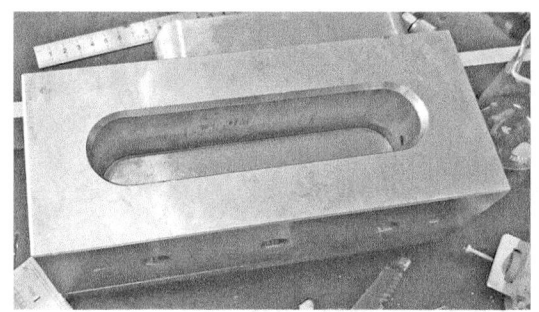

图 2-17　导流室主体实物图

图 2-18　抹胶后的岩板

图 2-19　导流实验后的岩板

导流室中支撑剂的铺置方式有静态铺置方式和动态铺置方式。静态铺置方式是将支撑剂人工手动均匀铺置在导流室中的裂缝表面；动态铺置方式是将支撑剂随携砂液动态泵入导流室岩板裂缝表面，动态铺置过程涉及配置携砂液问题。本导流能力测试设备可按照国际标准 ISO 13503—5 及国内标准实现支撑剂静态铺置情况下的导流能力测试。支撑剂动态铺置过程中，模拟现场加砂动态注入携砂液时需要较大排量，但是由于注液泵排量较小，且连接中间容器的管线较细，导流室进液端和出液端的堵头均有滤塞，携砂液无法通过，无法模拟支撑剂的动态铺置过程，因此必须在现有装置的基础上进行导流室的改进。

本实验设备的导流室主体、上下活塞以及垫片金属板的材料都是 4Cr13 不锈钢；导流室中支撑剂充填层为 $17.78\text{cm} \times 3.81\text{cm} \times W_f\text{cm}$，进行支撑剂铺置的面积即为岩板或钢板的面积，等于 64.5cm^2。进行支撑剂铺置前需要将岩板放置在导流室中，大体过程是，首先将下活塞装入导流室并固定好，再将下岩板装入导流室中，然后根据导流室尺寸及铺砂浓度称取所需支撑剂的用量，其用量按照式（2-8）计算。然后将支撑剂铺置到岩板粗糙面上，最后装入上岩板和上活塞。

以支撑剂铺置浓度计算所需的支撑剂用量，其计算依据式（2-8）：

$$W_p = A_1 C \tag{2-8}$$

式中　W_p——支撑剂质量，kg；

C——支撑剂铺置浓度，kg/m^2；

A_1——计算系数，取 $6.452 \times 10^{-3}\text{m}^2$。

值得注意的是，实验中为了保证每组的实验是可以重复进行的，当导流室中未施加闭合压力时，裂缝的支撑剂铺置厚度以 0.25~1.3cm 为宜（推荐支撑剂充填厚度为 0.25~1.27cm）。

液压机框架对导流室加压可以提供 667200N 的力，但在施压过程中必须保持上下活塞是平行的，这样才可以均匀施加力，否则会压坏导流室。在 64.5cm^2 的导流室上加载的速率为 2200N/min，即 3500kPa/min。

导流室的装填是实验成功的关键步骤，其具体装填过程如下：

（1）检查导流室入口端、出口端滤塞是否堵塞。

（2）安装下活塞：先用真空润滑剂涂抹四个密封圈，再将下活塞放上密封性好的密封圈，一起放入导流室中，并用沙锤等工具安装平整。注意安装平整后检查密封圈是否脱落，然后取下活塞拆卸板。

（3）安装下岩板：安装完下活塞后，将岩板（或钢板）平整地放在底部活塞上方，用助力压机将下岩板缓慢压入导流室中间位置，然后清除多余的 PVC 胶。

（4）固定下活塞（4 个螺栓），固定之前保证下岩板处于导流室中间位置。

（5）放置滤塞（8 个，每个测压孔加 2 个），不需要每次都放置。

（6）铺置支撑剂：根据支撑剂用量计算方法称取所需铺砂浓度下的支撑剂用量，使用调平尺将支撑剂平铺在下岩板上，并刮平支撑剂充填层，保证导流室的充填层高度基本一致。

（7）安装上岩板：用助力压机将上岩板缓慢压入导流室中间位置，保证上岩板（或金属板）处于刮平的支撑剂充填材料上面，然后清除多余的 PVC 胶。

（8）安装上活塞：注意先用真空润滑剂涂抹四个密封圈，再将上活塞安装好密封圈放入导流室中。安装后注意检查密封圈是否脱落，最后取上活塞拆卸板，导流室装填完毕。

（9）将导流室放置在液压机上，并连接相关管线。

3）传感器校准和闭合压力调试

在支撑裂缝导流能力的计算公式中，流体黏度 μ、流体流速 Q 一般为恒定值，变量为压差 Δp，因此支撑裂缝导流能力测试中压差的准确度非常重要，每次测试前都要将压差传感器校准。

激光测距传感器校准：激光测距传感器是用来测量支撑剂充填层在施加不同闭合压力后的厚度变化值，该位移传感器分辨精度为 0.025mm/0.1mm。

闭合压力调试：一般情况下，施加闭合压力测试前要检查设备是否漏液，各个传感器的读数是否稳定等。

2. 实验步骤

首先制定完整的实验方案，然后使用支撑裂缝导流能力实验设备进行实验，具体实验步骤如下：

（1）在液体进口和出口及每个测压孔均放入一个不锈钢滤网，并且每次实验后应洗净、更换滤网，这样可以避免支撑剂的碎屑在流动时堵塞滤网，保持导流室压力稳定。

（2）将装填好的导流室放入液压框架的两平行板之间，连接测压点的管线和流体流入、流出的管线，检查安装和连接无误后开始进行实验。

（3）慢慢加压，加压速率不要过快，建议加载速率为 3500kPa/min，加到闭合压力达到支撑剂流体渗流的启动压力时（陶粒 6.9MPa，石英砂 3.5MPa），正式进行实验。

（4）利用液压机的加压作用，对导流室施加闭合压力。加压时使支撑剂处于半稳定状态。实验可在室温或井下温度下进行。

（5）将实验所用流体通过支撑剂充填层，设置为自动模式，仪器能够自动采集闭合压力、裂缝宽度、压差等实验参数。

（6）实验软件会自动对实验数据进行计算，可以直接得到相应的裂缝渗透率和导流能力。这是实验中最终想要得到的导流能力测试与评价结果。

（7）根据具体实验方案，改变其中某一个条件，重复进行上述实验步骤，直到取得所有需要测量的数据，实验测试完毕。

3. 实施方案

导流能力实验岩心取自研究区块现场全直径岩心，并将岩心加工成符合 API 导流室尺寸的岩板，以真实模拟地层压裂缝壁的嵌入及滤失情况。本次确定的储层主要为鄂北工区下石盒子组的盒 1 段砂层、盒 2 段砂层和盒 3 段砂层等，该储层砂体物性参数见表 2-4，具体的岩性和物性特征如下：

表 2-4　下石盒子组砂体物性参数

层位	岩性	泥质含量（%）	孔隙度（%）	渗透率（μm²）
盒 3 段	中—粗砂岩	$\frac{3.0\sim22.0}{8.9}$	$\frac{1.2\sim14.9}{6.18}$	$\frac{0.07\sim1.80}{0.5}$
盒 2 段	中—粗砂岩	$\frac{5.0\sim30.0}{13.0}$	$\frac{0.2\sim8.5}{4.54}$	$\frac{0.02\sim1.05}{0.22}$
盒 1 段	含砾粗砂岩	$\frac{3.5\sim33.0}{11.8}$	$\frac{0.2\sim12.7}{5.96}$	$\frac{0.05\sim1.35}{0.63}$

盒 3 段储层岩性主要为中—粗粒岩屑砂岩和岩屑石英砂岩，少量长石岩屑砂岩。碎屑颗粒中石英含量为 64%~90%，平均为 74%；长石含量为 0~21%，平均 3.7%；岩屑含量为 10%~35%，平均为 22%。岩石为颗粒支撑，孔隙式胶结，颗粒之间点—线接触至线接触。

盒 2 段储层岩性主要为岩屑砂岩，少量中—粗粒岩屑石英砂岩。碎屑颗粒中石英含量为 56%~88%，平均为 70%；长石含量为 0~10%，平均为 3.0%；岩屑含量为 17%~44%，平均为 26.7%。岩石为颗粒支撑，孔隙式胶结，颗粒之间点—线接触。

盒 1 段储层岩性主要为岩屑砂岩，少量中—粗粒岩屑石英砂岩。碎屑颗粒中石英含量为 45%~91%，平均为 72%；长石含量为 0~13%，平均为 2.7%；岩屑含量为 8%~53%，平均为 25.5%。颗粒分选中等，次棱状。颗粒之间填隙物中主要为泥质杂基。

实验岩板采用的是下石盒子组盒 1 段的中—细砂岩岩板，岩板采样地点为大牛地气田的地质露头。根据导流室尺寸，将岩板加工成长 17.74cm±0.04cm、宽 3.76cm±0.05cm、厚 0.90~1.50cm，端部呈半圆形。中砂岩岩板和细砂岩岩板力学参数见表 2-5。

表 2-5　岩板力学参数

序号	岩性	单轴抗压强度（MPa）	杨氏模量（MPa）	泊松比
1	细砂岩板	199.86	24562	0.203
2	中砂岩板	176.59	14867	0.263

支撑剂选用国内压裂常用的 10/20 目、20/40 目、40/60 目（或 30/50 目）、40/70 目、70/140 目不同粒径的中密度陶粒、石英砂、树脂砂三种类型的支撑剂。实验所用的三种支撑剂在 50MPa 闭合压力加载下破碎率均达到行业标准要求。实验测量介质为蒸馏水，132℃条件下其黏度 0.2265mPa·s。结合研究区块储层实际温度条件，实验温度为 132℃，闭合压力按 5MPa、10MPa、20MPa、30MPa、40MPa、50MPa 逐渐升高加载，进行 1mL/min、2mL/min、5mL/min、10mL/min 流量下支撑剂导流能力测试实验，并取其平均值。

三、支撑剂导流能力影响规律分析

实验采用按照 API 标准研制的长期导流能力设备开展研究，可在标准实验条件下模拟井下压力、温度，评价不同条件对裂缝导流能力的影响；也可采用岩板代替钢板，模拟、评价地层条件支撑剂嵌入对导流能力的影响。实验加载闭合压力从 5MPa 开始，以 10MPa、20MPa、30MPa、40MPa、50MPa 递增加载压力，共 6 个压力点，每个压力点稳定 1h，实验测试 60h。为模拟实际地层压裂条件，设置流体速率为 2mL/min，依次进行长期导流能力相关的不同类型支撑剂的影响实验、不同岩板的影响实验、不同粒径的影响实验。

1. 不同支撑剂类型的影响

选用所提供的常用20/40目粒径的中密度陶粒、石英砂、树脂砂三种类型的支撑剂，研究支撑剂类型对裂缝导流能力的影响。选择铺砂浓度为 $2.5kg/m^2$，设置流量为 $2mL/min$，其导流能力实验结果如图2-20所示。

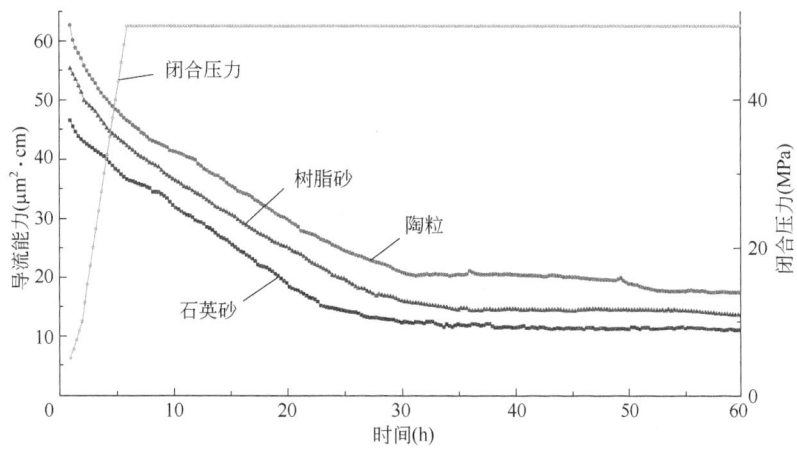

图2-20 不同类型支撑剂的裂缝导流能力实验结果

由图2-20可知，随着闭合压力逐渐增大和加载时间延长，陶粒、石英砂和树脂砂三种类型支撑剂的裂缝导流能力均呈现逐渐减小的趋势，其长期导流能力逐渐降低。因为支撑剂在闭合压力作用下会发生一定程度破碎，而且支撑剂的破碎率会随着实验加载时间的增加而增大，破碎的支撑剂会堵塞部分孔隙，所以导流能力均呈现降低趋势。在相同的铺砂浓度下，三种类型支撑剂的裂缝导流能力都随着闭合压力的增加逐渐降低，其中陶粒的导流能力最大，石英砂的导流能力最小。具体表现是：

石英砂由于强度较低，在实验加载初期闭合压力较小时就已经达到了石英砂的破碎强度，导致石英砂大面积破碎，破碎的石英砂堵塞了部分支撑孔隙，使得石英砂的导流能力加速下降，导流能力非常低。而树脂砂由于存在一层树脂外壳，极大地降低了支撑剂的破碎率，所以树脂砂的长期导流能力要好于石英砂。与石英砂和树脂砂相比，陶粒具有更高的强度和硬度，前期加压嵌入比较严重，其导流能力下降较快，后期加压导流能力变化比较平缓；当闭合压力到达一定值（50MPa）后，由于陶粒的嵌入程度增大和破碎率升高，其导流能力（$25\mu m^2 \cdot cm$）下降较快，但仍然明显高于另外两种支撑剂。实验结束时三种不同类型支撑剂均已发生破碎和变形，裂缝损失宽度接近，所以三者导流能力虽有波动，但有逐渐大致接近的趋势。因此，在经济条件许可情况下优先选陶粒支撑剂，从节约成本角度考虑也可采用组合的支撑剂。

2. 不同岩板的影响

由于钢板的硬度一般远远大于支撑剂的硬度，实验过程中支撑剂在钢板中的嵌入程度很小（通常可忽略不计）。因此将中砂岩板、细砂岩板和钢板进行模拟支撑剂嵌入对裂缝导流能力的影响实验。实验用支撑剂为10/20目陶粒支撑剂按铺砂浓度为 $2.5kg/m^2$ 进行实验，该实验结果如图2-21所示。

由图2-21所示的实验结果可知，支撑剂的嵌入程度及破碎程度会对裂缝宽度产生不同

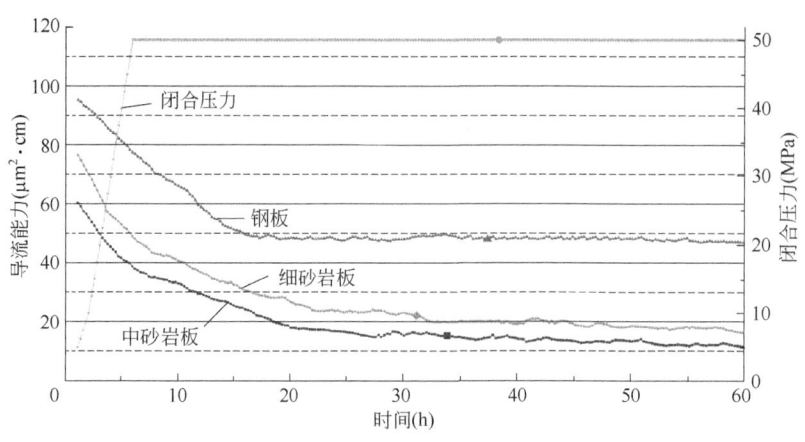

图 2-21 不同岩板导流能力实验结果

程度的影响，进而影响裂缝长期导流能力。钢板、细砂岩板裂缝宽度损失程度较小，导流能力相对较大；中砂岩板裂缝宽度损失程度较大，使得导流能力较低。因此，研究区确定后续实验岩板均采用中砂岩板。这是因为，在闭合压力加载过程中，由于支撑剂在岩板中发生变形、嵌入、破碎现象以及岩板的变形和颗粒脱落，使得导流能力均随闭合压力的增加而减小；但是由于钢板强度大，支撑剂难以嵌入，所以钢板的导流能力始终维持在较高水平，细砂岩板居中，中砂岩板最小。具体表现为：

实验加载前 20h，所有导流能力曲线均迅速下降。从 20h 开始，各曲线变化较平缓并略有下降趋势，造成这种缓慢下降趋势的原因是导流室前端破碎的支撑剂和岩板碎屑随流体运移到导流室后端堵塞支撑剂孔隙所致。实验钢板测得的裂缝导流能力最大，细砂岩板次之，中砂岩板最小，这是因为细砂岩较为致密，中砂岩疏松。各岩性岩板的杨氏模量：钢板>细砂岩>中砂岩，在相同的闭合压力下支撑剂更容易嵌入中砂岩板，因此在强度越小的岩板中支撑剂的嵌入程度越大，并且随着闭合压力的进一步升高，导流能力的差距逐渐变大。支撑剂的嵌入程度及破碎程度会对裂缝宽度产生不同程度的影响，进而影响裂缝长期导流能力。细砂岩板裂缝宽度损失程度较小，导流能力相对较大；中砂岩板裂缝宽度损失程度较大，导流能力较低。为了减小支撑剂嵌入对导流能力的影响，可以适当增大铺砂浓度。

3. 不同粒径的影响

在水力压裂过程中使用的支撑剂既有单一粒径的支撑剂，也有不同粒径组合的支撑剂。对于单一粒径大的支撑剂，可以支撑起较宽的裂缝，形成较大的导流能力，其缺点是在压裂施工的过程中易造成砂堵，并且在长期高闭合应力下更容易发生破碎，因此，压裂施工中也有使用不同粒径的支撑剂组合进行分段加砂。其优点是小粒径支撑剂可以进入微小分支裂缝，而大粒径支撑剂进入主裂缝，同时使主裂缝和微小分支裂缝保持一定的导流能力，但不足之处是施工过程复杂且成本较高。

1）单一粒径支撑剂

（1）陶粒支撑剂不同粒径的对比。

使用 10/20 目、20/40 目、30/50 目、70/140 目陶粒进行单一粒径支撑剂对裂缝导流能力的影响实验。选择铺砂浓度为 $5.0 kg/m^2$，设置流量 2mL/min。其导流能力实验结果如图 2-22 所示。

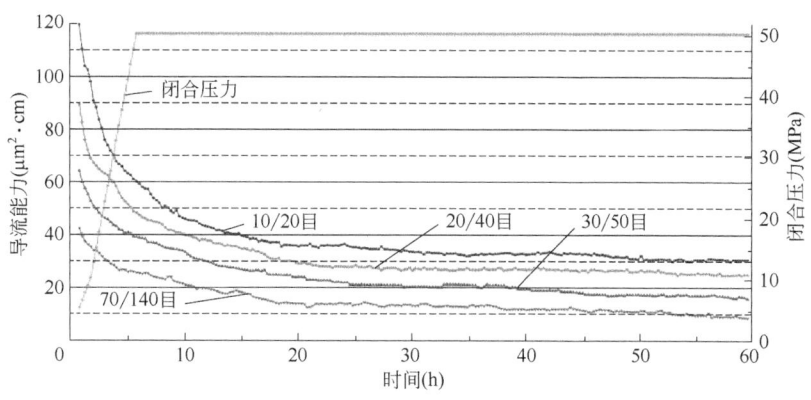

图 2-22 单一粒径支撑剂导流能力的实验结果

由图 2-22 可知，单一粒径的支撑剂导流能力差异较大，导流能力与支撑剂的粒径大小呈正相关关系，粒径越大的支撑剂导流能力越高。当闭合压力加载到 30h，由于支撑剂嵌入和破碎严重，小粒径支撑剂的碎屑颗粒比大粒径支撑剂的要小得多，碎屑会在缝端堵塞，所以大粒径支撑剂能够提供较高的渗透率，其长期导流能力较强。当闭合压力加载完毕后 10/20 目、20/40 目、30/50 目、70/140 目的支撑剂导流能力下降率分别约为 30%、25%、15%、8%，相比之下，支撑剂的粒径越大导流能力下降越快、下降幅度越大，这四种粒径支撑剂导流能力的差距逐渐减小。

实验初期，由于闭合压力的加载使导流能力快速降低，20h 之后变化趋于平缓，主要原因是：实验初期加载闭合压力较低，支撑剂比较完整、破碎率低，大粒径支撑剂颗粒之间的孔隙较大，使裂缝能够获得较高的渗透率，流体比较容易通过，所以导流能力相应比粒径小的支撑剂高；实验后期当闭合压力增大到一定值时，支撑剂粒径越大，颗粒嵌入程度越高，造成有效支撑裂缝宽度严重下降，并且闭合压力越高，破碎率越高，破碎的小颗粒支撑剂和岩屑充填到孔隙中堵塞通道，大粒径支撑剂的优势逐渐消失；实验结束前支撑剂发生嵌入、破碎以及流体冲刷、碎屑堆积，裂缝导流能力随时间缓慢下降并逐步趋近。另外，由于大粒径支撑剂接触面积小于小粒径支撑剂的接触面积，使得大粒径支撑剂承压能力较弱、破碎率高，所以导致大粒径支撑剂和小粒径支撑剂的导流能力持续下降的同时差距也逐渐缩小。因此，根据要求导流能力不小于 $20\mu m^2 \cdot cm$ 的指标，10/20 目粒径太大不选（不利于泵送），可选择 20/40 目和 30/50 目陶粒支撑剂。

（2）石英砂支撑剂不同浓度下的对比。

鉴于陶粒支撑剂导流能力较大，为节约成本，可选择导流能力较小的石英砂在一定条件下与陶粒配合使用，即石英砂替代部分陶粒的方式。选取石英砂 20/40 目支撑剂，按照 $2.5kg/m^2$、$5.0kg/m^2$、$7.5kg/m^2$、$10kg/m^2$ 四种铺砂浓度进行试验，设置流量 2mL/min，研究不同铺砂浓度对裂缝导流能力的影响，从而确定石英砂支撑剂铺砂浓度下限。其导流能力实验结果如图 2-23 所示。

从图 2-23 中可知，选取 20/40 目，石英砂支撑剂，铺砂浓度增大，其裂缝导流能力增大。低闭合压力条件下，$10.0kg/m^2$ 铺砂浓度导流能力是 $5.0kg/m^2$ 的近两倍，铺砂浓度对导流能力影响较大；随闭合压力逐渐升高，裂缝导流能力逐渐下降，四种铺砂浓度对裂缝导流能力的影响程度逐渐减弱。当闭合压力继续增至 50MPa 左右，不同铺砂浓度导流能力有相近趋势，这是由于相同类型支撑剂的承压强度和破碎率等参数基本一致，在高闭合压力条件下支撑剂的嵌入程度也相差不大，但低于20DC.cm。因此，大颗粒石英砂仅在10.0kg/m²的铺砂浓度条件下满足导流下限，综合考虑施工效果和经济成本因素，可选择石英砂浓度不低于5.0kg/m²勉强替代部分陶粒。

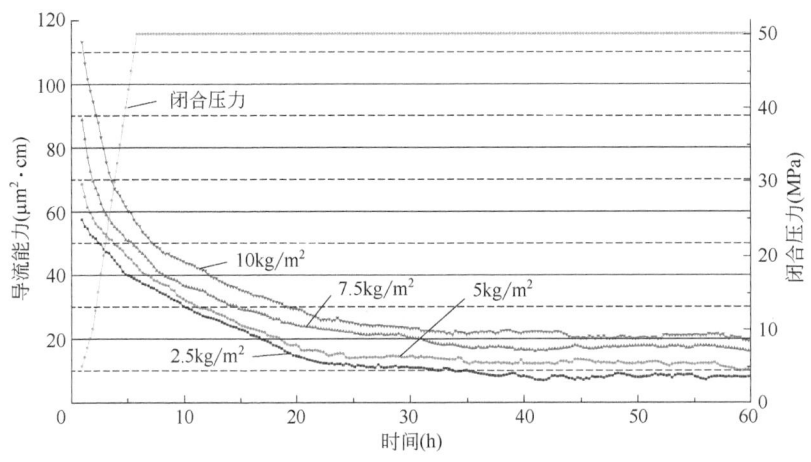

图2-23　20/40目石英砂支撑剂不同铺砂浓度下的导流能力曲线

2) 不同比例组合粒径支撑剂

基于单一粒径支撑剂长期导流能力的实验结果表明，大颗粒支撑剂具有导流能力高、破碎率高的特点；小颗粒支撑剂具有导流能力低、破碎率低的特点。为了使得人工裂缝满足较强导流能力和较低破碎率的现场需求，需要对不同粒径的支撑剂进行复配，研究不同比例组合支撑剂的长期导流能力。

当选用不同粒径支撑剂组合进行铺砂时，小粒径支撑剂铺置在导流室入口端，大粒径支撑剂铺置在导流室出口端，模拟施工过程中小粒径支撑剂先泵入微小分支裂缝、大粒径支撑剂后泵入主裂缝的情况。

实验验证了石英砂满足的粒径和铺砂浓度分别是：石英砂粒径20/40目、铺砂浓度不低于5.0kg/m²勉强替代部分陶粒；满足条件的陶粒粒径和铺砂浓度分别是：20/40目和30/50目陶粒、铺砂浓度为5.0kg/m²。下面进一步通过实验明确陶粒支撑剂的两种不同比例组合的铺砂浓度的影响。

选取20/40目、30/50目、40/70目陶粒支撑剂，按照20/40目∶30/50目=3∶1和1∶1组合、20/40目∶40/70目=3∶1和1∶1组合，分别进行2.5kg/m²、7.5kg/m²两种铺砂浓度长期导流能力评价实验，设置流量2mL/min，研究不同铺砂浓度下对裂缝导流能力的影响，从而确定陶粒支撑剂的组合配比和铺砂浓度。其导流能力实验结果如图2-24、图2-25所示。

从图2-25可知，20/40目∶30/50目=3∶1组合支撑剂导流能力最大，其次是20/40目∶30/50目=1∶1支撑剂组合，而20/40目∶40/70目=3∶1组合支撑剂导流能力居后，导流能力最小支撑剂组合的是20/40目∶40/70目=1∶1。从图中还可以看出，当两种粒径相同的支撑剂组合时，大粒径支撑剂所占比越大，导流能力越大；当两种粒径支撑剂组合比例不同，并且一种支撑剂粒径相同时，另一种支撑剂粒径越小，导流能力越小。此规律可作为选择两种粒径组合支撑剂的依据。其原因是当两种粒径支撑剂组合施加闭合压力时，大粒径支

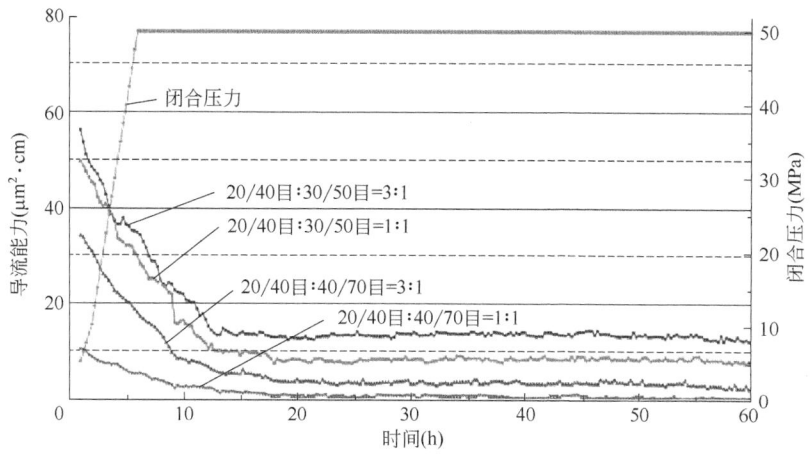

图 2-24　陶粒 2.5kg/m² 铺砂浓度下组合支撑剂导流能力实验结果

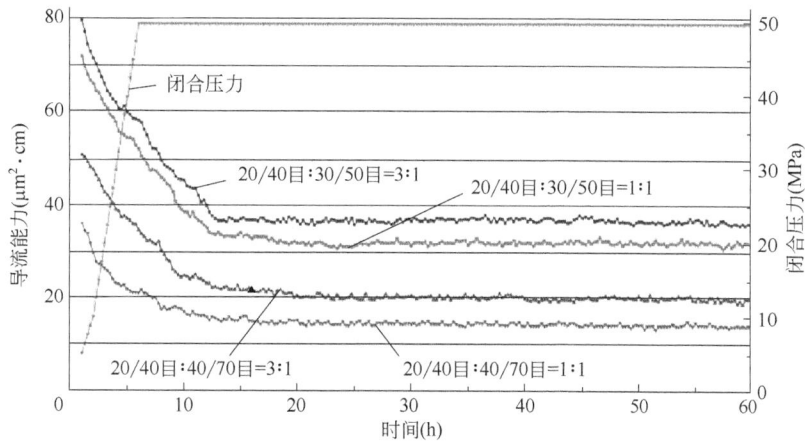

图 2-25　陶粒 7.5kg/m² 铺砂浓度下组合支撑剂导流能力实验结果

撑剂之间的孔隙更大，且小粒径支撑剂在入口端，可随流体迁移，堵塞大粒径支撑剂之间的孔隙，增大流体通过支撑剂充填层的渗流阻力。根据导流能力不低于 $20\mu m^2 \cdot cm$ 的要求，对比上述图 2-24 和图 2-25 2.5kg/m² 和 7.5kg/m² 铺砂浓度对应的导流能力区间可知，陶粒支撑剂不同比例的混合铺砂浓度可选择 5.0kg/m²。

接下来再进一步通过实验验证石英砂替代陶粒的可行性，即通过调整石英砂和陶粒不同的比例组合实现模拟部分替代陶粒。

3）陶粒与石英砂两种支撑剂不同粒径比例组合的影响

实验需求：检验选择铺砂浓度 5kg/m²，20/40 目陶粒和 30/50 目石英砂混配是否满足长期导流能力要求。为降低成本，选择石英砂 30/50 目替代部分陶粒进行石英砂和陶粒不同比例组合的长期导流能力实验。

选择 30/50 目石英砂、20/40 目陶粒按不同比例（2∶8、3∶7、4∶6、5∶5、6∶4、7∶3、8∶2）组合开展不同比例组合支撑剂粒径对裂缝导流能力的影响实验，铺砂浓度 5.0kg/m²，其导流能力实验结果如图 2-26~图 2-30 所示。

由图 2-26~图 2-30 可知，使用石英砂∶陶粒按照不同比例组合实验时，裂缝的初始导

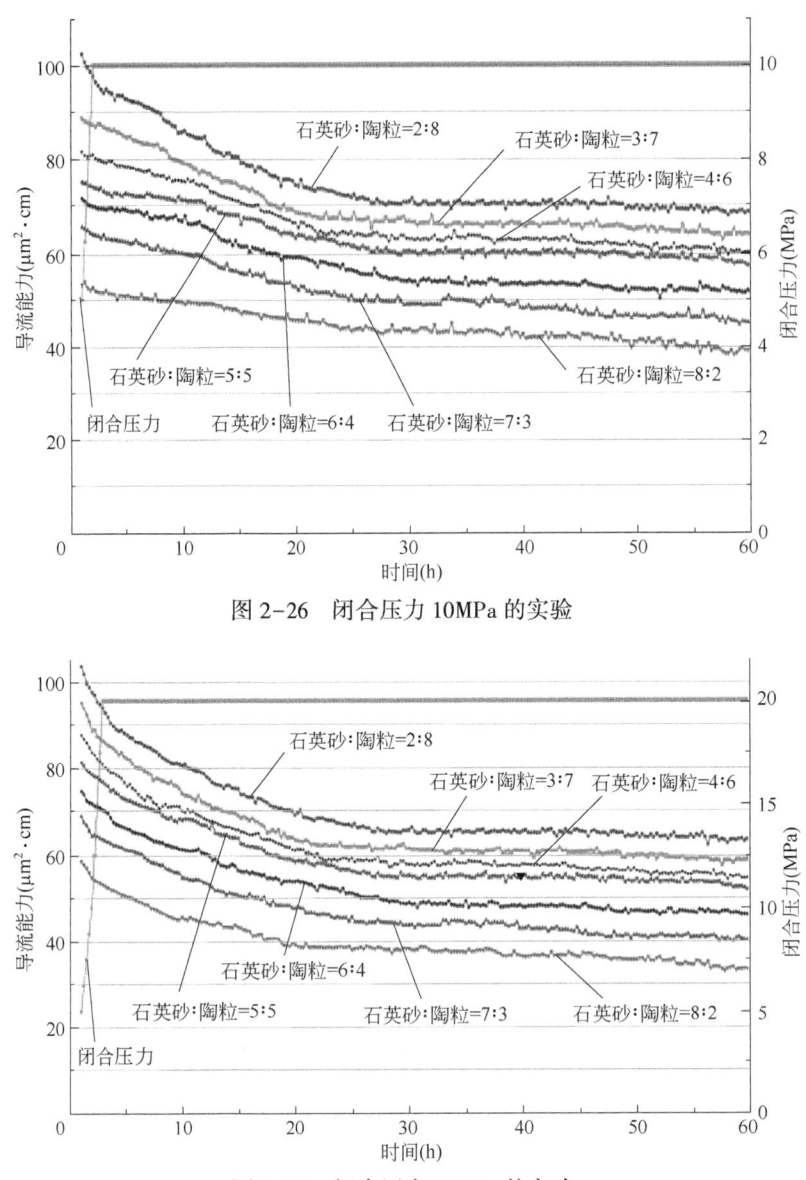

图 2-26 闭合压力 10MPa 的实验

图 2-27 闭合压力 20MPa 的实验

流能力较强，随着闭合压力的增加，不同比例组合支撑剂的导流能力均呈现下降趋势。相同闭合压力条件下，随着石英砂比例的增加，裂缝的导流能力明显下降。不同闭合压力条件下，各种比例组合的导流能力下降幅度差异较大，且闭合压力越大，下降比例越高。低闭合压力下的导流能力变化较大；闭合压力升高到 50MPa，30h 之后导流能力变化率不大，48h 之后满足导流能力大于 $20\mu m^2 \cdot cm$ 的所有比例为 30/50 目石英砂：20/40 目陶粒 = 2：8、3：7、4：6。

根据图 2-26~图 2-30 整理得到石英砂：陶粒不同比例组合的长期导流能力。根据长期导流能力评价指标，石英砂与陶粒混合替代的比例为 2：8、3：7、4：6 时，其导流能力均满足闭合压力 35~50MPa 区间要求，其中石英砂 30/50 目和陶粒 20/40 目的比例为 2：8 对应的长期导流能力最大。如果忽略这几个比例之间的经济成本差异，建议现场施工选择石英砂 30/50 目和陶粒 20/40 目的比例为 2：8、铺砂浓度为 $5.0kg/m^2$ 压裂施工措施。

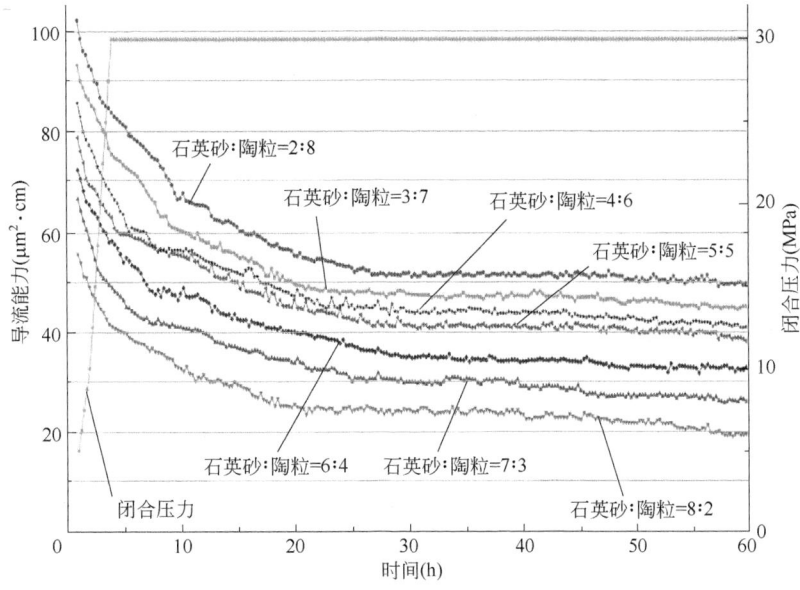

图 2-28　闭合压力 30MPa 的实验

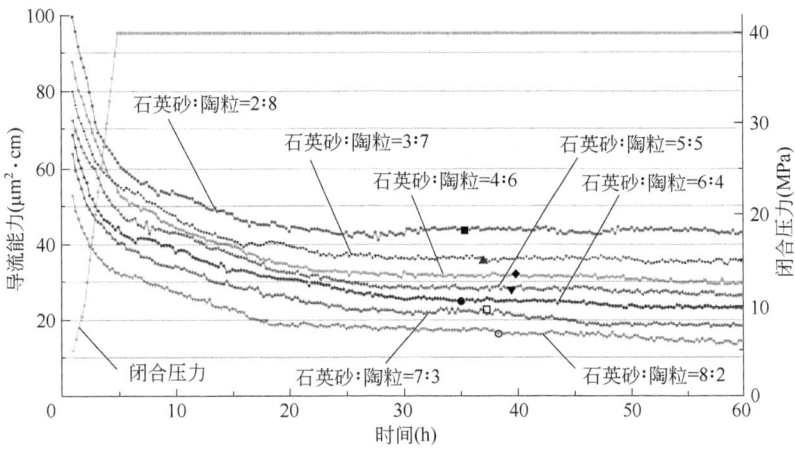

图 2-29　闭合压力 40MPa 的实验

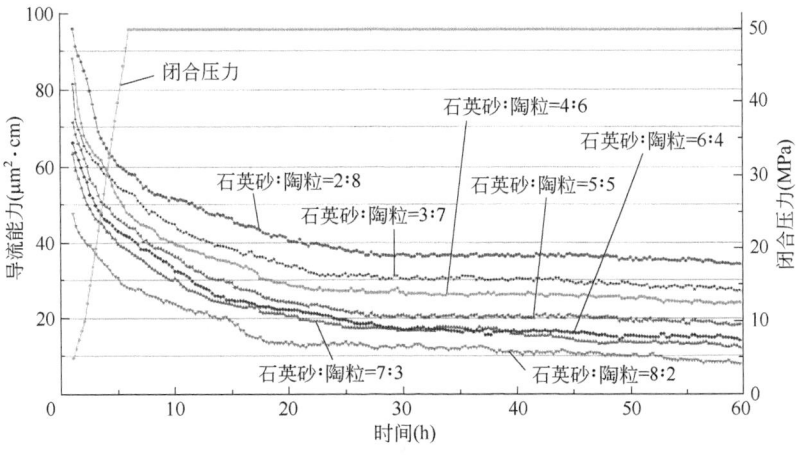

图 2-30　闭合压力 50MPa 的实验

第三章

致密气藏体积压裂起裂模型建立及求解

第一节 混合水体积压裂起裂模型建立及求解

一、张开型（Ⅰ型）裂纹尖端区域的应力场

张开型（Ⅰ型）裂纹是在与裂纹面正交的拉应力作用下，裂纹面产生张开位移而形成的一种裂纹。其受力特征为受与裂纹面正交的拉应力作用；位移特征为位移与裂纹面正交，裂纹上、下表面沿拉应力方向（y 方向）的位移 v 不连续。为计算方便，把坐标原点从裂纹中心 O 点移至裂纹左端点 O' 处，设新坐标系中任意一点的复数坐标为 ξ。

两坐标系的换算关系为：

$$\xi = (x-a) + iy = (x+iy) - a = z - a \tag{3-1}$$

即：

$$z = \xi + a \tag{3-2}$$

整理得：

$$Z_\mathrm{I}(\xi) = \frac{\sigma(\xi+a)}{\sqrt{(\xi+a)^2 - a^2}} = \frac{\sigma(\xi+a)}{\sqrt{\xi(\xi+2a)}} \tag{3-3}$$

令：

$$f_\mathrm{I}(\xi) = \frac{\sigma(\xi+a)}{\sqrt{\xi+2a}} \tag{3-4}$$

则：

$$Z_\mathrm{I}(\xi) = \frac{1}{\sqrt{\xi}} f_\mathrm{I}(\xi) \tag{3-5}$$

当 $|\xi| \to 0$ 时，$f_\mathrm{I}(\xi) \to \sigma\sqrt{\dfrac{a}{2}}$，而对于给定的受力状态和裂纹，$\sigma$ 和 a 都是常数，因

此，在裂尖附近 $f_I(\xi)$ 为一个实常数。令这个实常数为 $\dfrac{K_I}{\sqrt{2\pi}}$，即：

$$\lim_{|\xi| \mapsto 0} f_I(\xi) = \frac{K_I}{\sqrt{2\pi}} \tag{3-6}$$

因此有：

$$K_I = \lim_{|\xi| \mapsto 0} \sqrt{2\pi} f_I(\xi) = \lim_{|\xi| \mapsto 0} \sqrt{2\pi\xi} Z_I(\xi) \tag{3-7}$$

利用解析函数求 I 型裂纹的应力强度因子的定义式，知道了裂纹对应的解析函数 $Z_I(\xi)$，就可以求出应力强度因子。因此，在裂纹尖端处 $|\xi| \to 0$ 的一个很小的范围内，解析函数 $Z_I(\xi)$ 可以写成：

$$Z_I(\xi) = \lim_{|\xi| \mapsto 0} f_I(\xi) \frac{1}{\sqrt{\xi}} = \frac{K_I}{\sqrt{2\pi\xi}} \tag{3-8}$$

为研究方便，取极坐标系，令：

$$\xi = r \cdot e^{i\theta} = r(\cos\theta + i\sin\theta) \tag{3-9}$$

得：

$$Z_I(\xi) = \frac{K_I}{\sqrt{2\pi r e^{i\theta}}} = \frac{K_I}{\sqrt{2\pi r}} e^{-i\frac{\theta}{2}} = \frac{K_I}{\sqrt{2\pi r}}\left(\cos\frac{\theta}{2} - i\sin\frac{\theta}{2}\right) \tag{3-10}$$

对 ξ 求导后得：

$$Z'_I(\xi) = \frac{K_I}{\sqrt{2\pi}}\left(-\frac{1}{2}\right)\xi^{-\frac{3}{2}} = -\frac{K_I}{2\sqrt{2\pi}} r^{-\frac{3}{2}}\left(\cos\frac{3\theta}{2} - i\sin\frac{3\theta}{2}\right) \tag{3-11}$$

对 ξ 积分后得：

$$\tilde{Z}_I(\xi) = \frac{K_I}{\sqrt{2\pi}}\int \xi^{-\frac{1}{2}} d\xi = \frac{2K_I}{\sqrt{2\pi}} \xi^{\frac{1}{2}} = \frac{2K_I}{\sqrt{2\pi}} r^{\frac{1}{2}}\left(\cos\frac{\theta}{2} + i\sin\frac{\theta}{2}\right) \tag{3-12}$$

将实部和虚部分开，再将 $y = r\sin\theta = 2r\sin\dfrac{\theta}{2}\cos\dfrac{\theta}{2}$ 与这些实部和虚部一起代入并整理得：

$$\begin{cases} \sigma_x = \dfrac{K_I}{\sqrt{2\pi r}} \cos\dfrac{\theta}{2}\left(1 - \sin\dfrac{\theta}{2}\sin\dfrac{3\theta}{2}\right) \\ \sigma_y = \dfrac{K_I}{\sqrt{2\pi r}} \cos\dfrac{\theta}{2}\left(1 + \sin\dfrac{\theta}{2}\sin\dfrac{3\theta}{2}\right) \\ \tau_{xy} = \dfrac{K_I}{\sqrt{2\pi r}} \sin\dfrac{\theta}{2}\cos\dfrac{\theta}{2}\cos\dfrac{3\theta}{2} \end{cases} \tag{3-13}$$

位移场表达式为：

$$\begin{cases} u = \dfrac{K_I}{2G}\sqrt{\dfrac{r}{2\pi}} \cos\dfrac{\theta}{2}\left(\kappa - 1 + 2\sin^2\dfrac{\theta}{2}\right) \\ v = \dfrac{K_I}{2G}\sqrt{\dfrac{r}{2\pi}} \sin\dfrac{\theta}{2}\left(\kappa + 1 - 2\cos^2\dfrac{\theta}{2}\right) \end{cases} \tag{3-14}$$

其中：

$$G = \frac{E}{2(1+\mu)}, \kappa = \begin{cases} \dfrac{3-\mu}{1+\mu} & \text{（平面应力状态）} \\ 3 - 4\mu & \text{（平面应变状态）} \end{cases} \tag{3-15}$$

在裂纹尖端区域,渐进解是全解的良好近似,可以缩写成张量形式:

$$\sigma_{ij} = \frac{K_{\mathrm{I}}}{\sqrt{2\pi r}} f_{ij}(\theta) \tag{3-16}$$

可以看出:(1)对于裂纹尖端附近区域内某一定点 (r, θ),其应力大小取决于 K_{I} 的大小,K_{I} 越大,该点的应力也越大。因此,K_{I} 是表征裂纹尖端区域应力场强弱程度的参量,而且是唯一的参量;(2)因为 σ_{ij} 正比于 $\frac{1}{\sqrt{r}}$,所以当 $r \to 0$ 时,$\sigma_{ij} \to \infty$,称为应力具有 $\frac{1}{\sqrt{r}}$ 的奇异性。只要是 I 型裂纹,裂纹尖端的应力场都具有相同的奇异性。它远比其他附加项要大得多,因此,对所有 I 型裂纹问题都适用。

综上所述,应力分量可由两部分描述:一部分是关于场分布的描述,它随点的坐标而变化,通过 r 的奇异性及角分布 $f_{ij}(\theta)$ 来体现;另一部分是关于场强度的描述,通过应力强度因子 K_{I} 来表示,它与裂纹体的几何形状及外加载荷有关。

二、滑开型(II型)裂纹尖端区域的应力场

滑开型(II型)裂纹是在裂纹面内且与裂纹尖端线垂直的剪应力作用下,裂纹面产生沿该剪应力方向的相对滑动而形成的一种裂纹。其受力特征为受在裂纹面内且与裂纹尖端线垂直的剪应力作用;位移特征为裂纹上、下表面沿该剪应力方向相对滑动,裂纹上、下表面沿该剪应力方向(x 方向)的位移 u 不连续。II 型裂纹问题与 I 型裂纹问题的主要差别在于两者在无限远处的受力条件不同。I 型裂纹问题在无限远处受的是均匀拉应力的作用,而 II 型裂纹问题在无限远处受的是均匀剪应力的作用。

对于 II 型裂纹问题,Westergaard 选用的应力函数为:

$$\Phi_{\mathrm{II}} = -y R_{\mathrm{e}} \tilde{Z}_{\mathrm{II}}(z) \tag{3-17}$$

于是有:

$$\begin{cases} \sigma_x = \dfrac{\partial^2 \Phi_{\mathrm{II}}}{\partial y^2} = \dfrac{\partial^2}{\partial y^2}[-y R_{\mathrm{e}} \tilde{Z}_{\mathrm{II}}(z)] \\ \qquad = \dfrac{\partial}{\partial y}[-R_{\mathrm{e}} \tilde{Z}_{\mathrm{II}}(z) + y I_{\mathrm{m}} Z_{\mathrm{II}}(z)] \\ \qquad = I_{\mathrm{m}} Z_{\mathrm{II}}(z) + I_{\mathrm{m}} Z_{\mathrm{II}}(z) + y R_{\mathrm{e}} Z'_{\mathrm{II}}(z) \\ \qquad = 2 I_{\mathrm{m}} Z_{\mathrm{II}}(z) + y R_{\mathrm{e}} Z'_{\mathrm{II}}(z) \\ \sigma_y = \dfrac{\partial^2 \Phi_{\mathrm{II}}}{\partial x^2} = -y R_{\mathrm{e}} Z'_{\mathrm{II}}(z) \\ \tau_{xy} = -\dfrac{\partial^2 \Phi_{\mathrm{II}}}{\partial x \partial y} = R_{\mathrm{e}} Z_{\mathrm{II}}(z) - y I_{\mathrm{m}} Z'_{\mathrm{II}}(z) \end{cases} \tag{3-18}$$

与解 I 型裂纹问题类似,也可以找出一个满足边界条件的解析函数 $Z_{\mathrm{II}}(z)$:

$$Z_{\mathrm{II}}(z) = \frac{\tau_z}{\sqrt{z^2 - a^2}} \tag{3-19}$$

为分析裂纹尖端附近区域的应力场,与解 I 型裂纹问题类似,也将坐标原点从裂纹中心移到裂纹右尖端处,则有:

$$z=\zeta+a \text{ 或 } \zeta=z-a \tag{3-20}$$

整理得：

$$Z_{\mathrm{II}}(\zeta)=\frac{\tau(\zeta+a)}{\sqrt{\zeta(\zeta+2a)}} \tag{3-21}$$

令：

$$f_{\mathrm{II}}(\zeta)=\frac{\tau(\zeta+a)}{\sqrt{\zeta+2a}} \tag{3-22}$$

则有：

$$Z_{\mathrm{II}}(\zeta)=f_{\mathrm{II}}(\zeta)\frac{1}{\sqrt{\zeta}} \tag{3-23}$$

当 $|\zeta|\to 0$ 时，也就是说在裂纹尖端附近处，$f(\zeta)$ 为一个实常数，该实常数为 $\lim\limits_{|\zeta|\mapsto 0}f(\zeta)=\tau\sqrt{\dfrac{a}{2}}$。一般情况下，设这个极限值为 $K_{\mathrm{II}}/\sqrt{2\pi}$，即设

$$\lim_{|\zeta|\mapsto 0}f_{\mathrm{II}}(\zeta)=K_{\mathrm{II}}/\sqrt{2\pi} \tag{3-24}$$

则有：

$$K_{\mathrm{II}}=\lim_{|\zeta|\mapsto 0}\sqrt{2\pi\zeta}Z_{\mathrm{II}}(\zeta) \tag{3-25}$$

常数 K_{II} 就是 Ⅱ 型裂纹尖端的应力强度因子，由解析函数 $Z_{\mathrm{II}}(\zeta)$ 求解 Ⅱ 型裂纹尖端的应力强度因子的定义式。

于是，在 $|\zeta|$ 很小的范围内，$Z_{\mathrm{II}}(\zeta)$ 和 $Z'_{\mathrm{II}}(\zeta)$ 可以分别表示为：

$$\begin{cases} Z_{\mathrm{II}}(\zeta)=\lim\limits_{|\zeta|\mapsto 0}f_{\mathrm{II}}(\zeta)\cdot\dfrac{1}{\sqrt{\zeta}}=\dfrac{K_{\mathrm{II}}}{\sqrt{2\pi}}(\zeta)^{-\frac{1}{2}} \\ Z'_{\mathrm{II}}(\zeta)=\dfrac{K_{\mathrm{II}}}{\sqrt{2\pi}}[(\zeta)^{-\frac{1}{2}}]'=-\dfrac{K_{\mathrm{II}}}{2\sqrt{2\pi}}(\zeta)^{-\frac{3}{2}} \end{cases} \tag{3-26}$$

为研究方便，用极坐标来表示，将 $\zeta=re^{i\theta}$ 代入上面两个式子，并利用公式 $e^{i\varphi}=\cos\varphi+i\sin\varphi$，可得：

$$\begin{cases} Z_{\mathrm{II}}(\zeta)=\dfrac{K_{\mathrm{II}}}{\sqrt{2\pi r}}\left(\cos\dfrac{\theta}{2}-i\sin\dfrac{\theta}{2}\right) \\ Z'_{\mathrm{II}}(\zeta)=-\dfrac{K_{\mathrm{II}}}{2\sqrt{2\pi}}r^{-\frac{3}{2}}\left(\cos\dfrac{3\theta}{2}-i\sin\dfrac{3\theta}{2}\right) \end{cases} \tag{3-27}$$

将 $Z_{\mathrm{II}}(\zeta)$ 和 $Z'_{\mathrm{II}}(\zeta)$ 的实部和虚部以及 $y=2r\sin\dfrac{\theta}{2}\cos\dfrac{\theta}{2}$ 代入式(3-18)，就可以得到 Ⅱ 型裂纹尖端附近各应力分量的表达式：

$$\begin{cases} \sigma_x=-\dfrac{K_{\mathrm{II}}}{\sqrt{2\pi r}}\sin\dfrac{\theta}{2}\left(2+\cos\dfrac{\theta}{2}\cos\dfrac{3\theta}{2}\right) \\ \sigma_y=\dfrac{K_{\mathrm{II}}}{\sqrt{2\pi r}}\sin\dfrac{\theta}{2}\cos\dfrac{\theta}{2}\cos\dfrac{3\theta}{2} \\ \tau_{xy}=\dfrac{K_{\mathrm{II}}}{\sqrt{2\pi r}}\cos\dfrac{\theta}{2}\left(1-\sin\dfrac{\theta}{2}\sin\dfrac{3\theta}{2}\right) \end{cases} \tag{3-28}$$

代入广义虎克定律，就可以得到Ⅱ型裂纹尖端附近区域位移场的表达式：

$$\begin{cases} u = \dfrac{(1+\mu)K_{\mathrm{II}}}{E}\sqrt{\dfrac{r}{2\pi}}\sin\dfrac{\theta}{2}\left(\kappa+1+2\cos^2\dfrac{\theta}{2}\right) \\ v = \dfrac{(1+\mu)K_{\mathrm{II}}}{E}\sqrt{\dfrac{r}{2\pi}}\cos\dfrac{\theta}{2}\left(-\kappa+1+2\sin^2\dfrac{\theta}{2}\right) \end{cases} \quad (3-29)$$

三、撕开型（Ⅲ型）裂纹尖端区域的应力场

撕开型（Ⅲ型）裂纹是在裂纹面内且与裂纹尖端线平行的剪应力作用下，裂纹面产生沿裂纹面外的相对滑动而形成的一种裂纹。其受力特征为受在裂纹面内且与裂纹尖端线平行的剪应力作用；位移特征为裂纹上、下表面沿该剪应力方向相对滑动，裂纹上、下表面沿该剪应力方向（z方向）的位移w不连续。Ⅲ型裂纹问题与Ⅰ、Ⅱ型裂纹问题不同，它是反平面问题。裂纹面沿图中的z轴方向错开，因此裂纹面沿x方向和y方向的位移都为零，只有沿z方向的位移不为零，即：$u=0$，$v=0$，$w=w(x,y)$。

根据弹性力学，在线弹性小变形情况下，联系应变与位移的几何方程为：

$$\begin{cases} \varepsilon_x = \dfrac{\partial u}{\partial x} \\ \varepsilon_y = \dfrac{\partial v}{\partial y} \\ \varepsilon_z = \dfrac{\partial w}{\partial z} \end{cases} \quad (3-30)$$

$$\begin{cases} \gamma_{xy} = \dfrac{1}{2}\left(\dfrac{\partial u}{\partial y}+\dfrac{\partial v}{\partial x}\right) \\ \gamma_{yz} = \dfrac{1}{2}\left(\dfrac{\partial v}{\partial z}+\dfrac{\partial w}{\partial y}\right) \\ \gamma_{zx} = \dfrac{1}{2}\left(\dfrac{\partial w}{\partial x}+\dfrac{\partial u}{\partial y}\right) \end{cases} \quad (3-31)$$

将$u=0$，$v=0$，$w=w(x,y)$代入式（3-30）、式（3-31）得：

$$\varepsilon_x=0, \varepsilon_y=0, \varepsilon_z=0, \gamma_{xy}=0 \quad (3-32)$$

代入广义虎克定律中：

$$\begin{cases} \sigma_x = \dfrac{1}{E}[\sigma_x-\mu(\sigma_y+\sigma_z)] \\ \sigma_y = \dfrac{1}{E}[\sigma_y-\mu(\sigma_z+\sigma_x)] \\ \sigma_z = \dfrac{1}{E}[\sigma_z-\mu(\sigma_x+\sigma_y)] \end{cases} \quad (3-33)$$

$$\begin{cases} \gamma_{xy} = \dfrac{1}{G}\tau_{xy} \\ \gamma_{yz} = \dfrac{1}{G}\tau_{yz} \\ \gamma_{zx} = \dfrac{1}{G}\tau_{zx} \end{cases} \quad (3-34)$$

前三式联立得：

$$\sigma_x = 0, \sigma_y = 0, \sigma_z = 0 \tag{3-35}$$

由 $\gamma_{xy} = 0$ 得：

$$\tau_{xy} = 0 \tag{3-36}$$

代入平衡方程，可得：

$$\frac{\partial \tau_{xz}}{\partial x} + \frac{\partial \tau_{yz}}{\partial y} = 0 \tag{3-37}$$

应力与位移的关系为：

$$\begin{cases} \tau_{xz} = G\gamma_{xz} = G\dfrac{\partial w}{\partial x} \\ \tau_{yz} = G\gamma_{yz} = G\dfrac{\partial w}{\partial y} \end{cases} \tag{3-38}$$

G 为剪切杨氏模量，整理得：

$$G\left(\frac{\partial^2}{\partial x^2} + \frac{\partial^2}{\partial y^2}\right)w = 0 \tag{3-39}$$

即

$$\nabla^2 w = 0 \tag{3-40}$$

位移 w 应是调和函数，它满足调和方程。Westerggard 选择的应力函数为：

$$w = \frac{1}{G} I_m \tilde{Z}_{\mathrm{III}}(z) \tag{3-41}$$

显然，这个函数能满足调和方程，现在只要再选择一个具体的解析函数 $Z_{\mathrm{III}}(z)$，使它满足所研究问题的全部边界条件，它就是问题的解。

$$\begin{cases} \tau_{xz} = G\dfrac{\partial w}{\partial x} = \dfrac{\partial}{\partial x} I_m \tilde{Z}_{\mathrm{III}}(z) = I_m Z_{\mathrm{III}}(z) \\ \tau_{yz} = G\dfrac{\partial w}{\partial y} = \dfrac{\partial}{\partial y} I_m \tilde{Z}_{\mathrm{III}}(z) = R_e Z_{\mathrm{III}}(z) \end{cases} \tag{3-42}$$

与求 I 型和 II 型裂纹的方法类似，可选：

$$Z_{\mathrm{III}}(z) = \frac{\tau_{1z}}{\sqrt{z^2 - a^2}} \tag{3-43}$$

这样选择的函数能满足调和方程，而且能满足本问题的全部边界条件。将坐标原点移到裂纹右尖端处，新坐标系中的复数坐标为 ζ，与 I 型裂纹和 II 型裂纹的解法类似，可得：

$$Z_{\mathrm{III}}(\zeta) = \frac{\tau(\zeta + a)}{\sqrt{\zeta(\zeta + 2a)}} \tag{3-44}$$

$$K_{\mathrm{III}} = \lim_{|\zeta| \to 0} \sqrt{2\pi \zeta} Z_{\mathrm{III}}(\zeta) \tag{3-45}$$

这个常数 K_{III}，就是 III 型裂纹尖端的应力强度因子，是由解析函数 $Z_{\mathrm{III}}(\zeta)$ 求解 III 型裂纹尖端的应力强度因子的定义式。

于是，在 $|\zeta|$ 很小的范围内，$Z_{\mathrm{III}}(\zeta)$ 和 $\tilde{Z}_{\mathrm{III}}(\zeta)$ 可以分别表示为：

$$\begin{cases} Z_{\mathrm{III}}(\zeta) = \dfrac{K_{\mathrm{III}}}{\sqrt{2\pi}}(\zeta)^{-\frac{1}{2}} = \dfrac{K_{\mathrm{III}}}{\sqrt{2\pi r}}\left(\cos\dfrac{\theta}{2} - i\sin\dfrac{\theta}{2}\right) \\ \tilde{Z}_{\mathrm{III}}(\zeta) = \dfrac{2K_{\mathrm{III}}}{\sqrt{2\pi}}(\zeta)^{\frac{1}{2}} = 2K_{\mathrm{III}}\sqrt{\dfrac{r}{2\pi}}\left(\cos\dfrac{\theta}{2} + i\sin\dfrac{\theta}{2}\right) \end{cases} \tag{3-46}$$

将 $Z_{\text{III}}(\zeta)$ 和 $\tilde{Z}_{\text{III}}(\zeta)$ 中的实部和虚部代入得到Ⅲ型裂纹尖端附近的应力分量和位移分量分别为：

$$\begin{cases} \tau_{xz} = -\dfrac{K_{\text{III}}}{\sqrt{2\pi r}} \sin \dfrac{\theta}{2} \\ \tau_{yz} = \dfrac{K_{\text{III}}}{\sqrt{2\pi r}} \cos \dfrac{\theta}{2} \end{cases} \quad (3-47)$$

$$w = \dfrac{2K_{\text{III}}}{G}\sqrt{\dfrac{r}{2\pi}}\sin\dfrac{\theta}{2} = \dfrac{4(1+\mu)}{E}\sqrt{\dfrac{r}{2\pi}}\sin\dfrac{\theta}{2} \quad (3-48)$$

第二节 体积压裂裂缝闭合状态判定

一、体积压裂裂缝闭合状态模型

令 λ_1（$0<\lambda_1<1$）为侧压系数，两个主应力满足关系 $\sigma_1=\sigma$，$\sigma_3=\lambda\sigma_1$。规定 σ_N 和 σ_T 分别为裂缝面上的法向应力和切向应力，τ_N 为主裂缝面上的剪应力，p 为缝内流体压力，β 为裂缝倾角，（°）；a 和 b 分别为椭圆的长轴和短轴，且 $b=2\lambda a$。

对于岩体中心的椭圆裂缝（此处仅讨论平面状态，本章以受压为正），令 λ_1 为侧压系数，且 $\sigma_3=\lambda_1\sigma_1$，$a$ 和 b 分别为椭圆的长轴和短轴，且 $b=2\lambda a$。裂纹面的椭圆方程可表示为：

$$\begin{cases} x = a\cos\vartheta \\ y = b\sin\vartheta \end{cases} \quad (3-49)$$

式中 ϑ——z 平面的位置参数；

θ——平面的位置参数，且满足 $\vartheta=-\theta$。

根据断裂力学理论，可采用保角变换法根据如下关系式将椭圆裂纹面外部区域（z 平面区域）变为 ξ 平面的中心单位圆：

$$\begin{cases} z=\omega(\xi)=R\left(m\xi+\dfrac{1}{\xi}\right) \\ R=\dfrac{a+b}{2}, m=\dfrac{a-b}{a+b} \end{cases} \quad (3-50)$$

式中 ξ——复变量；

$\omega(\xi)$——保角变换函数。根据断裂力学理论，裂缝面上任意一点的位移公式满足下式：

$$2G(u_x+iu_y)=\kappa\varphi(\xi)-\dfrac{\omega(\xi)}{\overline{\omega'(\xi)}}\overline{\varphi'(\xi)}-\overline{\varphi(\xi)} \quad (3-51)$$

式中 u_x 和 u_y——裂缝面上某点在 x 和 y 方向的位移；

i——虚数单位；

G——岩石的杨氏模量；

$\varphi(\xi)$ 和 $\phi(\xi)$——复势函数。

κ 满足如下关系：

$$\kappa = \frac{3-\nu}{1+\nu}(\text{平面应力}) \text{ 或 } \kappa = 3-4\nu (\text{平面应变}) \tag{3-52}$$

运用柯西积分可求得 ξ 平面上位移 u_x 和 u_y 的表达式：

$$\begin{cases} u_x = -d\cos\theta - e\sin\theta \\ u_y = e\cos\theta - f\sin\theta \end{cases} \tag{3-53}$$

将 ξ 平面的裂缝面位移方程变换到 z 平面的裂缝面构型方程可写为：

$$\begin{cases} x = [a-d(\sigma)]\cos\vartheta + e(\sigma)\sin\vartheta \\ y = e(\sigma)\cos\vartheta + [b+f(\sigma)]\sin\vartheta \end{cases} \tag{3-54}$$

式中 d、e 和 f——裂缝面变形参数，且是外加应力的函数。

对于 λ_1 为定值的等比例加载过程，满足如下表达式：

$$\begin{cases} d(\sigma) = -(\kappa+1)\dfrac{-b(1+\lambda_1)-(1-\lambda_1)(a+b)\cos(2\beta)}{8G}\sigma \\ e(\sigma) = -(\kappa+1)\dfrac{(1-\lambda_1)(a+b)\sin(2\beta)}{8G}\sigma \\ f(\sigma) = -(\kappa+1)\dfrac{-a(1+\lambda_1)-(1-\lambda_1)(a+b)\cos(2\beta)}{8G}\sigma \end{cases} \tag{3-55}$$

xoy 平面内 y 轴方向为短轴方向，也即是裂缝面闭合方向。假设点 A、B 为裂缝面上任意具有相同 x 坐标的两个点，y_A 和 y_B 分别为这两点的纵坐标；则这两个点的距离可以表示为：

$$\Delta y(x) = y_A - y_B \tag{3-56}$$

通常在研究围压条件下岩体中的裂缝闭合问题时，假设裂缝只有闭合和张开两种状态，没有中间过程。所以，$\Delta y(x) < 0$ 表示已经相互嵌入，裂缝面已经闭合；$\Delta y(x) > 0$ 表示裂缝面尚未闭合；$\Delta y(x) = 0$ 表示裂缝面恰好闭合。此处取 $\Delta y(x) = 0$ 表示裂缝闭合的临界状态，结合上述方程，可得裂纹面恰好闭合的条件为方程（3-57）成立：

$$[a-d(\sigma)][b+f(\sigma)] - [e(\sigma)]^2 = 0 \tag{3-57}$$

通常，椭圆裂缝的长轴远远大于短轴，即 $a \gg b$；并且裂缝通常是沿短轴闭合，因而闭合前后裂缝长度的变化相对于裂缝长度本身是可以忽略的，可以认为 $a-d(\sigma)$ 近似等于 a。从而，方程可以进一步简化为：

$$b+f(\sigma) = \frac{[e(\sigma)]^2}{a} \tag{3-58}$$

将方程（3-55）代入方程（3-58）可得：

$$b+f(\sigma) = \frac{a(\kappa+1)^2\sin(2\beta)}{64}\left[\frac{(1-\lambda_1)\sigma}{G}\right]^2 \tag{3-59}$$

β 为裂缝倾角；显然，方程（3-59）的右边是一个极小的正数，可以近似等于零，同时再代入方程（3-55），可以得到裂缝恰好闭合时，外加应力应该满足的临界条件（$\sigma = \sigma_1$）：

$$\frac{4\lambda_2 G}{(\kappa+1)(\sin^2\beta + \lambda_1\cos^2\beta)\sigma_1} = 1 \tag{3-60}$$

进一步可以得到裂缝闭合的判据如下：

$$\begin{cases} B_f = \dfrac{4\lambda_2 G}{(\kappa+1)(\sin^2\beta+\lambda_1\cos^2\beta)\sigma_1} > 1 & (裂缝尚未闭合) \\ B_f = \dfrac{4\lambda_2 G}{(\kappa+1)(\sin^2\beta+\lambda_1\cos^2\beta)\sigma_1} = 1 & (裂缝刚好闭合) \\ B_f = \dfrac{4\lambda_2 G}{(\kappa+1)(\sin^2\beta+\lambda_1\cos^2\beta)\sigma_1} < 1 & (裂缝已经闭合) \end{cases} \quad (3-61)$$

岩石受远场垂直方向的主应力 σ_1 和水平方向的主应力 σ_3，对于闭合裂缝，通常假设裂缝为直线型或尖锐型裂缝，裂缝半长为 a。

此处规定拉应力为正应力，并且在后续所有研究裂缝起裂扩展的问题中均规定拉应力为正应力。令 λ_1（$0<\lambda_1<1$）为侧压系数，两个主应力满足关系 $\sigma_1 = \sigma$，$\sigma_3 = \lambda\sigma_1$。规定 σ_N 和 σ_T 分别为裂缝面上的法向应力和切向应力；τ_N 为主裂缝面上的剪应力，p 为缝内流体压力；β 为裂缝倾角，（°），且满足如下表达式（$\sigma_1 = -73.5\text{MPa}$，$\sigma_3 = -69.2\text{MPa}$）：

$$\begin{cases} \sigma_N = \sigma[\sin^2\beta + \lambda_1\cos^2\beta] + p \\ \sigma_T = \sigma[\cos^2\beta + \lambda_1\sin^2\beta] + p \\ \tau_N = (1/2)\sigma(1-\lambda_1)\sin2\beta \end{cases} \quad (3-62)$$

根据断裂力学理论，同时考虑裂缝尖端的非奇异应力项，以裂缝尖端为原点进行极坐标条件下的 Williams 展开：

$$\begin{Bmatrix} \sigma_r \\ \sigma_\theta \\ \tau_{r\theta} \end{Bmatrix} = \dfrac{K_{\mathrm{I}}}{\sqrt{2\pi r}} \begin{Bmatrix} \dfrac{5}{4}\cos\dfrac{\theta}{2} - \dfrac{1}{4}\cos\dfrac{3\theta}{2} \\ \dfrac{3}{4}\cos\dfrac{\theta}{2} + \dfrac{1}{4}\cos\dfrac{3\theta}{2} \\ \dfrac{1}{4}\sin\dfrac{\theta}{2} + \dfrac{1}{4}\sin\dfrac{3\theta}{2} \end{Bmatrix} + \dfrac{K_{\mathrm{II}}}{\sqrt{2\pi r}} \begin{Bmatrix} -\dfrac{5}{4}\sin\dfrac{\theta}{2} + \dfrac{3}{4}\sin\dfrac{3\theta}{2} \\ -\dfrac{3}{4}\sin\dfrac{\theta}{2} - \dfrac{3}{4}\sin\dfrac{3\theta}{2} \\ \dfrac{1}{4}\cos\dfrac{\theta}{2} + \dfrac{3}{4}\cos\dfrac{3\theta}{2} \end{Bmatrix} + \begin{Bmatrix} T\cos^2\theta + N\sin^2\theta \\ T\sin^2\theta + N\cos^2\theta \\ (1/2)(N-T)\sin2\theta \end{Bmatrix} + O(r^{1/2})$$

(3-63)

式中 σ_r，σ_θ，$\tau_{r\theta}$——裂缝尖端的径向、正向和切向应力，MPa；

K_{I} 和 K_{II}——裂缝尖端的Ⅰ型和Ⅱ型应力强度因子；

θ——裂缝起裂角，（°）；

T 和 N——非奇异应力项（T 应力）在平行于裂缝面和垂直于裂缝面的分量，MPa。通常对纯Ⅰ型开裂，T 应力可以忽略，但裂缝为Ⅰ—Ⅱ型或纯Ⅱ型开裂时，忽略 T 应力的影响，可能对计算结果造成显著的误差。

当外加应力场在裂缝面产生的有效剪应力能够克服岩石的内聚力和裂缝面的摩擦力之和时，裂缝发生剪切开裂。需要说明的是，此处考虑了非奇异 T 应力的影响，如果不考虑该应力的作用，有效剪应力只需克服岩石的内聚力就行，但这与受压闭合裂缝的实际应力状态有明显出入。对于闭合裂缝，裂缝起裂通常为Ⅱ型开裂，即沿着裂缝方向发生剪切破坏，其起裂角为 0°，针对剪切破坏，最为常用的就是摩尔—库仑准则。

1773 年，库仑首先提出岩土的强度理论，其表达式为：

$$\tau_N = c - \sigma_N\tan\varphi \quad (3-64)$$

其中，分力可以表示为：

$$\begin{cases} \tau_N = \dfrac{1}{2}(\sigma_1 - \sigma_3)\cos\varphi \\ \sigma_N = \dfrac{1}{2}(\sigma_1 + \sigma_3) + \dfrac{1}{2}(\sigma_1 - \sigma_3)\sin\varphi \end{cases} \tag{3-65}$$

对式(3-65)变形得:

$$|\tau_N| = c + |\sigma_N|\tan\varphi \tag{3-66}$$

式中　c——岩石的黏聚力，MPa；

　　　φ——岩石的内摩擦角，(°)。

考虑到闭合裂缝上、下表面接触势必产生摩擦力，抑制裂缝面的相对滑动，需要将裂缝面上的剪应力修正为有效剪应力（τ_{eff}，MPa），即 τ_{eff} 和 τ_N 满足如下关系式：

$$\tau_{\text{eff}} = \begin{cases} 0 & (|\tau_N| \leqslant |\mu\sigma_N|, \sigma_N < 0) \\ \tau_N + \mu\sigma_N & (|\tau_N| > |\mu\sigma_N|, \sigma_N < 0, \tau_N > 0) \\ \tau_N - \mu\sigma_N & (|\tau_N| > |\mu\sigma_N|, \sigma_N < 0, \tau_N < 0) \\ \tau_N & (\sigma_N \geqslant 0) \end{cases} \tag{3-67}$$

式中　μ——裂缝面摩擦系数，无量纲。

裂缝面上的Ⅱ型应力强度因子 $K_{\text{II}} = \tau_{\text{eff}}(\pi a)^{0.5}$。由于闭合裂缝的裂缝面法向总是处于受压状态，且裂缝面上对应的两点在 y 轴方向不存在相对运动，Ⅰ型应力强度因子 $K_{\text{I}} = 0$ 恒成立。

由于闭合裂缝发生Ⅱ型开裂时起裂角为0°，根据裂缝面上的法向应力和剪应力可以简化为：

$$\sigma_\theta\big|_{\theta=0} = N$$
$$\tau_{r\theta}\big|_{\theta=0} = \dfrac{K_{\text{II}}}{\sqrt{2\pi r}} \tag{3-68}$$

可得到闭合裂缝剪切开裂的起裂准则:

$$\left|\dfrac{K_{\text{II}}}{\sqrt{2\pi r}}\right| = c + |N|\tan\varphi \tag{3-69}$$

式中　r——裂缝尖端的临界尺寸，m。

采用摩尔—库仑准则，同时假设：(1) 剪应力的正负只代表了应力方向的不同，剪切裂纹将沿着有效剪切应力绝对值的最大值方向扩展，此时所对应的起裂角 $\theta = \theta_2$；(2) 当有效剪应力的绝对值满足摩尔—库仑准则，即方程裂缝发生剪切开裂，具体表述如下：

$$\dfrac{d|\tau_{\text{eff}}|}{d\theta}\bigg|_{\theta=\theta_2} = \dfrac{d\|\tau_N| - \mu|\sigma_N\|}{d\theta}\bigg|_{\theta=\theta_2} = 0, \quad \dfrac{d^2|\tau_{\text{eff}}|}{d\theta^2}\bigg|_{\theta=\theta_2} < 0 \tag{3-70}$$

当有效剪应力取最大值时，起裂角应满足如下方程：

$$\begin{aligned} & -\mu\left[\dfrac{K_{\text{I}}}{\sqrt{2\pi r}}\left(\dfrac{3}{8}\sin\dfrac{\theta}{2} + \dfrac{3}{8}\sin\dfrac{3\theta}{2}\right) + \dfrac{K_{\text{II}}}{\sqrt{2\pi r}}\left(\dfrac{3}{8}\cos\dfrac{\theta}{2} + \dfrac{9}{8}\cos\dfrac{3\theta}{2}\right)\right] \\ & + \left[\dfrac{K_{\text{II}}}{\sqrt{2\pi r}}\left(\dfrac{1}{8}\sin\dfrac{\theta}{2} + \dfrac{9}{8}\sin\dfrac{3\theta}{2}\right) - \dfrac{K_{\text{I}}}{\sqrt{2\pi r}}\left(\dfrac{1}{8}\cos\dfrac{\theta}{2} + \dfrac{3}{8}\cos\dfrac{3\theta}{2}\right)\right] \\ & + (T - N)[\cos(2\theta) + \mu\sin(2\theta)] = 0 \end{aligned} \tag{3-71}$$

解方程可以求得 θ_2 的值，将其代入方程（3-70）即可求得有效剪应力绝对值的最大值，并根据摩尔—库仑准则判定裂缝是否会发生剪切起裂。

张开裂缝的起裂考虑到体积压裂中裂缝长度都是远远大于裂缝宽度的，在本节的分析中，仍假设裂缝为尖锐裂缝，裂缝尖端具有应力奇异性。对于张开裂缝，最常见的破坏类型即为拉伸破坏，相应地破坏准则主要是最大周向应力准则。然而，由于储层条件下裂缝所处的应力状态十分复杂，即使是张开裂缝，也可能发生剪切破坏，尤其是当缝内存在流体压力，剪切破坏更容易发生。因此本节将研究张开裂缝的拉伸和剪切起裂准则。

张开裂缝的拉伸开裂，拉伸破坏的最大周向应力准则应假设：（1）拉伸起裂破坏将在与最大周向应力垂直的方向开始；（2）当最大周向应力达到材料的抗拉强度时裂缝才能开始起裂扩展，抗拉强度为材料的固有属性。准则具体表述形式如下：

$$\left.\frac{\mathrm{d}\sigma_\theta}{\mathrm{d}\theta}\right|_{\theta=\theta_1}=0, \left.\frac{\mathrm{d}^2\sigma_\theta}{\mathrm{d}\theta^2}\right|_{\theta=\theta_1}<0 \quad (3-72)$$

$$(\sigma_\theta)_{\max}=\sigma_t \quad (3-73)$$

式中 σ_t——岩石的抗拉强度；

$(\sigma_\theta)_{\max}$——裂缝尖端周向应力的最大值，其所对应的起裂角为 $\theta=\theta_1$。

$$-\frac{K_\mathrm{I}}{\sqrt{2\pi r}}\left(\frac{3}{8}\sin\frac{\theta}{2}+\frac{3}{8}\sin\frac{3\theta}{2}\right)-\frac{K_\mathrm{II}}{\sqrt{2\pi r}}\left(\frac{3}{8}\cos\frac{\theta}{2}+\frac{9}{8}\cos\frac{3\theta}{2}\right)+(T-N)\sin(2\theta)=0 \quad (3-74)$$

注：

$$-\frac{K_\mathrm{I}}{\sqrt{2\pi r}}\left(\frac{3}{16}\cos\frac{\theta}{2}+\frac{9}{16}\cos\frac{3\theta}{2}\right)+\frac{K_\mathrm{II}}{\sqrt{2\pi r}}\left(\frac{3}{16}\sin\frac{\theta}{2}+\frac{27}{16}\sin\frac{3\theta}{2}\right)+2(T-N)\cos(2\theta)\bigg|_{\theta_1}<0 \quad (3-75)$$

解方程可以求得 θ_1 的值。将其代入方程（3-72）和（3-73），即可求得最大的周向应力 $(\sigma_\theta)_{\max}$，可以判定裂缝是否发生拉伸起裂。

张开裂缝的剪切开裂，仍采用摩尔—库仑准则。同时假设：（1）剪应力的正负只代表了应力方向的不同，剪切裂纹将沿着有效剪切应力绝对值的最大值方向扩展，此时所对应的起裂角 $\theta=\theta_2$；（2）当有效剪应力的绝对值满足摩尔—库仑准则时，即裂缝发生剪切开裂，具体表述如下：

$$\left.\frac{\mathrm{d}|\tau_\mathrm{eff}|}{\mathrm{d}\theta}\right|_{\theta=\theta_2}=\left.\frac{\mathrm{d}\||\tau_N|-\mu|\sigma_N\||}{\mathrm{d}\theta}\right|_{\theta=\theta_2}=0, \left.\frac{\mathrm{d}^2|\tau_\mathrm{eff}|}{\mathrm{d}\theta^2}\right|_{\theta=\theta_2}<0 \quad (3-76)$$

当有效剪应力取最大值时，起裂角应满足如下方程：

$$\begin{aligned}&-\mu\left[\frac{K_\mathrm{I}}{\sqrt{2\pi r}}\left(\frac{3}{8}\sin\frac{\theta}{2}+\frac{3}{8}\sin\frac{3\theta}{2}\right)+\frac{K_\mathrm{II}}{\sqrt{2\pi r}}\left(\frac{3}{8}\cos\frac{\theta}{2}+\frac{9}{8}\cos\frac{3\theta}{2}\right)\right]\\&+\left[\frac{K_\mathrm{II}}{\sqrt{2\pi r}}\left(\frac{1}{8}\sin\frac{\theta}{2}+\frac{9}{8}\sin\frac{3\theta}{2}\right)-\frac{K_\mathrm{I}}{\sqrt{2\pi r}}\left(\frac{1}{8}\cos\frac{\theta}{2}+\frac{3}{8}\cos\frac{3\theta}{2}\right)\right]\\&+(T-N)\left[\cos(2\theta)+\mu\sin(2\theta)\right]=0\end{aligned} \quad (3-77)$$

解方程可以求得 θ_2 的值，将其代入方程（3-74）即可求得有效剪应力绝对值的最大值。

方程采用二分法求解，对于区间 $[a,b]$ 上连续不断且 $f(a)\cdot f(b)<0$ 的函数 $y=f(x)$，通过不断地把函数 $f(x)$ 的零点所在的区间一分为二，使区间的两个端点逐步逼近零点，进而得到零点近似值的方法叫二分法。

基本思想：假设数据是按升序排序的，对于给定值 key，从序列的中间位置 k 开始比较，如果当前位置 arr[k] 值等于 key，则查找成功；若 key 小于当前位置值 arr[k]，则在数列的前半段中查找，arr[low,mid-1]；若 key 大于当前位置值 arr[k]，则在数列的后半段中继续查找 arr[mid+1,high]，直到找到为止，时间复杂度：$O(\lg(n))$。

二、体积压裂裂缝闭合状态实力分析

JPH-316 井基础数据见表 3-1，该井构造位置为鄂尔多斯盆地伊陕斜坡东北部，完钻井垂深 2902.88m，斜深 4111.00m，裂缝所受到最大水平主应力 $\sigma_1 = 73.5$MPa，最小水平主应力 $\sigma_3 = 69.2$MPa，侧压系数 $\lambda_1 = 0.941$，杨氏模量 $E = 31.8$GPa，泊松比 $\nu = 0.219$。

表 3-1 JPH-316 井基础数据

名称	数值		名称	数值
闭合压力（MPa）	35		酸液压缩系数（1/MPa）	0.0000435
支撑剂密度（kg/m³）	2650		瞬时关井井口压力（MPa）	22
支撑剂平均粒径（mm）	40/70 目	0.00034	停泵后裂缝延伸时间（min）	0
	30/50 目	0.00045		
	20/40 目	0.000635		
油嘴直径（mm）	8		返排时间（min）	120
支撑剂用量（m³）	30		支撑剂体积密度（kg/m³）	1600

1. 杨氏模量对裂缝闭合压力影响

图 3-1 为碳酸盐岩杨氏模量（$G = 31800$MPa、$G = 33800$MPa、$G = 36800$MPa 及 $G = 37800$MPa）对闭合压力影响关系。随杨氏模量的增大，裂缝闭合压力呈现增大的趋势。假设碳酸盐岩内部存在一条截面为椭圆形的裂缝，裂缝的短、长轴之比越大，碳酸盐岩裂缝的闭合系数越高，即碳酸盐岩裂缝越不容易闭合。这与实际储层条件是相符的，即碳酸盐岩中的大尺度裂缝（断层、水力裂缝的主裂缝，裂缝的短、长轴比值极小）总是容易闭合的，而小尺度裂缝（裂缝短、长轴比值较大）则容易保持开启。

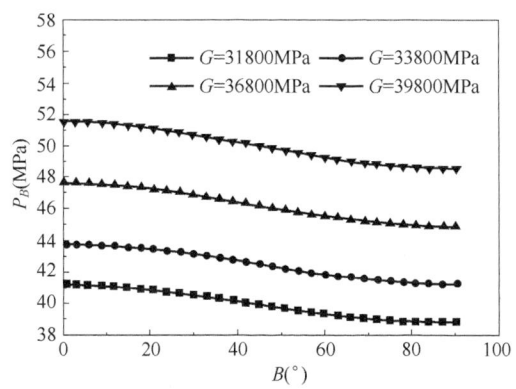

图 3-1 碳酸盐岩杨氏模量对裂缝闭合压力影响

2. 最小水平主应力对裂缝闭合压力影响

图 3-2 为碳酸盐岩最小水平主应力（$\sigma_3 = 69.2$MPa、$\sigma_3 = 59.2$MPa、$\sigma_3 = 49.2$MPa、

$\sigma_3=39.2$MPa)对裂缝闭合压力影响。随着最大主应力的增大,闭合压力呈现增大的趋势,最大水平主应力对较小裂缝倾斜角的闭合应力影响较大。随裂缝倾斜角的增大,最小水平主应力对闭合压力的影响越弱。$\sigma_3=39.2$MPa 与 $\sigma_3=69.2$MPa 相比,最小水平主应力减小了 43%,闭合压力增大了 76.58%。

3. 泊松比对裂缝闭合压力影响

图 3-3 为碳酸盐岩泊松比($\nu=0.219$、$\nu=0.319$、$\nu=0.419$、$\nu=0.519$)对裂缝闭合压力影响。碳酸盐岩泊松比指在单向受拉或受压时,横向正应变与轴向正应变的绝对值的比值,也称横向变形系数,它是反映碳酸盐岩横向变形的弹性常数。极限情况下 $\lambda=1$,裂缝退化为圆形孔隙,显然在储层条件下孔隙容易保持开启,这也是储层储集和输运流体的基本条件。随着碳酸盐岩泊松比增大,闭合压力呈现增大的趋势。

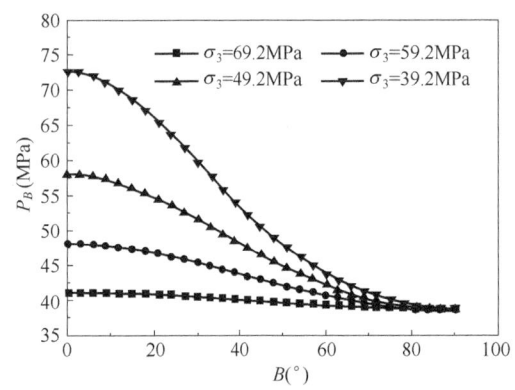
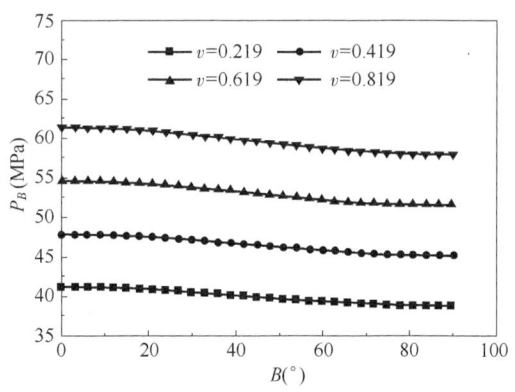

图 3-2 碳酸盐岩最小水平主应力对裂缝闭合压力影响 图 3-3 碳酸盐岩泊松比对裂缝闭合压力影响

4. 最大水平主应力对裂缝闭合压力影响

图 3-4 为碳酸盐岩最大水平主应力($\sigma_1=73.5$MPa、$\sigma_1=83.5$MPa、$\sigma_1=93.5$MPa、$\sigma_1=103.5$MPa)对裂缝闭合压力影响。随最大主应力增大,闭合压力呈现增大的趋势,在裂缝倾角 0°~60°区间内,闭合压力增大趋势较明显,裂缝倾角大于 60°后,闭合压力变化趋势不明显。最大水平主应力 $\sigma_1=73.5$MPa 与 $\sigma_1=103.5$MPa 相比,最大水平主应力增大了 30MPa,闭合压力增大了 31.53MPa。最大水平主应力对较小的裂缝切斜角的闭合应力影响较大。

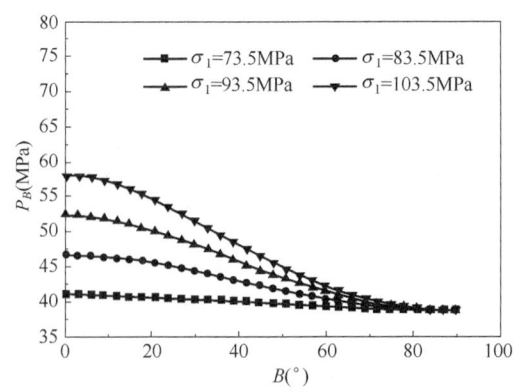

图 3-4 碳酸盐岩最大水平主应力对裂缝闭合压力影响

第三节　数值模拟模型简介

Detournay 对经典的水力致裂 KGD 模型进行了研究，对不可渗透材料，在注入流体黏性占优（viscosity dominated）、材料断裂韧性为 0 的极端情况下，水力裂缝扩展长度满足关系式：

$$L=\left(\frac{EQ^3t^4}{12\mu}\right)^{1/6} \quad (3-78)$$

若材料韧性占优（toughness dominated）、注入流体的黏度为 0 的极端情况下，水力裂缝扩展的长度可用如下关系式描述：

$$L=\left(\frac{EQt}{K'}\right)^{2/3} \quad (3-79)$$

式中　E——材料杨氏模量；

　　$K'=4\left(\frac{2}{\pi}\right)^{1/2}K_{IC}$，$K_{IC}$——材料的断裂韧性；

　　Q——注入流量；

　　t——注入时间；

　　μ——注入流体的黏度。

对于何种因素占优，可以用关系式 κ 来判断：

$$\kappa=\frac{K'}{(12E^3\mu Q)^{1/4}} \quad (3-80)$$

若 $\kappa<1$，则黏性因素占优，可以用式(3-78)近似计算；$\kappa>4$ 时，则断裂韧性因素占优，用式(3-79)计算；若 κ 介于 1 到 4 之间时，属于黏性和韧性共同起作用的过渡区域，应介于上述两种极端情况之间。

对于实际砂岩储层的水力压裂施工，κ 通常为 1 左右。因此，实际水力压裂过程偏向于压裂液黏度占优，岩石的断裂韧性对裂缝长度的影响可以忽略，岩石的杨氏模量与裂缝半长可以用如下关系式来近似描述：

$$L=AE'^\alpha=AE^\alpha \quad (3-81)$$

式中　A——与施工参数相关的系数；

　　α——介于 1/6 和 2/3 之间的常数，通常接近 1/6。

因此，在施工参数和地应力条件一定、岩石为线弹性且不可渗透的情况下，水力压裂裂缝的长度仅与储层岩石的杨氏模量有关。

一、Cohesive 单元损伤模式

Cohesive 单元的损伤模式遵循 Traction-Separation 准则，以 Cohesive 单元承受的应力作为损伤判据，如图 3-5 所示。

在 Cohesive 单元损伤之前，其承受的应力与其位移成正比，当承受的应力达到材料强度（T_{max}）时，其所承受的应力随着位移的增加而减小，当位移达到 δ_f 后，其能承受的应力变为 0，材料完全破坏。

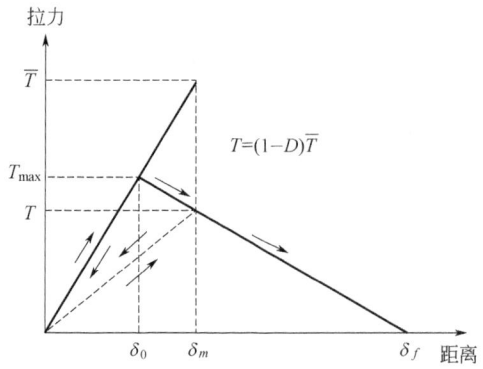

图 3-5 Cohesive 单元损伤 T—S 准则

二、Cohesive 单元起裂与扩展准则

本文所采用的 Cohesive 单元起裂准则为二次应力准则，其表达式为：

$$\left\{\frac{\langle t_n \rangle}{t_n^0}\right\}^2 + \left\{\frac{t_s}{t_s^0}\right\}^2 = 1 \tag{3-82}$$

式中 t_n^0、t_s^0——Cohesive 单元法向和切向的临界应力，即岩石的抗拉强度；

符号 $\langle \ \rangle$——Cohesive 单元承受压应力或压应变不会产生损伤。

Cohesive 单元采用刚度退化来描述单元的演化过程，其表达式为

$$T = (1-D)\overline{T} \tag{3-83}$$

式中 $\overline{T}$——当前应变按未损伤前的刚度得到的应力；

T——实际承受的应力；

D——损伤因子。

损伤因子的计算公式为：

$$D = \frac{\delta_f(\delta_m - \delta_0)}{\delta_m(\delta_f - \delta_0)} \tag{3-84}$$

式中 δ_f、δ_m、δ_0——单元完全破坏时的位移、加载过程中达到的最大位移和初始损伤时的位移。

三、Cohesive 单元损坏区流体流动性质

Cohesive 单元损坏区的流体流动分为沿 Cohesive 单元的切向流动和垂直于 Cohesive 单元上下表面的法向滤失，如图 3-6 所示。

Cohesive 单元内部流体假设为不可压缩的牛顿流体，其切向流动的计算公式为

$$q = -\frac{w^3}{12\mu}\nabla p \tag{3-85}$$

式中 q——切向流流量；

∇p——cohesive 单元长度方向压力梯度；

w——裂缝宽度；

μ——压裂液黏度。

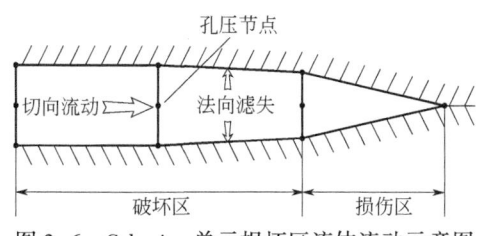

图 3-6 Cohesive 单元损坏区流体流动示意图

Cohesive 单元上下表面法向方向的滤失可以用如下公式来描述：

$$\begin{cases} q_t = c_t(p_f - p_t) \\ q_b = c_b(p_f - p_b) \end{cases} \quad (3-86)$$

式中 p_t、p_b——裂缝上下表面处孔隙压力；
  c_t、c_b——上下表面的滤失系数；
  q_t、q_b——上下表面法向体积流量。

第四节 起裂压力预测模型对比分析

一、井例基础

以 JPH—395 井基础数据为例（表 3-2）本井设计水平段长度为 1000m；实钻水平段总长度为 1000m；钻遇砂岩总长度为 983m，占水平段总长度的 98.30%；钻遇具有全烃显示的砂岩总长度为 749m，占水平段总长度的 74.90%；钻遇泥岩段总长度为 17m，占水平段总长度的 1.70%；该井最高全烃净增值 61.47%，水平段加权全烃净增值 17.87%（表 3-3）。

表 3-2 JPH-395 井基础数据

钻井队	50848HB 钻井队	地理位置	内蒙古自治区鄂托克旗木凯淖尔镇乌素其日嘎 5 社		
井别	开发井（水平井）	构造位置	鄂尔多斯盆地伊陕斜坡北部		
井口横坐标（x）	19300373.18	地面海拔（m）	1496.57	设计井深（m）	4397.98
井口纵坐标（y）	4379352.14	联入（m）	—	完钻井深（m）	斜深 4403.00 垂深 3197.11
开钻日期	2017/8/25	完钻日期	2017/10/23	人工井底（m）	4403.0
完井方式	裸眼预制管柱	水平段长（m）	1000	井底位移（m）	1355.09
完钻层位	盒1^1	固井质量	—	闭合方位（°）	343.21
造斜点数据	深度（m）	2860	最大井斜数据	深度（m）	3735.4
	方位（°）	314.22		方位（°）	344.41
	井斜（°）	1.587		斜度（°）	91.45
井身结构	钻头 311.20mm×401.00m+套管 244.50mm×399.91m 钻头 222.30mm×3403m+套管 177.80mm×3402.33m 钻头 152.40mm×4403.00m				

续表

套管程序	尺寸（mm）	钢级	壁厚（mm）	下入深度（m）	水泥塞深（m）	水泥返高（m）	出地高（m）
表层套管	244.50	J55	8.94	339.91	400.94	地面	-1.03
技术套管	177.80	P110、N80	9.19	3402.33	3402.33	未返出	0.00
	浮箍：3378.923m 和 3367.328m，浮鞋：3401.853m						
生产套管	114.3	P110	6.35	3118.73-4389.43	裸眼封隔器	—	—
悬挂器附近套管接箍数据（由磁定位曲线读出）（m）	3048.5、3059.9、3071.1、3082.6、3094						
悬挂器（m）	3075.039						
套管头型号	9⅝in×7in，耐压35MPa						

表3-3　JPH-395井水平段钻遇情况统计表

水平段长（m）	砂岩		显示段砂岩		泥岩	
	砂岩长（m）	占百分比（%）	砂岩长（m）	占百分比（%）	泥岩长（m）	占百分比（%）
1000	983	98.3	749	74.90	17	1.70

根据该井水平段实钻轨迹可以看出，目的层盒1段水平段钻遇砂体厚度12.2m，水平段第6、7、8段显示相对较好。

该井采用三级井身结构，水平井段6in裸眼封隔器+投球滑套完井，具体数据如图3-7所示。

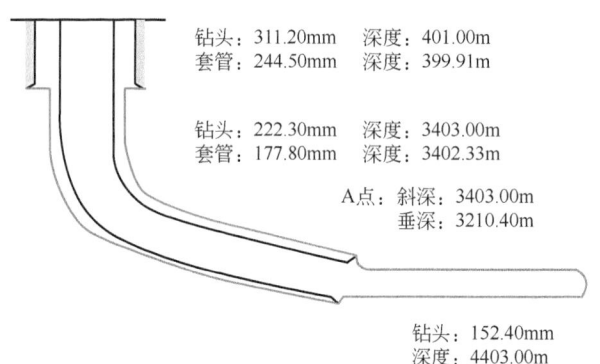

图3-7　JPH-395井井身结构示意图

1. 储层压力、温度和完井井筒液体性质

依据本区直井DST测试资料，盒1段平均压力系数为0.91，平均温度梯度为2.68℃/100m。取水平段垂深3197m，计算得JPH-395井地层压力29.8MPa，地层温度91.8℃。属于正常温度、正常压力系统。

完井时井筒内液体为浓度2%的KCl溶液，密度为1.012g/cm³，pH值介于6.5~7.5。

2. 上下隔层发育情况

根据JPH-395井导眼测井解释成果及水平段实钻轨迹，目的层上覆隔层为厚度4m的泥岩；下覆底部隔层为厚度6m的泥岩，上下隔层遮挡效果较差。

3. 录井及导眼测井解释情况

根据JPH-395井导眼测井解释成果,JPH-395井水平段目的层钻遇砂体厚度12.2m,有效气层厚度10m。有效气层测井解释平均孔隙度10.3%,平均渗透率0.65mD,平均含气饱和度29.4%。

4. 与周围井距离及试气情况

JPH-395井与邻井距离见表3-4,施工过程中压窜风险较小。

表3-4　JPH-395井与周围井的距离

序号	项目	距离（m）
1	JPH-395井井口距JPH-396井井口	5.24
2	JPH-395井井口距锦95井井口	784.55
3	JPH-395井B靶点距J58P17H井井口	1402.48
4	JPH-395井B靶点距JPH-394井B靶点	978.07
5	JPH-395井水平段距JPH-419井水平段	760

JPH-395井周围1口邻井在盒1段的试气结果,统计数据见表3-5。

表3-5　JPH-395井邻井盒1段产能统计表

井号	锦95	J58P18H
无阻流量（$10^4 m^3/d$）	0.9813	12.3376

5. 设计压裂段

根据测录井显示结果、随钻伽马成果综合分析,对以下井段进行压裂改造（表3-6）。

表3-6　JPH-395井压裂段滑套及封隔器设计位置表

级数	滑套位置范围（m）	上封隔器（m）	下封隔器（m）
1	4327~4332	4263	*TD*
2	4220~4225	4163	4263
3	4125~4130	4051	4163
4	4005~4010	3935	4051
5	3860~3865	3810	3935
6	3745~3750	3710	3810
7	3650~3655	3615	3710
8	3555~3560	3500	3615
9	3440~3445	3420	3500

二、起裂压力预测模型对比分析

通过分析对比基础力学特性可知,在实际中岩石开裂是通过上述基础裂缝叠加而来,JPH-416井盒1段压力系数1.512,JPH-395井盒1段井P11裂缝闭合压力系数1.24,均适合用剪切模型模拟计算（表3-7）。

表 3-7　起裂压力预测模型对比分析表

理论基础	钻井岩石力学、断裂力学		
破裂模型	剪切破坏、拉伸破坏		
类型	张开型（Ⅰ型）	滑开型（Ⅱ型）	撕开型（Ⅲ型）
模型（裂缝面与最小主应力面关系）			
形成条件	当 $\sigma_H > \sigma_z$，σ_z 最小时，最大有效周向应力大于水平方向抗拉强度，产生水平裂缝；当 $\sigma_x = \sigma_y$ 时，产生均匀圆形，当 $\sigma_x \neq \sigma_y$ 时，产生类似椭圆或呈不规则分布	当 $\sigma_H < \sigma_z$ 时，最大有效周向应力大于垂直方向抗拉强度；当 $\sigma_x < \sigma_y$ 时，裂缝垂直于最小主应力 σ_x，平行于 σ_y 的方位，反之亦然	
岩石闭合系数	岩石闭合压力系数≥1，剪切破坏	岩石闭合压力系数<1，拉伸破坏	
现场井例	JPH-416 井盒 1 段闭合压力系数为 1.512，JPH-395 井盒 1 段井岩石闭合压力系数为 1.24，均适合用剪切模型模拟计算		

第四章

致密油气藏控制裂缝高度压裂技术

第一节 裂缝拟三维模型建模分析研究

一、压裂液沿井筒压力降数学模型

结合储层地应力分布特征等因素，对模型做出如下假设：
(1) 厚油层地应力线性分布，地层岩石为理想的连续线弹性材料。
(2) 压裂液体为不可压缩幂律型，忽略地层流体进入液体。
(3) 裂缝关于井筒中心对称。
(4) 只考虑压裂液体在裂缝中沿裂缝长度方向流动的压降。
(5) 注入携带液形成人工隔层后，后续注入压裂液过程中人工隔层各点沿裂缝长度方向的厚度不发生变化。

根据压裂液力学及热力学，对质量为 m 的任何流动的压裂液，在某一状态参数下（p、T）和某一位置上所具有的能量包括：内能 U；位能 mgh；动能 $\dfrac{mv^2}{2}$；压缩或膨胀能 pV。据此，就可以写出多相管流通过断面 1 和断面 2 的压裂液的能量平衡关系式（4-1）。为了得到各种管流能量平衡的普遍关系，选用倾斜管流。

$$U_1+mgZ_1\sin\theta+\frac{mv_1^2}{2}+p_1V_1-q=U_2+mgZ_2\sin\theta+\frac{mv_2^2}{2}+p_2V_2 \tag{4-1}$$

式中 m——压裂液质量，g；
V——压裂压裂液积，m³；
p——压力，Pa；
g——重力加速度，m/s²；
θ——管子中心线与参考水平面之间的夹角，(°)；
Z——液流断面沿管子中心线到参考水平面的距离，$h=Z\sin\theta$，m；
U——压裂液的内能，包括分子运动所具有的内部动能及分子间引力引起的内部位能以及化学能、电能等，J；

v——压裂液通过断面的平均流速,m/s。

除了内能外,其他参数可用测量的办法求得。内能虽然不能直接测量和计算其绝对值,但可求得两种状态下的相对变化。根据热力学第一定律,对可逆过程:

$$dq = dU + pdV \tag{4-2}$$

式中　dq——系统与外界交换的热量。

　　　dU 和 pdV——系统进行热交换时,在系统内所引起的压裂液内能的变化和由于压裂液体积改变 dV 后克服外部压力所做的功。

对于本书所研究的不可逆过程来讲:

$$dq + dq_r = dU + pdV \tag{4-3}$$

式中　dq_r——摩擦产生的热量。

若以 dl_w 表示摩擦消耗的功,$dq_r = dl_w$,则由式(4-3)可得:

$$dq = dU + pdV - dl_w \text{ 或 } dU = dq - pdV + dl_w \tag{4-4}$$

可得到两个流动断面之间的能量平衡方程:

$$\Delta U + \Delta(mgZ\sin\theta) + \Delta\left(\frac{mv^2}{2}\right) + \Delta(pV) - q = 0 \tag{4-5}$$

将上式写成微分形式:

$$dU + mvdv + mg\sin\theta dZ + \Delta(pV) - dq = 0 \tag{4-6}$$

简化后,得:

$$Vdp + mvdv + mg\sin\theta dZ + dl_w = 0 \tag{4-7}$$

积分上式就可得到压力为 p_1 和 p_2 两个流动断面的能量平衡方程:

$$\int_{P_1}^{P_2} Vdp + \Delta\left(\frac{mv^2}{2}\right) + \Delta(mgZ\sin\theta) + l_w = 0 \tag{4-8}$$

取单位质量的压裂液 $m=1$,将 $V=\dfrac{1}{\rho}$ 代入式(4-24)后得:

$$\frac{1}{\rho}dp + vdv + g\sin\theta dZ + dl_w = 0 \tag{4-9}$$

式中　ρ——压裂液密度,kg/m³。

用压力梯度表示,则可写为:

$$\frac{dp}{dZ} + \rho v\frac{dv}{dZ} + \rho g\sin\theta + \frac{dl_w}{dZ} = 0 \tag{4-10}$$

由此可得:

$$\frac{dp}{dZ} = -\left(\rho v\frac{dv}{dZ} + \rho g\sin\theta + \frac{dl_w}{dZ}\right) \tag{4-11}$$

式中　$\dfrac{dp}{dZ}$——单位管长上的总压力损失(总压力降);

　　　$\rho v\dfrac{dv}{dZ}$——由于动能变化而损失的压力或称加速度引起的压力损失;

　　　$\rho g\sin\theta$——克服压裂液重力所消耗的压力;

　　　$\dfrac{dl_w}{dZ}$——克服各种摩擦阻力而消耗的压力。

令 $\left(\dfrac{\mathrm{d}p}{\mathrm{d}Z}\right)_{垂深}=\rho g\sin\theta$，$\left(\dfrac{\mathrm{d}p}{\mathrm{d}Z}\right)_{加速度}=\rho v\dfrac{\mathrm{d}v}{\mathrm{d}Z}$，$\left(\dfrac{\mathrm{d}p}{\mathrm{d}Z}\right)_{摩擦}=\dfrac{\mathrm{d}l_{\mathrm{w}}}{\mathrm{d}Z}$，则

$$\dfrac{\mathrm{d}p}{\mathrm{d}Z}=-\left[\left(\dfrac{\mathrm{d}p}{\mathrm{d}Z}\right)_{垂深}+\left(\dfrac{\mathrm{d}p}{\mathrm{d}Z}\right)_{加速度}+\left(\dfrac{\mathrm{d}p}{\mathrm{d}Z}\right)_{摩擦}\right] \tag{4-12}$$

压裂液力学管流计算公式：

$$\left(\dfrac{\mathrm{d}p}{\mathrm{d}Z}\right)_{摩擦}=f\dfrac{\rho}{d}\dfrac{v^2}{2} \tag{4-13}$$

式中　f——摩擦阻力系数；d 为管径，m。

在 Z 方向为由下而上的坐标系中 $\dfrac{\mathrm{d}p}{\mathrm{d}Z}$ 为负值，如果取 $\dfrac{\mathrm{d}p}{\mathrm{d}Z}$ 为正值，则：

$$\dfrac{\mathrm{d}p}{\mathrm{d}Z}=\rho g\sin\theta+\rho v\dfrac{\mathrm{d}v}{\mathrm{d}Z}+f\dfrac{\rho}{d}\dfrac{v^2}{2} \tag{4-14}$$

式（4-14）为适合于各种管流的通用压力梯度方程。

对于水平管流，因 $\theta=0$，$\left(\dfrac{\mathrm{d}p}{\mathrm{d}Z}\right)_{垂深}=0$。若用 x 表示水平流动方向的坐标，则：

$$\dfrac{\mathrm{d}p}{\mathrm{d}x}=\rho v\dfrac{\mathrm{d}v}{\mathrm{d}x}+f\dfrac{\rho}{d}\dfrac{v^2}{2} \tag{4-15}$$

对于垂直管流，$\theta=90°$，$\sin\theta=1$，若以 h 表示高度，则：

$$\dfrac{\mathrm{d}p}{\mathrm{d}h}=\rho g+\rho v\dfrac{\mathrm{d}v}{\mathrm{d}h}+f\dfrac{\rho}{d}\dfrac{v^2}{2} \tag{4-16}$$

为了强调压裂液流动，将方程中的各项流动参数加下角标"m"，则

$$\dfrac{\mathrm{d}p}{\mathrm{d}Z}=\rho_{\mathrm{m}}g\sin\theta+\rho_{\mathrm{m}}v_{\mathrm{m}}\dfrac{\mathrm{d}v_{\mathrm{m}}}{\mathrm{d}Z}+f_{\mathrm{m}}\dfrac{\rho_{\mathrm{m}}v_{\mathrm{m}}^2}{d\ 2} \tag{4-17}$$

式中　ρ_{m}——压裂液的密度；

v_{m}——压裂液的流速；

f_{m}——压裂液流动时的摩擦阻力系数。

单相垂直管液流的 $\left(\dfrac{\mathrm{d}p}{\mathrm{d}Z}\right)_{加速度}$、单相水平管液流的 $\left(\dfrac{\mathrm{d}p}{\mathrm{d}Z}\right)_{垂深}$ 及 $\left(\dfrac{\mathrm{d}p}{\mathrm{d}Z}\right)_{加速度}$ 均为零，只要求得 ρ_{m}、v_{m} 及 f_{m}，就可计算出压力梯度。

按气液两相管流的压力梯度公式计算沿程压力分布时，影响压裂液流动规律的各相物理参数（密度、黏度等）及混合物的密度、流速都随压力和温度而变，而沿程压力梯度并不是常数，因此气液两相管流需要分段计算，以提高计算精度。同时计算压力分布时要先给出相应管段的压裂液物性参数，而这些参数又是压力和温度的函数，但是压力又是计算中要求的未知数。因此，通常每一管段的压力梯度均需采用迭代法进行。有两种迭代方法：（1）用压差分段、按长度增量迭代；（2）用长度分段、按压力增量迭代。

其中用压差分段、按长度增量迭代的步骤是：

（1）已知任一点（井口或井底）的压力 p_0 作为起点，任选一个合适的压力降 Δp 作为计算的压力间隔。

（2）估计一个对应 Δp 的长度增量 ΔL，以便根据温度梯度估算该段下端的温度 T_1。

（3）计算该管段的平均温度 $\overline{T}$ 及平均压力 $\overline{p}$，并确定在该 $\overline{T}$ 和 $\overline{p}$ 下的全部压裂液性质

参数。

(4) 计算该管段的压力梯度 $\dfrac{\mathrm{d}p}{\mathrm{d}L}$。

(5) 计算对应于 Δp 的该段管长，公式如下：

$$\Delta L = \Delta p \Big/ \left(\dfrac{\mathrm{d}p}{\mathrm{d}L}\right) \tag{4-18}$$

(6) 将第（5）步计算得到的 ΔL 与第（2）步估计的 ΔL 进行比较，两者之差超过允许范围，则以计算的 ΔL 作为估计值，重复（2）~（5）的计算，直至两者之差在允许范围 ε_0 内为止。

(7) 计算该管段下端对应的长度 L_i 及压力 p_i，公式如下：

$$L_i = \sum_{i=1}^{n} L_i,\ p_i = p_0 + i\Delta p \quad (i = 1, 2, 3, \cdots, n) \tag{4-19}$$

(8) 以 L_i 处的压力为起点，重复（2）~（7），计算下一管段的长度 L_{i+1} 和压力 p_{i+1}，直到各段的累加长度不小于管长（$L_n \geq L$）时为止。

二、压裂液滤失二维数学模型

压裂液的滤失过程其实就是压裂液在地层中的渗流过程。只要存在裂缝与储层原始地层压力差值，滤失就会一直进行。因此，从压裂过程开始至开井排液阶段，在不考虑裂缝内部黏滞阻力的情况下，井底压力（即人工裂缝内部的压力）只要高于储层压力，滤失的过程就一直延续。本书在建立数学模型时分别考虑压裂液在滤饼区的渗流过程和侵入区的渗流过程，以及地层流体在储层区的渗流过程，并且假定滤液驱替地层流体采取的是活塞式，侵入区与储层区交界处的流速连续。

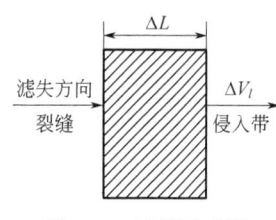

图 4-1 滤饼示意图

滤饼的形成其实是压裂液由人工裂缝经裂缝壁面向地层滤失过程中，压裂液中大分子聚合物及其他微颗粒等不能进入地层孔隙的物质在裂缝壁面上的沉积。如图 4-1 所示，假设在某一时刻单位面积上滤失到地层中液体体积为 ΔV_1，滤饼的厚度为 ΔL。为考虑压裂液非牛顿性质对滤失的影响，结合压裂液滤液特性，将其假定为幂律流体。

另外，由于滤饼的形成时间很短，且形成的滤饼很薄，相对于储层单位，基本可忽略不计，因此在考虑滤饼的渗流过程时，采用一维方式考虑，即仅仅考虑垂直于滤饼方向的液体流动。

压裂液在滤饼区的运动方程可以表示为：

$$v^{n'} = \dfrac{1}{2K_{n'}} \left(\dfrac{\phi_c n'}{3n'+1}\right)^{n'} \left(\dfrac{8k_c}{\phi_c}\right)^{\frac{n'+1}{2}} \dfrac{p_f - p_W}{\Delta L} \tag{4-20}$$

式中 k_c——滤饼区的渗透率，m^2；

ϕ_c——滤饼区的孔隙度，无量纲；

p_f——裂缝中的压力，Pa；

p_W——滤饼与侵入区交界面的压力，Pa；

ΔL——滤饼的厚度，m。

滤饼形成过程中，在一定时间范围内，可以认为滤饼的体积与滤液的体积成正比：

$$\Delta L = \alpha_d \Delta V_l \tag{4-21}$$

其中：

$$\alpha_d = \frac{C_s}{1-C_s} \frac{1}{1+\phi_c} \tag{4-22}$$

整理上式，可得：

$$p_f - p_w = 2K_{n'} \frac{C_s}{1-C_s} \left(\frac{3n'+1}{n'}\right) \frac{\phi_c^{-n'}}{1-\phi_c} \left(\frac{\phi_c}{8k_c}\right)^{\frac{n'+1}{2}} \Delta V_l v^{n'} \tag{4-23}$$

令：

$$\alpha_c = 2K_{n'} \frac{C_s}{1-C_s} \left(\frac{3n'+1}{n'}\right) \frac{\phi_c^{-n'}}{1-\phi_c} \left(\frac{\phi_c}{8k_c}\right)^{\frac{n'+1}{2}} \tag{4-24}$$

则有：

$$p_f - p_w = \alpha_c \Delta V_l v^{n'} \tag{4-25}$$

实际滤失过程中，在形成滤饼以前，有些低分子微聚合物及地层微粒已经进入地层内部形成内滤饼。外滤饼也就在 t_0 时刻随着内滤饼的形成开始在裂缝壁面上沉积。在滤饼形成过程中还会出现两种情况：（1）当滤饼增加至某一厚度时，沿裂缝方向流动的压裂液会对滤饼产生一种消磨作用，阻止滤饼厚度的增加。（2）由于滤饼浓度较与之接触的压裂液浓度更高，还会出现某些物质从滤饼中扩散到压裂液中去的现象。

因此，适当修正滤饼系数 α_c，使之在滤饼形成过程中既能描述增厚过程，又能描述削薄的情况，修正公式如下：

$$\alpha_c = \begin{cases} \alpha_c \left(\frac{t}{t_0}\right)^{\beta_{c1}}, & t \leq t_0 \\ \alpha_c \left(\frac{t}{t_0}\right)^{\beta_{c2}}, & t > t_0 \end{cases} \tag{4-26}$$

根据上面的分析和公式推导，利用浓度为 0.32% 的压裂液进行滤饼区的压力计算，计算相关参数见表 4-1。

表 4-1 滤饼压降计算参数

参数	数值	参数	数值
储层孔隙度（%）	10	滤饼渗透率（mD）	0.0003087
滤失面积（m²）	0.2	滤饼孔隙度（%）	10
稠度系数 k（Pa·s^n）	0.01	滤饼厚度（m）	0.0006
流态指数 n	0.85	延伸压力（MPa）	40

浓度为 0.32% 的压裂液的动态滤失方程为：

$$C_w = \frac{2.1688 t^{0.4371}}{\sqrt{t}} \tag{4-27}$$

滤失实验数据曲线（曲线1）及拟合滤失曲线（曲线2）如图 4-2 所示，滤失量、滤失速率计算结果如图 4-3 所示，滤失深度及过滤后的压力计算结果如图 4-4 所示。由图 4-2、

图4-3和图4-4可以看出,滤失开始的初期滤失速率最大,过滤饼后的压力最小,随着滤失的进行,由于滤饼的不断形成,滤失速率逐渐降低,过滤饼后压力逐渐增大。计算结果能够很好反映压裂液实际的滤失过程。

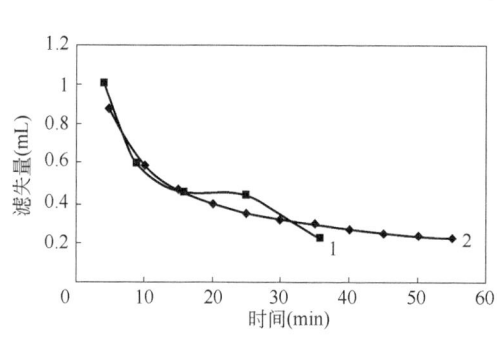

图4-2　0.32%压裂液滤失曲线

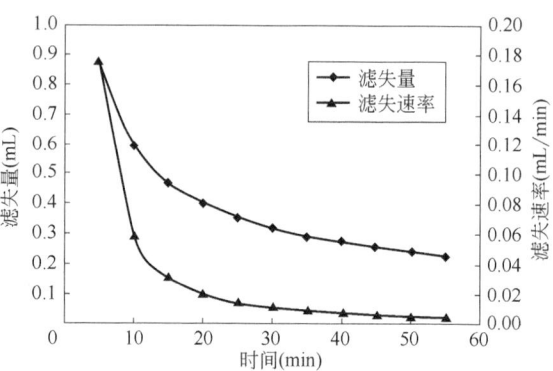

图4-3　滤失量与滤失速率曲线

数值模拟是模拟压裂液滤失的全面而精确的方法。根据压裂施工过程中滤失的压裂液在地层中的二维流动和压裂液为非牛顿型流体的实际情况,建立压裂液滤失的二维滤失模型。

考虑压裂液非牛顿流体性质对滤失的影响,将其假定为幂律流体。采用由Teeuw和Hesselink提出的适合于幂律流体的已修订的达西定律:

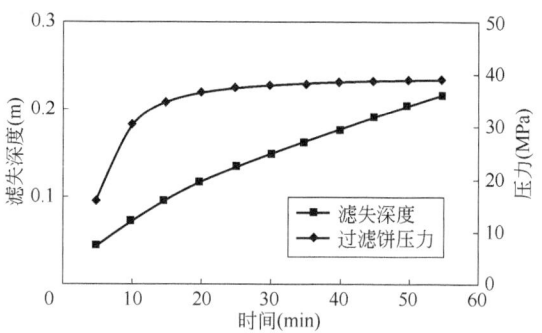

图4-4　滤失深度与过滤饼压力曲线

$$v=\frac{\phi n'}{3n'+1}\left(\frac{8K}{\phi}\right)^{\frac{n'+1}{2n'}}\left(\frac{1}{2K_{n'}}\right)^{\frac{1}{n'}}\left(\frac{\Delta p}{L}\right)^{\frac{1}{n'}} \quad (4-28)$$

式中　L——多孔介质长度,m;
　　　v——滤失速率,m/s;
　　　K——地层渗透率,m^2;
　　　ϕ——地层孔隙度,%;
　　　$K_{n'}$——压裂液稠度系数,$Pa \cdot s^{n'}$;
　　　n'——压裂液流态指数,无量纲;
　　　Δp——压降,MPa。

压裂液在侵入区的运动方程可以表示为:

$$V=-\frac{K}{\mu_e}\nabla p \quad (4-29)$$

根据质量守恒定理,连续方程可以表示为:

$$\frac{\partial}{\partial t}(\phi\rho)+\nabla\cdot(\rho V)=0 \quad (4-30)$$

考虑流体及多孔介质的可压缩性,流体密度及地层孔隙度的变化状态方程如下:

$$\rho=\rho_0[1+c_f(p-p_0)] \quad (4-31)$$

$$\phi = \phi_0[1+c_\phi(p-p_0)] \quad (4\text{-}32)$$

式中 c_f、c_ϕ——流体及孔隙度的压缩系数，Pa^{-1}。

令 $c_t = c_f + c_\phi$，则 c_t 为综合压缩系数，Pa^{-1}。

用压力替代速率的表示项，并忽略 $(\nabla p)^2$ 项 [流体的压力梯度 ∇p 很小，其平方项 $(\nabla p)^2$ 更小]，则可得到如下的偏微分方程：

$$\nabla \cdot \left(\frac{K}{\mu_e}\nabla p\right) = c_t \phi \frac{\partial p}{\partial t} \quad (4\text{-}33)$$

式中 μ_e——地层流体黏度，$mPa \cdot s$；

K——原始地层渗透率，μm^2；

ϕ——原始地层孔隙度。

该方程描述了压裂液在侵入区的非稳态渗流过程。

压裂液的滤失速率定义为裂缝壁面的渗流速率，描述为：

$$v = -\frac{K}{\mu_e}\frac{\partial p}{\partial y}\bigg|_{y=0} \quad (4\text{-}34)$$

幂律流体在地层中渗流时的有效黏度可用下式描述：

$$\mu_e = \frac{3n+1}{8n}\left(\frac{\phi_d}{8K}\right)^{\frac{1-n}{2n}}(2k_n)^{\frac{1}{n}}(-\nabla p)^{\frac{n-1}{n}} \quad (4\text{-}35)$$

通过设施初始条件和边界条件，对模型进行数值求解。

考虑压裂液是沿裂缝方向及垂直裂缝壁面方向的二维滤失（设沿裂缝方向为 x 方向，垂直裂缝方向为 y 方向），其初始条件及边界条件如下。

1. 初始条件

滤失过程开始前，可以根据有关的预压裂资料确定整个储层的压力，即滤失初始压力等于原始地层压力。数学表达式为：

$$p\big|_{t=0} = p_i \quad (4\text{-}36)$$

滤失过程中，在活塞式驱动下，侵入区与储层区间的界面随滤失量增加的移动属于连续的。考虑边界为定压边界，故有：

$$\begin{cases}\dfrac{\partial p}{\partial x}\big|_{t=0} = 0, 0 \leqslant y \leqslant Y_e \\ \dfrac{\partial p}{\partial y}\big|_{t=0} = 0, L(t) \leqslant x \leqslant X_e\end{cases} \quad (4\text{-}37)$$

2. 边界条件

考虑模型为封闭外边界条件，即有：

$$\begin{cases}\dfrac{\partial p}{\partial y}\big|_{y=Y_e} = 0 \\ \dfrac{\partial p}{\partial x}\big|_{x=X_e} = 0\end{cases} \quad (4\text{-}38)$$

考虑模型外边界为定压条件，则有：

$$\begin{cases}p\big|_{y=Y_e} = p_i \\ p\big|_{x=X_e} = p_i\end{cases} \quad (4\text{-}39)$$

考虑模型内边界条件，则裂缝内部的滤饼面处压力与缝内静压相等：

$$p|_{x<L(t)} = p_f \qquad (4-40)$$

由于油气藏的对称性，取 1/4 油气藏为研究单元，划分的网格如图 4-5 所示。压裂液滤失过程中，近裂缝地带压力梯度与远离裂缝地带压力梯度的不同，实际情况是压力梯度向外是逐步递减的。所以采用不均匀网格，近裂缝网格取密一些，向外逐渐稀疏。裂缝节点的划分与油气藏 x 方向对应。

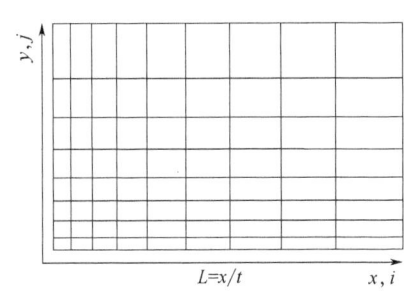

图 4-5 模型网格系统

二维渗滤偏微分方程：

$$\nabla \cdot \left[\frac{K}{\mu_e} \nabla p \right] = C_t \phi \frac{\partial p}{\partial t} \qquad (4-41)$$

采用差分的方法进行求解，上面的流动方程可以改写为：

$$\frac{\partial}{\partial x}\left(\frac{K}{\mu_e}\frac{\partial p}{\partial x}\right) + \frac{\partial}{\partial y}\left(\frac{K}{\mu_e}\frac{\partial p}{\partial y}\right) = c_t \phi \frac{\partial p}{\partial t} \qquad (4-42)$$

采用中心差商方法，对上面的分解方程进行差分离散化，则有：

$$\frac{\left(\frac{k}{\mu_e}\right)_{i+\frac{1}{2},j} \cdot \frac{p_{i+1,j}^n - p_{i,j}^n}{1/2(\Delta x_i + \Delta x_{i+1})} - \left(\frac{k}{\mu_e}\right)_{i-\frac{1}{2},j} \cdot \frac{p_{i,j}^n - p_{i-1,j}^n}{1/2(\Delta x_i + \Delta x_{i-1})}}{\Delta x_i}$$

$$+ \frac{\left(\frac{k}{\mu_e}\right)_{i+\frac{1}{2},j} \cdot \frac{p_{i+1,j}^n - p_{i,j}^n}{1/2(\Delta y_i + \Delta y_{i+1})} - \left(\frac{k}{\mu_e}\right)_{i-\frac{1}{2},j} \cdot \frac{p_{i,j}^n - p_{i-1,j}^n}{1/2(\Delta y_i + \Delta y_{i-1})}}{\Delta x_i} \qquad (4-43)$$

$$= \phi C_t \frac{p_{i,j}^{n+1} - p_{i,j}^n}{\Delta t}$$

令：

$$a_{i,j} = \left(\frac{k}{\mu_e}\right)_{i,j-\frac{1}{2}} \cdot \frac{1}{1/2(\Delta y_i + \Delta y_{i-1})\Delta y_i}$$

$$b_{i,j} = \left(\frac{k}{\mu_e}\right)_{i-\frac{1}{2},j} \cdot \frac{1}{1/2(\Delta x_i + \Delta x_{i-11})\Delta x_i}$$

$$c_{i,j} = -(a_{i,j} + b_{i,j} + d_{i,j} + e_{i,j}) - \frac{c_t \phi}{\Delta t}$$

$$d_{i,j} = \left(\frac{k}{\mu_e}\right)_{i+\frac{1}{2},j} \cdot \frac{1}{1/2(\Delta x_i + \Delta x_{i+1})\Delta x_i}$$

$$e_{i,j} = \left(\frac{k}{\mu_e}\right)_{i,j+\frac{1}{2}} \cdot \frac{1}{1/2(\Delta y_{i+1} + \Delta y_i)\Delta y_i}$$

$$g_{i,j} = \frac{-c_t \phi p_{i,j}^{n'}}{\Delta t}$$

$$\mu_{e(i\pm1/2)} = \frac{3n+1}{8n}\left(\frac{\phi_d}{8K}\right)^{\frac{1-n}{2n}}(2K_n)^{\frac{1}{n}}\left|\frac{P_{i\pm1}^{n'}-P_i^{n'}}{\Delta x_{i\pm1/2}}\right|^{\frac{n-1}{n}}$$

$$\mu_{e(j\pm1/2)} = \frac{3n+1}{8n}\left(\frac{\phi_d}{8K}\right)^{\frac{1-n}{2n}}(2K_n)^{\frac{1}{n}}\left|\frac{P_{j\pm1}^{n'}-P_i^{n'}}{\Delta x_{j\pm1/2}}\right|^{\frac{n-1}{n}} \quad (4\text{-}44)$$

则方程可以简化为：

$$a_{i,j}p_{i,j-1}+b_{i,j}p_{i-1,j}+c_{i,j}p_{i,j}+d_{i,j}p_{i+1,j}+e_{i,j}p_{i,j+1}=g_{i,j} \quad (4\text{-}45)$$

根据国内外研究情况，渗透率与地层净应力呈递减关系，即：

$$K = K_0 e^{-3C_f(\delta-\delta_0)} = K_0 e^{-3C_f\Delta\delta} \quad (4\text{-}46)$$

式中　K——储层应力改变后的动态渗透率（mD）；

K_0——初始应力下的渗透率（mD）；

δ——改变后的应力（MPa）；

δ_0——初始应力（MPa）；

$\Delta\delta$——储层有效应力的变化值（MPa）；

C_f——储层天然裂缝系统的压缩系数（MPa^{-1}）。

由于致密气藏压裂前后有效应力的改变量 $\Delta\delta$ 很小，趋近于 0，因此认为在致密砂岩气藏压后返排过程中，储层的渗透率 K 为定值。对于式(4-8)，附加边界条件和初始条件构成五对角方程组，利用初始条件及边界条件对方程进行赋值，进而采用追赶法对方程组求解得出各网格点的压力。

对于裂缝不同位置处的压裂液滤失速率可以用下式求得：

$$v_i = \frac{K}{\mu_e}\frac{p_{f,i}-p_{i,1}}{\Delta y_1} \quad (4\text{-}47)$$

三、缝内压裂液运动模型

压裂液视为不可压缩的幂律流体，忽略压裂过程中压裂液总体积的变化。向地层累计泵入的大量压裂液大部分用于形成裂缝，剩下的通过缝壁滤失到地层中。那么，根据物质平衡方程：裂缝填充的压裂液体积+压裂液滤失体积=累计泵注的压裂液总体积。

沿裂缝长度方向任意位置 x 处，取长度为 Δx 的单元体，体积流量为 $q(x,t)$，单位长度上体积滤失速率为 $\lambda(x,t)$。根据体积平衡原理，裂缝单元体的滤失速率和该单元体上垂直剖面面积随时间的变化量之和等于通过裂缝单元体垂直剖面压裂液流量变化量，即：

$$-\frac{\partial q(x,t)}{\partial x} = \lambda(x,t) + \frac{\partial A(x,t)}{\partial t} \quad (4\text{-}48)$$

确定 x 处的滤失速率，采用卡特滤失模型：

$$\lambda(x,t) = \frac{2h(x,t)c_t}{\sqrt{t-\tau(x,t)}} \quad (4\text{-}49)$$

将式(4-49)代入式(4-48)得：

$$-\frac{\partial q(x,t)}{\partial x} = \frac{2h(x,t)c_t}{\sqrt{t-\tau(x,t)}} + \frac{\partial A(x,t)}{\partial t} \quad (4\text{-}50)$$

式中 $A(x,t) = \int_{-\frac{h(x,t)}{2}}^{\frac{h(x,t)}{2}} w(x,z,t)\mathrm{d}x$；

$q(x,t)$——t 时刻时裂缝任意位置 x 处的流体体积流量，m^3/s；

$\lambda(x,t)$——t 时刻裂缝任意位置 x 处单位长度上体积滤失速率，m^3/s；

$A(x,t)$——t 时刻裂缝任意位置 x 处的裂缝横截面面积，m^2；

$h(x,t)$——t 时刻裂缝任意位置 x 处的裂缝高度，m；

$w(x,z,t)$——t 时刻裂缝任意位置 x 处的纵向剖面上 z 处的裂缝宽度，m；

c_t——综合滤失系数，$m/\sqrt{s}$；

t——施工泵注时间，s；

$\tau(x,t)$——t 时刻流体到达裂缝任意位置 x 处所需的时间，s。

对于裂缝拟三维延伸形成的裂缝，沿裂缝长度方向上裂缝的横向剖面形状接近椭圆，可近似处理。将裂缝两壁面视作一组平行板岩石，引入管道形状因子 $\phi(n)$，采用 Nolte 方法建立缝内流体的压降方程。那么，沿裂缝长度方向上任意位置 x 处流体压降方程为：

$$\frac{\partial p(x,t)}{\partial x} = -2^{n+1}\left[\frac{(2n+1)q(x,t)}{n\phi(n)h(x,t)}\right]^n \frac{k}{w(x,0,t)^{2n+1}} \tag{4-51}$$

管道形状因子 $\phi(n)$ 为：

$$\phi(n) = \int_{-0.5}^{0.5}\left[\frac{w(x,z,t)}{w(x,0,t)}\right]^{\frac{2n+1}{n}} \mathrm{d}\left(\frac{z}{h(x,t)}\right) \tag{4-52}$$

式中 $p(x,t)$——t 时刻裂缝任意位置 x 处的流体压力，MPa；

$q(x,t)$——t 时刻裂缝任意位置 x 处的流体体积流量，m^3/s；

n——流态指数，无量纲；

k——稠度系数，$Pa \cdot s^n$；

$h(x,t)$——t 时刻裂缝任意位置 x 处的裂缝高度，m；

$w(x,z,t)$——t 时刻裂缝任意位置 x 处的纵向剖面上 z 处的裂缝宽度，m；

$w(x,0,t)$——t 时刻裂缝任意位置 x 处的裂缝中心宽度，m。

假设压裂液为牛顿液体，则 $n=1$，$k=\mu$；裂缝横截面近似椭圆，$\phi(1) = \frac{3\pi}{16}$。因此，沿裂缝长度方向的流体压降方程变为：

$$\frac{\partial p(x,t)}{\partial x} = -\frac{64\mu q(x,t)}{\pi h(x,t)w(x,0,t)^3} \tag{4-53}$$

四、裂缝宽度方程

缝内净压为 $p(z)$ 是一个重要参数，它决定了裂缝宽度分布。在计算上，将其分为两部分：偶函数 $f(z)$ 和奇函数 $g(z)$。再根据 England 和 Green 公式，即可求得沿裂缝长度任意 x 位置上纵向剖面的裂缝宽度分布：

$$W(x,z,t) = -16\frac{1-\nu^2}{E}\int_{|z|}^{h/2}\frac{F(\tau) + zG(\tau)}{\sqrt{\tau^2 - z^2}}\mathrm{d}\tau \tag{4-54}$$

其中：

$$F(\tau) = -\frac{\tau}{2\pi}\int_0^\tau \frac{f(z)}{\sqrt{\tau^2-z^2}}\mathrm{d}z \tag{4-55}$$

$$G(\tau) = -\frac{1}{2\pi\tau}\int_0^\tau \frac{zg(z)}{\sqrt{\tau^2-z^2}}\mathrm{d}z \tag{4-56}$$

假设裂缝中心线恰好与产层中心线重合，产层内最小水平主应力线性分布，则如图4-6所示。因此，裂缝中心处的最小水平主应力大小为 $S=(S_2+S_1)/2$，产层最小水平主应力的应力梯度为：$g_S=(S_2-S_1)/H_p$。考虑到最小水平主应力 $S-g_S|z|$、裂缝高度方向摩阻压降 $g_v z$、流体重力 $g_p z$ 和缝内流体压力 p_f 的共同作用，则裂缝任意位置 x 处的裂缝内净压力分布纵向剖面如图4-7所示。

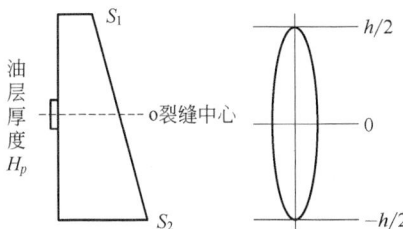
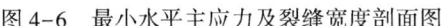
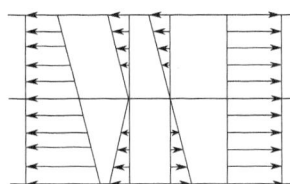

图4-6　最小水平主应力及裂缝宽度剖面图　　图4-7　未加人工隔层的缝内净压力分布示意图

裂缝内净压力分布：

$$p(z)=\begin{cases} p_f-S+g_S z-g_p z-g_v z & (0\leq z\leq h/2) \\ p_f-S+g_S z-g_p z+g_v z & (-h/2\leq z<0) \end{cases} \tag{4-57}$$

将 $p(z)$ 分为偶函数 $f(z)$ 和奇函数 $g(z)$ 得到：

$$f(z)=p_f-S+g_S z-g_p z \quad (-h/2\leq z\leq h/2) \tag{4-58}$$

$$g(z)=\begin{cases} -g_v z & (0\leq z\leq h/2) \\ g_v z & (-h/2\leq z<0) \end{cases} \tag{4-59}$$

根据 England 和 Green 公式确定裂缝纵向剖面上的裂缝宽度分布。

将 $f(z)$ 和 $g(z)$ 分别代入式(4-59)、式(4-58)中，并分别对应 z 在积分区间上积分可得到对应积分区间上的 $F(\tau)$ 和 $G(\tau)$。

（1）当 $0\leq z\leq h/2$ 时：

$$F(\tau)=-\frac{\tau}{2\pi}\int_0^\tau \frac{f(z)}{\sqrt{\tau^2-z^2}}\mathrm{d}z=-\frac{\tau}{2\pi}\left[\frac{\pi}{2}(p_f-S)+g_S\tau-g_p\tau\right] \tag{4-60}$$

$$G(\tau)=-\frac{1}{2\pi\tau}\int_0^\tau \frac{zg(z)}{\sqrt{\tau^2-z^2}}\mathrm{d}z=\frac{g_v\tau}{8} \tag{4-61}$$

（2）当 $-h/2\leq z<0$ 时：

$$F(\tau)=-\frac{\tau}{2\pi}\int_0^\tau \frac{f(z)}{\sqrt{\tau^2-z^2}}\mathrm{d}z=-\frac{\tau}{2\pi}\left[\frac{\pi}{2}(p_f-S)+g_S\tau-g_p\tau\right] \tag{4-62}$$

$$G(\tau)=-\frac{1}{2\pi\tau}\int_0^\tau \frac{zg(z)}{\sqrt{\tau^2-z^2}}\mathrm{d}z=-\frac{g_v\tau}{8} \tag{4-63}$$

$$W(x,z,t) = -16\frac{1-\nu^2}{E}\int_{|z|}^{h/2}\frac{F(\tau)}{\sqrt{\tau^2-z^2}}\mathrm{d}\tau + \left[-16\frac{1-\nu^2}{E}\int_{|z|}^{h/2}\frac{zG(\tau)}{\sqrt{\tau^2-z^2}}\mathrm{d}\tau\right] \quad (4\text{-}64)$$
$$= W_1(x,z,t) + W_2(x,z,t)$$

分别计算出 $W_1(x,z,t)$ 和 $W_2(x,z,t)$ 后，就可以计算沿裂缝长度方向任意一点 x 处、任意裂缝高度方向 z 坐标、任意时刻 t 下的裂缝宽度分布。

(1) 当 $0 \leqslant z \leqslant h/2$ 时：

$$\begin{aligned}W_1(x,z,t) &= -16\frac{1-\nu^2}{E}\int_{|z|}^{h/2}\frac{F(\tau)}{\sqrt{\tau^2-z^2}}\mathrm{d}\tau \\ &= -16\frac{1-\nu^2}{E}\int_{z}^{h/2}\frac{F(\tau)}{\sqrt{\tau^2-z^2}}\mathrm{d}\tau \\ &= -16\frac{1-\nu^2}{E}\int_{z}^{h/2}\frac{-\dfrac{\tau}{2\pi}\left[\dfrac{\pi}{2}(p_\mathrm{f}-S)+g_S\tau-g_p\tau\right]}{\sqrt{\tau^2-z^2}}\mathrm{d}\tau\end{aligned} \quad (4\text{-}65)$$

$$\begin{aligned}W_2(x,z,t) &= -16\frac{1-\nu^2}{E}\int_{|z|}^{h/2}\frac{zG(\tau)}{\sqrt{\tau^2-z^2}}\mathrm{d}\tau \\ &= -16\frac{1-\nu^2}{E}\int_{z}^{h/2}\frac{zG(\tau)}{\sqrt{\tau^2-z^2}}\mathrm{d}\tau \\ &= -16\frac{1-\nu^2}{E}\int_{z}^{h/2}\frac{g_v\tau}{\sqrt[8]{\tau^2-z^2}}\mathrm{d}\tau\end{aligned} \quad (4\text{-}66)$$

(2) 当 $-h/2 \leqslant z < 0$ 时：

$$\begin{aligned}W_1(x,z,t) &= -16\frac{1-\nu^2}{E}\int_{|z|}^{h/2}\frac{F(\tau)}{\sqrt{\tau^2-z^2}}\mathrm{d}\tau \\ &= -16\frac{1-\nu^2}{E}\int_{-z}^{h/2}\frac{F(\tau)}{\sqrt{\tau^2-z^2}}\mathrm{d}\tau \\ &= -16\frac{1-\nu^2}{E}\int_{-z}^{h/2}\frac{-\dfrac{\tau}{2\pi}\left[\dfrac{\pi}{2}(p_\mathrm{f}-S)+g_S\tau-g_p\tau\right]}{\sqrt{\tau^2-z^2}}\mathrm{d}\tau\end{aligned} \quad (4\text{-}67)$$

$$\begin{aligned}W_2(x,z,t) &= -16\frac{1-\nu^2}{E}\int_{|z|}^{h/2}\frac{zG(\tau)}{\sqrt{\tau^2-z^2}}\mathrm{d}\tau \\ &= -16\frac{1-\nu^2}{E}\int_{-z}^{h/2}\frac{zG(\tau)}{\sqrt{\tau^2-z^2}}\mathrm{d}\tau \\ &= -16\frac{1-\nu^2}{E}\int_{-z}^{h/2}\frac{-\dfrac{g_v\tau}{8}}{\sqrt{\tau^2-z^2}}\mathrm{d}\tau\end{aligned} \quad (4\text{-}68)$$

当 $z = 0$ 时，裂缝中心宽度则为：

$$w(x,0,t) = -16\frac{1-\nu^2}{E}\left[\frac{p(x,t)}{8}h - \frac{g_S}{16\pi}h^2 + \frac{g_p}{16\pi}h^2\right] \qquad (4-69)$$

加入人工隔层后，明显的特征是裂缝上下尖端应力发生变化，应力的变化会促使裂缝高度和宽度发生变化，从而最终影响裂缝的几何尺寸。因此，加入隔层后，只需研究裂缝宽度和高度的计算方法。

如图4-8所示，在原有应力分布的情况下，加入人工隔层后，裂缝上下尖端分别形成了 R_1d_1 和 R_2d_2 的压降。

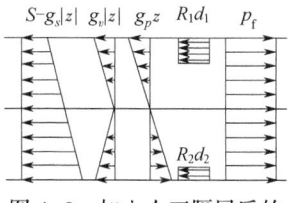

图4-8 加入人工隔层后的缝内净压力分布示意图

加入人工隔层后的净压力分布：

$$p(z) = \begin{cases} p_f - S + g_S z - g_p z - g_v z - R_1 d_1 & h/2 - d_1 \leq z \leq h/2 \\ p_f - S + g_S z - g_p z - g_v z & 0 \leq z < h/2 - d_1 \\ p_f - S + g_S z - g_p z + g_v z & -(h/2 - d_2) \leq z < 0 \\ p_f - S + g_S z - g_p z + g_v z - R_2 d_2 & -h/2 \leq z < -(h/2 - d_2) \end{cases} \qquad (4-70)$$

同理得到：

$$f(z) = \begin{cases} p_f - S + g_S z - g_p z - \dfrac{R_1 d_1 + R_2 d_2}{2} & h/2 - d_2 \leq z \leq h/2 \\ p_f - S + g_S z - g_p z - \dfrac{R_1 d_1}{2} & h/2 - d_1 \leq z < h/2 - d_2 \\ p_f - S + g_S z - g_p z & 0 \leq z < h/2 - d_1 \\ p_f - S + g_S z - g_p z & -(h/2 - d_1) \leq z < 0 \\ p_f - S + g_S z - g_p z - \dfrac{R_1 d_1}{2} & -(h/2 - d_2) \leq z < -(h/2 - d_1) \\ p_f - S + g_S z - g_p z - \dfrac{R_1 d_1 + R_2 d_2}{2} & -h/2 \leq z < -(h/2 - d_2) \end{cases} \qquad (4-71)$$

$$g(z) = \begin{cases} -g_v z + \dfrac{R_1 d_1 + R_2 d_2}{2} & h/2 - d_2 \leq z \leq h/2 \\ -g_v z + \dfrac{R_1 d_1}{2} & h/2 - d_1 \leq z < h/2 - d_2 \\ -g_v z & 0 \leq z < h/2 - d_1 \\ g_v z & -(h/2 - d_1) \leq z < 0 \\ g_v z - \dfrac{R_1 d_1}{2} & -(h/2 - d_2) \leq z < -(h/2 - d_1) \\ g_v z - \dfrac{R_1 d_1 - R_2 d_2}{2} & -h/2 \leq z < -(h/2 - d_2) \end{cases} \qquad (4-72)$$

那么，同理可得裂缝纵向剖面上任意位置处宽度分布。

当 $z=0$ 时，裂缝中心宽度即为：

$$w(x,0,t) = -16\frac{1-\nu^2}{E}\left\{\begin{array}{l}\left[-\dfrac{p(x,t)}{8}h-\dfrac{g_S}{16\pi}h^2+\dfrac{g_p}{16\pi}h^2+\dfrac{R_1d_1}{8}d_1+\dfrac{R_2d_2}{8}d_2\right]\\[4pt]-\dfrac{R_1d_1}{4\pi}\left\{\begin{array}{l}\dfrac{h}{2}\cdot\arcsin\dfrac{h-2d_1}{h}-\dfrac{\pi}{4}h-\left(\dfrac{h}{2}-d_1\right)\ln\left(\dfrac{h}{2}-d_1\right)\\[4pt]+\left(\dfrac{h}{2}-d_1\right)\ln\left[\dfrac{h}{2}+\sqrt{\dfrac{h^2}{4}-\left(\dfrac{h}{2}-d_1\right)^2}\right]\end{array}\right\}\\[4pt]-\dfrac{R_2d_2}{4\pi}\left\{\begin{array}{l}\dfrac{h}{2}\cdot\arcsin\dfrac{h-2d_2}{h}-\dfrac{\pi}{4}h-\left(\dfrac{h}{2}-d_2\right)\ln\left(\dfrac{h}{2}-d_2\right)\\[4pt]+\left(\dfrac{h}{2}-d_2\right)\ln\left[\dfrac{h}{2}+\sqrt{\dfrac{h^2}{4}-\left(\dfrac{h}{2}-d_2\right)^2}\right]\end{array}\right\}\end{array}\right\} \quad (4-73)$$

五、下沉剂沿井筒运移速率计算

加入隔离剂后,从水平方向上增大了油层和隔层间的滑动效应。从纵向上增大了裂缝上下末梢的阻抗值,从而限制了裂缝高度增长,同时提高了压裂的有效性,降低了压裂成本。由于下沉剂运移沿井筒进入压裂地层,跟随压裂液运移至裂缝内,下沉剂在井筒内的运移与在无限大水体内的运移不一样,它不仅受到下沉剂浓度的影响,还会受到裂缝宽度的影响。因此,需要考虑这些因素对下沉剂运移的影响。通过调整排量、泵压、下沉剂、上浮剂以及压裂液黏度等参数控制裂缝高度,其中下沉剂、上浮剂的加入是控制裂缝高度最有效的方法。通过地面流程投入一定数量的下沉剂,下沉剂随压裂液一起进入储层,通过增大纵向压降,减小裂缝沿着纵向延伸,实现控制裂缝高度的目的。

目前,计算下沉剂运移速率多采用平均速率法,但是计算过程较为粗糙,不能实时刻画下沉剂运移速率。本书采用研究申请的发明专利提供了一种关于平移网格的龙格库塔法计算方法,主要用于解决 Basset 力数值积分收敛问题。通过该方法的实践应用,下沉剂追踪速率可精确至 10^{-9} m/s,较常规的龙格库塔方法提高计算时效超过 1000 倍,该方法具有计算精度高、执行效率快、应用成本低、应用范围广等特点。

下沉剂运移方程如下:

$$\frac{\pi}{6}d^3\left(\rho_b+\frac{1}{2}\rho_f\right)\frac{du_b}{dt}=\frac{\pi}{6}d^3(\rho_b-\rho_f)g+\frac{1}{8}\pi C_D d^2\rho_f(u_f-u_b)2 \\ +\frac{3}{2}d^2\sqrt{\pi\mu\rho_f}\int_0^t d\zeta\left(\frac{du_f-du_b}{d\zeta}\right)/\sqrt{t-\zeta} \quad (4-74)$$

式中 d——下沉剂直径;
u_b——下沉剂运移速率;
ρ_b——下沉剂密度;
ρ_f——压裂液密度;
g——重力加速度;
C_D——托曳力系数;
u_f——流体速率;
t——运行时间。

图 4-9 展示了直井压裂作业中下沉剂在压裂液内的运移过程。图中,井筒内充满压裂

液（1），下沉剂（3）在压裂液介质中运动，通过射孔炮眼（4）向目的储层（5）运移。运移过程中，下沉剂受多种力学作用，影响其运动轨迹、速率及在压裂液与储层中的分布状态，直观呈现了直井压裂场景下下沉剂在压裂液中动态运移的力学机制与物理过程。

图4-10为平移网格划分示意图，展示了网格平移前后的结构变化：左侧：呈现初始网格划分状态，网格单元垂直排列，自上而下依次标注编号。右侧：显示平移后的网格排列，通过箭头指示平移方向，网格单元顺序调整，编号对应位置改变，直观呈现网格在平移操作下的重新排列方式。

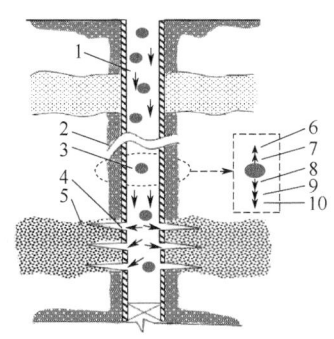

图4-9 下沉剂在直井压裂液中运移
1—压裂液；2—井筒；3—下沉剂；4—射孔炮眼；
5—目的储层；6—梯度力 F_p；7—质量力 F_{VM}；
8—阻力 F_D；9—Basset 力 F_B；10—重力

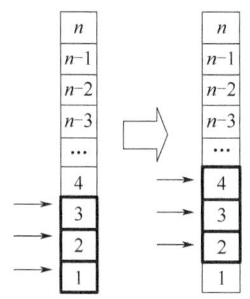

图4-10 平移网格划分示意图

将 Basset 力的积分结果代入运动方程计算格式，整理化简为：

$$\frac{du_b}{dt} = \frac{(\rho_b - \rho_f)g}{\rho_b + \frac{1}{2}\rho_f} + \frac{3C_D\rho_f}{4d(\rho_b + \frac{1}{2}\rho_f)}(u_f - u_b)^2 - \frac{9\sqrt{\mu\rho_f}}{\sqrt{\pi}d(\rho_b + \frac{1}{2}\rho_f)}\int_0^t d\zeta\left(\frac{du_b}{d\zeta}\right)/\sqrt{t-\zeta}$$

(4-75)

令：$A_1 = \dfrac{(\rho_b - \rho_f)g}{\rho_b + \frac{1}{2}\rho_f}$，$A_2 = \dfrac{3C_D\rho_f}{4d(\rho_b + \frac{1}{2}\rho_f)}$，$A_3 = -\dfrac{9\sqrt{\mu\rho_f}}{\sqrt{\pi}d(\rho_b + \frac{1}{2}\rho_f)}$

考虑暂堵投入速率为0，式(4-75)可整理为如下式子：

$$\begin{cases} \dfrac{du_b}{dt} = \dfrac{(\rho_b - \rho_f)g}{\rho_b + \frac{1}{2}\rho_f} + \dfrac{3C_D\rho_f}{4d(\rho_b + \frac{1}{2}\rho_f)}(u_f - u_b)^2 - \dfrac{9\sqrt{\mu\rho_f}}{\sqrt{\pi}d(\rho_b + \frac{1}{2}\rho_f)}\int_0^t d\zeta\left(\dfrac{du_b}{d\zeta}\right)/\sqrt{t-\zeta} \\ u_b|_{t=0} = 0 \end{cases}$$

(4-76)

令 $f(\zeta) = \dfrac{du_b}{d\zeta}$，从而 Basset 力的表达式变换为：

$$F_B = -\frac{9\sqrt{\mu\rho_f}}{\sqrt{\pi}d(\rho_b + \frac{1}{2}\rho_f)}\int_0^t \frac{f(\zeta)}{\sqrt{t-\xi}}d\zeta$$

(4-77)

根据黏性压裂液力学知识可判定下沉剂加速度 $f(\zeta)$ 有界正则，即存在正数 $M < +\infty$，则：

$$|f(\zeta)| \leq M \tag{4-78}$$

从而有：

$$\int_0^t \frac{f(\zeta)}{\sqrt{t-\xi}} \mathrm{d}\zeta \leq \int_0^t \frac{|f(\zeta)|}{\sqrt{t-\xi}} \mathrm{d}\zeta \leq M \int_0^t \frac{1}{\sqrt{t-\xi}} \mathrm{d}\zeta \tag{4-79}$$

Basset 划分积分式区间为：

$$F_B = A_3 \int_0^{t_n} \frac{f(\zeta)}{\sqrt{t_n-\xi}} \mathrm{d}\zeta = A_3 \int_0^{t_{n-1}} \frac{f(\zeta)}{\sqrt{t_n-\xi}} \mathrm{d}\zeta + A_3 \int_{t_{n-1}}^{t_n} \frac{f(\zeta)}{\sqrt{t_n-\xi}} \mathrm{d}\zeta \tag{4-80}$$

$$\int_{t_{n-1}}^{t_n} \frac{f(\zeta)}{\sqrt{t_n-\xi}} \mathrm{d}\zeta = \int_{t_{n-1}}^{t_n} 2f(\zeta) \mathrm{d}(-\sqrt{t_n-\zeta}) \tag{4-81}$$

由于，$(-\sqrt{t_n-\zeta})\big|_{t_{n-1}}^{t_n} = \sqrt{\Delta t} = \sqrt{h}$。采用梯形求积分公式：

$$\int_{t_{n-1}}^{t_n} \frac{f(\zeta)}{\sqrt{t_n-\xi}} \mathrm{d}\zeta = \int_{t_{n-1}}^{t_n} 2f(\zeta) \mathrm{d}(-\sqrt{t_n-\zeta}) = \frac{1}{2}[2f(t_n) - 2f(t_{n-1})] \cdot \sqrt{h}$$

$$= [f(t) - f(t_{n-1})] \cdot \sqrt{h}$$

$$= \left(\frac{\mathrm{d}u_b}{\mathrm{d}t}\bigg|_{t=t_n} + \frac{\mathrm{d}u_b}{\mathrm{d}t}\bigg|_{t=t_{n-1}}\right) \cdot \sqrt{h} \tag{4-82}$$

整理得：

$$\int_0^{t_{n-1}} \frac{\frac{\mathrm{d}u_b}{\mathrm{d}\zeta}}{\sqrt{t_n-\xi}} \mathrm{d}\zeta = \frac{h}{2}\left(\frac{1}{\sqrt{t_n-t_0}} \frac{\mathrm{d}u_b}{\mathrm{d}t}\bigg|_{t=t_0} + \frac{2}{\sqrt{t_n-t_1}} \frac{\mathrm{d}u_b}{\mathrm{d}t}\bigg|_{t=t_1} + \frac{2}{\sqrt{t_n-t_2}} \frac{\mathrm{d}u_b}{\mathrm{d}t}\bigg|_{t=t_2} + \cdots \right.$$

$$\left. + \frac{2}{\sqrt{t_n-t_{n-2}}} \frac{\mathrm{d}u_b}{\mathrm{d}t}\bigg|_{t=t_{n-2}} + \frac{1}{\sqrt{t_n-t_{n-1}}} \frac{\mathrm{d}u_b}{\mathrm{d}t}\bigg|_{t=t_{n-1}}\right)$$

$$= \frac{h}{2}\left(\frac{1}{\sqrt{t_n-t_0}} \frac{\mathrm{d}u_b}{\mathrm{d}t}\bigg|_{t=t_0} + 2\sum_{i=1}^{n-2} \frac{1}{\sqrt{t_n-t_i}} \frac{\mathrm{d}u_b}{\mathrm{d}t}\bigg|_{t=t_i} + \frac{1}{\sqrt{t_n-t_{n-1}}} \frac{\mathrm{d}u_b}{\mathrm{d}t}\bigg|_{t=t_{n-1}}\right) \tag{4-83}$$

Basset 的表达式为：

$$F_B = \int_0^{t_n} \frac{\frac{\mathrm{d}u_b}{\mathrm{d}\zeta}}{\sqrt{t_n-\xi}} \mathrm{d}\zeta$$

$$= \frac{h}{2}\left(\frac{1}{\sqrt{t_n-t_0}} \frac{\mathrm{d}u_b}{\mathrm{d}t}\bigg|_{t=t_0} + 2\sum_{i=1}^{n-2} \frac{1}{\sqrt{t_n-t_i}} \frac{\mathrm{d}u_b}{\mathrm{d}t}\bigg|_{t=t_i} + \frac{1}{\sqrt{t_n-t_{n-1}}} \frac{\mathrm{d}u_b}{\mathrm{d}t}\bigg|_{t=t_{n-1}}\right)$$

$$+ \left(\frac{\mathrm{d}u_b}{\mathrm{d}t}\bigg|_{t=t_n} + \frac{\mathrm{d}u_b}{\mathrm{d}t}\bigg|_{t=t_{n-1}}\right) \cdot \sqrt{h}$$

$$= \frac{\sqrt{h}}{2\sqrt{n}} \frac{\mathrm{d}u_b}{\mathrm{d}t}\bigg|_{t=t_0} + \sum_{i=1}^{n-2} \frac{\sqrt{h}}{\sqrt{n-i}} \frac{\mathrm{d}u_b}{\mathrm{d}t}\bigg|_{t=t_i} + \frac{3\sqrt{h}}{2} \frac{\mathrm{d}u_b}{\mathrm{d}t}\bigg|_{t=t_{n-1}} + \sqrt{h} \cdot \frac{\mathrm{d}u_b}{\mathrm{d}t}\bigg|_{t=t_n} \tag{4-84}$$

下沉剂运移速率离散为：

$$\frac{du_b}{dt}\bigg|_{t=t_m} = A_1 + A_2(A_0 - u_b)^2 +$$
$$A_3\left(\frac{\sqrt{h}}{2\sqrt{m}}\frac{du_b}{dt}\bigg|_{t=t_0} + \sum_{i=1}^{m-2}\frac{\sqrt{h}}{m-i}\frac{du_b}{dt}\bigg|_{t=t_i} + \frac{3\sqrt{h}}{2}\frac{du_b}{dt}\bigg|_{t=t_{m-1}} + \frac{du_b}{dt}\bigg|_{t=t_m}\right) \cdot \sqrt{h}$$
(4-85)

将式(4-85)整理可得：

$$\frac{du_b}{dt}\bigg|_{t=t_m} = \frac{1}{1 - A_3 \cdot \sqrt{h}}\bigg[A_1 + A_2(A_0 - u_b)^2 +$$
$$A_3\left(\frac{\sqrt{h}}{2\sqrt{m}}\frac{du_b}{dt}\bigg|_{t=t_0} + \sum_{i=1}^{m-2}\frac{\sqrt{h}}{m-i}\frac{du_b}{dt}\bigg|_{t=t_i} + \frac{3\sqrt{h}}{2}\frac{du_b}{dt}\bigg|_{t=t_{m-1}} + \frac{du_b}{dt}\bigg|_{t=t_m}\right) \cdot \sqrt{h}\bigg]$$
(4-86)

令，$g_m = g_m(u_b) = \dfrac{1}{1 - A_3 \cdot \sqrt{h}}\bigg[A_1 + A_2(A_0 - u_b)^2 + A_3\bigg(\dfrac{\sqrt{h}}{2\sqrt{m}}\dfrac{du_b}{dt}\bigg|_{t=t_0} + \sum_{i=1}^{m-2}\dfrac{\sqrt{h}}{m-i}\dfrac{du_b}{dt}\bigg|_{t=t_i} + \dfrac{3\sqrt{h}}{2}\dfrac{du_b}{dt}\bigg|_{t=t_{m-1}} + \dfrac{du_b}{dt}\bigg|_{t=t_m}\bigg) \cdot \sqrt{h}\bigg]$

采用龙格库塔法方法整理得到：

$$\begin{cases} u_{bm} = u_{bm-1} + \dfrac{h}{6}(K_1 + 2K_2 + 2K_3 + K_4) \\ K_1 = g_m(u_{bm-1}) \\ K_2 = g_m\left(u_{bm-1} + \dfrac{h}{2}K_1\right) \\ K_3 = g_m\left(u_{bm-1} + \dfrac{h}{2}K_2\right) \\ K_4 = g_m(u_{bm-1} + hK_3) \end{cases}$$
(4-87)

通过以上格式可以计算得到 u_{bm}，同时又可以得到 $\dfrac{du_b}{dt}\bigg|_{t=t_m} = g_m(u_{bm})$。

该方法主要考虑下沉剂在造斜点沿着抛物线轨迹运动，打破了按圆周运动方式研究运移轨迹的常规方法。该方法在于假设下沉剂在造斜点沿抛物线轨迹运动，其运动函数可以表示为 $y(t)$ 和 $x(t)$，则下沉剂曲线的曲率半径：

$$R = \left|\frac{(x'^2 + y'^2)^{\frac{3}{2}}}{x'y'' - y'x''}\right|$$
(4-88)

假设运动轨迹为椭圆形，椭圆的长轴长度为 $2a$，椭圆的短轴长度为 $2b$，则长轴上的最小曲率半径为 $R = \dfrac{b^2}{a}$，短轴上的最小曲率半径为 $R = \dfrac{a^2}{b}$。可得造斜点下沉剂的运移方程为：

$$\left[\frac{8d(\rho_f - \rho_b)g\sin\theta + 3\rho_f(u_f - u_b)^2}{8R\rho_b d}\right]^{\frac{1}{2}}\left(1 + \frac{\rho_f}{2\rho_b}\right)\frac{du_b}{d\theta}$$
$$= \frac{3C_D\rho_f}{4d\rho_b}(u_f - u_b)^2 + \frac{\rho_b - \rho_f}{\rho_b}g\cos\theta$$
(4-89)

整理式(4-89)可得：

$$\frac{\mathrm{d}u_\mathrm{b}}{\mathrm{d}\theta} = \frac{\dfrac{3C_D\rho_\mathrm{f}}{4d\rho_\mathrm{b}}}{\left(1+\dfrac{\rho_\mathrm{f}}{2\rho_\mathrm{b}}\right)\sqrt{\dfrac{8d(\rho_\mathrm{f}-\rho_\mathrm{b})g\sin\theta+3\rho_\mathrm{f}(u_\mathrm{f}-u_\mathrm{b})^2}{8R\rho_\mathrm{b}d}}}(u_\mathrm{f}-u_\mathrm{b})^2$$

$$+\frac{\dfrac{\rho_\mathrm{b}-\rho_\mathrm{f}}{\rho_\mathrm{b}}g}{\left(1+\dfrac{\rho_\mathrm{f}}{2\rho_\mathrm{b}}\right)\sqrt{\dfrac{8d(\rho_\mathrm{f}-\rho_\mathrm{b})g\sin\theta+3\rho_\mathrm{f}(u_\mathrm{f}-u_\mathrm{b})^2}{8R\rho_\mathrm{b}d}}}\cos\theta \tag{4-90}$$

边界条件：

$$u_\mathrm{b}\big|_{\theta=0}=u_\mathrm{b1} \tag{4-91}$$

令：

$$u(\theta)=u_\mathrm{f}-u_\mathrm{b} \tag{4-92}$$

从而得到方程：

$$\begin{cases}\dfrac{\mathrm{d}u(\theta)}{\mathrm{d}\theta}=\dfrac{\dfrac{\rho_\mathrm{b}-\rho_\mathrm{f}}{\rho_\mathrm{b}}g}{\left(1+\dfrac{\rho_\mathrm{f}}{2\rho_\mathrm{b}}\right)\sqrt{\dfrac{8d(\rho_\mathrm{f}-\rho_\mathrm{b})g\sin\theta+3\rho_\mathrm{f}(u_\mathrm{f}-u_\mathrm{b})^2}{8R\rho_\mathrm{b}d}}}u(\theta)^2\\+\dfrac{\dfrac{\rho_\mathrm{b}-\rho_\mathrm{f}}{\rho_\mathrm{b}}g}{\left(1+\dfrac{\rho_\mathrm{f}}{2\rho_\mathrm{b}}\right)\sqrt{\dfrac{8d(\rho_\mathrm{f}-\rho_\mathrm{b})g\sin\theta+3\rho_\mathrm{f}(u_\mathrm{f}-u_\mathrm{b})^2}{8R\rho_\mathrm{b}d}}}\cos\theta,\theta\in\left(0,\dfrac{\pi}{2}\right]\\u(\theta)\big|_{\theta=0}=u_\mathrm{f}-u_\mathrm{b1}\end{cases} \tag{4-93}$$

整理式(4-93)得到：

$$\begin{cases}u(\theta)_p=u(\theta)_n+hf[\theta_n,u(\theta)_n]\\u(\theta)_c=u(\theta)_n+hf[\theta_{n+1},u(\theta)_p]\\u(\theta)_{n+1}=\dfrac{1}{2}[u(\theta)_p+u(\theta)_c]\end{cases} \tag{4-94}$$

六、裂缝高度方程

一般地，引入 Rice 静态应力强度因子，则：

$$K_I=\frac{1}{\sqrt{\pi h/2}}\int_{-h/2}^{h/2}p(z)\sqrt{\frac{h/2+z}{h/2-z}}\mathrm{d}z \tag{4-95}$$

得到计算裂缝高度的方程：

$$K_I=\frac{1}{\sqrt{\pi h/2}}\left[\frac{\pi}{2}(p_\mathrm{f}-S)h+\frac{\pi}{8}g_Sh^2-\frac{\pi}{8}g_ph^2-\frac{1}{2}g_vh^2\right] \tag{4-96}$$

式中 K_I——应力强度因子，MPa/$\sqrt{m}$；
h——裂缝高度，m。

上式中的 (p_f-S) 和其余项移到方程的两边，方程两边同时对 x 求导，得到一个关于裂缝内净压力 $p(z)$ 与裂缝高度 $h(x,t)$ 的关系式：

$$\frac{\partial p(z)}{\partial x}=f_1[h(x,t)] \tag{4-97}$$

同理可得，加入人工隔层的裂缝高度方程为：

$$K_I = \frac{1}{\sqrt{\pi h/2}} \int_{-h/2}^{h/2} p(z) \sqrt{\frac{h/2+z}{h/2-z}} dz$$

$$= \frac{1}{\sqrt{\pi h/2}} \left[\int_{-h/2}^{-(h/2-d_2)} + \int_{-(h/2-d_2)}^{-(h/2-d_1)} + \int_{-(h/2-d_1)}^{0} + \int_{0}^{h/2-d_1} + \int_{h/2-d_1}^{h/2-d_2} + \int_{h/2-d_2}^{h/2} \right] p(z) \sqrt{\frac{h/2+z}{h/2-z}} dz$$

$$= \frac{1}{\sqrt{\pi h/2}} \left\{ \begin{array}{l} \left[\frac{\pi}{2}(p_f-S)h + \frac{\pi}{8}g_S h^2 - \frac{\pi}{8}g_p h^2 - \frac{1}{2}g_v h^2\right] \\ -R_1 d_1 \left[\frac{\pi}{4}h - \frac{h}{2}\cdot\arcsin\frac{h-2d_1}{h} + \sqrt{\frac{h^2}{4}-\left(\frac{h}{2}-d_1\right)^2}\right] \\ -R_2 d_2 \left[\frac{\pi}{4}h + \frac{h}{2}\cdot\arcsin\frac{-(h-2d_2)}{h} - \sqrt{\frac{h^2}{4}-\left(\frac{h}{2}-d_2\right)^2}\right] \end{array} \right\} \tag{4-98}$$

可以得到一个关于裂缝内净压力 $p(z)$ 与裂缝高度 $h(x,t)$ 的关系：

$$\frac{\partial p(z)}{\partial x}=f_2[h(x,t)] \tag{4-99}$$

七、拟三维延伸模型的求解

综合以上四大方程可以构成拟三维裂缝延伸的数学模型方程组：

$$\begin{cases} 连续性方程：-\dfrac{\partial q(x,t)}{\partial x}=\dfrac{2h(x,t)C_t}{\sqrt{t-\tau(x,t)}}+\dfrac{\partial A(x,t)}{\partial t} \\ 压降方程：\dfrac{\partial p(x,t)}{\partial x}=-2^{n+1}\left[\dfrac{(2n+1)q(x,t)}{n\varphi(n)h(x,t)}\right]^n \dfrac{k}{w(x,0,t)^{2n+1}} \\ 裂缝宽度方程：W(x,z,t)=f[p(x,t),h(x,t)] \\ 裂缝高度方程：\dfrac{\partial p(z)}{\partial x}=f[h(x,t)] \end{cases} \tag{4-100}$$

边界条件：

$$\begin{cases} h(x,t)|_{x=L_f}=0 \\ q(x,t)|_{x=L_f}=0 \\ q(x,t)|_{x=0}=Q/2 \end{cases} \tag{4-101}$$

初始条件：

$$\begin{cases} h(0,t)|_{t=0}=0 \\ q(0,t)|_{t=0}=0 \end{cases} \tag{4-102}$$

由式（4-100）可知，拟三维裂缝延伸的数学模型构成了一个关于 $q(x,t)$、$p(x,t)$、$W(x,z,t)$、$h(x,t)$ 和 $p(z)$ 的方程组，四个方程之间相互隐含未知数，无法直接求解析解，故本书采用差分迭代法求解。

携带液泵注完毕后，此时为 t_1 时刻，所压开的裂缝长度为 L_1，将其划分为 N_1 个长度为 Δx 的网格单元体。微分方程差分离散 $\dfrac{\partial p(z)}{\partial x} = f[h(x,t)]$，然后联立求解沿裂缝长度分布的各参数，利用得到的各参数计算出裂缝总体积和滤失总体积，若二者之和等于注入液量总体积，那么裂缝的长度为 L_1；若二者之和大于注入液量总体积，那么假设的裂缝长度偏大，即大于实际的裂缝长度，则需减小假设的裂缝长度值；反之亦然，直到裂缝总体积和滤失总体积之和恰好等于注入液量的总体积（不超过一定误差）时，则可输出裂缝长度和其他参数。后续各段注液的求解方法和第一段相同，输出各段参数。最后，利用得到的各参数计算出沿裂缝长度方向缝内任意位置纵向剖面上裂缝宽度分布 $W(x,z,t)$，最终获得裂缝几何尺寸。

第二节 裂缝尺寸及压裂液滤失影响因素分析

一、《控制裂缝高度压裂计算分析系统》的研发

1. 软件设计构架

本软件的设计使用 Visual Basic.NET 计算机语言编制，在数据处理上应用了 Access 数据库，使软件的数据操作更加容易。在系统结构方面应用了顺序瀑布结构优化设计；在功能实现上引用了一个图形控件，实现了图形元素的对比、分析和保存等功能；在数据连接上采用绑定数据源（Binding Source）的方式实现对后台数据库（Access）的操作；并应用了.Net 中的 Data Grid View 控件作为图形容器，实现对数据库的数据显示、复制和编辑等功能。

2. 软件设计平台的简介

软件采用简洁而且通俗易懂顺序结构编制，有利于数据的快速输入、计算和修改。为方便用户使用，增强软件系统的可操作性和可维护性，达到快捷计算的目的，整个系统采用 Windows 支持的 Access 数据库进行原始数据的输入和计算结果的保存，输入方式为键盘和数据文件两种，输出方式为数据和图形显示两种。

该软件采用微软编程工具——Visual Basic.NET（以下简称 VB.Net）编程，此语言是一种完全面向对象的现代化的编程语言。不仅可以开发 Windows 应用程序，而且可以开发 Web 应用程序及企业级分布式应用程序。VB.Net 完全继承并提升了 VB 的功能，并做了许多新的改进，VB.Net 很有可能成为新的.Net 平台上最为普及的开发工具。

3. 软件简介

软件的登录界面如图 4-11 所示，软件运行界面如图 4-12 所示。

图 4-13 为井筒压降分析界面，图 4-14 为裂缝高度因素分析界面。对于裂缝高度，各影响因素由强到弱的顺序为：地层应力差、压裂液滤失系数、压裂液稠度系数、施工排量、施工规模、岩石断裂韧性和杨氏模量。地层参数对于压裂而言是不可控制参数，压裂液性能和施工参数为可控制参数。数值模拟计算表明：压裂液滤失系数、压裂液稠度系数、施工排量对水力裂

缝参数有较大影响，因此可以采取低黏度、低滤失压裂液结合低排量的注液方式，可以在一定程度控制水力压裂裂缝高度增长。这是常规控制裂缝高度压裂技术的理论依据。

图 4-11　软件登录界面

图 4-12　软件运行平台界面

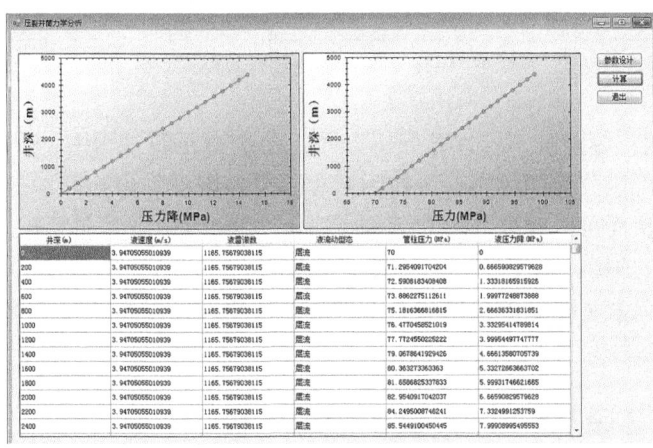

图 4-13　井筒压降分析

图 4-15 为加入下沉剂裂缝高度计算结果，图 4-16 为加入下沉剂裂缝高度计算结果，图 4-17 为加入上浮剂裂缝高度计算结果。其中，人工隔层控制裂缝高度压裂技术实质上是利用上浮式或下沉式隔离剂颗粒与携带液之间的密度差，上浮剂集中到裂缝上端部，下沉剂集中到裂缝下端部，形成压实的低渗透人工遮挡层，增加裂缝上下端部的阻抗（隔离剂材

料性质和用量是关键），遏制高压流体压力向裂缝上下端部地层传递。

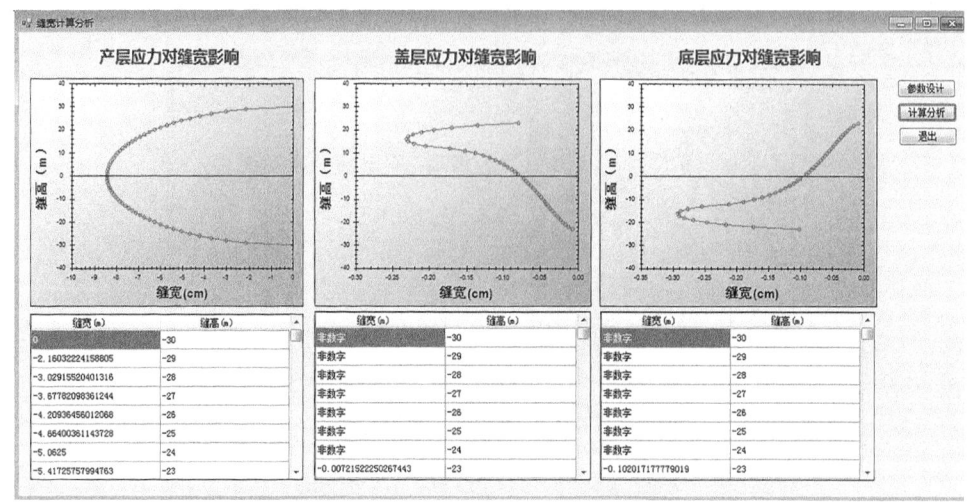

图 4-14　裂缝高度因素分析界面

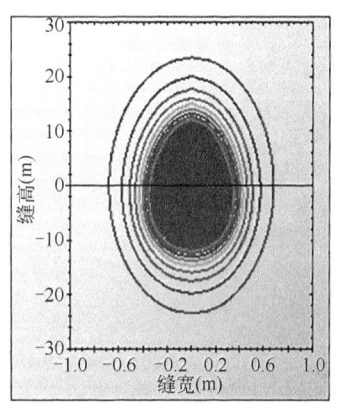

图 4-15　加入下沉剂计算结果

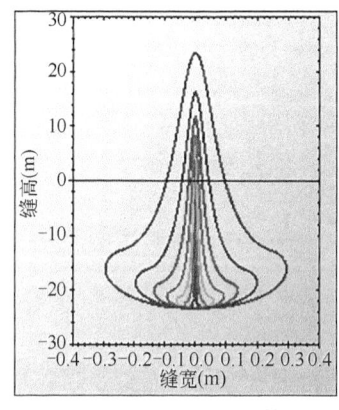

图 4-16　加入下沉剂计算结果

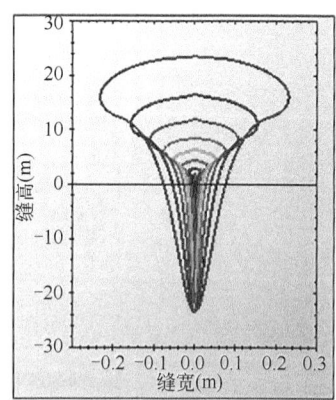

图 4-17　加入上浮剂计算结果

图 4-18 为控制裂缝高度三维计算分析界面，在水力压裂过程中，影响裂缝高度延伸的因素有很多，主要可以分为两大类：可控因素和不可控因素。可控因素是在压裂施工过程中可以通过改变其值从而可以改变裂缝的延伸情况，可控因素主要包括施工规模（裂缝长度和注液时间）、施工排量、施工压力、压裂液流变性（黏度）、压裂液滤失系数、压裂液重力系数等。不可控因素主要是储层地应力条件、储层物性，以及储层天然裂缝发育情况和存在断层情况等方面。

二、锦 42 井盒 2 段及锦 38 井盒 1 段现场验证

1. 锦 42 井盒 2 段现场验证

该井盒 2 段气层有效视厚度为 6.1m；岩性为浅灰色粗砂岩，从测试层解释数据来看，孔隙度为 10.2%，含气饱和度为 5.7%，渗透率为 0.4mD。从测井组合结构来看，上部发育有砂泥岩遮挡，遮挡效果较差；下部为小段泥岩和泥质砂岩，遮挡效果较差，压裂时要尽量

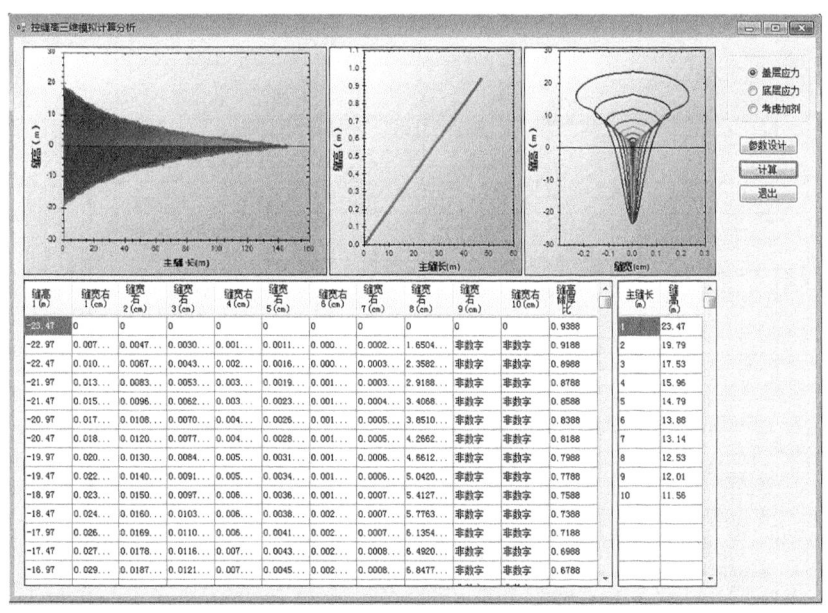

图 4-18 控裂缝高度三维计算分析界面

控制裂缝高度，因此设计中采用变排量+前置小陶段塞小规模进行改造。目的层测井解释比较均质，为了能更好了解储层，设计中适当加大加砂规模。基液：浓度为 0.45% 的 HPG+浓度为 1% 的防膨剂+浓度为 0.1% 的杀菌剂+浓度为 1% 的起泡剂+浓度为 0.2% 的助排剂+浓度为 0.2% 的 Na_2CO_3。交联剂：交联剂 BCL-61 或 CX-306 体系（A：B=100：6），交联比为 100：0.3（最佳交联比以现场实测为准）。破胶剂：胶囊破胶剂，浓度为 0.04%（前置液阶段现场添加）；过硫酸铵，浓度为 0.015%~0.1%（携砂液和顶替液阶段现场楔形追加）。活性水：浓度为 1% 的防膨剂+浓度为 0.2% 的助排剂。模拟相关参数下的裂缝几何形态，结果见表 4-2、表 4-3。

表 4-2　锦 42 盒 2 段气层裂缝模拟计算输入参数

名称	选值	名称	选值
裂缝闭合应力（MPa）	33.66	泵注排量（m^3/min）	1.8~2.0
杨氏模量（MPa）	18000	压裂液流态指数	0.52
泊松比	0.20	压裂液稠度系数（$Pa·s^n$）	1.47

表 4-3　锦 42 盒 2 段气层压裂设计结果表

层位	射孔井段（m）	裂缝半长（m）		裂缝高度（m）				支撑裂缝宽度（cm）	铺砂浓度（kg/m^2）	F_{CD}
				上高		下高				
		水力	支撑	水力	支撑	水力	支撑			
盒2段	2403~2406	167.2	158.2	15.96	12.59	14.42	12.59	0.363	6.86	38.29

录井岩性和油气显示情况如图 4-19 所示。

图 4-20 为软件计算分析界面，图 4-21 为软件计算裂缝高度图版。通过井温测井曲线可知，锦 42 井盒 2 段实测裂缝高度为 20.5m（图 4-22）。以此建立模型及研发软件计算，结果为 23.45m（表 4-4）。符合度为 85.61%，验证了模型及软件误差较小。

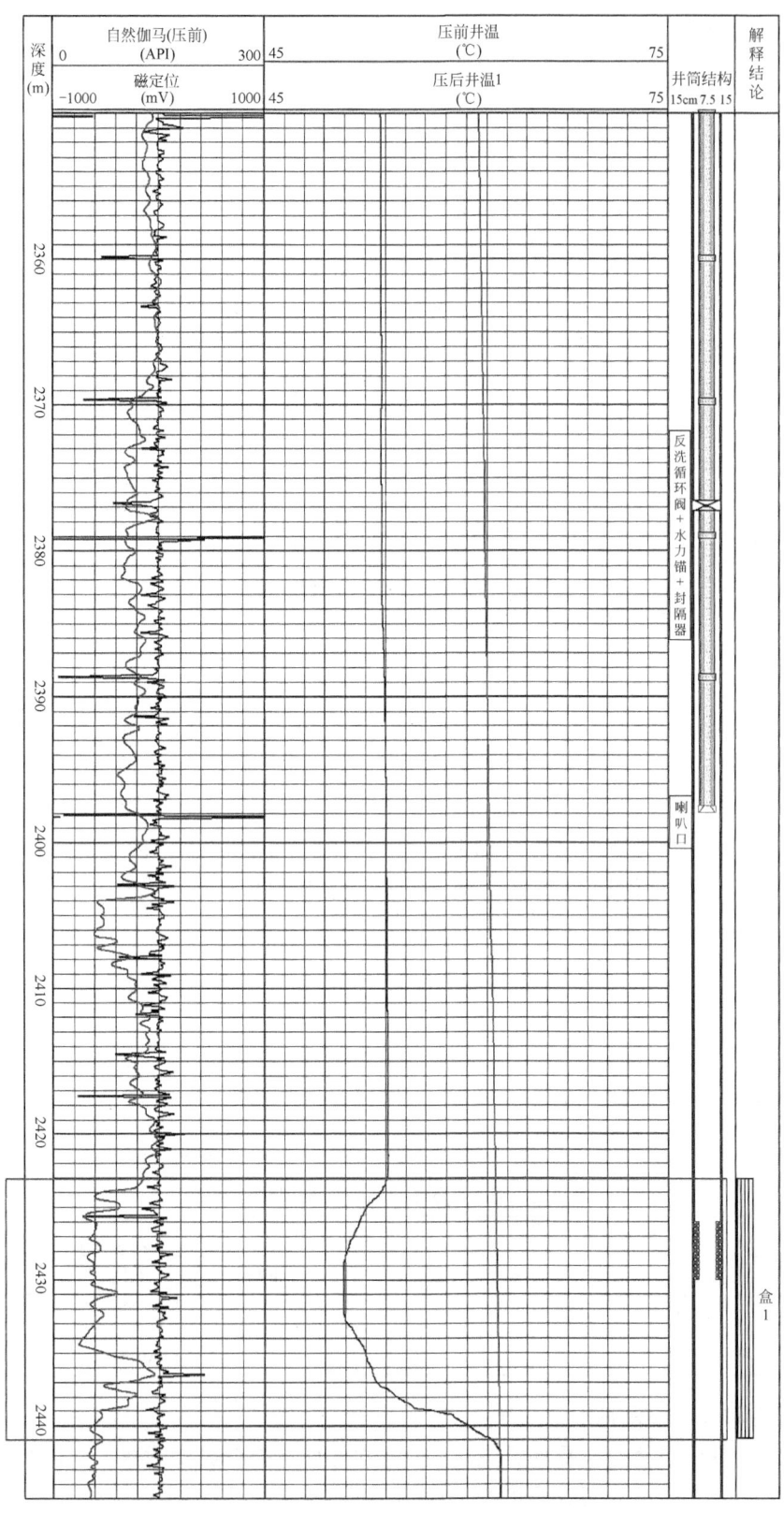

图 4-19　锦 42 井射孔层段测井成果图

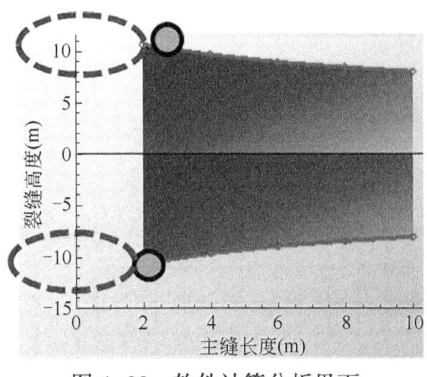

图 4-20 软件计算分析界面

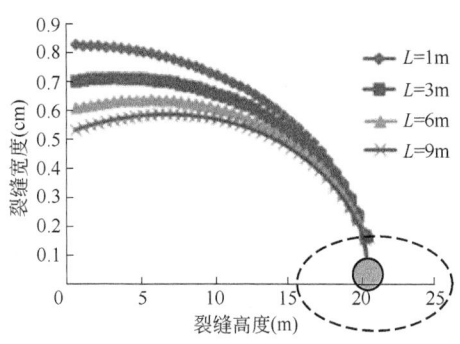

图 4-21 软件计算裂缝高度图版

表 4-4 锦 42 井盒 2 段软件计算裂缝高度图版验证数据

裂缝高度	$L=1m$	$L=3m$	$L=6m$
20.45	0	0	0
19.95	0.183799	0.173202	0.165832
19.45	0.258307	0.243044	0.232388

2. 锦 38 井盒 1 段现场验证

图 4-23 为软件计算裂缝高度图版验证，通过井温测井曲线，锦 38 井盒 1 段实测裂缝高度为 11.1m（图 4-24）。根据建立模型及研发软件计算，结果为 9.25m。符合度为 83.33%，验证了模型及软件误差较小（表 4-5）。裂缝高度与储层厚度比最大为 0.8，小于目标值 1.2。

表 4-5 锦 38 井盒 1 段软件计算裂缝高度图版验证数据

裂缝高度	$L=1m$	$L=3m$	$L=6m$	$L=9m$
11.25	0	0	0	0
10.75	0.1355	0.129434	0.125395	0.122398
10.25	0.189428	0.180613	0.174704	0.170291

3. 现场 7 口井例实测数据验证

表 4-6 为研究区 7 口井实测数据与软件计算结果。

表 4-6 研究区 7 口井实测数据验证表

井名	射孔段（m）	裂缝段（m）	排量（m³/min）	砂量（m³）	裂缝高度（m）	计算高度（m）	符合度
锦 38 井盒 1 段	2426~2430	2425.9~2437	11.1	9.5	11.1	9.25	83.33%
锦 39 井盒 2 段	2195~2197	2189.5~2203	1.5~2	21.5	13.5	10.9	80.74%
锦 42 井盒 2 段	2442~2445	2433.5~2454	1.8~2.3	9.5	20.5	23.45	85.61%
锦 43 井盒 2 段	2178~2182	2170~2194	1.2	11	24	21.2	84.17%
锦 43 井盒 3 段	2150~2151	2147.5~2158.3	1.5~1.6	14	11.3	9.2	81.42%
锦 40 井山西组	2164~2168	2135~2190	1.5~2.5	35.3	45	36.5	81.11%
锦 56 井山 2 组	2813~2815	2789.8~2805.2	3~3.7	30	18	14.1	78.33%
平均符合度							82.1%

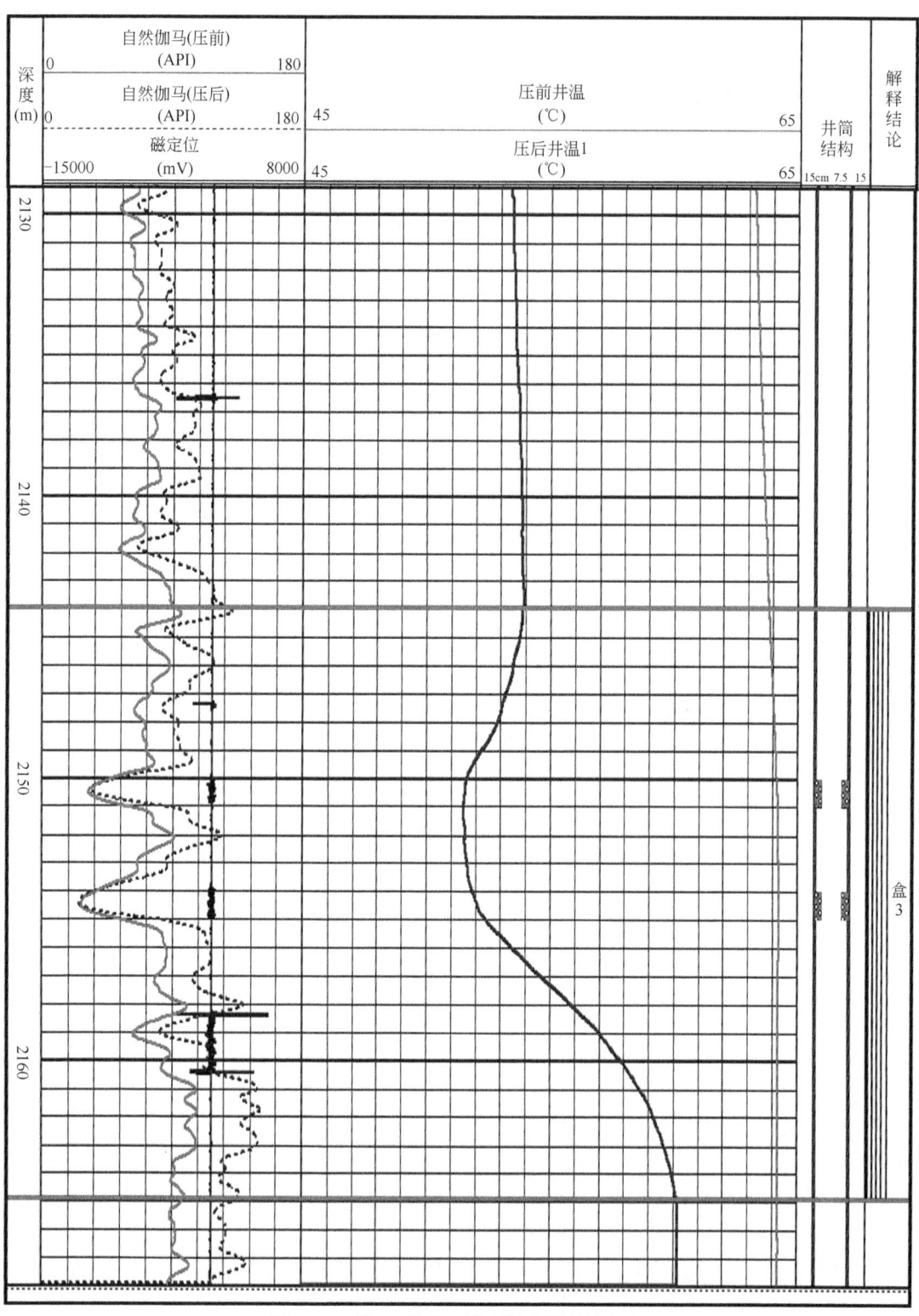

图 4-22 锦 42 井盒 2 段现场实测裂缝高度

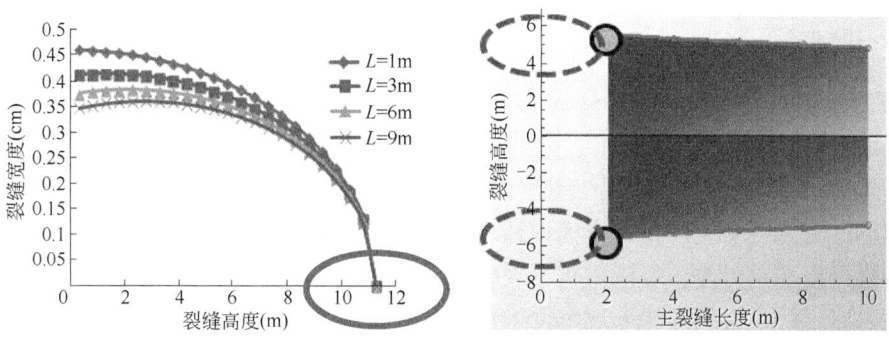

图 4-23 软件计算裂缝高度图版验证

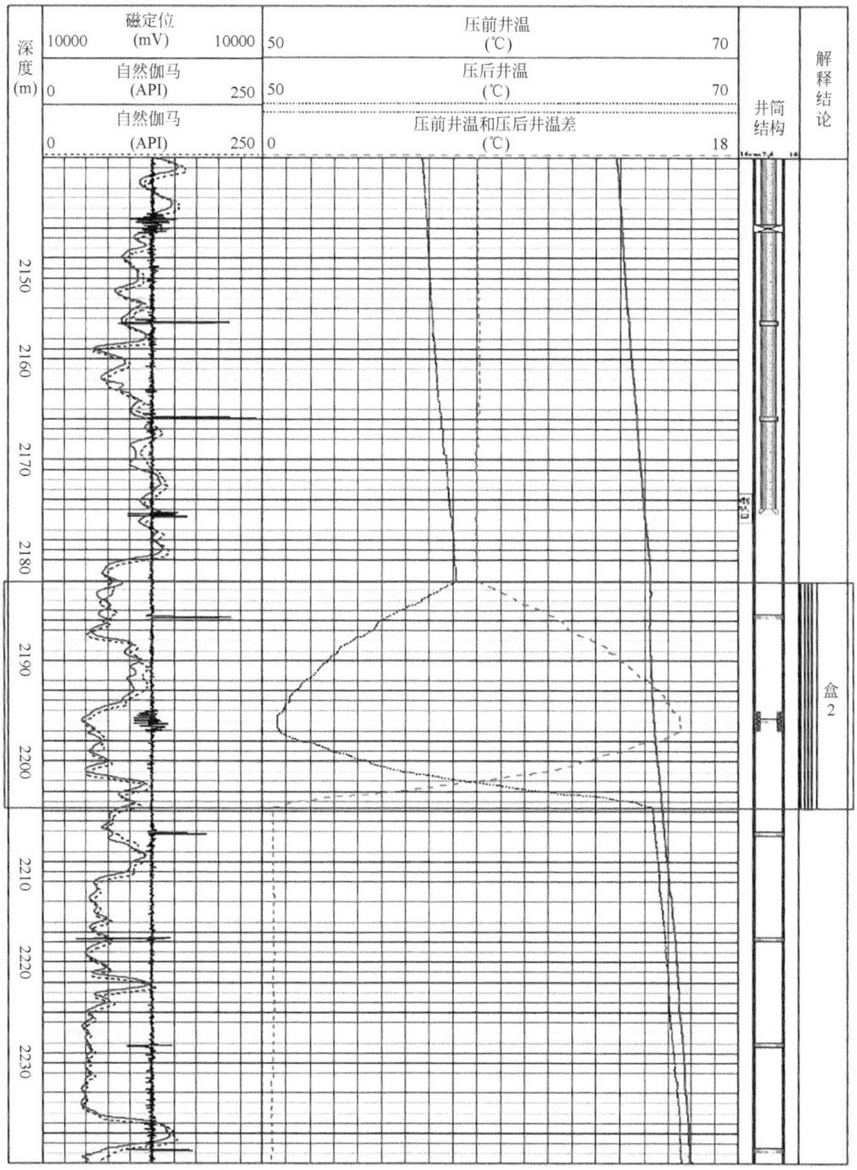

图 4-24 锦 38 井盒 1 段现场实测裂缝高度

三、压裂液滤失影响因素分析

1. 压裂液滤失速率影响因素分析

图 4-25 为一维与二维滤失速率对比,由于压裂和返排过程中,缝口处的滤失储层从施工开始至结束均参与了渗流过程,因此针对缝口处的储层条件,采用一维模型和二维模型进行滤失速率计算。结果表明,一维模型计算的滤失速率低于二维模型,这主要是由于传统的一维模型模拟方法只考虑压裂液沿垂直裂缝方向的渗流而没有考虑压裂液沿裂缝延伸方向的流动,所以通过计算得到的滤失速率比采用二维模型模拟的小。在实际压裂施工过程中,由于高压液体的注入,裂缝内流体压力高于油气藏压力,并且裂缝入口的压力又高于裂缝尖端的压力,所以压裂液在裂缝内必然会沿裂缝长度方向流动,因而二维流动能更真实地描述滤失的压裂液在地层中的渗流情形。

2. 压裂液敏感性影响因素分析

根据建立的压裂液动态滤失模型及压裂所形成的滤饼的动态渗透率模型,对影响滤失的滤失压差、渗透率、液体黏度、滤饼厚度进行敏感性计算和分析。

1) 滤失压差的影响

分别按照 3.5MPa、5MPa、10MP、15MPa 进行累计滤失量的计算(滤失面积 $10m^2$,液体黏度 $1mPa \cdot s$,滤饼厚度 0.6mm)。计算结果如图 4-26 所示。由计算结果可以清楚地看出,压差越大,则累计的滤失量越高。加砂压裂过程中的滤失压差取决于储层的延伸压力与原始地层压力,因此对于低压气藏来说,在同样延伸压力的情况下,加砂压裂过程中的滤失更大。

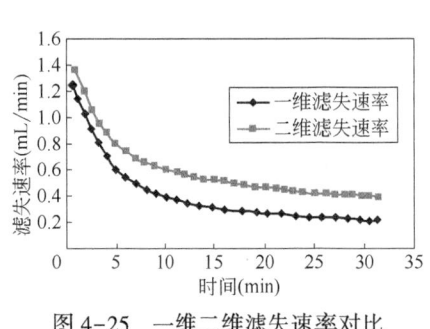

图 4-25 一维二维滤失速率对比

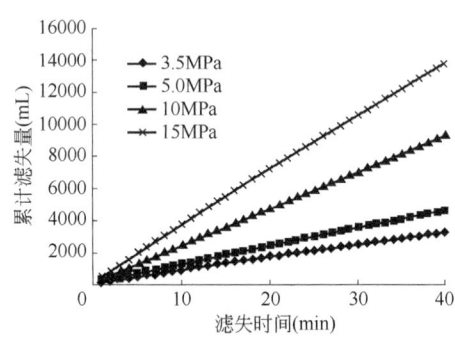

图 4-26 不同压差下累计滤失量对比

2) 不同渗透率的影响

分别在不同渗透率条件下,对滤失速率进行计算,计算结果如图 4-27 所示。由下图分析可以看出,渗透率越高,滤失速率越大,滤失量也就越高,压裂液的侵入深度越深;在滤失初期,滤失速率下降最快,到后期基本趋于平稳。

3) 滤液黏度的影响

分别按照液体滤失黏度为 $1mPa \cdot s$、$3mPa \cdot s$、$5mPa \cdot s$、$10mPa \cdot s$、$20mPa \cdot s$ 进行累计滤失量的对比计算(滤失面积 $10m^2$,滤失压差 3.5MPa,滤饼厚度 0.6mm)(图 4-28)。由计算结果可以看出,高黏液体与低黏液体的累计滤失量差别很大,$1mPa \cdot s$ 的液体累计滤失量是 20mPa·s 的液体累计滤失量的 20 倍。因此加砂压裂过程中，一方面依靠高黏的液体满足携砂要求，另一方面降低液体的滤失，满足液体造缝要求，降低施工的风险，提高液体效率。

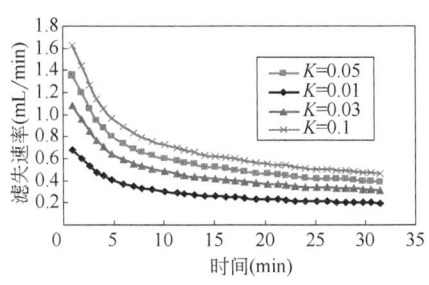

图 4-27　渗透率对滤失速率的影响

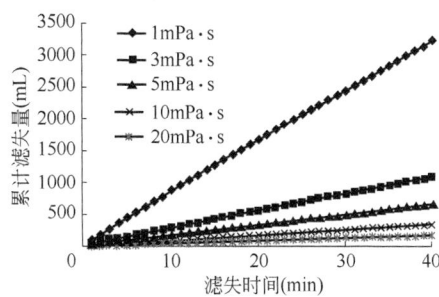

图 4-28　不同滤液黏度下累计滤失量对比

4）滤饼厚度的影响

图 4-29 为不同泥饼厚度下下累计滤失量对比，由于压裂液的滤失在岩石表面形成滤饼，从而改变压裂液的滤失过程，滤饼的形成，可有效降低液体的滤失。其作用与钻井过程中依靠有效的滤饼保护储层、降低钻井液滤失导致的井壁不稳定相似。由不同厚度滤饼的累计滤失对比可以清楚地看出，滤饼越厚，其滤失量越小，从而实现降低液体滤失的目的。1mm 的滤饼累计滤失量仅为 0.2mm 泥饼滤失量的 20%。

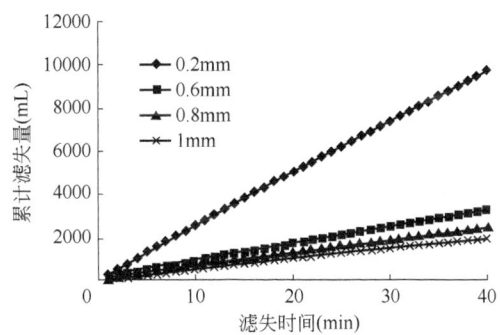

图 4-29　不同泥饼厚度下下累计滤失量对比

5）滤饼滤失压力及过滤饼压力分布

图 4-30 为滤饼区滤失及累计滤失量，通过滤饼区的滤失及过滤饼压力的计算，获取沿裂缝方向的滤失及压力分布情况。但是，较厚的滤饼在液体返排及压后气井生产过程中会表现出不利的一面，由于滤饼的存在，降低了储层的渗透率，导致液体返排困难，气体流动阻力增大。因此在液体的设计过程中，一方面需要合理地考虑形成滤饼的降滤功能，另一方面也需设计相关的滤饼解除措施，尽可能地减小滤饼对排液及生产的影响。

图 4-31 为滤饼滤失压差及过滤饼后压力图，由计算结果可以看出，由于采用了压裂液动态滤失模型，滤失初期滤失速率较大，随着滤失的进行，滤失速率逐渐降低，最终趋于一个稳定的数值。由图 4-33 可以看出，缝口处过滤饼后的压力最高，裂缝的指端过滤饼后的压力最低，即由于滤失过程的进行，缝口处的增能最明显。

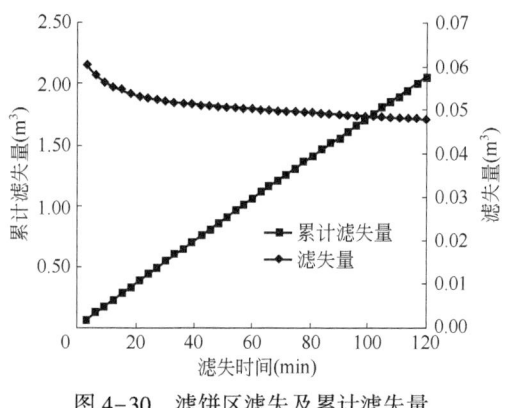

图 4-30　滤饼区滤失及累计滤失量

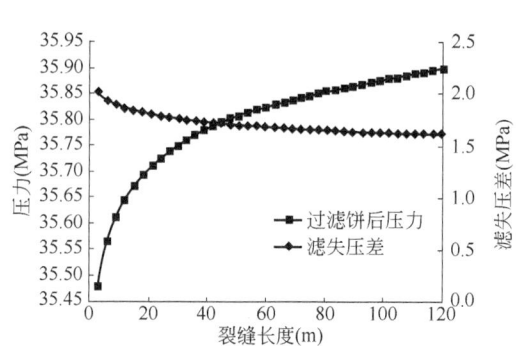

图 4-31　滤饼滤失压差及过滤饼后压力图

3. 压裂液侵入区压力分布

图 4-32 为侵入距离与侵入界面和侵入压降结果，根据模型条件，设定裂缝的延伸压力梯度为 2.3MPa/100m，储层孔隙压力梯度为 1.2MPa/100m，进行压裂液侵入二维流动压力计算。由图中可以看出，侵入深度越大，则侵入界面的压力越高，地层增能越明显，即在缝口处的侵入深度最大，返排的能力最大。但在缝口处的返排压差最小，克服水锁启动压差最低。

图 4-33 为压后储层的能量场，及压力剖面图。由图 4-35 可以看出，随着滤失的进行，侵入界面前移，储层压力逐渐增高，压力波及范围向地层深处扩散，但是由于时间短，储层致密，波及范围的变化不大。另外液体增能的能量损失主要集中在滤饼区和侵入区，两部分造成的压降为总压降的 60% 左右。

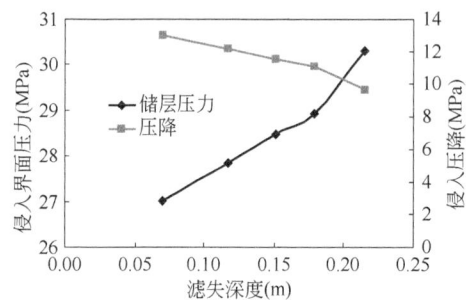

图 4-32　侵入深度与侵入界面压力、压降关系

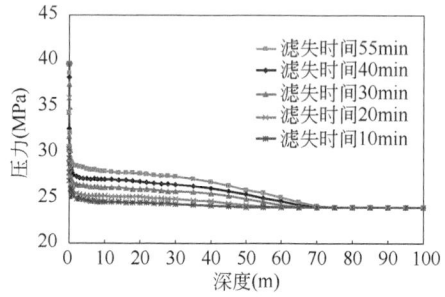

图 4-33　二维模型计算储层能量场分布情况

四、裂缝尺寸的影响因素

影响裂缝高度延伸的不可控因素主要是地层和岩石的物理性质及其地应力条件等，针对某一施工对象，这些性质都不能改变参数。也就是说压裂对象一定，这些参数就不能改变。

1. 盖层应力对裂缝尺寸的影响

图 4-34 为盖层应力对裂缝尺寸的影响（储层应力为 30MPa），国内外理论、实验以及现场数据研究表明，地应力是影响裂缝高度延伸的最主要因素。理论和实验室实验都证明地应力差比岩石性质起到更主要的作用。两种物质接触附近的裂缝行为并没有显示出因物质性

质不同而产生的明显影响，而显著的应力差异却能阻碍甚至终止裂缝增长。目前国内外学者几乎一致认为，产层和隔层的水平地应力差是影响裂缝高度垂向延伸的主要因素。随着地应力差变小，裂缝高度增加。这说明当产层和盖层间的地应力差较高时，裂缝高度延伸受到限制，但它有利于裂缝长度延伸，因而较高的地应力差对水力压裂是有利的。当产层很薄或者遮挡层应力较弱，抑制裂缝延伸的闭合压力小，增大裂缝张开净压力，使得裂缝垂向延伸趋势加剧而进入遮挡层。

总之，对于不同地层，阻止裂缝高度延伸的隔产层应力差不一致。对于厚油层，由于没有明显的产隔层界线，因此产层的地应力梯度对裂缝垂向延伸有重要的影响，当地应力梯度足够大时，裂缝高度也能受到限制。当地应力梯度大于压裂液重力梯度时，裂缝往往向上延伸，导致裂缝在产层内不充分延伸。

2. 杨氏模量对裂缝尺寸的影响

图 4-35 杨氏模量对裂缝宽度的影响，在拟三维模型中，岩石杨氏模量主要影响裂缝的宽度，从而间接影响裂缝高度。杨氏模量越高，裂缝的宽度越小，由物质平衡可知，裂缝长度和高度增加。当裂缝延伸至杨氏模量不同的两种岩石的接触面或者遮挡层的杨氏模量大于产层的杨氏模量时，裂缝高度的延伸都将受到限制而变缓。致密、低孔隙砂岩与碳酸盐岩通常是坚硬的，并有着较高的杨氏模量。在其他因素不变的情况下，只改变杨氏模量来计算裂缝的几何尺寸，随杨氏模量增加，裂缝长度、裂缝高度和压力都增大，而裂缝宽度则减小。

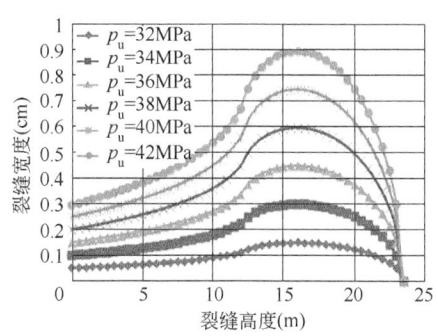

图 4-34　盖层应力对裂缝尺寸的影响
（储层应力为 30MPa）

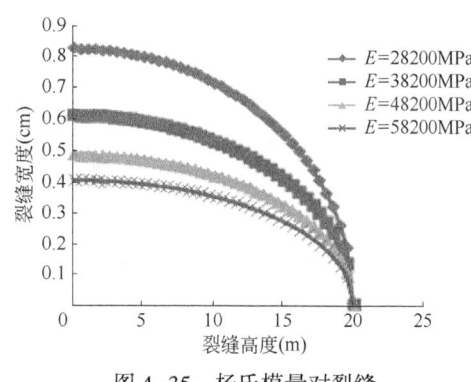

图 4-35　杨氏模量对裂缝
宽度的影响

从表 4-7 中可以看出，裂缝高度随杨氏模量的增加而增加，这是由于在相同的排量、时间及滤失速率下，杨氏模量越大，裂缝越窄，裂缝将向裂缝高度方向发展，以满足液体体积平衡的要求。从变化的幅度来看，地层的杨氏模量也是影响裂缝高度的重要因素之一。杨氏模量值和泊松比值的大小反映了岩石的软硬程度。对砂岩而言，当岩石由软变硬时，杨氏模量值由小至大，而泊松比恰恰相反。当裂缝延伸至杨氏模量不同的两种岩石接触面或者遮挡层的杨氏模量大于产层的杨氏模量时，裂缝高度的延伸都将受到限制而变缓。在其他因素不变的情况下，只改变杨氏模量来计算裂缝的几何尺寸，随杨氏模量增加，裂缝长度、裂缝高度和压力都增大，而裂缝宽度则减小。随泊松比增大，裂缝高度呈现增大趋势。

表 4-7 杨氏模量对裂缝宽度的影响

裂缝高度 (m)	裂缝宽度（cm）			
	$E=28200\text{MPa}$	$E=38200\text{MPa}$	$E=48200\text{MPa}$	$E=58200\text{MPa}$
20.1	0	0	0	0
19.6	0.182193943	0.134499193	0.106594796	0.088279539
19.1	0.256022795	0.189001121	0.14978927	0.124052282
18.6	0.311543458	0.229987579	0.182272313	0.150954046
18.1	0.357393067	0.263834673	0.209097189	0.173169837
17.6	0.396937422	0.293027102	0.232233098	0.192330503
17.1	0.431912111	0.318846114	0.252695468	0.209277002
16.6	0.463353298	0.342056623	0.271090519	0.224511392
16.1	0.491939169	0.363159282	0.287815033	0.238362278
15.6	0.518142725	0.382503268	0.303145744	0.251058846
15.1	0.542309598	0.400343734	0.317284868	0.262768568
14.6	0.564701517	0.416873895	0.330385535	0.273618261
14.1	0.585522335	0.432244237	0.342567009	0.283706698
13.6	0.604934469	0.44657466	0.353924316	0.293112578
13.1	0.623069766	0.459962497	0.364534593	0.301899783
12.6	0.640036935	0.472487999	0.374461444	0.310120989
12.1	0.655926792	0.484218208	0.383757999	0.317820198
11.6	0.670816053	0.495209756	0.392469143	0.325034582
11.1	0.684770141	0.505510942	0.400633153	0.331795842
10.6	0.69784531	0.515163291	0.40828294	0.338131232
10.1	0.710090258	0.524202756	0.415446997	0.344064352
9.6	0.721547399	0.532660645	0.422150138	0.34961575
9.1	0.732253856	0.540564365	0.428414082	0.354803415
8.6	0.742242255	0.547937999	0.434257917	0.359643154
8.1	0.751541365	0.554802788	0.439698475	0.364148909
7.6	0.76017662	0.561177505	0.444750637	0.368333002
7.1	0.768170545	0.567078779	0.44942758	0.372206346
6.6	0.775543105	0.57252135	0.453740987	0.375778618
6.1	0.782312001	0.577518284	0.457701212	0.379058392
5.6	0.788492913	0.582081156	0.461317431	0.382053267
5.1	0.794099702	0.586220199	0.464597751	0.384769959
4.6	0.799144583	0.589944431	0.46754932	0.387214386
4.1	0.803638268	0.593261758	0.470178406	0.389391738

续表

裂缝高度 (m)	裂缝宽度 (cm)			
	$E=28200$MPa	$E=38200$MPa	$E=48200$MPa	$E=58200$MPa
3.6	0.807590086	0.596179069	0.472490465	0.391306537
3.1	0.811008089	0.598702306	0.47449021	0.392962682
2.6	0.813899128	0.600836529	0.476181648	0.394363495
2.1	0.816268933	0.602585966	0.477568131	0.395511751
1.6	0.818122158	0.603954054	0.478652383	0.396409705
1.1	0.819462436	0.604943474	0.479436529	0.397059119
0.6	0.82029241	0.605556177	0.479922115	0.397461271
0.1	0.820613753	0.605793399	0.480110121	0.397616973

3. 断裂韧性对裂缝尺寸的影响

图 4-36 为断裂韧性对裂缝尺寸的影响分析，为了扩展裂缝，净压力为正，在裂缝端部之前诱发一个张开的张应力。该应力在端部趋向无限大，离开端部逐渐降低，在无限远处为零。当裂缝端部的应力值达到最大，即张开型应力强度因子达到临界值。岩石应力强度因子的临界值是评价岩石断裂韧性的参数，它决定了裂缝在延伸过程中所需要的力。压裂岩石的断裂韧性是阻止裂缝向前扩展的一个量度。裂缝在扩展过程中，受周围岩石的断裂韧性的控制。根据能量条件，内压（或通常所说的破裂载荷）会在裂缝边缘某一点上诱发一个应力强度因子，当它大于岩石的断裂韧性时，裂缝向前扩展。岩石断裂韧性的大小与施工泵压（即破裂压力和裂缝延伸压力）的高低呈正比，与水力裂缝长度成反比。

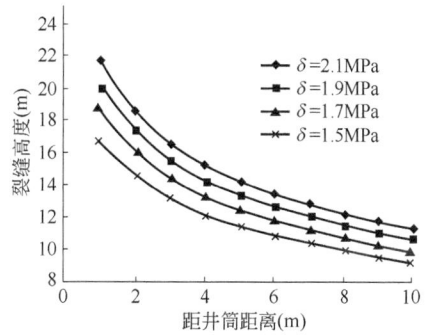

图 4-36 断裂韧性对裂缝高度影响分析

在一定条件下，岩石断裂韧性的大小可使水力裂缝方位不再沿水平最大主应力方位延伸而发生转向。岩石断裂韧性反映岩石抵抗裂缝向前扩展延伸的能力，断裂韧性大小反映了裂缝延伸阻力的大小。断裂韧性的增加必然使裂缝长度和裂缝高度都减小，而裂缝宽度及裂缝内压力是增加的。在拟三维延伸模型中，由裂缝的高度方程得知，当裂缝上下端部的静态应力强度因子达到或超过岩石的断裂韧性时，裂缝高度才会开始继续延伸。当断裂韧性较大时，对于同样的裂缝高度，裂缝延伸所需要的流体压力增加，即净压力增加，因此宽度随之增加，而裂缝长度则减小。因此，隔层岩石的断裂韧性越大，裂缝延伸到隔层所需的压力越大，在一定程度上可以阻止裂缝高度的延伸。

表 4-8 为断裂韧性对裂缝高度影响分析，对于高渗透地层，一方面由于地层渗透率比较高，压裂液渗透进入地层较多，由物质平衡可知用于造缝的液体体积减小，裂缝尺寸减小；另一方面，由于压裂液进入地层，可能在岩石表面聚集固相颗粒，形成滤饼，同时部分压裂液进入地层对裂缝附近地层渗透率造成伤害，从而减缓压裂液向地层的滤失速率。总之，其他条件一致的情况下，随地层渗透率的增加，裂缝高度减小。

表 4-8 断裂韧性对裂缝高度影响分析

距井筒距离 (m)	裂缝高度 (m)			
	$\delta = 2.1$ MPa	$\delta = 1.9$ MPa	$\delta = 1.7$ MPa	$\delta = 1.5$ MPa
1	21.7	20.1	18.45	16.65
2	18.6	17.3	15.95	14.55
3	16.65	15.55	14.4	13.2
4	15.25	14.3	13.3	12.3
5	14.2	13.35	12.45	11.45
6	13.4	12.6	11.75	10.85
7	12.75	12	11.2	10.4
8	12.15	11.5	10.75	9.95
9	11.7	11.05	10.35	9.6
10	11.3	10.65	10	9.3

图 4-37 为断裂韧性 2.1MPa 对裂缝高度影响分析。水力裂缝垂向延伸到岩石界面时，可能发生两种情况：沿岩石界面发生滑移或者直接穿越岩石界面。岩石界面胶结越弱，内聚力越小，裂缝与界面夹角越小，裂缝延伸到界面时越容易发生滑移，裂缝高度将受到限制。反之，水力裂缝延伸到界面越容易穿越岩石界面。由于地层的非均质性，产隔层的比表面能不同，当产层比表面能和杨氏模量的乘积大于隔层比表面能和杨氏模量的乘积时，裂缝将穿越进入隔层。

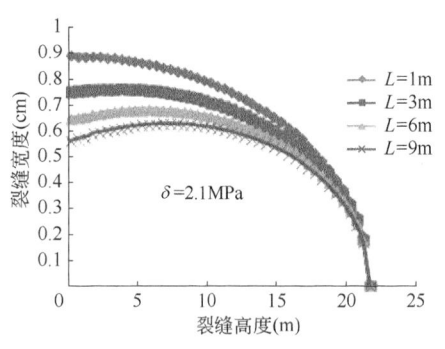

图 4-37 断裂韧性 2.1MPa 对裂缝高度影响分析

表 4-9 为断裂韧性对裂缝高度的影响分析，岩石的断裂韧性在 1~3MPa 之间变化，随着地层岩石的韧性 k_c 增加，裂缝高度相应地减小但是变化不大。压裂岩石的断裂韧性是阻止裂缝向前扩展的一个量度，裂缝在扩展过程中受周围岩石的断裂韧性的控制。根据能量条件，内压（或通常所说的破裂载荷）会在裂缝边缘某一点上诱发一个应力强度因子，当它大于岩石的断裂韧性时，裂缝向前扩展。随着断裂韧性的增大，裂缝高度呈现增大的趋势，裂缝长度呈现减小趋势。

表 4-9 断裂韧性 2.1MPa 对裂缝高度影响分析

裂缝高度 (m)	裂缝宽度 (cm)			
	$\sigma = 2.1$ MPa	$\sigma = 1.9$ MPa	$\sigma = 1.7$ MPa	$\sigma = 1.5$ MPa
21.7	0	0	0	0
21.2	0.189424	0.178316	0.170892	0.165302
20.7	0.266309	0.25032	0.239587	0.231475
20.2	0.324219	0.304292	0.290859	0.280669
19.7	0.372119	0.348711	0.332867	0.320807
19.2	0.413505	0.386886	0.368799	0.354986

续表

裂缝高度 (m)	裂缝宽度 (cm)			
	$\sigma=2.1$MPa	$\sigma=1.9$MPa	$\sigma=1.7$MPa	$\sigma=1.5$MPa
18.7	0.450176	0.420524	0.4003	0.384808
18.2	0.483207	0.450645	0.428357	0.411232
17.7	0.513302	0.477917	0.453614	0.434888
17.2	0.540951	0.502808	0.476523	0.456215
16.7	0.566512	0.525657	0.497414	0.475535
16.2	0.590258	0.546725	0.516537	0.493093
15.7	0.612398	0.566211	0.534087	0.509079
15.2	0.633103	0.584278	0.55022	0.523645
14.7	0.652508	0.601054	0.565061	0.536914
14.2	0.670728	0.616648	0.578715	0.548988
13.7	0.687855	0.63115	0.591269	0.55995
13.2	0.70397	0.644634	0.602796	0.569873
12.7	0.719142	0.657167	0.613358	0.578817
12.3	0.733428	0.668804	0.623009	0.586832
11.7	0.74688	0.679592	0.631794	0.593965
11.2	0.759543	0.689574	0.639754	0.600252
10.7	0.771455	0.698786	0.646923	0.605727
10.2	0.78265	0.70726	0.653331	0.610418
9.7	0.79316	0.715025	0.659005	0.614349
9.2	0.803011	0.722104	0.663967	0.617541
8.7	0.812228	0.728521	0.668236	0.620013
8.2	0.820831	0.734293	0.671832	0.621778
7.7	0.82884	0.739439	0.674767	0.622849
7.2	0.836273	0.743973	0.677054	0.623237
6.7	0.843144	0.747907	0.678705	0.622948
6.2	0.849468	0.751254	0.679726	0.621987
5.7	0.855256	0.754022	0.680126	0.620359
5.2	0.86052	0.756221	0.679909	0.618063
4.7	0.865269	0.757856	0.679078	0.615099
4.2	0.869512	0.758934	0.677635	0.611463
3.7	0.873256	0.759457	0.675579	0.60715
3.2	0.876508	0.75943	0.67291	0.60215
2.7	0.879273	0.758854	0.669623	0.596454
2.3	0.881557	0.757729	0.665713	0.590047

续表

裂缝高度(m)	裂缝宽度（cm）			
	$\sigma=2.1$MPa	$\sigma=1.9$MPa	$\sigma=1.7$MPa	$\sigma=1.5$MPa
1.7	0.883362	0.756055	0.661174	0.582912
1.2	0.884693	0.753831	0.655995	0.575029
0.7	0.885551	0.751052	0.650166	0.566373
0.2	0.885937	0.747714	0.643673	0.556915

4. 泊松比对裂缝尺寸的影响

图4-38为泊松比对裂缝宽度的影响，岩石杨氏模量的大小反映了储层岩石的致密程度，它与压开裂缝宽度成反比，与施工泵压成正比。岩石泊松比是指岩石受到应力时，在弹性范围内岩石的侧向应变与轴向应变的比值。杨氏模量值和泊松比值的大小反映了岩石的软硬程度。对砂岩而言，当岩石由软变硬时，杨氏模量值由小至大，而泊松比恰恰相反。岩石泊松比主要影响裂缝宽度，针对某一特定油层，当泊松比越大时，裂缝宽度越小，在一定程度上增加了裂缝的长度和高度，但是裂缝高度的增加幅度较小，甚至可以忽略不计。通常由于泊松比在0~1范围内变化，其数值较小，几乎可以忽略泊松比的影响，依靠泊松比限制裂缝高度延伸是不可靠的。

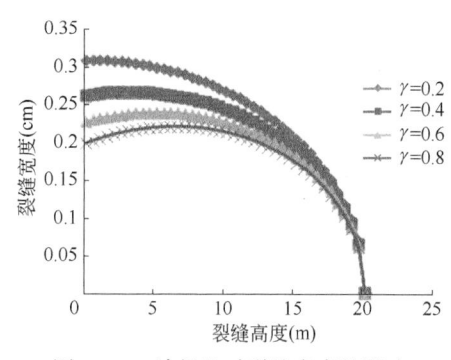

图4-38 泊松比对裂缝宽度的影响

表4-10为泊松比对裂缝宽度的影响。裂缝高度一定时，随着泊松比增大，裂缝宽度有所减小。当产层比较薄时，裂缝在高度延伸过程中容易穿出产层，由于产层上下隔层岩石与产层岩石地应力和物性的差异，在一定程度上限制了裂缝高度的延伸。当产层比较厚时，由于产层各向均质同性且垂向上应力差异比较小，裂缝在长度和高度方向上延伸情况近似，裂缝形状近似为球形，裂缝高度不受限制。

表4-10 泊松比对裂缝宽度的影响

裂缝高度(m)	裂缝宽度（cm）			
	$\gamma=0.2$	$\gamma=0.4$	$\gamma=0.6$	$\gamma=0.8$
20.1	0	0	0	0
19.6	0.068323	0.064366	0.061759	0.059824
19.1	0.096009	0.090309	0.086537	0.083724
18.6	0.116829	0.109721	0.104995	0.101456
18.1	0.134022	0.125667	0.120088	0.115894
17.6	0.148852	0.139345	0.132969	0.128159
17.1	0.161967	0.15137	0.144235	0.138833
16.6	0.173757	0.162113	0.154242	0.148263
16.1	0.184477	0.171816	0.163225	0.156679
15.6	0.194304	0.180646	0.171347	0.16424

续表

裂缝高度（m）	裂缝宽度（cm）			
	$\gamma=0.2$	$\gamma=0.4$	$\gamma=0.6$	$\gamma=0.8$
15.1	0.203366	0.188729	0.178728	0.171062
14.6	0.211763	0.196157	0.185458	0.177235
14.1	0.219571	0.203003	0.191608	0.182826
13.6	0.22685	0.209324	0.197234	0.187892
13.1	0.233651	0.21517	0.202381	0.192476
12.6	0.240014	0.220577	0.207088	0.196615
12.1	0.245973	0.225578	0.211384	0.200339
11.6	0.251556	0.230202	0.215298	0.203675
11.1	0.256789	0.23447	0.21885	0.206643
10.6	0.261692	0.238402	0.222061	0.209262
10.1	0.266284	0.242017	0.224945	0.211547
9.6	0.27058	0.245328	0.227518	0.213512
9.1	0.274595	0.24835	0.229792	0.215169
8.6	0.278341	0.251092	0.231776	0.216526
8.1	0.281828	0.253564	0.23348	0.217592
7.6	0.285066	0.255776	0.234911	0.218373
7.1	0.288064	0.257735	0.236077	0.218876
6.6	0.290829	0.259447	0.236982	0.219105
6.1	0.293367	0.260918	0.237631	0.219063
5.6	0.295685	0.262152	0.238028	0.218752
5.1	0.297787	0.263154	0.238175	0.218174
4.6	0.299679	0.263927	0.238075	0.217329
4.1	0.301364	0.264474	0.237728	0.216216
3.6	0.302846	0.264797	0.237136	0.214834
3.1	0.304128	0.264897	0.236297	0.21318
2.6	0.305212	0.264776	0.235212	0.21125
2.1	0.306101	0.264433	0.233877	0.20904
1.6	0.306796	0.263869	0.232291	0.206542
1.1	0.307298	0.263083	0.230449	0.203749
0.6	0.30761	0.262074	0.228347	0.20065
0.1	0.30773	0.26084	0.225979	0.197235

5. 上浮剂对裂缝尺寸的影响

裂缝中的上浮剂下沉到裂缝末梢后，不仅起到了增加裂缝末梢阻抗的作用，还限制了水的流动速率，相对地增加了油的流动速率，因此还起到了控水增产的目的。图4-39为上浮剂厚度对裂缝高度的影响，水力裂缝在长度方向延伸遇到断层时，断层会阻碍裂缝的横向延伸，从而间接促进裂缝高度的延伸。当裂缝在垂向上延伸遇到断层时，裂缝高度延伸会受到限制。水力裂缝在延伸过程中，遇到天然裂缝时，天然裂缝可能发生张开、剪切、滑移、转向延伸等情况，从而影响裂缝高度延伸。另外，由于压裂液会滤失进入天然裂缝，导致用于造缝的液体体积减小，在一定程度上影响裂缝高度。

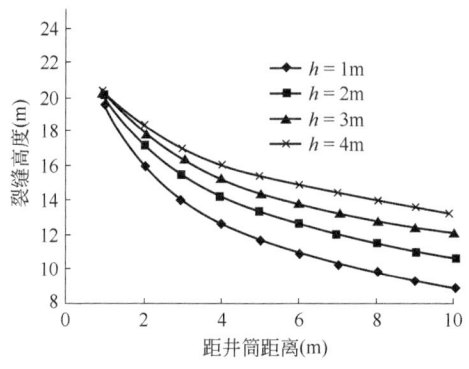

图 4-39 上浮剂厚度对裂缝高度的影响

表 4-11 为上浮剂厚度对裂缝高度的影响，使用上浮控制裂缝高度剂或下沉控制裂缝高度剂堵塞裂缝的尖端部位以改变裂缝中的净应力分布，从而达到控制裂缝高度的目的。随着上浮剂在储层中的高度增大，裂缝高度减小。在压裂施工过程中，井筒周围的裂缝延伸压力最大，因而在施工初期容易压穿遮挡层。而当输送上浮剂后，上浮剂本身能起到遮挡作用。因而，在前置液阶段采用低排量造缝，控制裂缝垂向延伸；采用高排量加砂，增大铺砂浓度，确保压裂效果。

表 4-11 上浮剂厚度对裂缝高度的影响

距井筒距离（m）	裂缝高度（m）			
	$h=1m$	$h=2m$	$h=3m$	$h=4m$
1	19.45	20.1	20.35	20.35
2	16.2	17.3	18	18.45
3	14.2	15.55	16.5	17.15
4	12.8	14.3	15.4	16.2
5	11.75	13.35	14.55	15.5
6	10.95	12.6	13.85	14.9
7	10.3	12	13.3	14.45
8	9.75	11.5	12.85	14
9	9.3	11.05	12.45	13.65
10	8.9	10.65	12.1	13.35

6. 距井筒距离对裂缝宽度的影响

图 4-40 和表 4-12 为距井筒距离对裂缝宽度的影响。随着距井筒距离 L 的增大（从 1m 到 9m），同一裂缝高度对应的裂缝宽度呈现系统性减小。裂缝高度对裂缝宽度的控制作用存在显著分段特征。当裂缝高度大于 15m 时，各 L 值的裂缝宽度差异较小，而裂缝高度低于 10m 后，不同 L 值的裂缝宽度差异急剧扩大。这表明近井区域的裂缝扩展在深层受限更明显，而远井区域的裂缝宽度对裂缝高度变化响应更敏感。

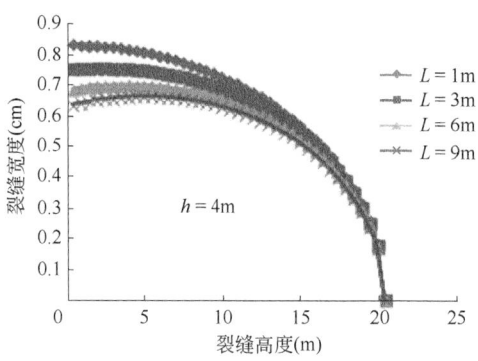

图 4-40 距井筒距离对裂缝宽度的影响

表 4-12 距井筒距离对裂缝宽度的影响

裂缝高度 (m)	裂缝宽度（m）			
	$L=1m$	$L=3m$	$L=6m$	$L=9m$
21.7	0	0	0	0
21.2	0.189424	0.178316	0.170892	0.165302
20.7	0.266309	0.25032	0.239587	0.231475
20.2	0.324219	0.304292	0.290859	0.280669
19.7	0.372119	0.348711	0.332867	0.320807
19.2	0.413505	0.386886	0.368799	0.354986
18.7	0.450176	0.420524	0.4003	0.384808
18.2	0.483207	0.450645	0.428357	0.411232
17.7	0.513302	0.477917	0.453614	0.434888
17.2	0.540951	0.502808	0.476523	0.456215
16.7	0.566512	0.525657	0.497414	0.475535
16.2	0.590258	0.546725	0.516537	0.493093
15.7	0.612398	0.566211	0.534087	0.509079
15.2	0.633103	0.584278	0.55022	0.523645
14.7	0.652508	0.601054	0.565061	0.536914
14.2	0.670728	0.616648	0.578715	0.548988
13.7	0.687855	0.63115	0.591269	0.55995
13.2	0.70397	0.644634	0.602796	0.569873
12.7	0.719142	0.657167	0.613358	0.578817
12.3	0.733428	0.668804	0.623009	0.586832
11.7	0.74688	0.679592	0.631794	0.593965
11.2	0.759543	0.689574	0.639754	0.600252
10.7	0.771455	0.698786	0.646923	0.605727
10.2	0.78265	0.70726	0.653331	0.610418
9.7	0.79316	0.715025	0.659005	0.614349
9.2	0.803011	0.722104	0.663967	0.617541

续表

裂缝高度 (m)	裂缝宽度（m）			
	$L=1m$	$L=3m$	$L=6m$	$L=9m$
8.7	0.812228	0.728521	0.668236	0.620013
8.2	0.820831	0.734293	0.671832	0.621778
7.7	0.82884	0.739439	0.674767	0.622849
7.2	0.836273	0.743973	0.677054	0.623237
6.7	0.843144	0.747907	0.678705	0.622948
6.2	0.849468	0.751254	0.679726	0.621987
5.7	0.855256	0.754022	0.680126	0.620359
5.2	0.86052	0.756221	0.679909	0.618063
4.7	0.865269	0.757856	0.679078	0.615099
4.2	0.869512	0.758934	0.677635	0.611463
3.7	0.873256	0.759457	0.675579	0.60715
3.2	0.876508	0.75943	0.67291	0.60215
2.7	0.879273	0.758854	0.669623	0.596454
2.3	0.881557	0.757729	0.665713	0.590047
1.7	0.883362	0.756055	0.661174	0.582912
1.2	0.884693	0.753831	0.655995	0.575029
0.7	0.885551	0.751052	0.650166	0.566373
0.2	0.885937	0.747714	0.643673	0.556915

7. 施工排量对裂缝高度影响

除了产层与上下隔层的地应力差、压裂液黏度、压裂工艺之外，施工排量对裂缝高度的纵向延伸也具有较好的控制作用。图4-41与表4-13为排量对裂缝高度的影响。现场施工效果表明，根据各个断块压裂施工前后测得的井温数据在直角坐标系中描点分析，可获得大量的现场数据，利用线性回归拟合得到施工排量和裂缝高度的关系。不同地区由于地层情况不同，施工排量对裂缝高度的影响也不相同。在其他条件一定的情况下，根据施工排量与裂缝高度的关系，泵注施工排量越大，裂缝高度越大。排量从1.5m³/min增至8.0m³/min，裂

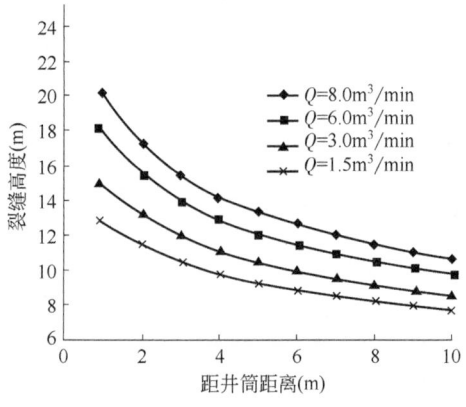

图4-41 施工排量对裂缝高度的影响

缝高度从12m增加至21.3m。因此，可以采用降低施工排量的方法来减缓裂缝高度的延伸。为了防止裂缝高度过大，一般将施工排量施工控制在3.5m³/min以内。

表4-13 施工排量对裂缝高度的影响

距井筒距离 (m)	裂缝高度（m）			
	$Q=8.0m^3/min$	$Q=6.0m^3/min$	$Q=3.0m^3/min$	$Q=1.5m^3/min$
1	20.1	17.85	15	12.8
2	17.3	15.5	13.2	11.45
3	15.55	14	12.05	10.5
4	14.3	12.95	11.2	9.85
5	13.35	12.1	10.55	9.3
6	12.6	11.45	10.05	8.9
7	12	10.95	9.6	8.55
8	11.5	10.5	9.25	8.25
9	11.05	10.1	8.95	8
10	10.65	9.8	8.65	7.8

8. 加砂量对裂缝尺寸的影响

图4-42与表4-14为加砂量11m³、8m³、5m³、2m³对裂缝高度影响分析。加砂后的支撑剂会向裂缝的底部沉降运移，在下部形成一个稳定的遮挡层。随着加砂量的增大，裂缝高度呈现减小的趋势，待支撑剂下沉至裂缝底部，形成人工封堵段，由于裂缝会沿最小阻力方向延伸，下沉的支撑剂有效地控制裂缝垂向下的延伸，同时降低了压裂液的滤失，提高了造缝效率，达到了造长缝、控制裂缝高度的目的。

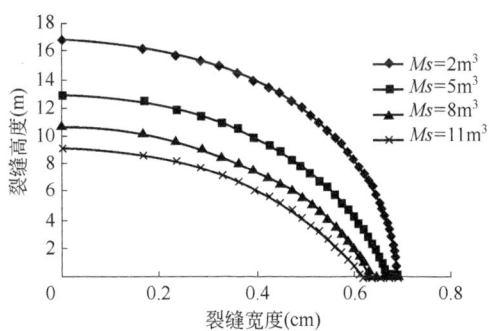

图4-42 加砂量对裂缝高度影响分析

表4-14 加砂量对裂缝高度影响分析数据

裂缝宽度 (cm)	裂缝高度（m）			
	$Ms=2m^3$	$Ms=5m^3$	$Ms=8m^3$	$Ms=11m^3$
0	16.85	12.9	10.65	9.15
0.165901	16.35	12.4	10.15	8.65
0.232825	15.85	11.9	9.65	8.15
0.282938	15.35	11.4	9.15	7.65

续表

裂缝宽度 (cm)	裂缝高度 (m)			
	$Ms=2m^3$	$Ms=5m^3$	$Ms=8m^3$	$Ms=11m^3$
0.324132	14.85	10.9	8.65	7.15
0.359488	14.35	10.4	8.15	6.65
0.390595	13.85	9.9	7.65	6.15
0.418401	13.35	9.4	7.15	5.65
0.443528	12.85	8.9	6.65	5.15
0.466409	12.35	8.4	6.15	4.65
0.487361	11.85	7.9	5.65	4.15
0.506624	11.35	7.4	5.15	3.65
0.524384	10.85	6.9	4.65	3.15
0.540789	10.35	6.4	4.15	2.65
0.555959	9.85	5.9	3.65	2.15
0.569994	9.35	5.4	3.15	1.65
0.582975	8.85	4.9	2.65	1.15
0.594972	8.35	4.4	2.15	0.65
0.606042	7.85	3.9	1.65	0.15
0.616237	7.35	3.4	1.15	0
0.625599	6.85	2.9	0.65	0
0.634166	6.35	2.4	0.15	0
0.641969	5.85	1.9	0	0
0.649035	5.35	1.4	0	0
0.65539	4.85	0.9	0	0
0.661053	4.35	0.4	0	0
0.666043	3.85	0	0	0
0.670374	3.35	0	0	0
0.67406	2.85	0	0	0
0.677111	2.35	0	0	0
0.679536	1.85	0	0	0
0.681342	1.35	0	0	0
0.682533	0.85	0	0	0
0.683114	0.35	0	0	0
0.683086	0	0	0	0

9. 储层厚度对裂缝尺寸的影响

在施工参数相同的情况下，裂缝高度随着储层、隔层应力差的增加急剧下降，反映出应力差对裂缝高度影响最大；在应力差、隔层厚度相同的情况下，随着储层厚度的增加，裂缝逐渐在储层内延伸（图4-43~图4-48）。

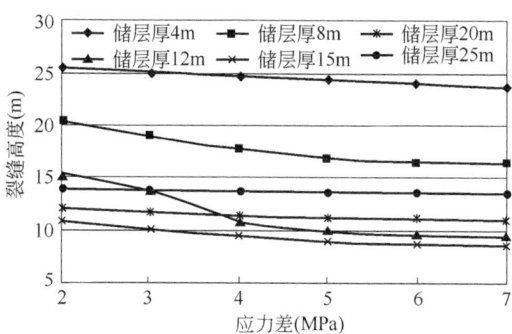

图 4-43　隔层厚 2m 时不同应力下裂缝高度

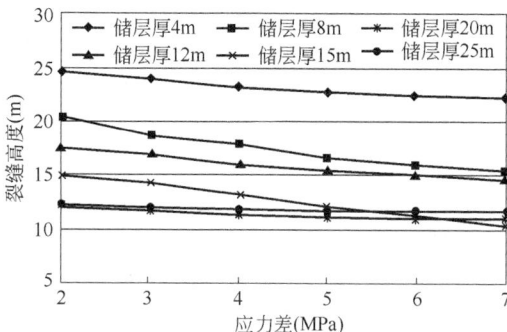

图 4-44　隔层厚 5m 时不同应力下裂缝高度

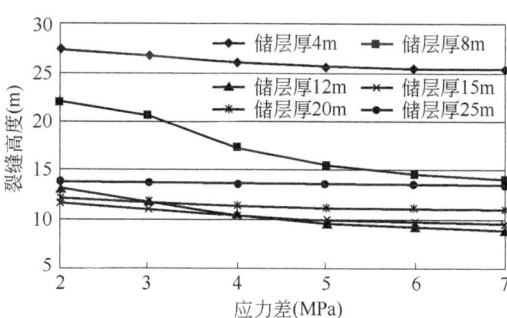

图 4-45　隔层厚 8m 时不同应力下裂缝高度

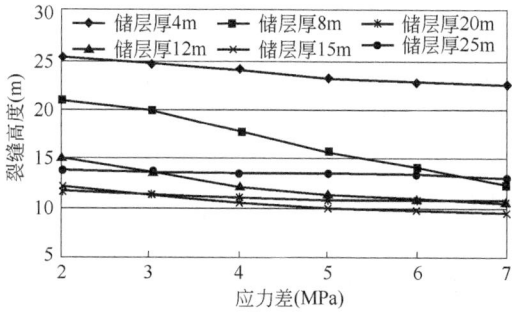

图 4-46　隔层厚 12m 时不同应力下裂缝高度

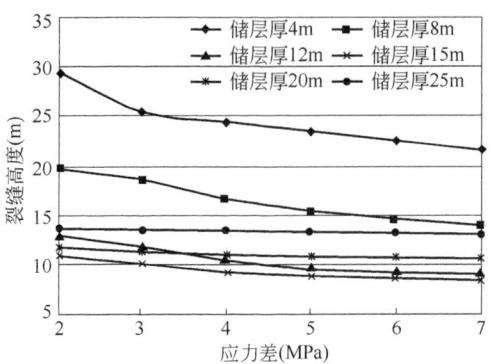

图 4-47　隔层厚 15m 时不同应力下裂缝高度

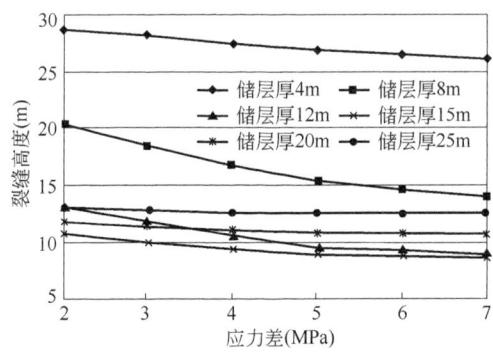

图 4-48　隔层厚 18m 时不同应力下裂缝高度

第三节　控制裂缝尺寸压裂参数优化分析

一、控制裂缝尺寸模板建立

图 4-49 至图 4-54 为杨氏模量 28200MPa、38200MPa、48200MPa、58200MPa、68200MPa、78200MPa 的裂缝宽度图版。储层和遮挡层的客观条件，在压裂造缝的过程中人为很难改变，但在控制裂缝高度方面，却可以依据储层特征，制定合理的控制裂缝高度措施。在储层和遮挡层确定的前提下，压裂施工参数，如泵注排量、泵注程序等对裂缝高度有较大影响。

另外，压裂液黏度对裂缝高度也会有一定的影响，因此，需要模拟压裂施工参数和压裂液黏度等对裂缝高度的影响，寻找其中存在的变化规律。一般来说，低黏压裂液携砂能力差，但高黏压裂液又会使裂缝高度大幅度扩展，因此在压裂液黏度选择方面，需要进行合理的设计，根据所确定的变化规律，最后确定压裂施工参数和压裂液黏度等对裂缝高度的影响大小，为裂缝高度的控制提供可靠参考。

根据不同储层和隔层厚度、储层和隔层应力差条件下裂缝高度模拟结果，结合测试井井温测试结果，按照隔层压穿与否，分别建立了锦 66 井区、锦 58 井区储层和隔层厚度、应力差及控制裂缝判断依据（表 4-15、表 4-16）。

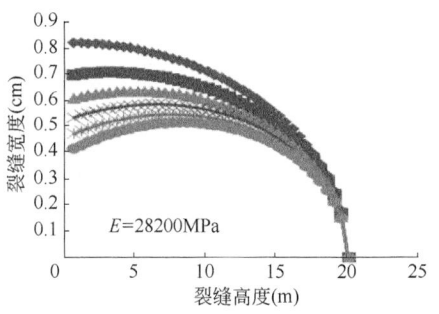

图 4-49 杨氏模量 28200MPa 裂缝宽度图版

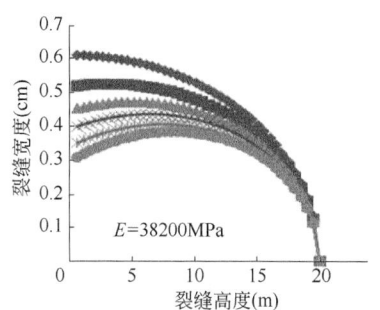

图 4-50 杨氏模量 38200MPa 裂缝宽度图版

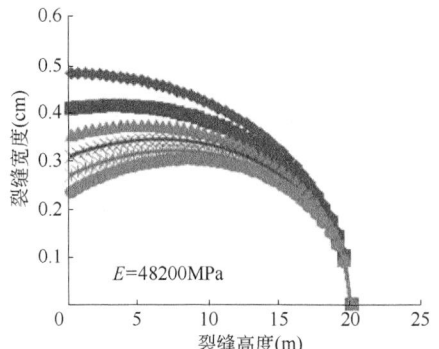

图 4-51 杨氏模量 48200MPa 裂缝宽度图版

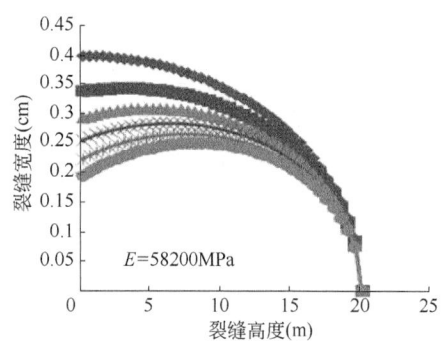

图 4-52 杨氏模量 58200MPa 裂缝宽度图版

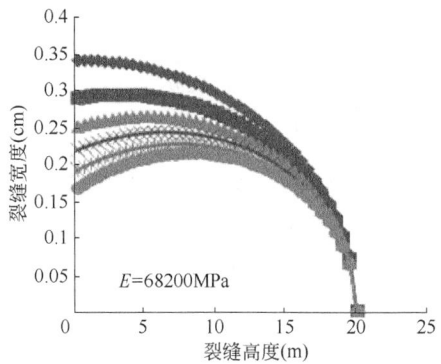

图 4-53 杨氏模量 68200MPa 裂缝宽度图版

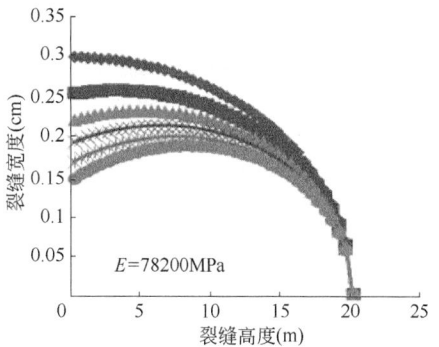

图 4-54 杨氏模量 78200MPa 裂缝宽度图版

表 4-15 锦 66 井区储层和隔层厚度、应力差及控制裂缝判断依据

储层厚度（m）	隔层厚度（m）	储隔层应力差（MPa）	是否压穿
<4	<18	<7	是
4~12	—	—	临界状态
12~20	>8	>7	否
>20	<18	>7	否

表 4-16 锦 58 井区储层和隔层厚度、应力差及控制裂缝判断依据

储层厚度（m）	隔层厚度（m）	储隔层应力差（MPa）	是否压穿
<5	<10	<6	是
5~15	—	—	临界状态
15~25	>7	>6	否
>25	<10	>6	否

根据模拟得到的裂缝形态（裂缝高度与储层砂体和隔层厚度关系），得到锦 66 井区盒 2 段与盒 1 段之间裂缝高度判别模板。隔层能够压穿：储层砂体厚度小于 4m；临界状态隔层：储层砂体厚度间于 4~12m 之间或者间于 12~20m 之间，但隔层厚度小于 8m；隔层不能压穿：储层砂体厚度大于 20m 或间于 12~20m 之间，但隔层厚度大于 8m（图 4-55）。

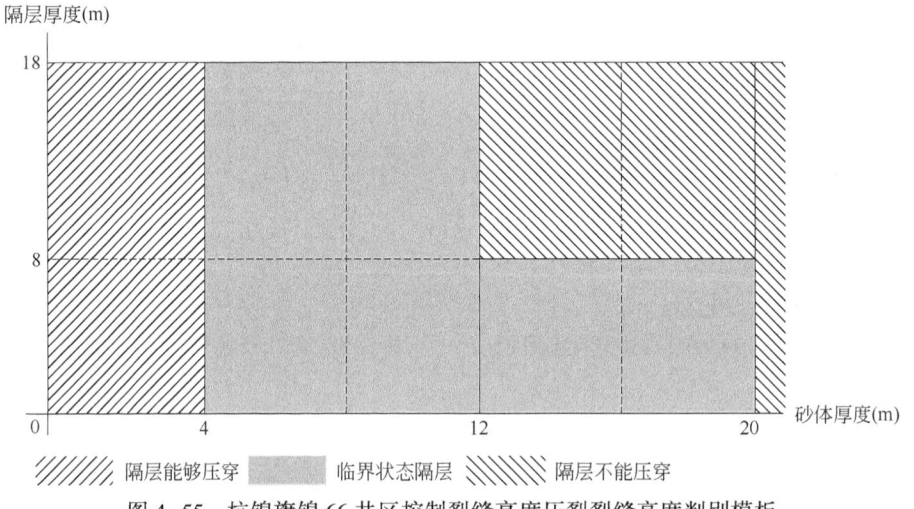

图 4-55 杭锦旗锦 66 井区控制裂缝高度压裂裂缝高度判别模板

注：(1) 储层和隔层应力差小于 7MPa；(2) 施工参数：规模 20m³，排量 3.0m³/min。

对锦 58 井区来说，隔层能够压穿：储层砂体厚度小于 5m；临界状态隔层：储层砂体厚度间于 5~15m 之间或者间于 15~25m 之间，但隔层厚度小于 7m；隔层不能压穿：储层砂体厚度大于 25m 或间于 15~25m 之间，但隔层厚度大于 7m（图 4-56）。

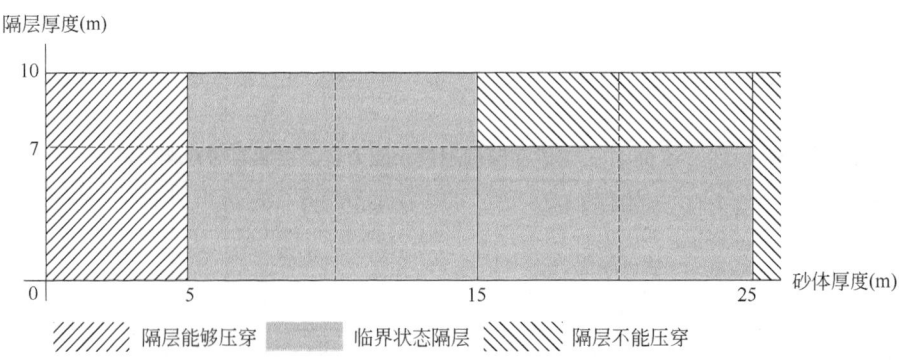

图 4-56 杭锦旗锦 58 井区控制裂缝高度压裂裂缝高度判别模板

注：(1) 储层和隔层应力差小于 6MPa；(2) 施工参数：规模 30m³，排量 3.0m³/min。

二、控制裂缝高度压裂参数优化分析

储层在压裂改造过程中，如何控制裂缝高度的增长，是一个比较棘手的问题。垂直裂缝高度向上或向下延伸，都会影响压裂液效率和裂缝效率，进而影响裂缝的导流能力和压裂效果，甚至会导致压后完全无效，或压开水层，引起油井含水暴增。因此，控制裂缝高度是优化压裂设计和保证施工成功的关键。根据裂缝高度的影响因素权重及延伸规律分析，通过对压裂设计参数进行优化，形成了针对性的控制裂缝高度压裂工艺。

针对 JPH-316 井开展了控制裂缝高度压裂参数优化。邻井底部含水饱和度均偏高，为此 JPH-316 井需要进行控制裂缝高度压裂设计。目的层：$H_1^2+H_1^3$ 储层，砂层厚 15m，含气饱和度 18.4%~25.9%，为含气层；隔层：与 H_1^1 间隔 4m 的泥岩隔层，H_1^1 层为差气层。邻井情况：JPH-327 井目的层 H_1^2 层为气水同层，JPH-375 井目的层 $H_1^2+H_1^3$ 为气水同层，H_1^1 为含气水层。

1. 压裂施工前置液优化分析

前置液采用低黏液体大排量施工：前置液造缝阶段采用低黏液体，能够有效控制裂缝高度增长，但此时压裂液黏度低，滤失较大，裂缝宽度较窄，为此，需要进行大排量施工，降低滤失，增大裂缝宽度。由于黏度相对排量对裂缝高度影响程度大，此时增大排量并不会使裂缝高度过度增长。前置液在压裂中主要起造缝的作用，前置液的用量关乎压裂后效果的好坏。最优的前置液用量在有效压开地层的同时，也使裂缝延伸到理想的位置；前置液用量过大，虽然有助于造缝，但一方面不利于压裂液的返排，另一方面对基质的渗透率有较大的伤害，影响压裂效果；前置液用量过小，在压裂过程中会提前滤失，不利于造缝和支撑剂的携带运移，造成砂堵的风险。

优化的控制裂缝高度所用的压裂液基液黏度略有降低，滤失量增大，液体效率低，为解决造缝效率低的问题，一般采用增大注入排量和提高前置液比例的方法。而出于施工过程中裂缝高度控制的考虑，在变排量组合优化的基础上，采用优化前置液比例的方法。

前置液比例与储层厚度、滤失系数等有关，通常做法是使用支撑剂半长与造缝半长之比的 80% 左右确定前置液量。利用基于拟三维模型的压裂模拟软件模拟了不同前置液比例下支撑剂裂缝长度与动态裂缝长度之比的影响，以 80% 作为参考，从图 4-57 可以看出，优选前置液比例为 40%~45%。

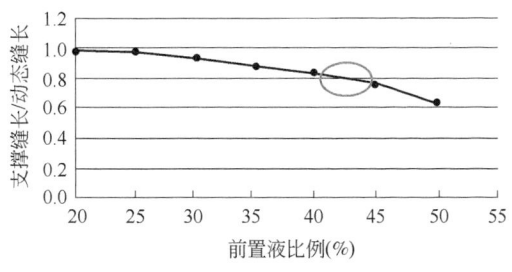

图 4-57　前置液比例优化对比图

2. 压裂施工携砂液优化分析

携砂液阶段采用高黏液体，适当降低排量：在携砂液阶段，为保证顺利加砂，需要采用高黏液体，同时为了避免裂缝高度增长，相应需要降低排量（表4–17）。

表 4–17 压裂设计方案

压裂设计方案	前置液		携砂液	
	排量（m³/min）	黏度（mPa·s）	排量（m³/min）	黏度（mPa·s）
常规压裂方案	4	90	4	90
控制裂缝高度压裂方案	5	10	3	90

通过模拟，采用控制裂缝高度压裂方案后，裂缝高度为28m，相比常规施工参数条件下降低明显。整个施工阶段，裂缝高度没有明显增长，基本被控制在砂体内，未突破隔层，实现了控制裂缝高度的目的。

3. 压裂施工工序优化分析

施工工序采用低替基液、喷砂射孔、顶替液、前置液、携砂液、顶替液的顺序开展，加入20/40目陶粒，起到控制裂缝高度的目的（表4–18）。

表 4–18 施工工序优化表

施工工序	泵注通道	套管			连续油管			砂量（m³）	砂比（%）	泵注时间（min）	备注
		液量（m³）	排量（m³）	液体类型	液量（m³）	排量（m³）	液体类型				
下入连续油管至4410~4415m，定位坐封封隔器，倒换至喷砂射孔流程											
低替基液	CT	—	—	—	20	0.7	原胶液	—	—	28.6	
喷砂射孔	CT	—	—	—	9	0.7	原胶液	0.63	7	13.4	40/70目石英砂
顶替液		—	—	—	15	0.7	原胶液	—	—	21.4	
倒换至环空加砂流程											
前置液	油层套管环空	35	4.5	原胶液	1.6	0.2	原胶液	—	—	7.8	缓慢提排量
前置液		10	4.5	原胶液	0.5	0.2	原胶液	0.5	5	2.3	20/40目陶粒
前置液		35	4.5	原胶液	1.6	0.2	原胶液	—	—	7.8	
前置液		10	4.5	原胶液	0.5	0.2	原胶液	0.7	7	2.3	20/40目陶粒
前置液		35	4.5	原胶液	1.6	0.2	原胶液	—	—	7.8	
携砂液		22	4.5	交联液	1.0	0.2	原胶液	2.2	10	5.2	20/40目陶粒
携砂液		25	4.5	交联液	1.2	0.2	原胶液	4.0	16	6.1	20/40目陶粒
携砂液		32	4.5	交联液	1.6	0.2	原胶液	7.0	22	8.0	20/40目陶粒
携砂液		22	4.5	交联液	1.2	0.2	原胶液	7.3	33	5.9	20/40目陶粒
携砂液		6	4.5	交联液	0.3	0.2	原胶液	2.1	35	1.6	20/40目陶粒
顶替液		5	4.5	基液	0.2	0.2	原胶液	—	—	1.0	
顶替液		16.8	4.5	活性水	0.7	0.2	原胶液	—	—	3.7	
合计		334.8			60.1			45.2		143.8	
解封封隔器，上提CT至4315~4320m，CT以0.1~0.2m³/min继续注液直至封隔器重新坐封											

4. 压裂施工压裂工艺优化分析

采取控制裂缝高度压裂43.4m³单段加砂量、长缝压裂438.8m³单段加砂量、穿层压裂

415.3m³ 单段加砂量的压裂思路，压裂工艺优化见表 4-19。

表 4-19 压裂工艺优化

井号	压裂工艺	压裂思路	压裂段数	液体类型	排量（m³/min）	入地总液量（m³）	加砂量（m³）	单段加砂量（m³）
JPH-316	连续油管带底封	控制裂缝高度压裂	8	原胶液	4	3578.4	346.8	43.4
JPH-327	多级管外封隔器	长缝压裂	8	交联液	4	3346.8	438.8	43.9
JPH-375	多级管外封隔器	穿层压裂	10	交联液	4.8	3305.1	415.3	51.9

5. 压裂施工排量优化分析

作为控制裂缝高度压裂的关键因素，排量的优化对压裂成功与否至关重要。由于压裂液存在滤失情况，如果施工排量太小，会导致压裂液滤失情况加重造成早期砂堵，这样降低了压力，也降低了造缝效率。且增加了经济成本和施工风险。如果施工排量太大，对于薄储层，裂缝高度会失控，易穿透储层，如果存在底水，会沟通水层，同时也在一定程度上减小裂缝长度。本书通过编写基于拟三维模型的压裂模拟软件模拟不同储层厚度条件下，不同排量形成的裂缝高度，给出推荐的施工方式，同时开展变排量工艺优化。前置液用低排量，更有利于造长缝，控制裂缝高度。变排量的原则是：当目的层薄或靠近水层时，进行小幅度排量跃变，0.2~0.3m³/min。当目的层较厚或远离水层，为提高施工砂比，排量跃变，0.2~0.3m³/min。结合杭锦旗盒 1 段含水层储层特点，为防止人工裂缝沟通下覆含水层，裂缝高度控制在隔层之内。分别建立砂体厚度 10m、15m、20m，隔层厚度 2m、4m、6m 泥岩的储层模型，盒 1 段储层和隔层应力差为 2.8~4.7MPa，取 4MPa，通过软件模拟，确定最优施工排量（图 4-58~图 4-60）。

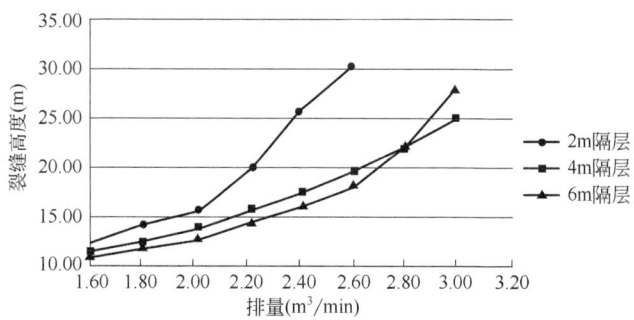

图 4-58 10m 储层不同厚度隔层排量与裂缝高度的关系

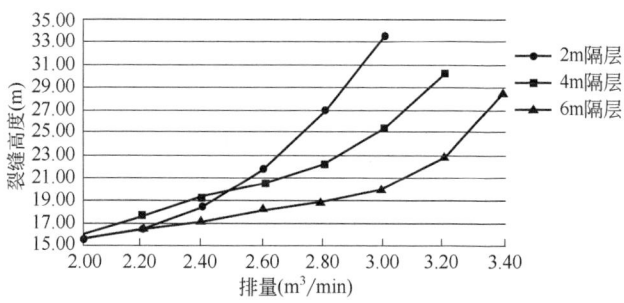

图 4-59 15m 储层不同厚度隔层排量与裂缝高度的关系

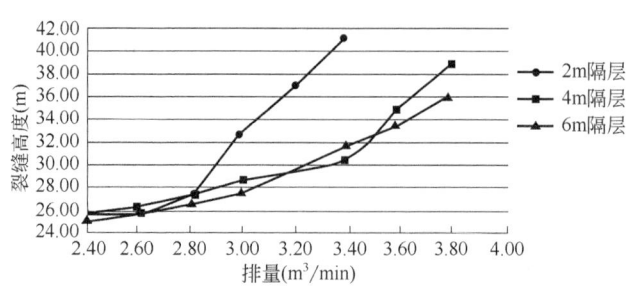

图 4-60　20m 储层不同厚度隔层排量与裂缝高度的关系

尽量保证人工裂缝控制在砂体内部，即人工裂缝高度不要穿过隔层，因此可优化施工排量如表 4-20。

表 4-20　储层和隔层厚度与优选排量对应数据表

储层厚度 （m）	隔层厚度 （m）	优选的前置液排量 （m³/min）	可控变排量 （m³/min）
10	2	1.8	1.6~2
	4	2.5	2.2~2.8
	6	3	2.8~3.5
15	2	2.5	2.2~2.8
	4	3	2.8~3.3
	6	3.3	3.0~3.5
20	2	2.8	2.5~3.0
	4	3.3	3.0~3.5
	6	3.8	3.5~4.0

6. 压裂施工砂液比优化分析

支撑剂的沉降速率直接关系着支撑缝的长度以及压后裂缝的导流能力。地层渗透率（滤失系数）是砂液比优化主要考虑的因素，裂缝平均导流能力与砂液比成正比关系，在设备和地质条件允许的情况下，一般尽可能提高砂液比，尤其在施工后期，不仅要保证支撑剖面合理，还要保证裂缝的有效期。

根据前期模拟结果可知（图 4-61），杭锦旗储层裂缝导流能力超过 25D·cm 之后，产量增加幅度开始增加缓慢。杭锦旗裂缝最优导流能力为 15~25D·cm，最优无量纲导流能力为 2~3。

优化后的砂液比不仅要达到裂缝导流能力的要求，还要考虑现场施工设备能力和施工水平。通过软件模拟可知：当裂缝内无量纲导流能力为 2~3 时，优化平均砂液比为 22~32，基本能够满足压后增产的需要。

三、压裂施工优化结果

东胜气田属于低孔、低渗气田，压裂改造是气田增储上产的主要技术手段，其主力开发

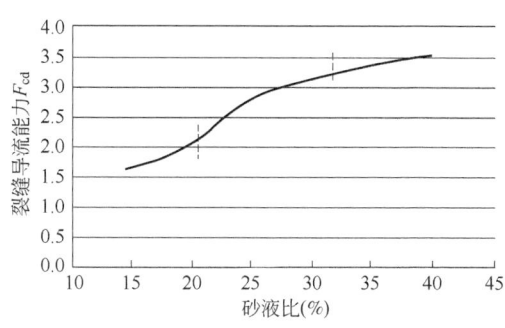

图 4-61 砂液比优化主要考虑的因素

层位盒 2 段气层底部邻近盒 1 段含水层。当下部遮挡层较薄或产层与遮挡层之间最小水平主应力差较小时，人工压裂裂缝易压穿遮挡层，沟通水层，不仅影响裂缝在水平方向上的延伸，还会引起气井水淹，影响压后效果和后续措施的制定与实施。垂直裂缝高度的向上或向下延伸，都会影响压裂液效率和裂缝效率，进而影响裂缝的导流能力和压裂效果，甚至会导致压后完全无效，或压开水层，引起油井含水暴增。因此，控制裂缝高度是优化压裂设计和保证施工成功的关键。根据裂缝高度影响因素权重及延伸规律分析，通过对压裂设计参数进行优化，形成了针对性的控制裂缝高度压裂工艺。

为此，基于控制裂缝高度压裂模拟软件系统，项目组针对杭锦旗地区储层工程地质特点，以 J66-3 井为例，对该井控制裂缝高度裂缝参数及施工参数进行了优化。

1. 裂缝长度优化

J66-3 井为锦 66 井区一口定向井，该井位于有效隔层遮挡区，以优化裂缝长度为出发点，并以裂缝高度为制约条件，增加裂缝长度。

通过导眼测井解释、水平段反演砂厚图可以看出（图 4-62），J66-3 井盒 2 段气层砂体厚度为 15m，下隔层为厚 15m 左右的泥岩，计算并校正地应力剖面，得到 H_2—H_1 储层和隔层应力差为 3.05MPa。所以 J66-3 井压裂施工以提高单井产量为目标，主要从加砂规模与裂缝长度、裂缝导流能力、前置液百分比、平均砂比等方面优化施工参数。

以 J66-3 井储层和隔层测井解释数据建立地应力模型，模拟 J66-3 井不同裂缝半长生产 1 年累计产量变化情况。最佳裂缝半长为 140~150m 左右。考虑有效裂缝长度约支撑裂缝长度的 85%，优化裂缝长度为 160~175m 左右（图 4-63）。

2. 裂缝导流能力优化

设计裂缝支撑半长 140m，模拟 J66-3 井不同导流能力压裂水平井在生产 1 年的累计产量变化情况（图 4-64），根据产量曲线优化裂缝导流能力为 30D·cm。

3. 平均砂液比优化

根据产量优化得到 J66-3 井最佳裂缝导流能力 30μm²·cm。以此为优化目标，在确定了施工规模和其他参数的前提条件下，对不同的施工砂液比进行了模拟计算（表 4-21 和图 4-65）。

表 4-21 J66-3 井不同施工砂液比模拟结果

平均砂液比（%）	15	17	19	21	23	25	27	29	31
导流能力（μm²·cm）	22	25.0	28.0	30.5	33.0	35.0	37.0	38.5	40.0

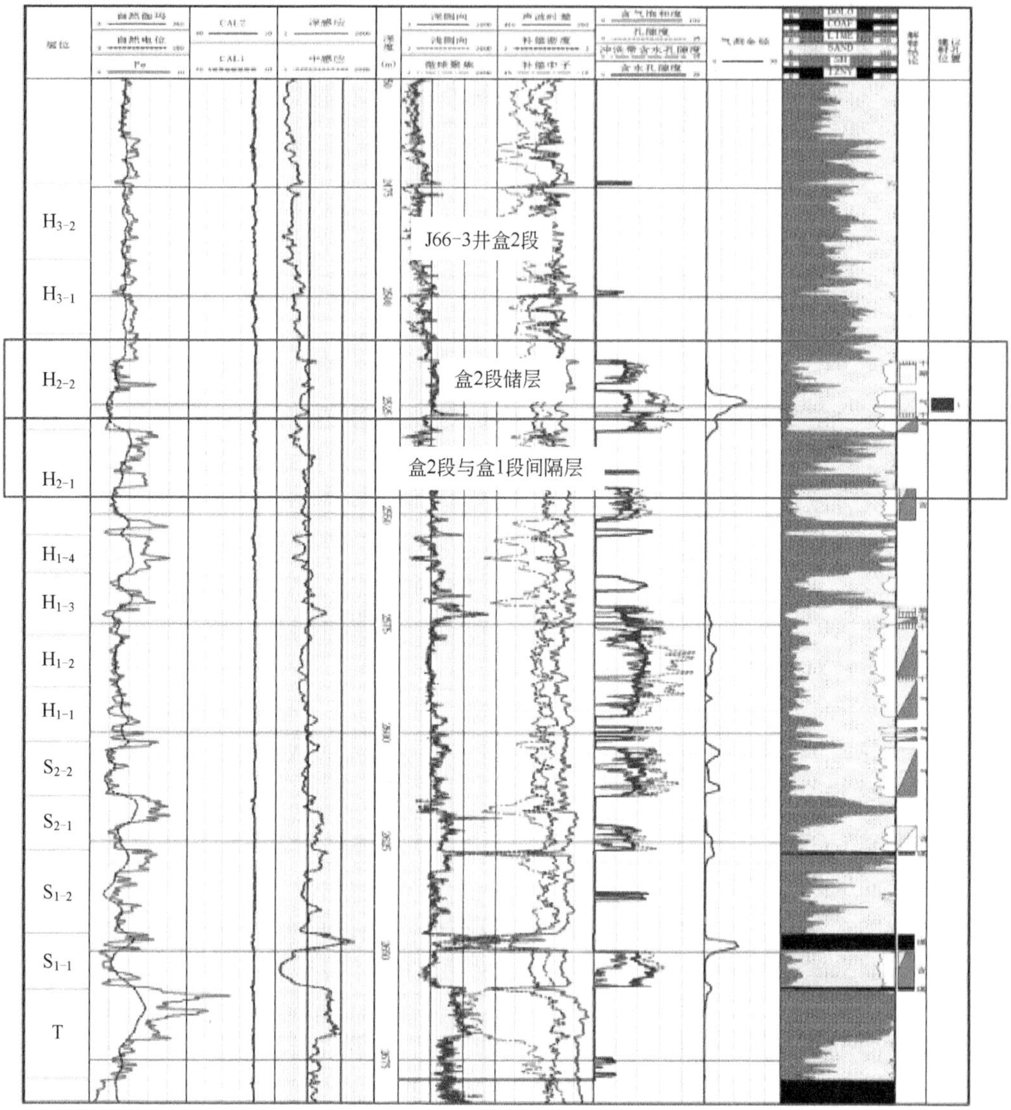

图 4-62　J66-3 井盒 2 段气层测井解释曲线

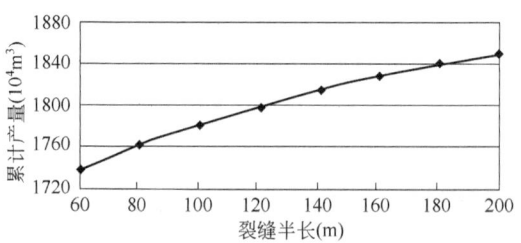

图 4-63　J66-3 井裂缝长度对累计产量的影响

根据模拟结果可以看出，压裂裂缝的导流能力随着平均砂液比的增大而增大，当平均砂液比增大至 21% 以上时，导流能力达到 $30\mu m^2 \cdot cm$，满足 J66-3 井压裂优化裂缝导流能力要求，优化平均砂液比为 22%~24%。

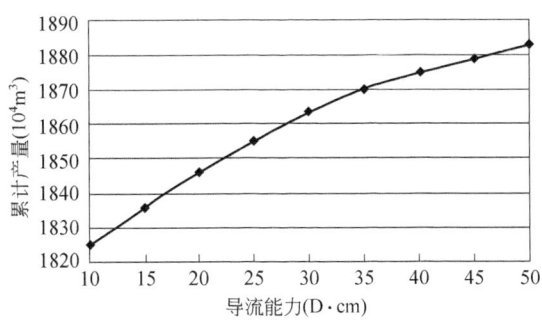

图 4-64 J66-3 井裂缝导流能力对累计产量的影响

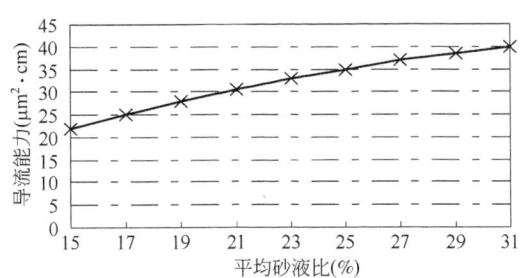

图 4-65 J66-3 井裂缝导流能力与施工砂液比关系图

4. 加砂规模优化

利用 J66-3 井地质模型，根据优化裂缝半长为 160~170m，在其他施工参数一定的情况下，对不同施工规模下的压裂裂缝支撑裂缝长度进行了模拟计算，从而优化加砂规模。对于 J66-3 井而言，模拟结果如图 4-66 所示。从模拟结果可以看出，随着加砂规模的增大，压裂支撑裂缝长度与动态裂缝长度都增加，当加砂规模达到 30m³ 时，支撑裂缝长度达到 140m，当加砂规模达到 40m³ 时，支撑裂缝长度达到 160m。但考虑到目前锦 66 井区前期效果分析结果，当施工规模高于 20m³ 时，单井见气比例降低，且出水几率增加，所以优化 JPH-15 水平井加砂强度为 1m³/m，即施工规模在 15m³ 左右。

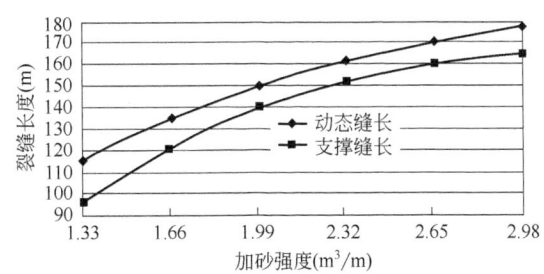

图 4-66 J66-3 井不同加砂强度下的裂缝半长变化情况

5. 施工排量优化

根据优化的最佳裂缝半长及裂缝导流能力，结合前期水平井施工情况（图 4-67），优化 J66-3 井施工排量为 2.5m³/m。

6. 前置液百分比优化

压裂优化设计的前置液确定原则：保证施工正常进行的前提下，应尽量缩小前置液的百

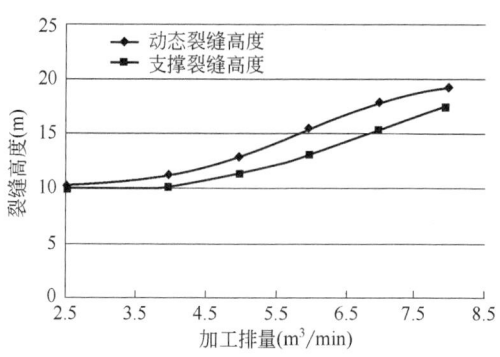

图 4-67 J66-3 井不同施工排量下的裂缝半长变化情况

分数。最优前置液百分数应当是最后一批砂子进入时,前置液正好滤失完。为了施工安全,要求支撑半长与造缝半长比值为 80%~85% 来确定前置液的百分数(表 4-22)。

表 4-22 J66-3 井不同前置液百分比的模拟结果

前置液百分比(%)	动态裂缝长度(m)	支撑裂缝长度(m)	支撑裂缝长度/动态裂缝长度(%)
20	154.7	141.4	91.4
25	160.1	140.5	87.8
30	166.2	139.2	83.7
35	172.3	137.7	79.9
40	179.4	135.7	75.6

从模拟结果可以看出(图 4-68),随着前置液百分比的增大,支撑裂缝长度与动态裂缝长度的百分比趋于减小,当前置液百分比增大到 35% 时,支撑裂缝长度与动态裂缝长度的百分比刚好为 80%。对于锦 66 井区采用小排量施工而言,为了保证施工的顺利实施,同时结合前期施工井前置液比例施工情况,优化 J66-3 井前置液百分比为 30% 左右。

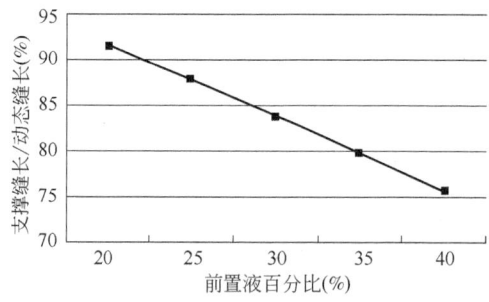

图 4-68 J66-3 井不同前置液百分比的模拟结果

通过以上分析及模拟,优化得到 J66-3 井施工参数见表 4-23。

表 4-23 J66-3 井施工参数优化结果

序号	参数	优化结果
1	加砂强度(m³/m)	1
2	前置液百分比(%)	38~42

续表

序号	参数	优化结果
3	平均砂液比（%）	22~24
4	施工排量（m³/min）	<2.5

7. 压后效果分析

J66-3 井于 2018 年 8 月 30 日试气结束，油压 1.0MPa，套压 4.0MPa，日产液量 3.5m³。控水效果较好（图 4-69）。

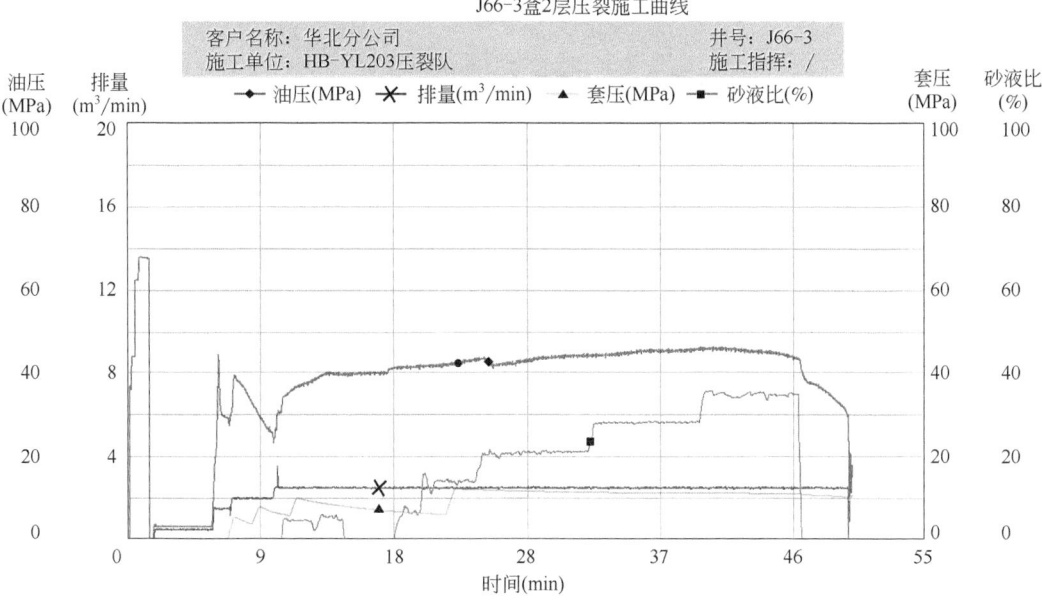

图 4-69　J66-3 井压裂施工曲线图

压后拟合分析表明，J66-3 井支撑裂缝高度 17.3m，按照设计的压裂施工参数，裂缝高度控制在盒 2 段储层内部，未压窜下部隔层（图 4-70 和图 4-71）。

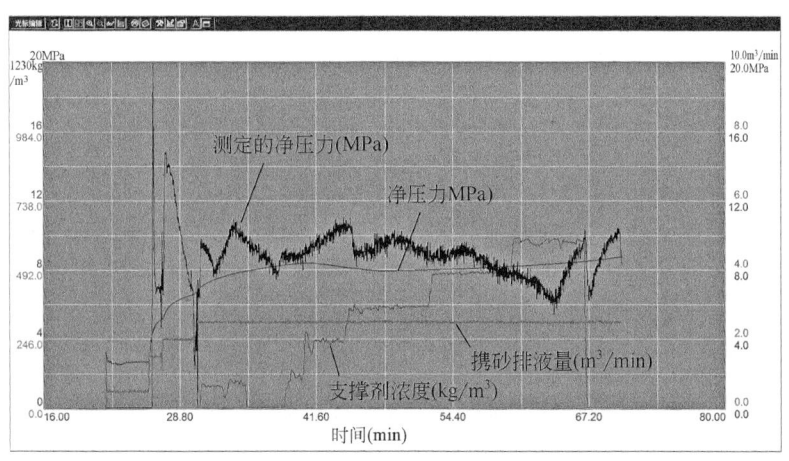

图 4-70　J66-3 井净压力拟合曲线图

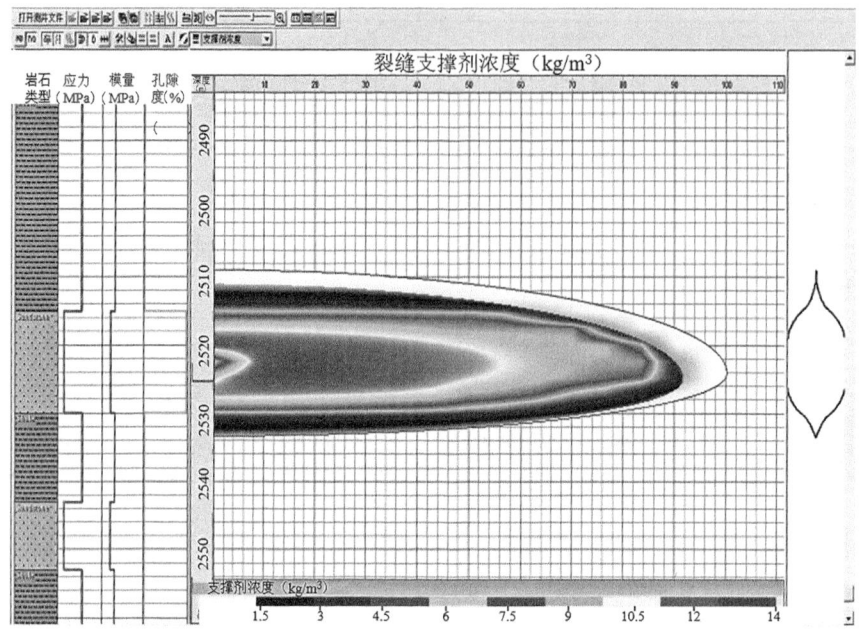

图 4-71　J66-3 人工裂缝示意图

第五章 致密油气藏暂堵压裂技术

第一节 致密砂岩暂堵剂性能评价及配方优选

一、低温暂堵剂配方优选

1. 材料与仪器

暂堵剂的合成材料主要包括：氘代丙烯酰胺（分子式：$C_3H_5D_3NO$，CAS 号：122775-19-3）、丙烯酸（分子式：$C_3H_4O_2$，CAS 号：79-10-7）、亚硫酸氢钾（分子式：$KHSO_3$，CAS 号：7773-03-7）、硫代硫酸钠（分子式：$Na_2S_2O_3$，CAS 号：7772-98-7）、过硫酸钾（分子式：$K_2S_2O_8$，CAS 号：7727-21-1）、尿素（分子式：$CO(NH_2)_2$，CAS 号：58069-82-2）、2-丙烯酰胺基-2-甲基丙磺酸（分子式：$C_7H_{13}NO_4S$，CAS 号：15214-89-8）、碳酸氢钠（分子式：$NaHCO_3$，CAS 号：144-55-8）、烯丙基磺酸钠（分子式：$C_3H_5SO_3Na$，CAS 号：2495-39-8）、对羟基苯甲醚（分子式：$C_7H_8O_2$，CAS 号：150-76-5）、丙烯酰胺（分子式：C_3H_5NO，CAS 号：79-06-1）等。

温压控制调节单体合成材料主要包括：甲基丙烯酸二甲氨基乙酯（分子式：$C_8H_{15}NO_2$，CAS 号：2867-47-2）、溴代十二烷（分子式：$C_{12}H_{25}Br$，CAS 号：79-10-7）、对羟基苯甲醚（分子式：$C_7H_8O_2$，CAS 号：150-76-5）、丙酮（分子式：C_3H_6O，CAS 号：67-64-1）等。

合成仪器主要采用油浴加热装置、不锈钢高温高压反应釜、机械搅拌器、冷凝管、制冷机等设备聚合生成新型低温暂堵剂。产物验证主要选用红外光谱仪、电镜扫描设备、黏度测试仪、大型暂堵物模装置等（表 5-1）。

表 5-1 暂堵剂合成所需关键仪器

仪器名称	型号	规格	仪器名称	型号	规格
油浴加热装置	HR-25N	-25~200℃	红外光谱仪	FT-IR	100~1700nm
不锈钢高温高压反应釜	GSH-120L	温度：0~650℃；压力：-0.1~40MPa	电镜扫描设备	SEM 扫描电镜	3nm

续表

仪器名称	型号	规格	仪器名称	型号	规格
数显型顶置式机械搅拌器	艾卡RW20	60~2000r/min	全自动乌氏黏度仪	IV6000系列	0.3~5000（mm²/s）
乙二醇制冷机	3p	−150~5℃	大型暂堵物模装置	平板1型	温度：100℃；压力：120MPa

2. 暂堵剂配方优选

表5-2为新型低温水溶性暂堵剂合成配比数据，温压控制调节单体是满足区块低温要求的关键材料，其用量质量占比20.11%~40.22%。

表5-2 新型低温水溶性暂堵剂合成配比数据

序号	原材料名称	质量占比（%）	序号	原材料名称	质量占比（%）
1	TM温压调节单体	20.11~40.22	8	过硫酸钾	0.02
2	丙烯酰胺	4.67~5.85	9	尿素	1.21~3.62
3	丙烯酸	5.56~6.23	10	2-丙烯酰胺基-2-甲基丙磺酸	2.43~3.54
4	亚硫酸氢钾	0.03	11	碳酸氢钠	8.12~11.64
5	硫代硫酸钠	0.03	12	烯丙基磺酸钠	3.43~4.25
6	丙酮	10.16~15.54	13	对羟基苯甲醚	3.43~3.66
7	纳米SiO_2	10.09~20.11	14	2-丙烯酰胺	2.09~2.81

表5-3为温压调节单体不同反应时间下产品收率的测试数据。在测试过程中，经过5次暂堵剂回收率的筛选，优选出温压控制调节单体的成分为：甲基丙烯酸二甲氨基乙酯（875.94g）、溴代十二烷（1789.32g）、对羟基苯甲醚（6.21g）、反应溶剂丙酮（1769.54g）和丙酮（731.33g）。以温压调节单体回收率为主要优化指标，通过多次优选，将反应时间从26h降低至6h，回收率为81.65%。

表5-3 温压调节单体不同反应时间下的产品收率

批次	暂堵共聚物反应时间（h）	新型暂堵剂回收率（%）
1	26	83.11
2	22	82.43
3	18	83.89
4	14	85.12
5	6	81.65

图5-1为新型低温暂堵剂的红外光谱扫描图。从图中可见，聚合物在1150cm^{-1}出现了吸收峰，该吸收峰属于—SO_3^-，这表明温压调节单体被成功聚合；在1660cm^{-1}附近出现了羰基（C═O）吸收峰，反映聚合物中相关官能团的振动特性；在1445.95cm^{-1}处呈现—C—O—C—键的不对称伸缩振动吸收峰；聚合物在813cm^{-1}附近出现的C-Br键振动吸收峰，进一步证明温压调节单体发生聚合。综合来看，该红外光谱中同时存在丙烯酸、丙烯酰胺、2-丙烯酰胺基-2-甲基丙磺酸、温压调节单体特征吸收峰，由此判定该低温暂堵剂为目标聚合产物。

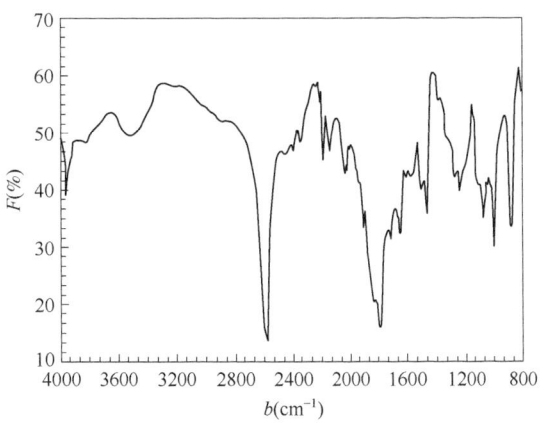

图 5-1　新型低温暂堵剂的红外光谱扫描图

二、新型暂堵剂溶解时间的影响因素分析

1. 温压调节单体加量对溶解时间的影响

实验测试了不同温压调节单体加量下新型暂堵剂共聚物的溶解时间,其结果如图 5-2 所示。从图中可见,随温压调节单体加量增大,溶解时间呈现增大趋势,当加量配比从 0.4 变化到 1.0 时,溶解时间呈现急剧增加趋势;当加量配比从 1.0 变化到 2.5 时,溶解时间呈现缓慢增大趋势。增大温压调节单体加量,增强了共聚物物理网络结构,使共聚物物理交联点增多,提高了共聚物承压强度,从而共聚物吸水倍率降低,共聚物溶解时间趋于缓慢状态。经过多次优化最终得出:温压调节单体与丙烯酰胺的最优配比为 2×10^{-3}。

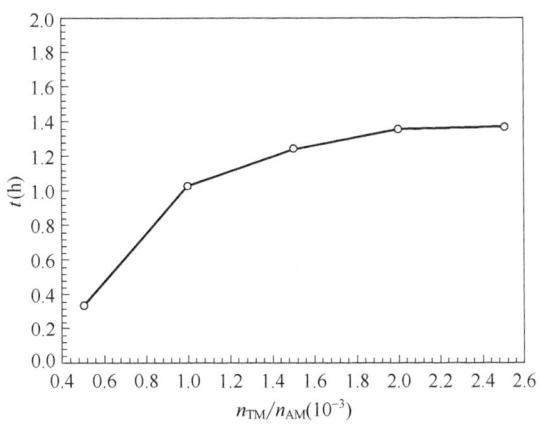

图 5-2　不同单体加量下共聚物的溶解时间

2. 单体(丙烯酸与丙烯酰胺)配比对溶解时间的影响

测试了丙烯酸与丙烯酰胺不同配比下的溶解时间,结果如图 5-3 所示。从图中可知,随配比增大,共聚物溶解时间呈现先增大后减小的变化趋势。当配比为 0.62 时,溶解时间达到最大峰值。初期阶段由于丙烯酸单体与丙烯酰胺单体分子链较为舒展,各单体的物理交联度较小,水比较容易渗入配比共聚物的网络结构,这使得共聚物可以快速溶解,并逐渐达到溶胀平衡状态。后期阶段,随配比增大,共聚物分子的低配位数过渡到分子的高配位数,

使共聚物物理交联度增大，整个共聚物网络结构收缩，从而使得水进入缓慢，因此溶解时间呈现下降趋势。经过多次优化最终得出：丙烯酸与丙烯酰胺最优配比为 0.62。

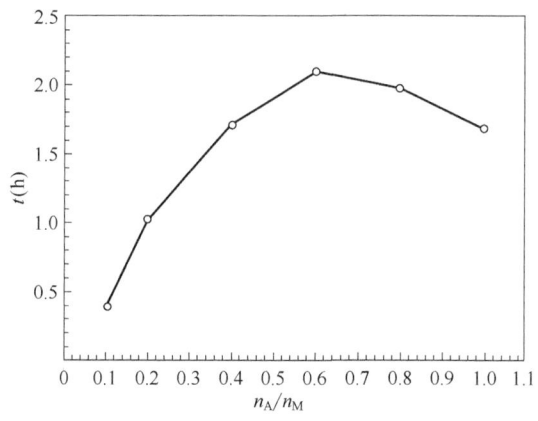

图 5-3　丙烯酸与丙烯酰胺不同配比下的溶解时间

3. 丙烯酸中和度对溶解时间的影响

实验测试了不同丙烯酸中和度下共聚物的溶解时间，结果如图 5-4 所示。从该图可见，随丙烯酸中和度增大，产物溶解时间呈现先减小后增大趋势。在丙烯酸的中和度达到 81.21% 时，共聚物溶解时间出现最低峰值，其值为 1.52h。由于丙烯酸浓度大、活性大，与聚合物反应时，也会发生自身聚合，形成了过高的交联度，使产物溶解时间呈现下降趋势。当中和度继续增大，促进了聚合物的动力溶胀性，使产物溶解时间延长。

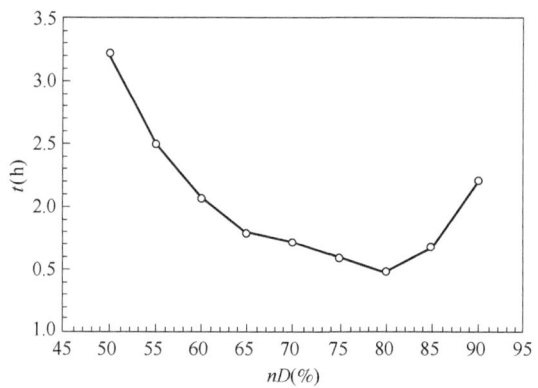

图 5-4　不同丙烯酸中和度下共聚物的溶解时间

4. 引发剂（亚硫酸氢钠）加量对溶解时间的影响

实验测试了亚硫酸氢钠加量变化时的共聚物溶解时间，结果如图 5-5 所示。从图中可见，随亚硫酸氢钠加量增加，溶解时间呈现先增大后减小的趋势。亚硫酸氢钠加量较小时，由于引发剂的分解速率低，聚合物中自由基少，使聚合速率减慢，低分子化合物的含量增大，从而聚合物溶解时间呈现增大趋势。亚硫酸氢钠加量大，聚合物的分子量逐步减小，共聚物的交联网络含更多末端基，从而聚合物的溶解时间减小。经过多次优化最终得出：亚硫酸氢钠与丙烯酰胺配比为：0.53×10^{-4}。

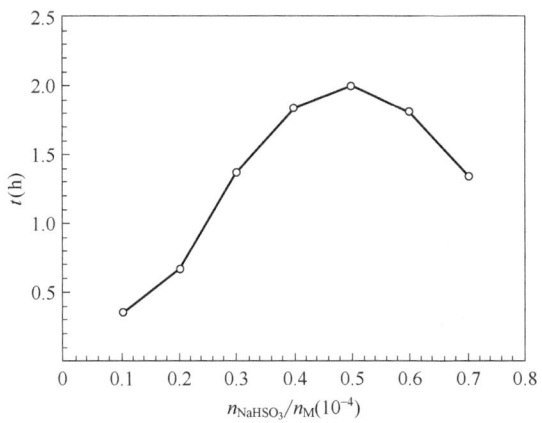

图 5-5　亚硫酸氢钠加量变化时共聚物的溶解时间

三、共聚物聚合耗时对溶解速率的影响

测试了共聚物不同聚合耗时对溶解时间的影响，结果如图 5-6 所示。从图中可知，随聚合耗时延长，共聚物溶解时间呈现增大趋势。聚合耗时越长共聚物越容易达到平衡状态，共聚物网络结构越趋于稳定。当共聚物达到稳定状态时，溶解时间趋于缓慢状态，此时共聚物中的残余单体呈现减少趋势，共聚物的配位也逐渐达到稳定且合理的网状结构状态，有效阻滞了自由水渗入聚合物，从而溶解时间趋于平缓。经过多次优化最终得到：共聚物聚合耗时为 1.83h 最优。

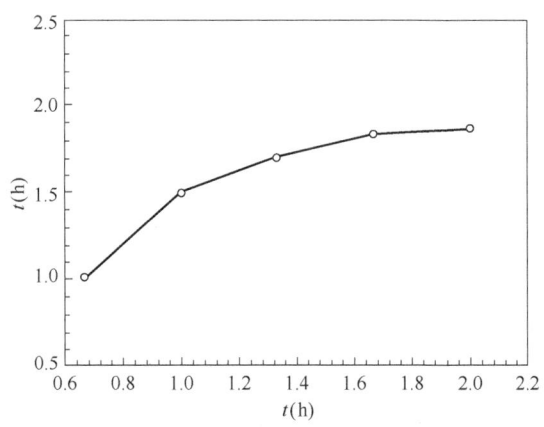

图 5-6　共聚物聚合耗时对溶解时间的影响

四、暂堵剂综合性能评价

1. 暂堵剂降解后的黏度测试

在进行黏度测试之前，先对该低温暂堵剂进行降解，图 5-7 为不同温度下暂堵剂降解率的变化曲线。从该图可见，暂堵剂在 20℃时，降解率变化趋于平缓，其值在 0.5% 左右；当暂堵剂在 30℃时，降解率呈现较大上升趋势；暂堵剂在 40℃且降解时间（DT）为 2.5h 时，其降解率可达 82.15%，这证实了本产品可满足低温降解的要求。

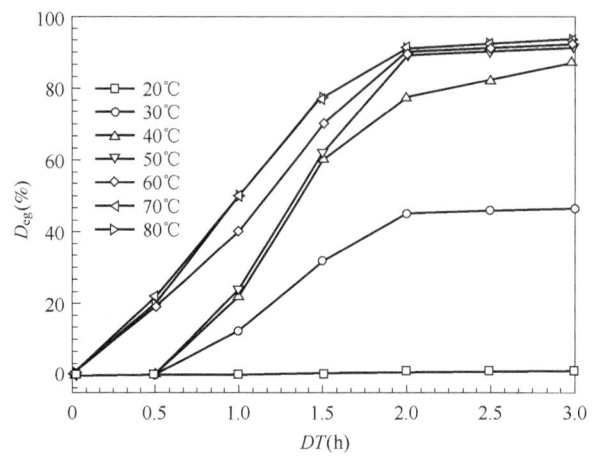

图 5-7 不同温度下暂堵剂降解率的变化曲线

当降解完成后,对其形成的溶液进行流动黏度测试,结果见表 5-4。设定的测试时间分别为 2h、3h、4h、5h,溶解温度分别为 30℃、40℃、50℃、60℃。从表中的测试结果可知,当温度为 30℃时,溶液的流动黏度最大,其值为 5.21mPa·s;当温度为 40℃时,溶液的流动黏度为 3.98mPa·s;当温度为 60℃时,溶液的流动黏度仅为 2.88mPa·s。因此,所研制的低温暂堵剂可满足区块暂堵后流动黏度的要求(区块温度为 40℃,流动黏度要求低于 4.5mPa·s)。

表 5-4 暂堵剂降解后溶液流动黏度

测试条件	溶解时间(h)	溶解温度(℃)	流动黏度(mPa·s)
1	5	30	5.21
2	4	40	3.98
3	3	50	3.11
4	2	60	2.88

2. 吸水膨胀率实验测试

图 5-8 为丙烯酸与丙烯酰胺不同配比下的共聚物吸水膨胀率测试图。从图中可见共聚物在蒸馏水中的吸水膨胀率均低于其在自来水中的吸水膨胀率,这是因为自来水中含有 Na^+ 和 Cl^- 等电解质离子,Na^+ 和 Cl^- 等增大了聚合物的反应能力,使疏水缔合作用增大,从而自来水中吸水性大于蒸馏水吸水性。共聚物吸水膨胀率不仅受亲水性官能团影响较大,也受到聚合物物理及化学交联度影响。当聚合物交联度较大时,聚合物交联点密度较大,分子链溶胀所形成的空间变小,所容纳水的体积也变小。当吸水量超过分子链容纳限度时,共聚物的吸水膨胀率趋于稳定。

3. 溶胀动力学实验测试

在不同温度下,对新型暂堵剂的吸水溶胀过程进行了测试,结果如图 5-9 所示。暂堵剂聚合物颗粒在不同时刻吸水率的变化可衡量聚合物的吸水溶胀过程,β 为某时刻聚合物的吸水率占溶胀平衡时吸水率的比值。随温度升高,共聚物的 β 值呈现增大趋势。当时间在 0~40min 之间变化时,共聚物的 β 值急剧增大,当时间在 40min~240min 变化时,共聚物的 β 值变化趋势较为稳定。同时,该图也说明了新型聚合物能在短时间内达到溶胀平衡的状态。

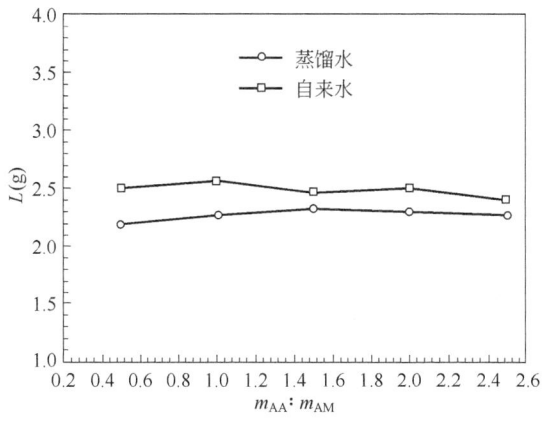

图 5-8　丙烯酸与丙烯酰胺不同配比下的共聚物吸水膨胀率

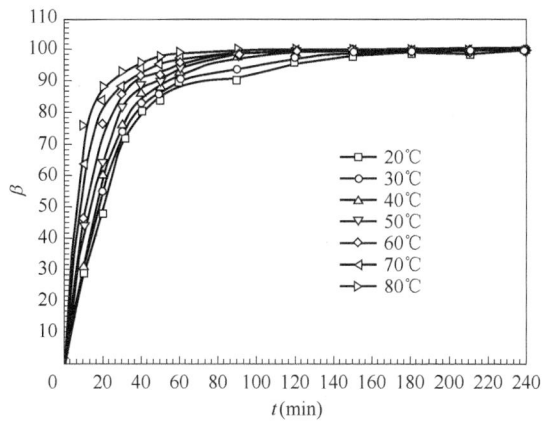

图 5-9　不同温度下新型暂堵剂的吸水溶胀过程

4. 不同铺置厚度下暂堵剂承压强度实验测试

图 5-10 为不同暂堵剂铺设厚度（3cm、7cm）时暂堵剂的承压强度测试结果。从图中可见，随注入流体时间延长，暂堵剂突破压力呈现先增大后减小的趋势。当暂堵剂铺置厚度为 3cm 时，暂堵剂最大突破暂堵段塞需要的压力为 60.12MPa；当暂堵剂铺置厚度为 7cm

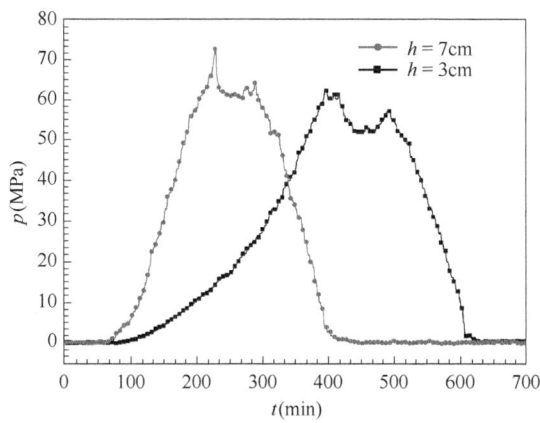

图 5-10　不同铺置厚度下暂堵剂的承压强度

时，暂堵剂最大突破暂堵段塞需要的压力为 73.85MPa。通过不同铺置厚度下暂堵剂承压强度测试结果可知，该新型暂堵剂可满足目标区块暂堵剂承压能力的需要（目标区块要求的承压能力为 52MPa）。

第二节　致密砂岩水平井暂堵剂全井筒运移特征

一、暂堵剂全井筒运移受力分析

暂堵压裂技术中，遵循压裂液向阻力最小方向流动的原则，暂堵剂在井筒中的运动可看作是低浓度固液两相流中的暂堵剂运动。作用于暂堵剂的外力可分成三部分：与两相相对运动无关的作用力，包括重力和流场压力梯度力等；与相对运动有关、方向与相对运动方向一致的广义阻力，包括阻力、附加质量力和 Basset 力；与相对运动有关，方向与相对速度方向垂直的侧向力。基于以上各力分析，建立了暂堵剂井筒固液两相流中受力模型，分析了暂堵剂在水平井直井段、造斜段及水平段的受力状态，明确各个力在其运移过程中的影响程度。

暂堵剂从井口投放到井下裂缝缝口的运移中经历直井段、造斜段和水平段（以水平井为例），由于在这三个阶段的暂堵剂受力及运动状态不相同，需分别建立暂堵剂在这三个阶段的运动模型。暂堵剂在直井段首先由于各力的作用将会加速运动，当速度增加到一定程度，各力开始达到平衡，暂堵剂便进入直井段的匀速沉降运动；之后分别进入到造斜段的圆周运动和水平段运动。

1. 重力

暂堵剂在井筒压裂液中运动时需考虑自身重力影响。

2. 压力梯度力

暂堵剂在压力梯度为 dp/dx 的流场中受到的压力梯度力 F_p，压力梯度力方向与压力梯度的方向相反，其表达式为：

$$F_P = -\frac{\pi}{6} D^3 \frac{dP}{dx} \tag{5-1}$$

式中　D——暂堵剂直径，m。

暂堵剂在直井段运动过程中，压力梯度 dP/dx 主要由压裂液重力作用引起：

$$\frac{dP}{dx} = \rho_f g \tag{5-2}$$

$$F_p = -\frac{\pi}{6} D^3 \rho_f g \tag{5-3}$$

式中　ρ_f——压裂液密度，g/cm^3；

g——重力加速度，$9.81 m/s^2$。

3. 阻力

暂堵剂与压裂液的相间阻力作用是从单暂堵剂体绕流（或沉降）引起，其表达式为：

$$F_D = \frac{1}{8} \pi C_D D^2 \rho_f |v_f - u_b| (v_f - u_b) \tag{5-4}$$

式中 v_f——压裂液速率，m/s；

u_b——暂堵剂速率，m/s；

C_D——阻力系数，其中阻力系数 C_D 在不同压裂液和不同暂堵剂雷诺数下有不同表达式。

（1）牛顿型压裂液：

$$\begin{cases} C_D = 24/Re_p, Re_p \leqslant 3 \\ C_D = 24/Re_p + 4/Re_p^{1/3}, 3 < Re_p \leqslant 500 \\ C_D = 0.44, Re_p > 500 \end{cases} \quad (5-5)$$

式中 Re_p——暂堵剂雷诺数，牛顿压裂液中：

$$Re_p = \frac{\rho_f D \cdot |v_f - u_b|}{\mu} \quad (5-6)$$

（2）非牛顿压裂液（幂律型压裂液）：

$$\begin{cases} C_D = 24(1+0.15Re_p^{0.687})Re_p, Re_p \leqslant 989 \\ C_D = 0.44, Re_p > 989 \end{cases} \quad (5-7)$$

幂律型压裂液中暂堵剂雷诺数 Re_p 为：

$$Re_p = \frac{\rho_f D^n |v_f - u_b|^{2-n}}{K} \quad (5-8)$$

式中 K——压裂液稠度系数，$Pa \cdot s^n$；

n——压裂液流态指数，无量纲。

Stokes 提出低雷诺数下（层流）暂堵剂的阻力系数计算公式：

$$C_D = \frac{24}{Re} \quad (5-9)$$

$$Re = \frac{\rho_f v_s d_s}{\mu} \quad (5-10)$$

式中 Re——雷诺数，无量纲；

μ——压裂液黏度，$Pa \cdot s$；

d_s——颗粒直径，m。

上述公式根据 Navier-Stokes 公式求得，只适用于暂堵剂雷诺数 $Re < 0.1$ 的情况，该公式的计算误差随雷诺数增加而增大。

公式（5-10）平均误差为 2.89%，求取暂堵剂运移速率及暂堵剂受力具有较大差异，为适合现场情况，运用龙格—库塔方法求解暂堵剂运动行为，更符合暂堵剂运移受力规律。

$$C_D = \frac{24}{Re + 3.6Re^{0.313} + \dfrac{0.42}{1 + 62500Re^{1.16}}} \quad (5-11)$$

4. 附加质量力

暂堵剂在理想压裂液中运动的附加质量力：

$$F_{vm} = -\frac{1}{12}\pi d D^3 \rho_f \left(\frac{dv_b}{dt} - \frac{dv_f}{dt}\right) \quad (5-12)$$

5. Basset 力

Basset 力是由于相对速度随时间变化而导致暂堵剂表面附面层发展滞后所产生的力，该力与暂堵剂加速历程直接相关，其表达式如下：

$$F_B = \frac{3}{2}D^2 \sqrt{\pi\mu\rho_f} \int_0^t d\zeta \left[\frac{dv_f - dv_b}{d\zeta}\right] / \sqrt{t-\zeta} \tag{5-13}$$

经过直井段加速，暂堵剂速率和压裂液速率相差越来越小，Basset 力越来越小直至忽略不计。

暂堵剂在造斜段受重力、压力梯度力、摩擦阻力、附加质量力和浮力等五个力的作用，重力和压力梯度力（浮力）在垂直方向上方向相反，阻力和附加质量力沿套管轴线切线上方向相反（图 5-11）。

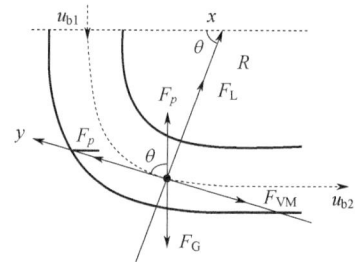

图 5-11　暂堵剂在造斜段受力示意图

按图 5-11 将各力沿切线（y）和法线（x）方向上做受力分析，切向合力：

$$F_\tau = F_D + F_G\cos\theta - (F_{vm} + F_p\cos\theta) \tag{5-14}$$

式中　F_τ——切向合力，N；

　　　F_p——浮力，N；

　　　F_{vm}——虚拟质量力，N；

　　　F_G——重力，N；

　　　θ——夹角，(°)；

　　　F_D——摩擦阻力，N。

法向合力：

$$F_N = F_p\sin\theta - F_G\sin\theta \tag{5-15}$$

式中　F_N——法向合力，N。

根据前面假设：暂堵剂在造斜段沿套管轴线作圆周运动，即根据圆周运动切向和法向加速度列方程。

法向：

$$a_N = R\omega^2 = F_N/m_b \tag{5-16}$$

式中　a_N——暂堵剂法向加速度，m/s²；

　　　R——造斜段曲率半径，m；

　　　ω——圆周运动角速度，rad/s；

　　　m_b——暂堵剂质量，kg。

将式(5-15) 代入式(5-16) 中，得：

$$R\omega^2 = (F_p\sin\theta - F_G\sin\theta)/m_b \tag{5-17}$$

将重力、压力梯度力和浮力代入式(5-17)：

$$\omega = \left[\frac{8d(\rho_f - \rho_b)g\sin\theta + 3\rho_f(v_f - v_b)^2}{8R\rho_b d}\right]^{\frac{1}{2}} \qquad (5-18)$$

二、暂堵剂直井段的运移行为

1. 阻力系数对雷诺数的影响

图 5-12 为暂堵剂密度（$\rho_B = 1.13\text{g/cm}^3$、$\rho_B = 1.18\text{g/cm}^3$、$\rho_B = 1.23\text{g/cm}^3$ 及 $\rho_B = 1.38\text{g/cm}^3$）与雷诺数的关系。暂堵剂密度增大，其加速度 $a_b > 0$，雷诺数减小；反之则加速度 $a_b \leq 0$，雷诺数呈增大趋势。

2. 压裂液排量对雷诺数的影响

图 5-13 为压裂液排量（$Q_L = 8.0\text{m}^3/\text{min}$、$Q_L = 10.0\text{m}^3/\text{min}$、$Q_L = 12.0\text{m}^3/\text{min}$ 及 $Q_L = 14.0\text{m}^3/\text{min}$）对雷诺数的影响。压裂液排量增大，初期阶段 $a_b > 0$ 雷诺数呈增大趋势，排量 $8.0\text{m}^3/\text{min}$ 与 $14.0\text{m}^3/\text{min}$ 相比，雷诺数最大峰值由 240.30 升至 463.52；中期阶段 $a_b < 0$ 雷诺数随排量的增大而减小，末期阶段 $a_b = 0$ 呈平稳趋势，原因为暂堵剂运移速度是影响雷诺数的主要因素。

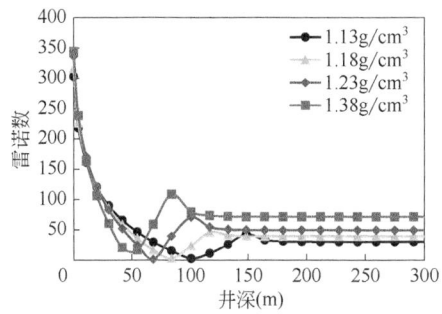

图 5-12 暂堵剂密度对雷诺数的影响

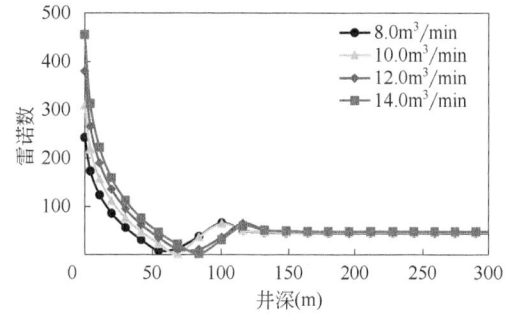

图 5-13 压裂液排量对雷诺数的影响

3. 暂堵剂直径对雷诺数的影响

图 5-14 为暂堵剂直径（$D_b = 7.0\text{mm}$、$D_b = 9.0\text{mm}$、$D_b = 11.0\text{mm}$ 及 $D_b = 13.0\text{mm}$）与雷诺数的关系。暂堵剂直径增大，暂堵剂加速度 $a_b \geq 0$，雷诺数增大，暂堵剂直径 13.0mm 与直径 7.0mm 相比，雷诺数峰值从 238.34 增大到 447.68。雷诺数不仅受压裂液黏度、压裂液密度及压裂液流速影响，暂堵剂直径及暂堵剂速率对其影响也较大。当暂堵剂加速度 $a_b < 0$，暂堵剂直径增大，雷诺数随其直径增大而呈减小趋势，分析原因认为暂堵剂运动速率大于压裂液流速。

三、暂堵剂密度对运移行为的影响

1. 暂堵剂密度对运移速率的影响

图 5-15 为暂堵剂密度（$\rho_B = 1.13\text{g/cm}^3$、$\rho_B = 1.18\text{g/cm}^3$、$\rho_B = 1.23\text{g/cm}^3$ 及 $\rho_B = 1.38\text{g/cm}^3$）对运移速率的影响。暂堵剂在直井段先加速，然后减速，最后匀速，匀速运移时间远高于加速时间。直井段暂堵剂的下降速率是压裂液流速与暂堵剂沉降速率之和。暂堵

剂密度从 1.13g/cm³ 增至 1.38g/cm³，其运移速率最大峰值由 11.86m/s 增至 14.82m/s。暂堵剂密度越大，其相对运动速率越快，到达一定速率时，由于阻力逐渐增大，暂堵剂加速度逐渐减小直至为 0 时开始匀速运动。暂堵剂在初期运移中，很快进入匀速运移阶段，并且球密度越大，进入匀速运动时间越快。

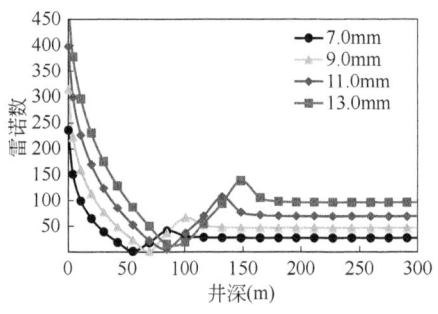

图 5-14 暂堵剂直径对雷诺数的影响

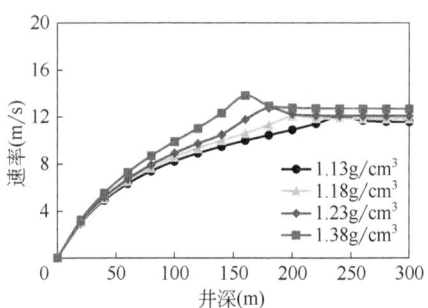

图 5-15 暂堵剂密度对运移速率的影响

2. 暂堵剂密度对加速度的影响

图 5-16 为暂堵剂密度（$\rho_B = 1.13\text{g/cm}^3$、$\rho_B = 1.18\text{g/cm}^3$、$\rho_B = 1.23\text{g/cm}^3$ 及 $\rho_B = 1.38\text{g/cm}^3$）对运移加速度的影响。暂堵剂密度增大，加速度在初期呈增大的趋势，这是由于加速度主要受到合外力的影响，暂堵剂密度增大，合外力增大，从而加速度增大。暂堵剂加速到一定速率时，由于速率增加，阻力增大，从而合外力逐渐减小，直至合外力为 0，暂堵剂加速度为 0 而保持匀速运动。

3. 暂堵剂密度对运移时间的影响

图 5-17 为暂堵剂密度（$\rho_B = 1.13\text{g/cm}^3$、$\rho_B = 1.18\text{g/cm}^3$、$\rho_B = 1.23\text{g/cm}^3$ 及 $\rho_B = 1.38\text{g/cm}^3$）对运移时间的影响。密度增大，暂堵剂初期运移速率增大，从而初期阶段，相同井深下，暂堵剂运移时间呈减小趋势。

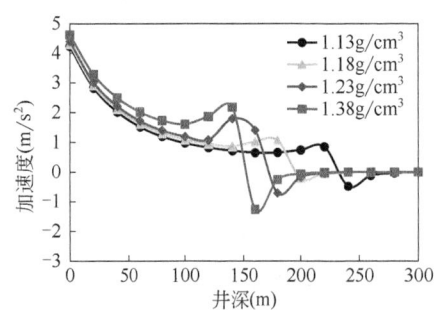

图 5-16 暂堵剂密度对运移速加速度的影响

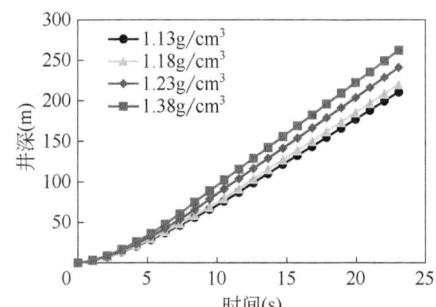

图 5-17 暂堵剂密度对运移时间的影响

四、暂堵剂直径对运移行为的影响

1. 暂堵剂直径对运移速率的影响

图 5-18 是暂堵剂直径（$D_b = 7.0\text{mm}$、$D_b = 9.0\text{mm}$、$D_b = 11.0\text{mm}$ 及 $D_b = 13.0\text{mm}$）对暂堵剂运移速率的影响。暂堵剂加速度 $a_b > 0$ 阶段，暂堵剂直径增大，运移速率减小；暂堵剂

加速度 $a_b<0$ 阶段，暂堵剂运移速率达到最大峰值，暂堵剂直径 7.0mm 同直径 11.0mm 相比，峰值从 16.97m/s 增至 19.29m/s。暂堵剂加速度 $a_b=0$ 阶段，暂堵剂沿直井段匀速运移。

2. 暂堵剂直径对运移时间的影响

图 5-19 为暂堵剂直径（$D_b=7.0$mm、$D_b=9.0$mm、$D_b=11.0$mm 及 $D_b=13.0$mm）对暂堵剂运移时间的影响，暂堵剂直径大小对运移时间几乎无影响。

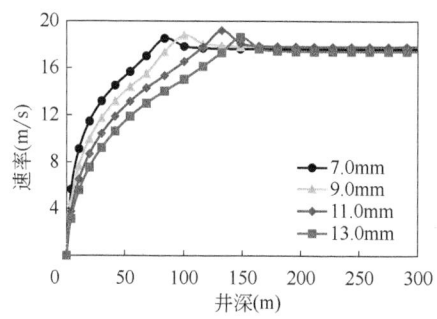

图 5-18　暂堵剂直径对暂堵剂运移速率的影响　　图 5-19　暂堵剂直径对暂堵剂运移时间的影响

3. 暂堵剂直径对运移加速度的影响

图 5-20 为暂堵剂直径（$D_b=7.0$mm、$D_b=9.0$mm、$D_b=11.0$mm 及 $D_b=13.0$mm）对暂堵剂运移加速度的影响。暂堵剂加速度随井深增加而逐渐减小直至为 0。暂堵剂直径越大，其运移变为匀速状态所需的时间也越长。

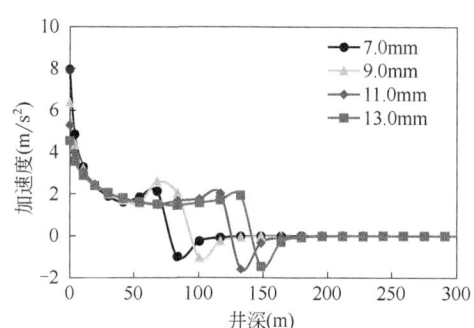

图 5-20　暂堵剂直径对暂堵剂运移加速度的影响

五、压裂液排量对运移行为的影响

1. 压裂液排量对运移速率的影响

图 5-21 为压裂液排量（$Q_L=8.0$m³/min、$Q_L=10.0$m³/min、$Q_L=12.0$m³/min 及 $Q_L=14.0$m³/min）对暂堵剂运移速率的影响。排量增大，暂堵剂运移速率呈增大的趋势，这是由于直井段的速率是压裂液流速与暂堵剂的沉降速率之和，排量增大使得压裂液流速增大，暂堵剂运移速率呈增大趋势。当排量 $Q_L=10.0$m³/min，暂堵剂到达直井段末端时的运移速率为 18.27m/s，运移总时间为 7.37min。

2. 压裂液排量对加速度的影响

图 5-22 为压裂液排量（$Q_L=8.0$m³/min、$Q_L=10.0$m³/min、$Q_L=12.0$m³/min 及 $Q_L=$

14.0m³/min) 对暂堵剂运移加速度的影响。排量增大,暂堵剂运移初期加速度呈增大趋势。由于排量增大使得暂堵剂受合外力增大。

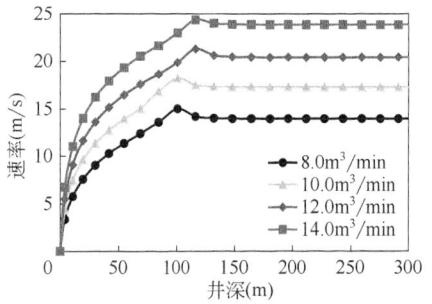

图 5-21 压裂液排量对暂堵剂运移速率的影响

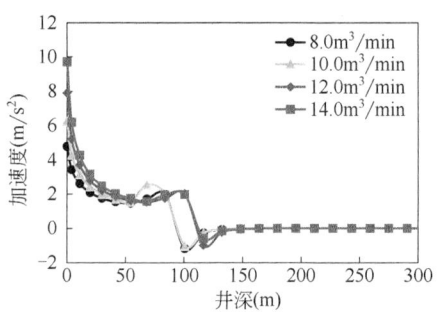

图 5-22 压裂液排量对暂堵剂运移加速度的影响

3. 压裂液排量对运移时间的影响

图 5-23 为压裂液排量($Q_L = 8.0\text{m}^3/\text{min}$、$Q_L = 10.0\text{m}^3/\text{min}$、$Q_L = 12.0\text{m}^3/\text{min}$ 及 $Q_L = 14.0\text{m}^3/\text{min}$)对暂堵剂运移时间的影响。排量增大,暂堵剂运移初期受合外力增大,运移速率增大,相同井深下,暂堵剂运移时间呈减小趋势。

六、暂堵剂在造斜段的运移行为

图 5-24 为造斜段井深(2320.00~3040.00m)对暂堵剂速率的影响。随着井深增大,暂堵剂从造斜段到水平段呈现减小趋势,从 2900m 开始,暂堵剂保持速率为 14.56m/s 的匀速运动。

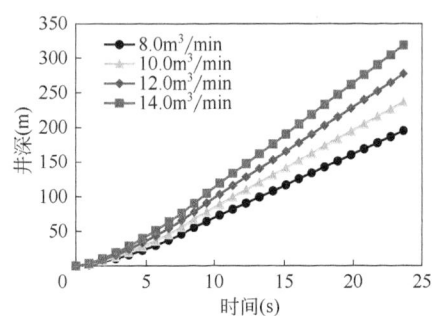

图 5-23 压裂液排量对暂堵剂运移时间的影响

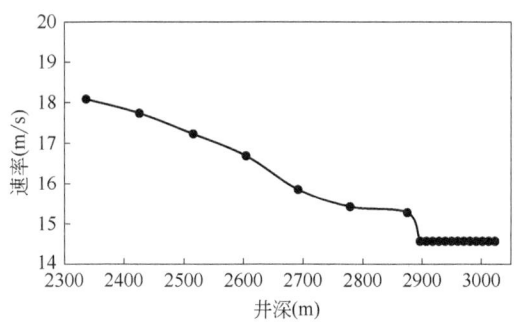

图 5-24 造斜段井深对暂堵剂速率的影响

图 5-25 为造斜段井深(2320.00~3040.00m)对暂堵剂加速度的影响。随着造斜段深度的增加,加速度从造斜段初期的 -0.023m/s^2 到末端 -1.65m/s^2。

图 5-26 为造斜段井深(2320.00~3040.00m)对暂堵剂合外力的影响。暂堵剂合外力主要受到暂堵剂速率的影响,造斜段初期线性减小,造斜段后期,暂堵剂做匀速运动,加速度为 0,其合外力为 0。

图 5-27 为造斜段井深(2320.00~3040.00m)对暂堵剂雷诺数的影响。井深增大,雷诺数从 40.63 降低到 23.69,呈现减小趋势。

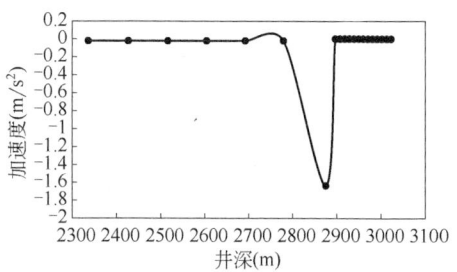
图 5-25 造斜段井深对暂堵剂加速度的影响

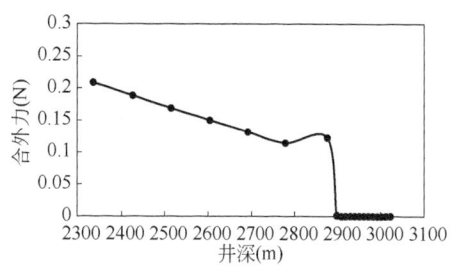
图 5-26 造斜段井深对暂堵剂合外力的影响

七、暂堵剂在水平段运移行为

图 5-28 为水平段井深（3040.00~3320.00m）对暂堵剂速率的影响。暂堵剂在水平段运移，初期速率从 14.56m/s 降到 13.56m/s，然后呈匀速运动。

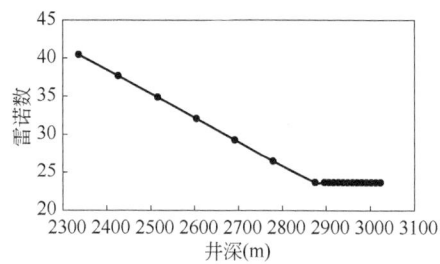
图 5-27 造斜段井深对暂堵剂雷诺数的影响

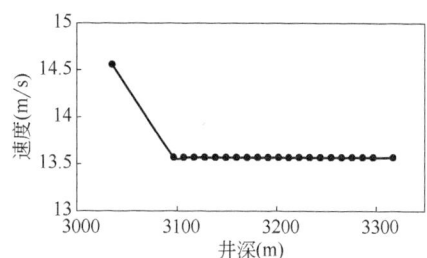
图 5-28 水平段井深对暂堵剂速率的影响

图 5-29 为水平段井深（3040.00~3320.00m）对暂堵剂加速度的影响。暂堵剂在水平段运移，加速度快速从 -1.62m/s^2 增大到 0，然后呈 0 加速度运动，也就是说，开始时暂堵剂运移速率急剧下降，最后匀速运动趋势。

图 5-30 为水平段井深（3040.00~3320.00m）对暂堵剂合外力的影响。暂堵剂在水平段运移，受到合外力从 0.123N 快速降至 0，后合外力恒定为 0，此时暂堵剂保持恒定匀速运动。

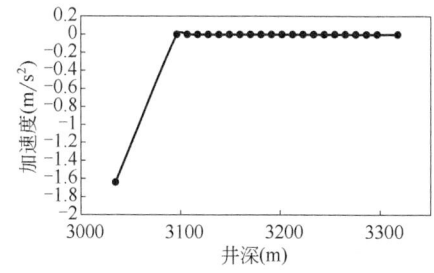
图 5-29 水平段井深对暂堵剂加速度的影响

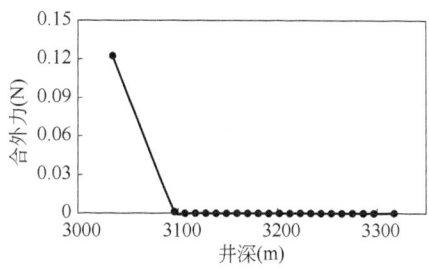
图 5-30 水平段井深对暂堵剂合外力影响

第三节　致密砂岩改造技术优化与试验

四川盆地二叠系储层分布广，近年来相继在九龙山、双鱼石、川南等构造取得重要勘探试油突破，证实了二叠系气藏具有良好的天然气开发潜力，但分布在不同区域的茅口组储层天然裂缝发育程度、孔隙度、渗透率、压力、温度及埋藏深度等地质特征具有较大差异，单一酸化工艺技术难以满足不同类型储层的气井改造。裂缝型储层易发生井漏而导致储层污染堵塞，且非均质性较强，常规酸化工艺解除储层损害难度较大，很难使其充分改造。孔洞型储层物性较差，孔洞孤立及天然裂缝不发育导致储层渗流通道不畅，储层改造施工泵压较高且改造波及范围受限，深度酸化压裂技术有待进一步优化，以加强不同类型储层改造工艺的相关性。通过明确不同类型储层特征及对应储层改造目标，开展针对性改造工艺优选及关键参数优化，形成了适于四川盆地茅口组气藏不同类型储层的网络裂缝深度酸化、深度酸化压裂及暂堵转向酸化压裂三种改造工艺，进一步提高了不同类型储层气井的改造效率及测试产量。

一、储层特征及改造对策

1. 二叠系茅口组储层特征

基于测井、录井、岩心分析，明确了四川盆地茅口组储层发育裂缝型、裂缝—孔洞型和孔隙—孔洞型三类储层（表5-5）。

表5-5 四川盆地二叠系茅口组储层类型及改造对策

储层类型	录井显示	孔隙度（%）	缝洞发育情况	岩心描述	成像测井	工程目标	改造工艺
裂缝型	井漏	较低，≤3	孔洞欠发育，裂缝较发育			重启天然裂缝，形成酸蚀蚓孔，疏通缝洞，降低储层表皮系数	网络裂缝深度酸化
裂缝—孔洞型	井漏或放空	较高，3~8	裂缝和溶蚀孔洞均发育			疏通/沟通缝洞系统，提高储层天然缝洞系统连通性	胶凝酸酸化压裂/暂堵转向酸化压裂
孔隙—孔洞型	井漏或放空	较高，3~8	孔洞（直径小于50cm）和孔隙（直径小于2mm）较发育，裂缝欠发育			突破污染带，压开储层，沟通天然缝洞	胶凝酸酸化压裂

1) 裂缝型储层

裂缝型储层是指裂缝较发育、孔洞欠发育的储层段。经研究发现，其低角度裂缝表现为负差异，高角度裂缝表现为正差异，且深浅双侧向电阻率稍低。茅口组裂缝型储层的储集空间和联通渠道主要由风化溶蚀缝、成岩缝和构造缝组成，一般岩石基质孔隙度不高于1%，次生溶蚀孔、洞不发育，物性较差，测井曲线有显著的锯齿状特征，裂缝发育处电阻率一般大于1000Ω·m、密度ρ降低，密度ρ整体幅度变化小（2.69~2.73g/cm^3），声波时差Δt增大（154.2~180.4μs/m），侧向电阻率R_{lld}和R_{lls}曲线差异较小。

根据岩心及微观薄片观察揭示，茅口组储集空间以裂缝和与裂缝伴生的溶蚀孔洞较为常见。岩心孔渗关系差，多数样品具有孔隙度低、渗透率相对较高的特征，表明裂缝对储层孔渗性的改善起了极为重要的作用。结合生产动态及薄片、岩心、露头等各类资料，发现此类储层天然裂缝发育，钻井过程中普遍存在井漏现象，储层存在不同程度的污染堵塞，故应以解堵酸化、疏通天然缝洞系统为主要目标。

2）裂缝—孔洞型储层

同时发育裂缝及溶蚀孔洞的储层段被称为裂缝—孔洞型储层。这种储层的测井曲线主要响应特征为"三低两高"，即低自然伽马 GR(10~40API)、低密度 ρ(2.55~2.75g/cm^3)、中低侧向电阻率 R_{lld} 和 R_{lls}(100~3000Ω·m)、高声波时差 Δt(157.4~213.2μs/m)、高中子孔隙度 φ_{CNL}(−1%~6%)，是溶蚀孔洞和裂缝的叠加响应。"漏斗型"或"箱型"是测井曲线的总体形态。此外因裂缝发育，测井曲线的形态也会呈现局部跳跃或锯齿状。裂缝—孔洞型储层孔隙度分布在2%~8%之间，井径在钻井过程中会扩径或稍有增大，录井中经常出现井漏现象。通过生产曲线得出，这类储层具有较长的稳产时间，且产量递减速率慢。通过岩心可看出这类储层裂缝、溶蚀孔洞发育，且沿着裂缝成不规则线状分布部分溶孔、溶洞。溶蚀孔洞为主要的储集空间，裂缝则是主要的渗滤通道，而溶蚀孔洞与裂缝良好的匹配关系是储层高产稳产的重要因素，因此此类储层改造主要以沟通溶蚀孔洞、增加天然缝洞系统连通性为主要目标。

3）孔隙—孔洞型

储层岩心较致密，裂缝、孔洞局部发育，整体物性较差，以Ⅲ类储层为主，平均孔隙度介于2.0%~5.4%，存在非均质性。一般将孔洞（直径小于50cm）和孔隙（直径小于2mm）较发育、裂缝欠发育的储层段称为孔隙—孔洞型储层，测井曲线响应特征也表现为"三低两高"，即低自然伽马 GR(10~30API)、低密度 ρ(2.55~2.72g/cm^3)、中低侧向电阻率 R_{lld} 和 R_{lls}(100~3000Ω·m)、高声波时差 Δt(160.7~229.6μs/m)、高中子孔隙度 φ_{CNL}(−0.5%~6.0%)，值域范围和裂缝—孔洞型储层不同。

2. 储层改造对策

储层改造的关键是强化储集空间连通性，其中天然裂缝欠发育的孔隙—孔洞型储层以压开储层、造长缝为主要目的；裂缝—孔洞型储层以疏通/沟通缝洞系统，提高天然缝洞系统连通性为主要目的；裂缝储层则以疏通解堵为主要目的。

二、储层改造工艺技术优化

1. 网络裂缝深度酸化技术

针对天然裂缝发育的裂缝性储层，钻井液漏失量大、储层伤害严重，储层改造以解除储层污染堵塞、疏通天然缝洞系统为目标。因此，储层改造的关键是突破钻井液沿天然裂缝系统漏失形成的损害带，同时解堵疏通天然裂缝系统，最大限度地降低储层表皮系数。

1）钻井液漏失侵入深度预测

根据裂缝网络性地质模型和钻井液漏失侵入描述，建立钻井液在裂缝网络中漏失运移模型，从而预估漏失钻井液的侵入深度，确定储层污染的范围，从而为量化储层改造设计参数提供依据。

2) 储层表皮系数模拟与计算

参考孔隙型储层酸化表皮计算模型，若污染半径大于酸化区，则酸化表皮系数：

$$S_{\text{acid}} = \left(\frac{k}{k_s}-1\right)\ln\left(\frac{r_d}{r_a}\right) - \left(\frac{k_s}{k}-1\right)\ln\left(\frac{r_a}{r_w}\right) \tag{5-19}$$

若污染半径小于酸化区，则酸化表皮系数：

$$S_{\text{acid}} = \frac{k}{k_d}\ln\left(\frac{r_d}{r_{ew}}\right) - \ln\left(\frac{r_d}{r_w}\right) \tag{5-20}$$

参考 Prats 关于水力压裂井的表皮系数计算方法，将网络裂缝酸化后的天然裂缝宽度变化和酸液有效作用距离等同于有效井眼半径，建立网络裂缝酸化效果预测的表皮系数计算模型，指导优选注酸排量和注酸量。

3) 实例应用

以 A 井为例，依据钻井液在裂缝网络中漏失运移模型，预测其侵入深度为 30m 左右，采用 FracPT 软件模拟在酸液规模超过 320m³ 时，酸蚀裂缝长度可达 35m，可以解除钻井液污染，如图 5-31 和图 5-32 所示。通过储层表皮系数模拟（图 5-33），得到了 320m³ 胶凝酸酸化后的储层表皮系数为-4（储层深度约 20cm），结合钻井液在裂缝网络中漏失运移模型，该规模下储层酸化可以达到降低裂缝型储层表皮系数的目的。

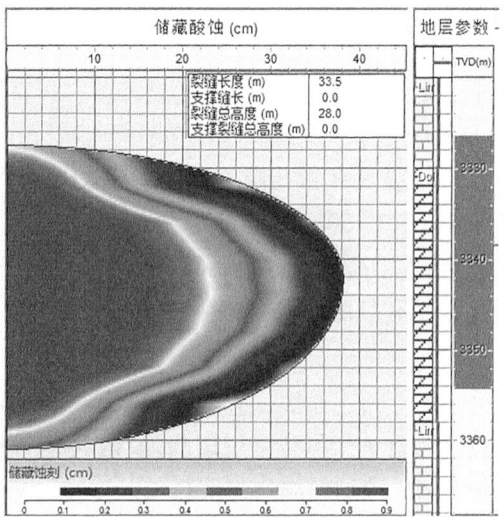

图 5-31　A 井模拟酸化裂缝剖面

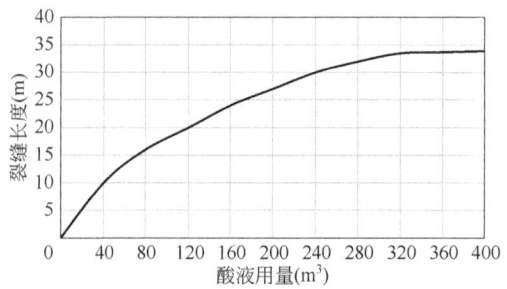

图 5-32　A 井酸液用量与裂缝长度关系

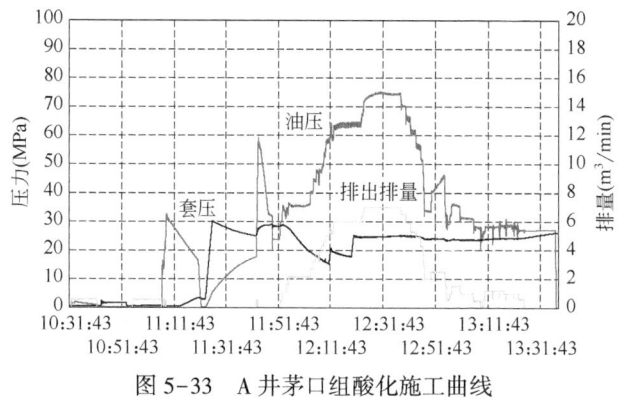

图 5-33 A 井茅口组酸化施工曲线

4) 酸化施工效果分析

从酸化施工曲线可看出（图 5-33），在高挤施工过程中共出现两次较明显的解除污染堵塞的显示，施工排量不变，而泵压呈下降趋势，说明酸液溶蚀了储层中的堵塞物，达到了解堵效果，疏通了天然缝洞系统，恢复了渗流通道。酸化后该井测试获产 $58.90 \times 10^4 \mathrm{m}^3/\mathrm{d}$，取得了较好的改造效果。该井的成功实施，表明建立的钻井液漏失运移模型可以指导酸化设计，从而提升增产改造效率。

2. 深度酸化压裂技术

1) 储层破裂压力预测

射孔孔眼处的井壁应力集中，在求初始断裂 z—θ 平面内的最大拉伸应力时，σ_θ 可用射孔孔眼切向应力 $\sigma_{\theta'}$ 替代。依据弹性力学理论，最大拉伸应力公式如下：

$$\sigma_3 = \sigma_{\max}(\theta') = \frac{1}{2}\left[(\sigma_{\theta'} + \sigma_z) - (\sigma_{\theta'} - \sigma_z)^2 + 4\tau_{\theta z}^2\right] \tag{5-21}$$

给定射孔方位 θ，先对式(5-21)求导，确定裂缝的起裂方位：

$$\frac{\mathrm{d}\sigma_{\max}(\theta')}{\mathrm{d}\theta'} = 0 \tag{5-22}$$

满足式(5-22)的 $\sigma_{\theta'}$ 是当射孔方位角为 θ 时，射孔井壁发生拉伸破裂时的裂缝起裂方位角。

给定某一射孔区间，对所有射孔方位确定相对应的射孔井筒裂缝起裂压力和起裂角，优选出最优起裂压力和起裂角所对应的最优射孔方位 θ。

根据裂缝起裂准则，井壁处 z—θ 平面上最大拉伸应力达到岩石抗拉强度 σ_t 时，岩石断裂，即：

$$\sigma_{\max}(\theta_0) = \sigma_t \tag{5-23}$$

$$\sigma_{\max}(\theta_0') = \sigma_t \tag{5-24}$$

通过式(5-23) 和式(5-24) 计算得裂缝起裂压力 p_w 而 $\sigma_{\max}(\theta_0)$ 和 $\sigma_{\max}(\theta_0')$ 都是和起裂压力 p_w 相关的量，故可选取迭代法来求解。

裸眼完井和射孔完井时，裂缝起裂角 γ 分别为：

$$\tan 2\gamma = \frac{2\tau_{\theta z}}{\sigma_\theta - \sigma_z} \tag{5-25}$$

$$\tan 2\gamma = \frac{2\tau_{\theta z}}{\sigma_{\theta'} - \sigma_z} \tag{5-26}$$

依据反三角函数，裂缝起裂角 γ 有两个可能解：

$$\begin{cases} \gamma_1 = \frac{1}{2}\arctan\frac{2\tau_{\theta z}}{\sigma_\theta - \sigma_z} \\ \gamma_2 = \frac{\pi}{2} + \frac{1}{2}\arctan\frac{2\tau_{\theta z}}{\sigma_\theta - \sigma_z} \end{cases} \tag{5-27}$$

式（5-27）中的起裂角 γ_1、γ_2 仅有一个方向可产生最大拉应力。裸眼及射孔两种完井方式的最大拉应力函数分别为：

$$\sigma_{\max}(\gamma) = \frac{1}{2}(\sigma_\theta + \sigma_z) + \frac{1}{2}(\sigma_\theta - \sigma_z)\cos 2\gamma + \tau_{\theta z}\sin 2\gamma \tag{5-28}$$

$$\sigma_{\max}(\gamma) = \frac{1}{2}(\sigma_{\theta'} + \sigma_z) + \frac{1}{2}(\sigma_{\theta'} - \sigma_z)\cos 2\gamma + \tau_{\theta z}\sin 2\gamma \tag{5-29}$$

为了确定哪个角是裂缝的起裂角，可以对式（5-28）与式（5-29）求二阶导数：

$$F(\gamma) = \sigma''_{\max}(\gamma) = -2(\sigma_\theta - \sigma_z)\cos 2\gamma - 4\tau_{\theta z}\sin 2\gamma \tag{5-30}$$

$$F(\gamma) = \sigma''_{\max}(\gamma) = -2(\sigma_{\theta'} - \sigma_z)\cos 2\gamma - 4\tau_{\theta z}\sin 2\gamma \tag{5-31}$$

依据函数极值的定义，在二阶导数小于 0 时才有极大值，将 γ_1、γ_2 分别代入式（5-30）和式（5-31），裂缝起裂角的真实值为使得式（5-30）和式（5-31）小于 0 的 γ，即求出两种完井方式时裂缝起裂角。

2）实例应用

基于测井及岩石力学参数，结合上述计算模型得到了 B 井茅口组储层的破裂压力剖面。计算结果表明：B 井茅口组储层破裂压力介于 120~150MPa 之间，射孔段的水平最小主应力为 94~106MPa，如图 5-34 所示。B 井茅口组酸化压裂改造过程中，泵压最高 94.6MPa，折算井底压力 147MPa（图 5-35），符合破裂压力预测范围。

3）酸化施工效果分析

本井高挤施工过程中见压开储层和沟通小型缝洞体的迹象，暂堵材料使用后泵压提升 6MPa，表明暂堵转向迹象显著；压后拟合得到酸化压裂裂缝长度约 44~60m（图 5-36），达到了深度酸化压裂工艺目的。

3. 暂堵转向酸化压裂技术

1）暂堵转向设计方法

结合裂缝发育程度和储层力学特征，通过室内实验和酸化压裂模拟即可达到暂堵缝网酸化压裂。不同裂缝发育程度储层的暂堵优化设计方法如图 5-37 所示。

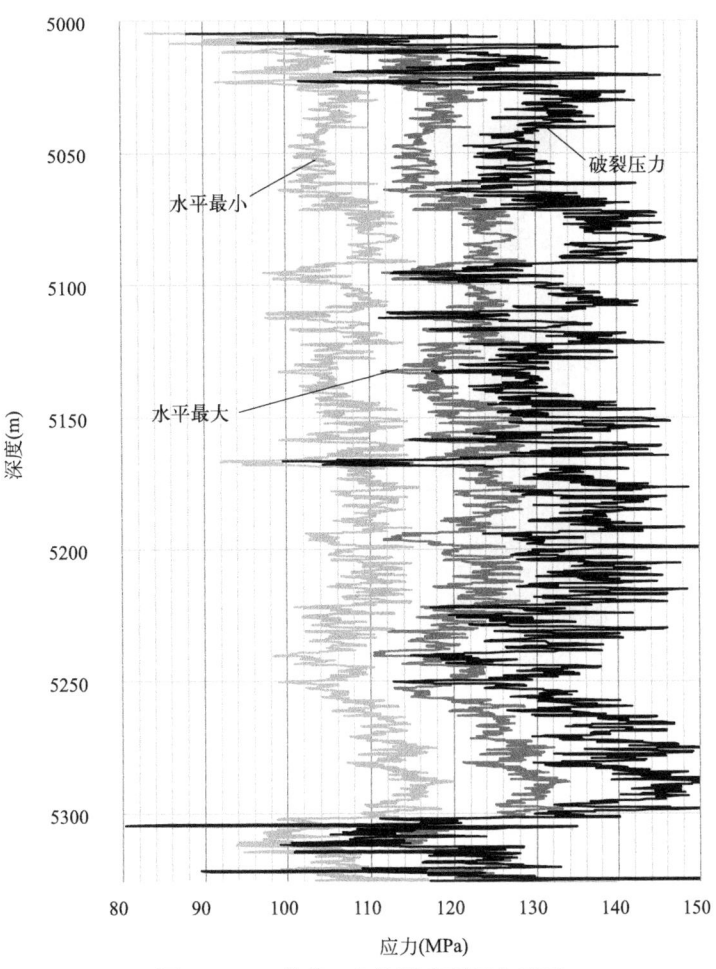

图 5-34　B 井茅口组储层破裂压力剖面

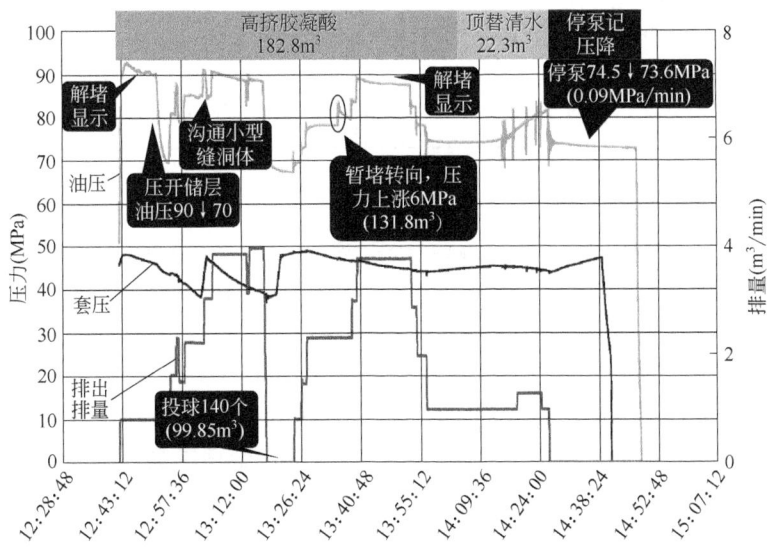

图 5-35　B 井茅口组胶凝酸深度酸化压裂施工曲线

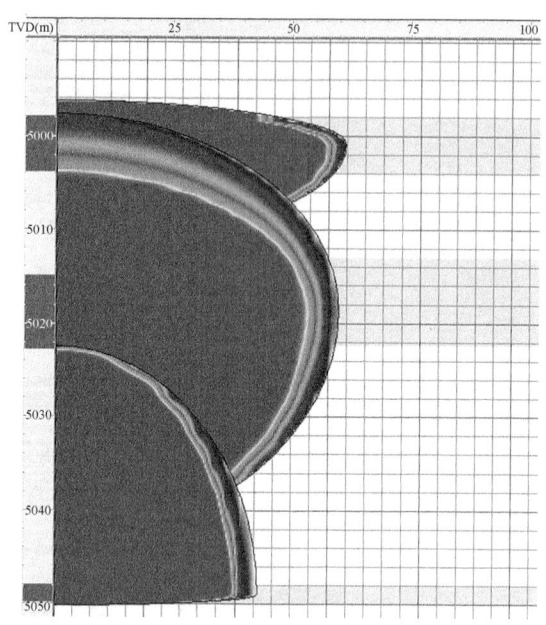

图 5-36　B 井茅口组压后拟合分析

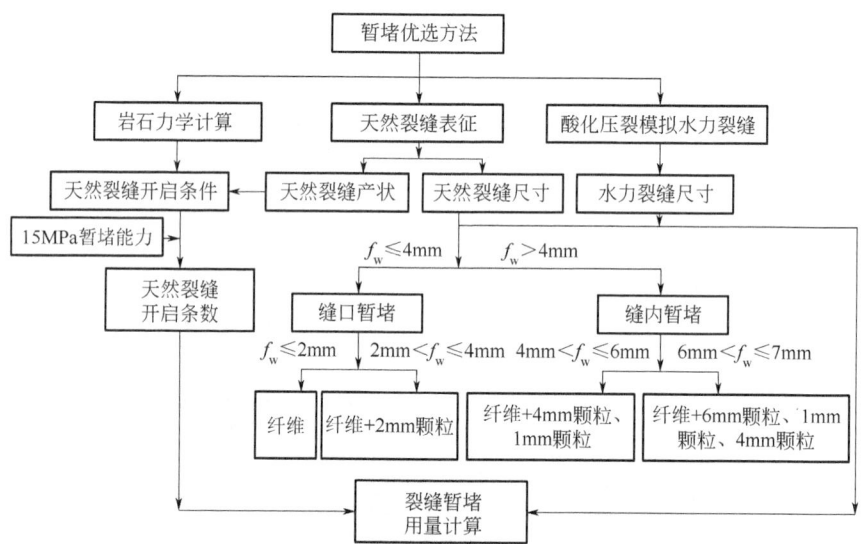

图 5-37　不同裂缝发育储层的暂堵优化设计方法

2) 暂堵转向材料用量计算方法

建立暂堵层渗透率模型：填充量增大→暂堵层孔隙度减小→渗透率 K 减小→流入裂缝流体量降低→井筒液体压缩→产生井筒憋压 Δp，当 $\Delta p > p_{net}$，产生新缝或沟通天然裂缝。因此，可由达西公式先算出单缝所需的暂堵材料，再推算出暂堵主缝和开启的天然裂缝的材料总量。其中最为关键的是确定 p_{net} 的大小。达西公式为：

$$\Delta p = \frac{\mu L_d Q}{K_d A_f} \tag{5-32}$$

单缝暂堵材料用量计算公式：

$$M_d = \rho_d V_d = \rho_d A_f L_d = \rho_d H_f W_f L_d \tag{5-33}$$

结合式(5-32)和式(5-33)计算单缝暂堵材料用量：

$$M_d = \frac{\rho_d H_f^2 W_f^2 \Delta p K_d}{\mu Q} \tag{5-34}$$

从而，暂堵材料的总用量为：

$$M = 2M_{d0} + M_{d1} + \cdots M_{di} \tag{5-35}$$

式中　μ——携带液黏度，mPa·s；

　　　Q——排量，m³/h；

　　　L_d——裂缝暂堵段的长度，m（实验平均值为0.064m）；

　　　K_d——暂堵层渗透率（实验平均值为0.837mD）；

　　　V_d——裂缝暂堵段体积，m³；

　　　ρ_d——暂堵材料表观密度，1200kg/m³；

　　　W_f——裂缝宽度，通过酸化模拟可得，m；

　　　H_f——裂缝高度，通过酸化压裂模拟可得，m；

　　　$\Delta p = p_{net}$，结合测井数据和岩石力学实验而来；

　　　M_{d0}——主裂缝暂堵材料用量，m³；

　　　M_{di}——开启第i条天然裂缝的用量，m³。

3）实例计算

以A井为例，经测井解释茅口组有三段含气层。该井茅口组地层σ_H、σ_h分别为2.40MPa/100m、1.99MPa/100m，地层应力状态为$\sigma_H > \sigma_v > \sigma_h$，储层段$\sigma_{H-h}$平均为22.0MPa。参考该区块茅口组岩石力学试验，内聚力为24.0~92.5MPa，平均值68.5MPa。目前封堵能力为15MPa，图5-38可看出在逼近角为60~80°时，天然裂缝主要为张性破裂。

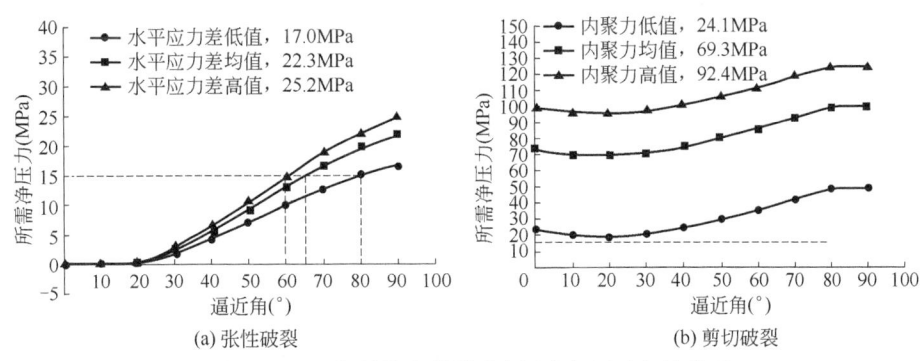

图5-38　天然裂缝破裂所需净压力与逼近角的关系

该井第一段厚度为33.5m，该段天然裂缝发育，钻至此段时钻井液密度1.90~2.00g/cm³，共漏失钻井液72.0m³，点火燃，焰高0.5~3.6m。此段天然裂缝密度为0.55条/m，平均高度3.3m，宽度3.0mm。计算得天然裂缝开启p_{net}为5.0~13.0MPa，因此暂堵能力为15MPa时，可开启全部裂缝。建议暂堵时排量为2.0m³/min左右，此时主缝的动态裂缝宽度为3mm。推荐使用2mm暂堵颗粒和6mm暂堵纤维进行暂堵，通过式(5-35)计算得暂堵材料共260kg，推荐2mm颗粒和纤维的1∶1组合暂堵天然裂缝和主裂缝，各需20kg和240kg。

第六章

致密油气藏压裂后高效返排控制技术

第一节　致密砂岩裂缝内温度场模型建立及分析

为了提高酸化压裂施工成功率，国内外学者对酸岩反应机理、酸化压裂设计数学模型进行了大量的研究，并陆续建立了相应的动态裂缝扩展几何模型、酸岩反应模型、井筒及裂缝温度场模型及增产效果预测等设计计算模型，形成了一种由二维到拟三维、继而全三维的裂缝扩展模型的发展历程，以及非稳态到稳态、连续介质受热到多孔介质传热的研究升级过程。然而由于地层介质关系及应力场作用复杂，研究困难较大，技术受限导致在各个领域或关键点的建模过程中不得不通过增加假设条件来减少考虑因素，减小因素干扰，降低研究的复杂程度。

对于实际酸化压裂的优化设计中，常规的模型和软件并不能适应所有的地层条件，如对于由石灰岩和白云岩组成的地层，最终的计算结果完全不同。对于不同的外界环境的温度和酸液类型，在同一地质条件下，模拟出的结果也有很大差别。因此，为了更准确地预测酸化压裂结果，在原有酸化压裂优化模型的基础上，考虑反应热的影响，并将酸岩反应热计算模型与裂缝温度场模型以及裂缝有效几何尺寸计算模型耦合，考虑模型中各参数的变化对酸蚀距离的影响，为碳酸盐岩酸化压裂设计和酸化压裂效果评价提供理论指导。

一、酸岩反应动力学理论

酸与碳酸盐岩的反应是只在液固界面上进行的酸岩复相反应，因而影响复相反应的因素为液固两相界面的性质和大小。把与酸液接触的岩石视为一个壁面（图6-1），任一固体表面吸附物质的剩余力场都被考虑到，假设其反应过程中包含吸附作用步骤，因此酸与碳酸盐岩的反应历程可描述为：

（1）H^+从溶液中扩散到岩石表面。

（2）被吸附的H^+与岩石在其表面发生反应。

（3）反应产物（Ca^{2+}与Mg^{2+}）以传质方

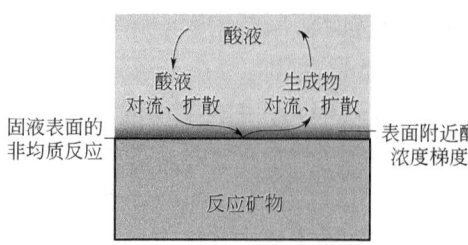

图6-1　酸岩反应示意图

式离开岩石表面。

上述三个步骤中由速度最慢的一步控制整个反应的进程，它决定着总反应速率的快慢。对于石灰岩与盐酸的反应，H^+的传质是整个反应过程中最慢的一步，因此，H^+有效扩散系数决定着酸岩反应速率。低温下，盐酸与白云岩的反应速率受传质和表面反应速率共同控制；高温条件下，受传质控制。表面反应为酸液中的H^+在岩面上与碳酸盐岩的反应。对碳酸盐岩储层来说，表面反应速率非常快，几乎是H^+一接触岩面，反应立刻完成。H^+在岩面上反应后，Ca^{2+}、Mg^{2+}和CO_2气泡等反应生成物就在接近岩面的液层里被堆积起。岩面附近这一堆积生成物的微薄液层，称为扩散边界层，该边界层的性质不同于溶液内部的性质。溶液内部，在垂直于岩面的方向上，没有离子浓度差；而边界层内部，在垂直于岩面的方向上，则存在离子浓度差。由于边界层内上述离子浓度差的存在，使反应物和生成物在各自的离子浓度梯度作用下向相反的方向移动。这种由于离子浓度差而产生的离子移动，称为离子的扩散作用。

测定酸液在不同酸液浓度、温度下与储层岩石的反应速率，获得酸岩反应动力学方程、酸岩反应活化能、H^+传质系数，从而可以得出不同条件下的酸蚀作用距离。

酸与岩石反应时，H^+的传质速率、H^+在岩面上的表面反应速率由式(6-1)表示（酸岩反应速率）。

$$-\frac{\partial C}{\partial t} = KC^m \tag{6-1}$$

式中　C——反应时间为t瞬时的酸液浓度，用于衡量体系中反应物的含量，mol/L；

　　　t——时间，s；

　　　K——反应速率常数，与反应物质的浓度无关，只与反应物质的性质、温度、催化剂和压力有关，反映反应本身的速率特性，由试验确定；

　　　m——反应级数，用于描述反应速率对反应物浓度的依赖程度，其值可为整数、分数等。

酸岩反应是复相反应，面容比对酸岩反应速率的影响较大。因此，实际试验数据处理时，采用面容比校正后的反应速率：

$$J = -\left(\frac{\partial C}{\partial t}\right) \cdot \frac{V}{S} \tag{6-2}$$

式中　J——传质通量，$mol/(cm^2 \cdot s)$；

　　　V——参加反应的酸液体积，L；

　　　S——圆盘反应表面积，cm^2。

则式(6-2)可变换为：

$$J = KC^m \cdot \frac{V}{S} \tag{6-3}$$

式6-3为酸岩反应动力学方程。常规条件下，利用旋转圆盘装置可测得一定温度压力和转速条件下的C值和J值，采用微分法确定酸岩反应速率，绘制成关系曲线，即：

$$J = \left(\frac{C_2 - C_1}{\Delta t}\right) \cdot \frac{V}{S} \tag{6-4}$$

对式(6-3)取常用对数，得：

$$\lg J = \lg K + m \lg C \tag{6-5}$$

反应速率常数 K 和反应级数 m 在一定条件下为常数，因此，用不同酸液浓度下的 $\lg J$ 和 $\lg C$ 作图得一直线，采用最小二乘法对 $\lg J$ 和 $\lg C$ 进行线性回归，求得 K 和 m 值，从而确定某一个温度下的酸岩反应动力学方程。K、m 值是确定一定温度下反应速率从而确定作用距离的关键参数，是酸化压裂优化设计的基础。

活化能用来定义一个化学反应的发生所需要克服的能量障碍，用于表示一个化学反应发生所需要的最小能量。化学反应速率与其活化能的大小密切相关，活化能越低，反应速率越快，因此降低活化能会有效地促进反应的进行。而酸岩反应中温度对反应速率影响很大。因此，实际酸化压裂施工设计时，应对不同地层温度采用相应温度条件下的酸岩反应参数，建立实际地层条件下的反应动力学方程。

在多数情况下，其定量规律可由阿伦尼乌斯方程来描述：

$$K = K_0 e^{-\frac{E_a}{RT}} \tag{6-6}$$

式中　K——反应速率常数，$(\text{mol/L})^{-m} \cdot \text{s}^{-1}$；
　　　K_0——频率因子，$(\text{mol/L})^{-m} \cdot \text{L}/(\text{cm}^2 \cdot \text{s})$；
　　　E_a——酸岩反应活化能，kJ/mol；
　　　R——摩尔气体常数，$\text{kJ}/(\text{mol} \cdot \text{K})$；
　　　T——热力学温度，K。

于是有：

$$J = K_0 e^{\left(-\frac{E_a}{RT}\right)} \cdot C^m \tag{6-7}$$

两边再取常用对数，得：

$$\lg J = \lg(K_0 C^m) - \frac{E_a}{2.303R} \cdot \frac{1}{T} \tag{6-8}$$

于是，在其他条件相同时，用同一浓度的酸液在不同温度下进行旋转岩盘反应试验，可得到温度 T_1, $T_2 \cdots$, T_n 下的反应速率 J_1, $J_2 \cdots$, J_n。由于 $\lg J$ 与 $1/T$ 为线性关系，运用回归或作图处理（图6-2），直线斜率为 $-(E_a/2.303R)$，截距为 $\lg(K_0 C^m)$，便可求出酸岩反应活化能 E_a 和频率因子 K_0，从而可以确定不同温度下的反应速率。可以看出，活化能越低，反应速率越快；频率因子越高，反应速率越快。

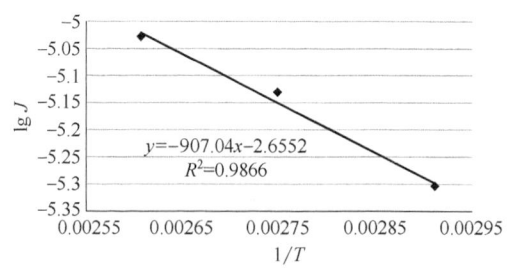

图6-2　酸岩反应活化能线性回归示意图

二、裂缝中酸液浓度分布模型及求解

裂缝中的温度分布对酸液的反应速率具有较大的影响，因而需要联立裂缝内温度场模型,对裂缝中酸液流动模型做进一步的推导(图6-3)。

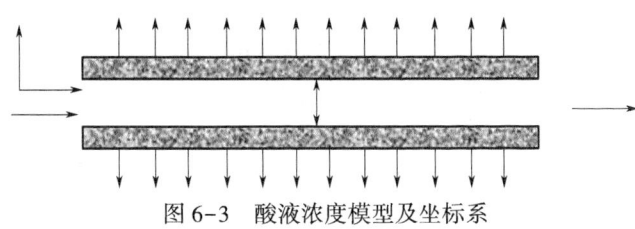

图6-3 酸液浓度模型及坐标系

做如下假设:
(1)酸液的密度均匀,不考虑自然对流对传质系数的影响。
(2)酸岩反应所溶蚀的岩石体积不产生对模型的影响。
(3)只考虑酸液在宽度方向对流扩散,不考虑裂缝高度方向上的对流扩散。
在每个裂缝微元内,酸浓度的分布满足下面的物质平衡方程:

$$\frac{\partial(v_x C)}{\partial x}+\frac{\partial(v_y C)}{\partial y}=\frac{\partial}{\partial y}\left(D_e \frac{\partial C}{\partial y}\right) \qquad (6-9)$$

边界条件: $x=0,\ C=C_0$;

$$y=0, \frac{\partial C}{\partial y}=0$$

$$y=\pm\frac{w}{2}, D_e \frac{\partial C}{\partial y}=K_R C^m$$

式中 K_R——酸岩反应速率常数;
m——反应级数;
D_e——氢离子有效传质系数,m^2/s。

从酸岩反应机理来看,碳酸盐岩储层酸化压裂改造的酸蚀裂缝长度主控因素是酸岩反应速率和液体滤失,从这两个方面研究酸蚀裂缝长度的影响规律,从而为造长缝酸化压裂工艺的选择和参数设计提供指导。

做如下假设:
(1)缝内液体的温度只沿裂缝长度方向发生变化。
(2)只考虑垂直方向上地层与流体之间的热交换,忽略裂缝长度和裂缝高度方向的热交换。
(3)地层和流体两种介质的物理性质不随温度和时间发生变化,酸液为不可压缩液体。
(4)酸液在裂缝高度方向上发生强迫对流,不产生浓度差。
(5)在岩石壁面酸岩反应放出的热量立即作用于液体,改变了液体的温度。
(6)地层向裂缝传热遵循 Whitsitt—Dysart(W—D)传热规律。

将整个施工时间划分成多个时间微元,则在每个时间微元内,裂缝温度场可以看作是稳定的。对应于每一个时间微元,沿裂缝长度方向将裂缝划分为许多微元,只要长度微元取得足够小,该段裂缝的宽度可看作是恒定的。在每个裂缝微元内能量守恒可得:

$$\frac{\partial(v_x T)}{\partial x}+\frac{\partial(v_y T)}{\partial y}=\frac{K_{hf}}{\rho_f C_f}\frac{\partial^2 T}{\partial y^2} \qquad (6-10)$$

边界条件 $x=0$,$T=T_0$,$y=0$,$\frac{\partial T}{\partial y}=0$,整理为:

$$y=\pm\frac{w}{2}, K_{hf}\frac{\partial T}{\partial y}=K_R C^m [-\Delta_r Q_m(T_w,p)]+q_h(t)$$

式中 v_x、v_y——裂缝长度、裂缝宽度方向的酸液流速，m/s；

K_{hf}——裂缝流体的导热系数，W/(m·℃)；

ρ_f——裂缝流体密度，g/cm³；

$q_h(t)$——地层岩石和裂缝流体之间热传递的热流量；

C_f——裂缝流体比热容，J/(kg·℃)；

C——酸液浓度；

$\Delta_r Q_m(T_w,p)$——对应温度、压力下的酸岩摩尔反应热。

由 Whitsitt—Dysart 推导的地层向裂缝热传递的热流量可得：

$$q_h(t)=\sqrt{\frac{M_{ma}K_{hr}}{\pi t}}(T_i-T_w)[e^{-\varepsilon^2}-\sqrt{\pi}\varepsilon erfc(\varepsilon)] \qquad(6-11)$$

式中 $\varepsilon=\frac{vlC_f\rho_f}{2(1-\phi)}\sqrt{\frac{t}{M_{ma}K_{hr}}}$；

M_{ma}——地层岩石的体积热容，$M_{ma}=\rho_r C_r$；

K_{hr}——地层岩石导热系数，W/(m·℃)。

地层岩石到反应壁面的热流密度函数，加上壁面产生的酸岩反应热等于从壁面到裂缝中的传递热量。

连续性方程：

$$\frac{\partial v_x}{\partial x}+\frac{\partial v_y}{\partial y}=0 \qquad(6-12)$$

边界条件： $x=0$, $v_x=v_0$；

$$y=\pm\frac{w}{2}, v_y=v_l$$

式中 v_l——酸液滤失速率，m/s。

酸液浓度分布求解：首先确定一个时间点，计算该时间点对应的裂缝长度及裂缝宽度。然后，以单个裂缝微元为研究对象，分别求解其酸浓度。采用 lumping 方法，将酸浓度沿裂缝宽度方向取平均值，从而将式(6-9) 化为常微分方程。具体过程如下：

式中各项对 y 求微分，并在 0 到 $\frac{w}{2}$ 上积分，即有

$$\int_0^{\frac{w}{2}}\frac{\partial(v_x C)}{\partial x}dy+\int_0^{\frac{w}{2}}\frac{\partial(v_y C)}{\partial y}dy=\int_0^{\frac{w}{2}}D_e\left(\frac{\partial^2 C}{\partial y^2}\right)dy \qquad(6-13)$$

由于酸化压裂缝宽度只有几毫米，而裂缝长度达百米。因而研究酸浓度、温度在裂缝长度的变化中的作用比较有实际意义，在 y 方向上去浓度和温度的平均值 $\overline{C}$, $\overline{T}$。

结合边界条件可得：

$$wv_x\frac{dC}{dx}=2(v_l-k_g)(\overline{C}-C_w) \qquad(6-14)$$

式中 w——几何宽度，m；

v_x——流体在 x 方向的流速，m/s；

$\dfrac{\mathrm{d}C}{\mathrm{d}x}$——物质浓度 C 沿 x 方向的变化率，即浓度梯度，mol/m；

v_1——特征速率与长度的关联项，m/s；

k_g——传质系数，衡量物质传递能力的参数，m/s；

C_w——界面浓度，mol/m^3。

假定裂缝高度恒定，宽度可变；酸液沿裂缝长度方向呈稳定层流流动；酸岩反应对系统体积没有影响（即反应物与生成物的体积相等）；酸液在裂缝高度方向没有浓度差。

为了建立不考虑温度的酸液浓度场模型，做了以下基本假设条件：

（1）流动为稳定层流；

（2）酸液不可压缩；

（3）裂缝高度方向没有浓度差，忽略自然对流；

（4）忽略各方向的扩散量。

根据物质守恒原理，单位时间内流入单元体内的液量－流出单元体的液量＝单元体内的液量变化，则缝中单元体内酸液的连续性方程为：

$$u = \dfrac{k_1}{\sqrt{2\pi r}} f_{i,j}(\theta) \tag{6-15}$$

考虑同离子效应、温度场和传质活化能随浓度变化影响的缝中酸流动反应模型为：

$$u\dfrac{\partial C}{\partial x} + v\dfrac{\partial C}{\partial y} = \dfrac{\partial}{\partial y}\left(D_e\dfrac{\partial C}{\partial y}\right) \tag{6-16}$$

$$x = 0, C = C_0 \tag{6-17}$$

$$y = 0, \dfrac{\partial C}{\partial y} = 0 \tag{6-18}$$

$$y = \pm\dfrac{w}{2}, -D_e\dfrac{\partial C}{\partial y} = k_s C_s^m (1-\phi) \tag{6-19}$$

式中　C_0——注入酸液浓度，mol/L；

C_s——岩石表面酸液浓度，%；

D_e——H^+ 有效传质系数，m^2/min；

W——裂缝宽度；

u——x 方向的酸液速率，m/min；

v——y 方向的酸液速率，m/min；

k_s——反应速率常数；

m——反应级数；

ϕ——孔隙度，%。

三、酸化压裂后裂缝内酸液浓度场模块研制

结合相关流程，设计了酸化压裂后裂缝内酸液浓度场计算软件（图 6-4 和图 6-5），相关计算数据见表 6-1。本软件基于 VB NET 语言开发，它是一种完全面向对象的现代化的编程语言。不仅可以开发 Windows 应用程序，而且可以开发 WEB 应用程序及企业级分布式应用程序。VB.NET 完全继承并提升了 VB 的功能，并做了许多新的改进，VB.NET 很有可能

成为新平台上最为普及的开发工具。

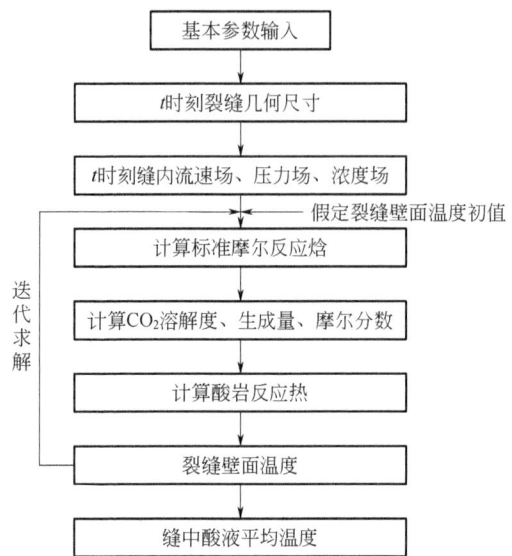

图 6-4 考虑酸岩反应热的裂缝温度场计算流程图

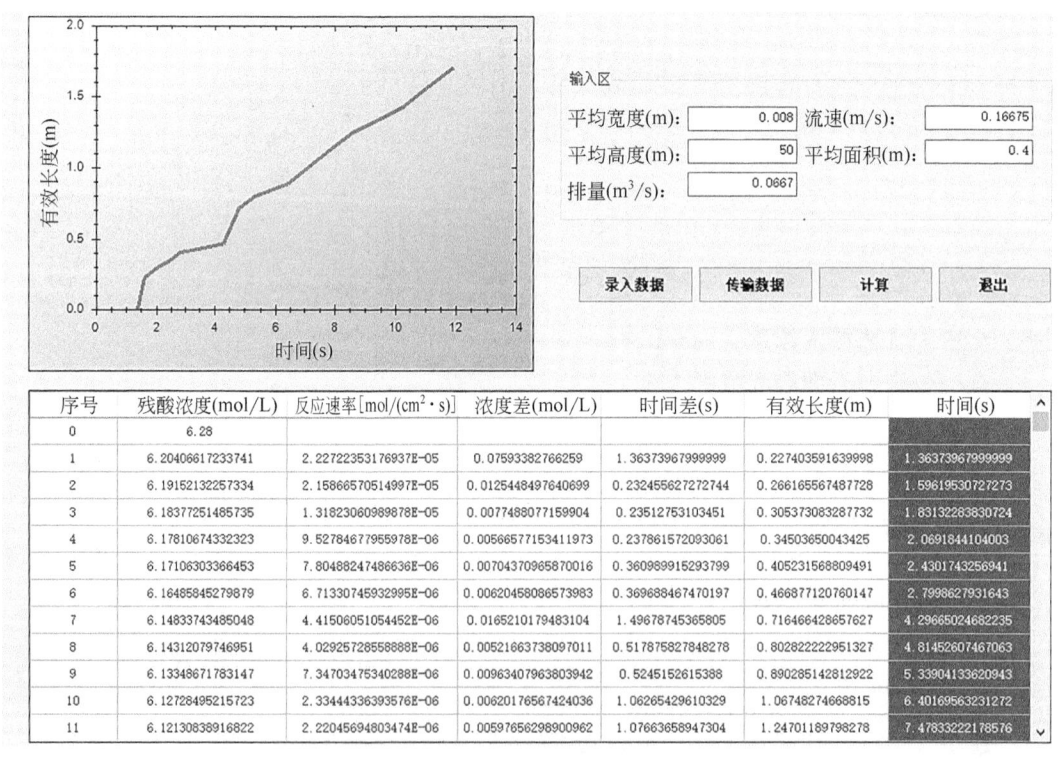

图 6-5 软件界面

表 6-1 酸化压裂后裂缝内酸液浓度场分布数据

反应时间（s）	残酸浓度（mol/L）	反应速率 [mol/(cm²·s)]
0	6.280000	0

续表

反应时间（s）	残酸浓度（mol/L）	反应速率 [mol/(cm²·s)]
1.36373967999999	6.204066	0.000022
1.59619530727273	6.191521	0.000022
1.83132283830724	6.183773	0.000013
2.0691844104003	6.178107	0.000010
2.4301743256941	6.171063	0.000008
2.7998627931643	6.164858	0.000007
4.29665024682235	6.148337	0.000004
4.81452607467063	6.143121	0.000004
5.33904133620943	6.133487	0.000007
6.40169563231272	6.127285	0.000002
7.47833222178576	6.121308	0.000002
8.56932396578586	6.111273	0.000004
10.2279262792999	6.093570	0.000004
11.9092491724509	6.085079	0.000002

四、酸蚀对裂缝长度的影响

由阿伦尼乌斯方程 $J = K_0 \mathrm{e}^{\left[\frac{E_a(T-T_0)}{RT_0T}\right]} C^m$ 可知，在低温下，温度变化对反应速率的影响较小，但在中高温条件下，温度变化对反应速率的影响较大。例如当温度从20℃上升至30℃，反应速率增加1.67倍，当温度从90℃上升至100℃，反应速率增加7.73倍。反应速率快，酸液有效作用距离有限。图6-6显示其他条件不变、不同温度条件下酸蚀裂缝长度的变化情况。为达到更长的酸蚀裂缝长度，建议酸化压裂前应采取注入非反应性流体的措施来迅速降低井底温度。

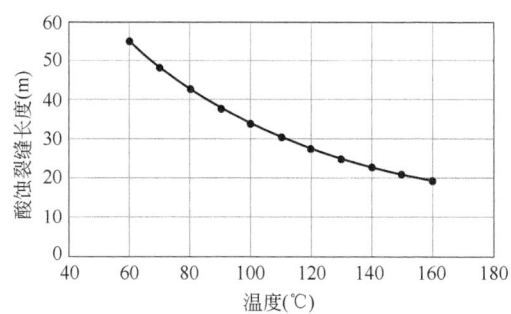

图 6-6　不同温度下酸蚀裂缝长度的变化情况

保持其他参数不变，然后逐渐变化基液黏度，观察酸化压裂下动态裂缝长度、酸蚀裂缝长度的变化。模拟结果见表6-2和如图6-7所示。

表 6-2　不同黏度下酸蚀裂缝长度变化

表观黏度（mPa·s）	裂缝长度（m）	酸蚀裂缝长度（m）
10	65.8	49.38
19.6	66	48.16
30.3	66.2	48.16
39.7	66.6	47.85
50.4	67.7	47.55
59.3	68.3	47.85
69.4	69.2	48.16
80.1	71.1	48.16
90	77.2	48.16

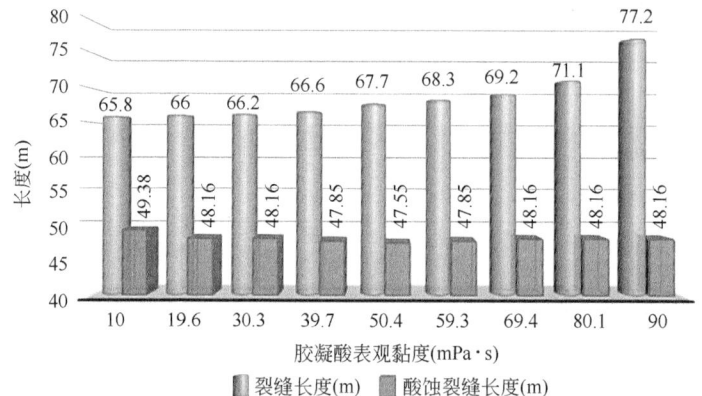

图 6-7　不同黏度下动态裂缝长度、酸蚀裂缝长度变化趋势图

保持其他参数不变，然后逐渐变化排量，观察酸化压裂下动态裂缝长度、酸蚀裂缝长度的变化，模拟结果见表 6-3。虽然排量加大滤失加大、裂缝中 H^+ 的传质系数增大（表 6-4），不利于酸蚀裂缝长度的扩展，但川西雷口坡Ⅱ类、Ⅲ类气藏物性致密，滤失小，随着排量的增加，氢离子向前推进的速率加快，总体有利于酸蚀裂缝长度的增加（图 6-8），因此需结合超高压设备，尽量提高现场施工排量。

表 6-3　不同排量下酸蚀裂缝长度变化

排量（m³/min）	1	2	3	4	5	6	7	8	9	10	11	12
酸蚀裂缝长度（m）	39.93	42.78	45.67	49.65	52.12	53.08	54.75	55.69	56.68	58.11	58.52	58.63

表 6-4　不同排量下对应的 H^+ 的传质系数

流速（m³/min）	线速度（m/min）	角速度（s⁻¹）	酸液浓度（mol/L）	反应速率（10⁻⁶ mol/cm²·s）	D_e（10⁻⁶ cm²/s）
8	26.667	8.081	4.56	1.795	4.915
4	13.333	4.040	4.56	1.529	6.499
2	6.667	2.020	4.56	0.998	5.763
1	3.333	1.010	4.56	0.530	3.748

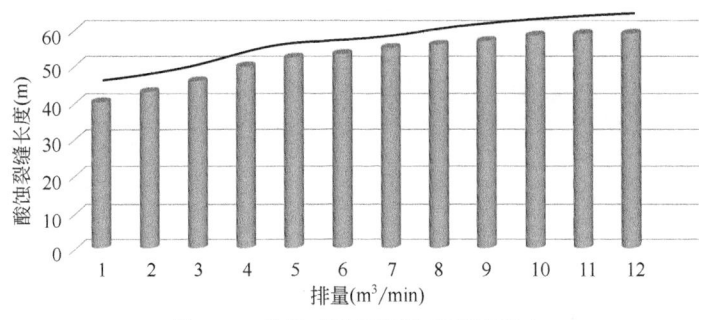

图 6-8 排量对酸蚀裂缝长度的影响

由表 6-5 及图 6-9 可见，随着闭合酸用量的增加，近井带裂缝壁面的刻蚀进一步增强，裂缝平均导流能力增加，但闭合酸并未推向远井端，所以闭合酸用量对酸蚀裂缝长度的影响较小。保持其他参数不变，然后逐渐变化闭合酸用量，观察酸蚀裂缝长度及酸蚀裂缝导流能力的变化。

表 6-5 闭合酸用量对酸蚀裂缝长度的影响

闭合酸用量（m^3）	20	40	60	80	100
酸蚀裂缝长度（m）	44.5	45.72	45.42	45.11	44.81
平均裂缝导流能力（$mD \cdot m$）	290.8	361.8	446.1	484.2	566.5

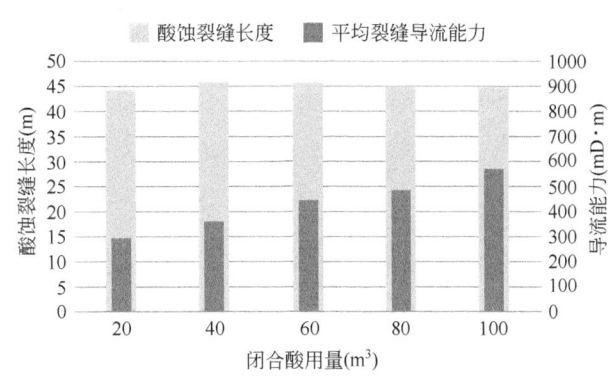

图 6-9 闭合酸用量对酸蚀裂缝长度的影响

五、酸蚀对有效作用距离的影响

如图 6-10 和图 6-11 所示，60~160℃ 区间内，有效作用距离随温度升高呈线性衰减。高温环境加速酸岩反应速率，导致酸液在近井区域快速消耗。以 $1m^3/min$ 排量为例，160℃ 时作用距离较 60℃ 工况缩减约 40%。同等温度条件下，排量从 $1m^3/min$ 提升至 $7m^3/min$ 可使作用距离延伸 2~3 倍。大排量形成的强驱替效应有效延缓酸液活化消耗，尤其在 70℃ 中温段，排量每增加 $1m^3/min$ 可延伸作用距离约 15m。转向酸体系表现出明显优势，在鸭深 1 井 60℃ 工况下，其作用距离较胶凝酸提升较大。这种差异随温度上升逐渐缩小，在 160℃ 高温段性能优势已不再存在。

工程应用建议采用"低温优选胶凝酸，高温适配转向酸"的选择策略，配合大排量施工（推荐大于 5m³/min），可有效突破高温储层酸化距离受限的技术瓶颈。

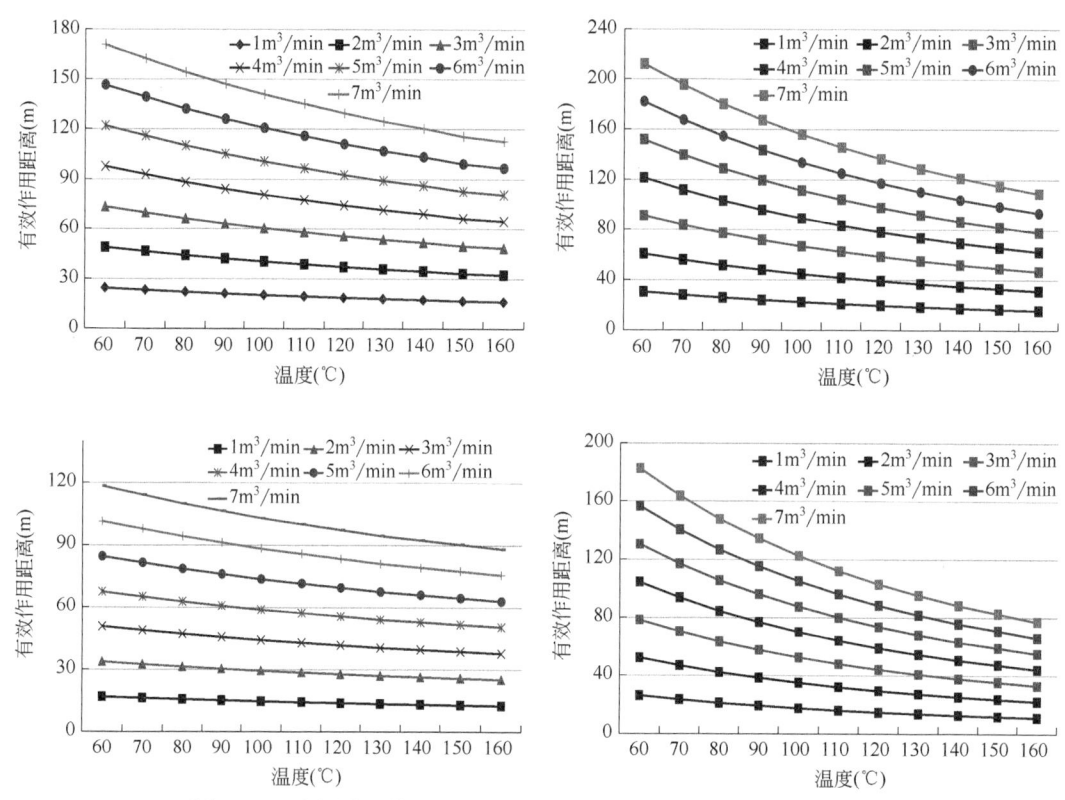

图 6-10 胶凝酸、转向酸不同温度和排量下的酸有效作用距离计算

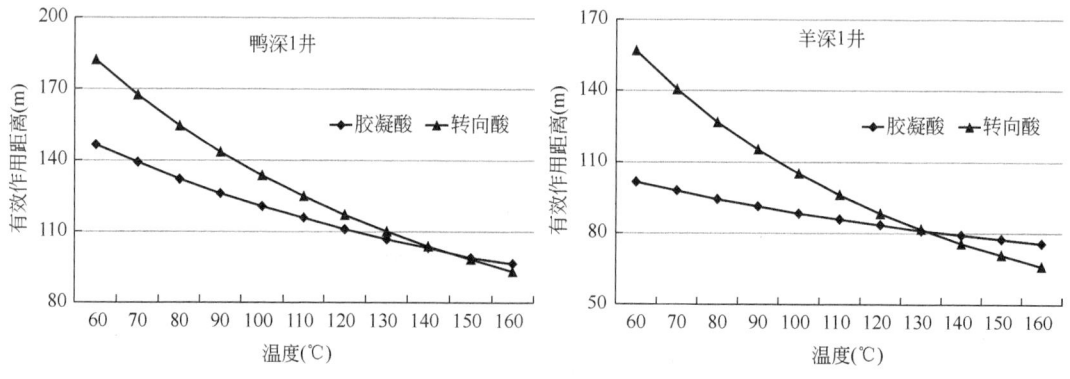

图 6-11 不同温度下胶凝酸和转向酸有效作用距离（6m³/min）

六、酸化压裂后裂缝内酸液浓度场影响因素分析

根据建立的酸化压裂全过程（包括停泵后）裂缝温度场、浓度场模型，开发了考虑酸岩反应热的温度场及酸液浓度场计算程序，并分析了排量、注入酸液浓度等对酸化压裂效果的影响。根据计算的停泵后缝中酸液浓度变化优化设计合理的返排时机。输入大牛地马五层参数，基本数据见表 6-6。

表 6-6 基本参数输入表

参数	数据		参数	数据
储层厚度（m）	6		泊松比	0.25
储层孔隙度（%）	马五$_{1+2}$	5.43	地层岩石比热容（J/kg·℃）	880
	马五$_5$	5.65		
储层渗透率（mD）	马五$_{1+2}$	1.58	地层岩石导热系数（W/m·℃）	0.57
	马五$_5$	0.41		
地层温度（℃）	100		流体比热容（J/kg·℃）	4180
储层最小水平主应力（MPa）	55		流体导热系数（W/m·℃）	0.55
储层埋深（m）	2900		酸液黏度，mPa·s	20
杨氏模量（MPa）	35000		地层压力，MPa	24.5

1. 不同排量下裂缝的温度场和浓度场

不同浓度胶凝酸与石灰岩和白云岩的反应速率如图 6-12 所示。

1）马五$_{1+2}$ 段

马五$_{1+2}$ 段储层岩石类型为白云岩，含量达 80% 以上。单段施工时间 40min，改变施工排量，分析不同施工排量对缝中温度场、浓度场的影响。停泵时缝中酸液未完全反应，停泵后酸液与岩石继续反应，且停泵后缝中液体及近缝地带的温度会逐渐恢复升高，影响酸岩反应速率。为此，有必要对停泵后缝中温度场/浓度场进行计算。

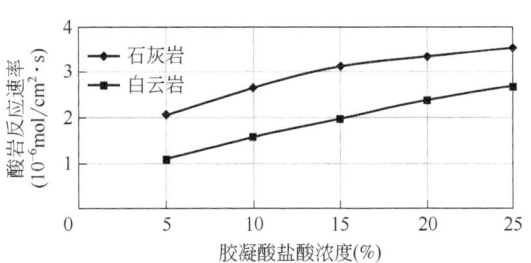

图 6-12 马五$_{1+2}$ 段储层不同浓度下酸岩反应速率图

停泵后，缝口温度是最低的，酸液浓度是最大的（等于初始浓度），因此也是最后反应为残酸的。因此在优化返排时机时，以缝口酸液浓度变化为研究对象。

由图 6-13 可以看出，增加施工排量可以在一定程度上提高酸液有效作用距离，当排量大于 8m³/min 后，有效作用距离增幅有所减小，因此在实际施工时，建议施工排量取 8～10m³/min。由图 6-14 看出，停泵后 10min，酸液几乎变为残酸，为避免关井时间长导致储层伤害，此时即可开始返排。

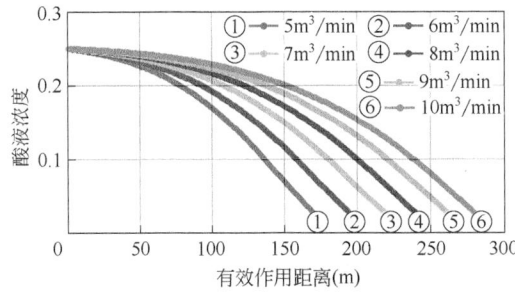

图 6-13 马五$_{1+2}$ 段储层不同排量下缝中酸液浓度图

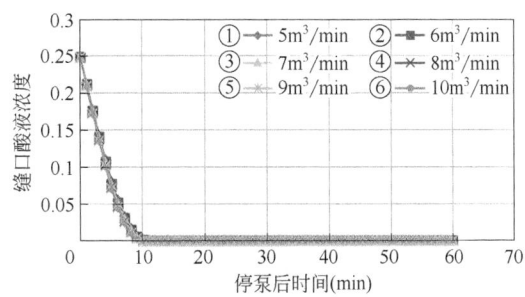

图 6-14 马五$_{1+2}$ 段储层停泵后缝口酸液浓度随时间的变化

2) 马五$_5$段

马五$_5$段存在石灰岩白云化作用产生的白云岩和石灰岩两种不同类型储层，岩性成分存在一定的差别。因此这里分石灰岩和白云岩进行模拟计算图 6-15~图 6-20。

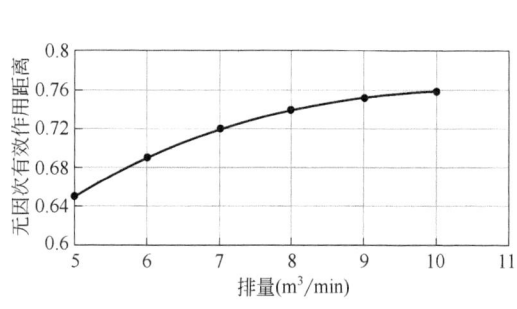

图 6-15 马五$_5$段石灰岩储层不同排量下无量纲有效作用距离

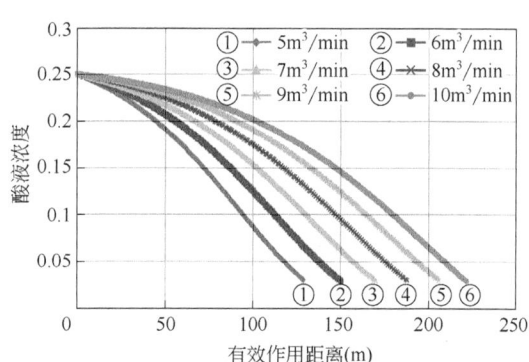

图 6-16 马五$_5$段石灰岩储层不同排量下缝中酸液浓度

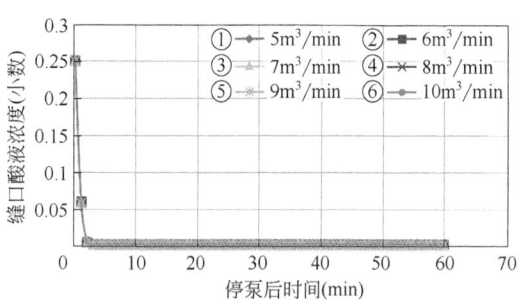

图 6-17 马五$_5$段石灰岩储层停泵后缝口酸液浓度随时间的变化

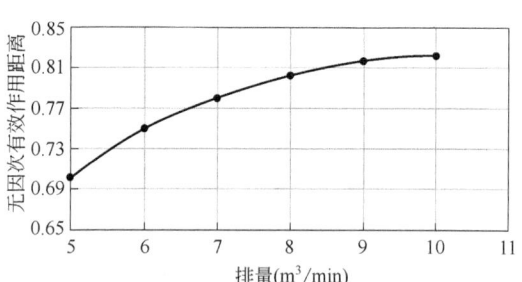

图 6-18 马五$_5$段白云岩储层不同排量下无量纲有效作用距离

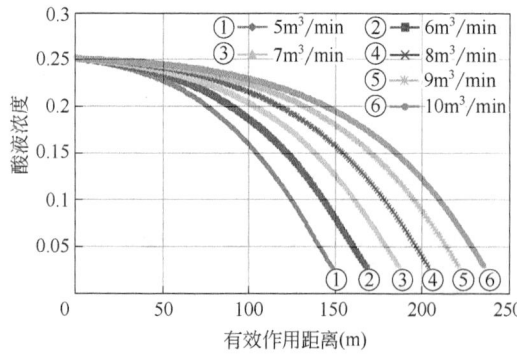

图 6-19 马五$_5$段白云岩储层不同排量下缝中酸液浓度

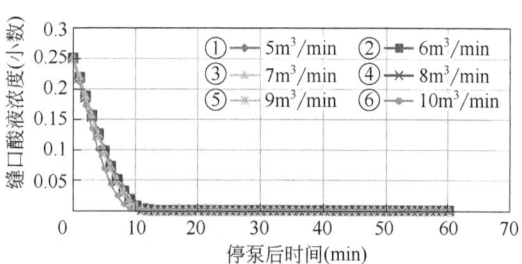

图 6-20 马五$_5$段白云岩储层停泵后缝口酸液浓度随时间的变化

模拟计算了不同施工排量下马五$_5$段酸化压裂裂缝中温度场和浓度场，模拟结果表明：增大施工排量有利于增大有效裂缝长度，但随着排量的增大，增幅会逐渐减小。综合

图 6-16 和图 6-19 建议排量取 8~10m³/min；由于酸液与石灰岩的反应速率快于与白云岩的反应速率，同一施工条件下白云岩酸化压裂的有效裂缝长度大于石灰岩。停泵后，酸液与岩石继续反应，对于石灰岩而言，停泵后缝口酸液浓度变化如图 6-17 所示，可以看出，酸液很快全部变为残酸（约 3min），因而建议酸化压裂后立即返排；而对于白云岩，停泵后大约 10min 后酸液全部反应为残酸，建议酸化压裂后适当关井后再返排。

2. 不同注酸液浓度下的裂缝温度场及浓度场

1）马五$_{1+2}$ 段

由图 6-21 可以看出，停泵后 10min，酸液几乎变为残酸，为避免关井时间长导致储层伤害，此时即可开始返排。由图 6-22 可以看出，增加初始酸液浓度可以在一定程度上提高酸液有效作用距离，因此建议可能的条件下，采用较高浓度的酸液。

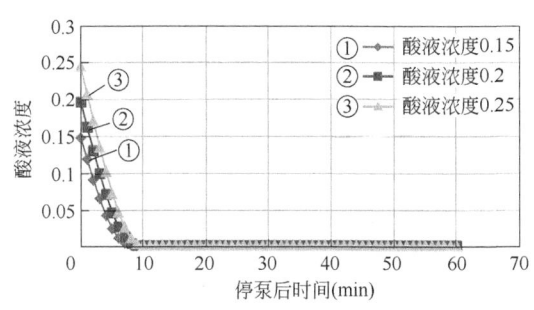

图 6-21 马五$_{1+2}$ 段储层停泵后缝口酸液浓度变化

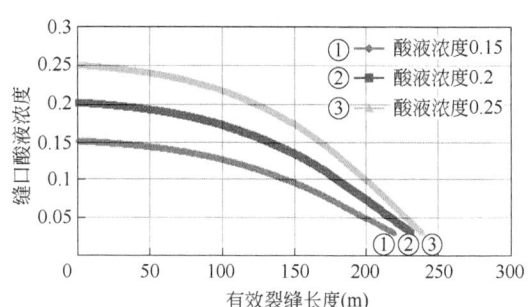

图 6-22 马五$_{1+2}$ 段储层不同初始浓度缝中酸液浓度分布

2）马五$_5$ 段

对于石灰岩储层，由图 6-23 可以看出，增加初始酸液浓度可以在一定程度上提高酸液有效作用距离，因此建议可能的条件下，采用较高浓度的酸液。由图 6-24 可以看出，停泵后 3min 左右，酸液几乎变为残酸，因此压后即可返排。

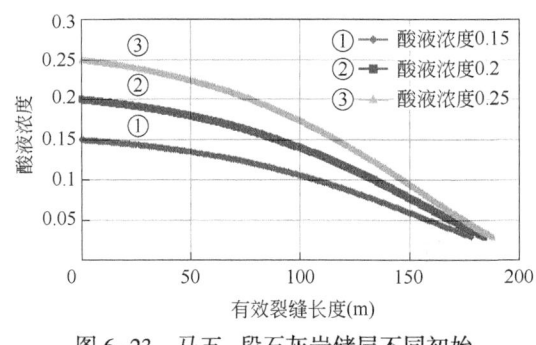

图 6-23 马五$_5$ 段石灰岩储层不同初始浓度下缝中酸液浓度分布

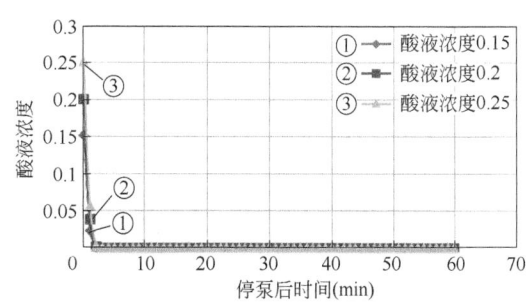

图 6-24 马五$_5$ 段石灰岩储层停泵后缝口酸液浓度变化

对于白云岩储层由图 6-25 可以看出，增加初始酸液浓度可以在一定程度上提高酸液有效作用距离，因此建议可能的条件下，采用较高浓度的酸液。由图 6-26 可以看出，停泵后 10min 左右，酸液几乎变为残酸，因此建议压后适当关井再进行返排。

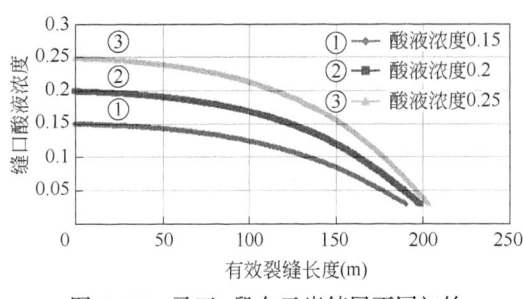

图 6-25　马五$_5$ 段白云岩储层不同初始浓度缝中酸液浓度分布

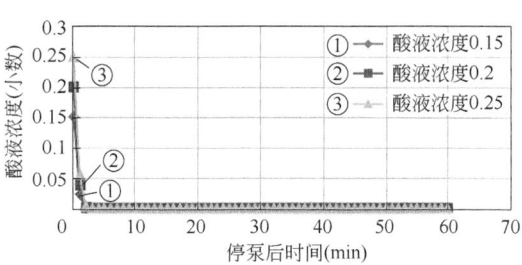

图 6-26　马五$_5$ 段白云岩储层停泵后缝口酸液浓度变化

本算例中，保持裂缝长度参数不变，然后逐渐变化酸化压裂下动态酸蚀裂缝长度的变化，找到酸液浓度变化规律。计算模拟结果见表 6-7，随着酸蚀裂缝长度延长，酸液浓度呈现增加的趋势，如图 6-27 所示。

表 6-7　酸蚀裂缝长度变化对酸液浓度的影响数据

裂缝长度（m）	酸蚀裂缝长度（m）	酸液浓度（%）
60.7	43.59	10
60.7	44.2	15
60.7	44.5	20
60.7	45.11	25
60.7	46.02	30

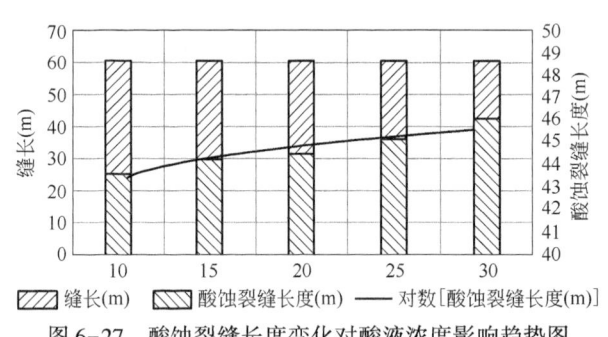

图 6-27　酸蚀裂缝长度变化对酸液浓度影响趋势图

第二节　考虑应力损伤的裂缝强制闭合模型

一、酸化压裂油层套管管柱摩阻的理论推导

在井身结构与施工参数相同的条件下（如施工排量、管径、管柱长度等），酸化压裂摩阻与清水摩阻之比称为降阻比（σ_p），表达式如下：

$$\sigma_p = \frac{\Delta p_{f \cdot s}}{\Delta P_{f \cdot o}} \tag{6-20}$$

式中 $\Delta p_{f.o}$——清水的摩阻损失，Pa；

$\Delta P_{f.s}$——酸化压裂液的摩阻损失，Pa。

清水的管柱沿程摩阻采用经典水力学公式计算：

$$\Delta p_{f.o} = 2f_0 \frac{\rho_0 v^2 L}{d} \quad (6-21)$$

式中 f_0——范宁摩阻系数；

ρ_0——清水密度，kg/m^3；

d——管柱内径，m；

v——管柱内流体流速，m/s；

L——管柱长度，m。

假设酸化压裂流体满足：

$$\Delta p_{f.s} = 2f_s \frac{\rho_s v^2 L}{d} \quad (6-22)$$

式中 f_s——管柱摩阻系数；

ρ_s——酸化压裂流体密度，kg/m^3；

d——管柱内径，m；

v——管柱内流体流速，m/s；

L——管柱长度，m。

将式(6-22)、式(6-23)代入式(6-21)进行推导，过程如下：

$$\Delta p_{f.s} = \sigma \Delta p_{f.o} \quad (6-23)$$

$$2f_s \frac{\rho_s v^2 L}{d} = \sigma \cdot 2f_0 \frac{\rho_0 v^2 L}{d} \quad (6-24)$$

$$f_s = \sigma f_0 \frac{\rho_0}{\rho_s} \quad (6-25)$$

在实验数据处理中认为，降阻比 σ 是酸化压裂液平均流速 v、添加剂浓度 C_{add}、制酸剂浓度 C_s 的函数，通常表示为 $\sigma = f(v、C_{add}、C_s)$。通过对具体油田相当数量的实验数据进行线性回归，结合实际矿场条件，提出了实用于具体油田的降阻比计算经验公式。例如某经验公式如下：

$$\ln \frac{1}{\sigma} = 2.38 - 1.1525 \times 10^{-4} \times \frac{d^2}{Q} - 0.2819 \times 10^{-4} C_{add} \frac{d^2}{Q} - 0.1639 \ln \frac{C_{add}}{0.11983}$$
$$-2.3372 \times 10^{-4} \times C_s e^{\left(\frac{0.11983}{C_{add}}\right)} \quad (6-26)$$

式中 Q——管柱排量，m^3/s；

C_s——制酸剂的浓度，kg/m^3；

C_{add}——添加剂的浓度，kg/m^3。

令：

$$A = 2.38 - 1.1525 \times 10^{-4} \times \frac{d^2}{Q} - 0.2819 \times 10^{-4} C_{add} \frac{d^2}{Q} - 0.1639 \ln \frac{C_{add}}{0.11983}$$
$$-2.3372 \times 10^{-4} \times C_s e^{\left(\frac{0.11983}{C_{add}}\right)} \quad (6-27)$$

则：

$$\sigma = \frac{1}{e^A} \tag{6-28}$$

采用 Blasius 公式描述清水紊流的雷诺数与范宁摩阻系数关系，即：

$$f_0 = 0.046 Re^{-0.2} \tag{6-29}$$

$$Re = \frac{\rho_0 vd}{\mu_0} \tag{6-30}$$

式中 μ_0 为清水流体黏度，Pa·s。

将式(6-31)代入式(6-30)得：

$$f_0 = 0.046 \left(\frac{\rho_0 vd}{\mu_0}\right)^{-0.2} \tag{6-31}$$

将式(6-29)、式(6-32)代入式(6-26)：

$$f_s = \frac{1}{e^A} \times 0.046 \times \left(\frac{\rho_0 vd}{\mu_0}\right)^{-0.2} \cdot \frac{\rho_0}{\rho_s} = \frac{0.046 \mu_0^{0.2} d^{0.2} \rho_0^{0.8}}{Q^{0.2} \rho_s e^A}$$

$$= \frac{0.0438 \mu_0^{0.2} d^{0.2} \rho_0^{0.8}}{Q^{0.2} \rho_s e^{\left[1.895 - 1.1525 \times 10^{-4} \frac{d^2}{Q} - 0.2835 \times 10^{-4} C_{add} \frac{d^2}{Q} - 0.1639 \ln \frac{C_{add}}{0.11983} - 2.3367 \times 10^{-4} \times C_s e^{\left(\frac{0.11983}{C_{add}}\right)}\right]}} \tag{6-32}$$

采用 3½in 油管作为回接压裂管柱，根据目前井况，考虑到伴氮时压力有 5MPa 左右的上升值，留出一定的压力保护区，该井施工排量应控制在 8.0m³/min 左右，施工压力在 66MPa 左右。为了保障施工，注入管柱 N80 内径 76.0mm、外径 88.9mm 的压裂管柱，抗内压 70.1MPa，井口施工试压 75MPa，限压为 70MPa，采用限压不限排量的注入思路，在保证施工安全的情况下，尽量提高施工排量。根据常用压裂液摩阻系数以及区块裂缝延伸压力梯度 0.017MPa/m 左右，计算在不同排量下，不同延伸压力梯度 PG33 井的地面施工压力（表 6-8）。

表 6-8 PG33 井不同排量下地面施工压力预测

延伸压力梯度 (MPa/m)	地面施工压力（MPa）						
	排量 (4m³/min)	排量 (5m³/min)	排量 (6m³/min)	排量 (7m³/min)	排量 (8m³/min)	排量 (9m³/min)	排量 (10m³/min)
0.013	22.27	28.28	34.7	41.85	49.45	57.65	67.44
0.015	28.11	34.12	40.54	47.69	55.29	63.49	73.28
0.017	33.95	39.96	46.38	53.53	61.13	69.33	79.12
0.019	39.79	45.8	52.22	59.37	66.97	75.17	84.96
0.021	45.62	51.63	58.05	65.2	72.8	81	90.79

注：近井摩阻为 5MPa。

依据降阻比法和新给出的酸化压裂流体水力学公式推导出摩阻系数的表达式(6-33)，采用控制变量法分别分析管柱内径 d、酸化压裂液密度 ρ_s、管柱排量 Q、添加剂浓度 C_{add}、制酸剂浓度 C_s 对摩阻系数的影响。摩阻系数 f_s 随管柱内径 d 的增大而增大，随酸化压裂液密度 ρ_s 的增大而降低，随管柱排量 Q 的增大而降低，随添加剂浓度 C_{add} 的增大而增大，随

制酸剂浓度 C_s 的增大而增大。

根据分析，管柱摩阻系数与管柱内径 d、添加剂浓度 C_{add}、制酸剂浓度 C_s 三个因素是正相关的，与管柱排量 Q、酸化压裂液密度 ρ_s 两个因素是反相关的。因而，在通过这五个因素对管柱摩阻进行调控时，要根据现场条件，和各因素对摩阻的正向作用或反向作用，来统筹合理调整各参数，使酸化压裂施工得到最终的理想效果。

确定井底压力：

$$p_{wf}=p_w+\Delta p_h \tag{6-33}$$

式中 p_{wf}——井底压力，Pa；

p_w——井口压力，Pa；

Δp_h——井筒内液柱静水压力，Pa。

二、裂缝力学模型基础

为了研究碳酸盐岩裂纹的断裂问题，首先将裂纹分类。Irwin 等将裂纹分为三种类型（图 6-28）。

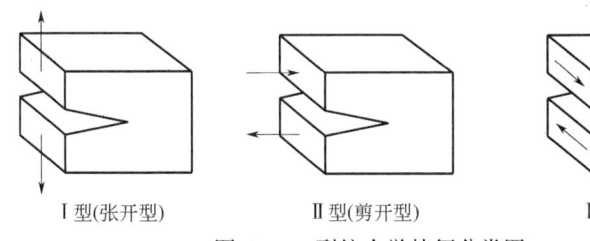

图 6-28 裂纹力学特征分类图

1. Ⅰ型（张开型）裂纹

在与裂纹面正交的拉应力作用下，裂纹面产生张开位移而形成的一种裂纹。受力特征：受与裂纹面正交的拉应力作用；位移特征：位移与裂纹面正交，裂纹上、下表面沿拉应力方向（y 方向）的位移 v 不连续。为计算方便，把坐标原点从裂纹中心 O 点移至裂纹左端点 O' 处，设新坐标系中任意一点的复数坐标为 ξ，图 6-29 为Ⅰ型裂纹尖端区域。

2. Ⅱ型（剪开型）裂纹

在裂纹面内且与裂纹尖端线垂直的剪应力作用下，裂纹面产生沿该剪应力方向的相对滑动而形成的一种裂纹。受力特征：受在裂纹面内且与裂纹尖端线垂直的剪应力作用；位移特征：裂纹上、下表面沿该剪应力方向相对滑动；裂纹上、下表面沿该剪应力方向（x 方向）的位移 u 不连续。

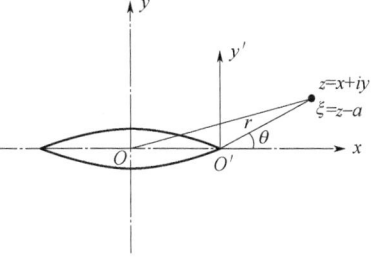

图 6-29 Ⅰ型裂纹尖端区域

Ⅱ型裂纹问题与Ⅰ型裂纹问题的主要差别在于两者在无限远处的受力条件不同。Ⅰ型裂纹问题在无限远处受的是均匀拉应力的作用，而Ⅱ型裂纹问题在无限远处受的是均匀剪应力的作用（图 6-30）。

3. Ⅲ型（撕开型）裂纹

在裂纹面内且与裂纹尖端线平行的剪应力作用下，裂纹面产生沿裂纹面外的相对滑动而形成的一种裂纹。受力特征：受在裂纹面内且与裂纹尖端线平行的剪应力作用；位移特征：裂纹上、下表面沿该剪应力方向相对滑动；位移特征：裂纹上、下表面沿该剪应力方向（z方向）的位移 w 不连续。

Ⅲ型裂纹问题与Ⅰ型和Ⅱ型裂纹问题不同，它是反平面问题。裂纹面沿如图 6-31 所示的 z 轴方向错开，因此裂纹面沿 x 方向和 y 方向的位移都为零，只有沿 z 方向的位移不为零。

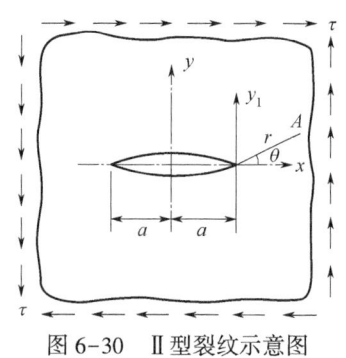

图 6-30　Ⅱ型裂纹示意图

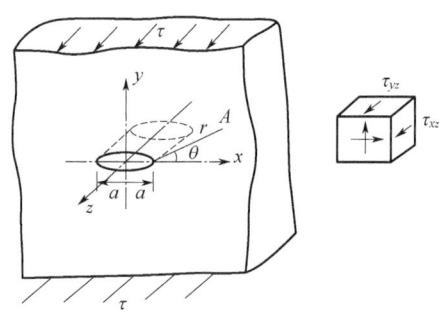

图 6-31　Ⅲ型裂纹尖端区域

三、考虑应力损伤的碳酸盐岩裂缝闭合状态判定

储层条件下，岩体中的裂缝不仅受到较高的围压，还可能受到储层孔隙流体压力的作用。在复杂的应力条件下，裂缝是处于开启还是闭合状态对于分析裂缝特征和选择相应的裂缝起裂模型具有重要影响。令 λ（$0<\lambda<1$）为侧压系数，两个主应力满足关系 $\sigma_1=\sigma$，$\sigma_3=\lambda\sigma_1$；β 为裂缝倾角。对于岩体中心的椭圆裂缝（此处仅讨论平面状态），其受力如图 6-32 所示（以受压为正）。

四、考虑应力损伤的碳酸盐岩裂缝闭合模型求解

岩石受远场垂直方向的主应力 σ_1 和水平方向的主应力 σ_3，对于闭合裂缝（图 6-33），通常假设裂缝直线型或尖锐型裂缝，裂缝半长为 a。

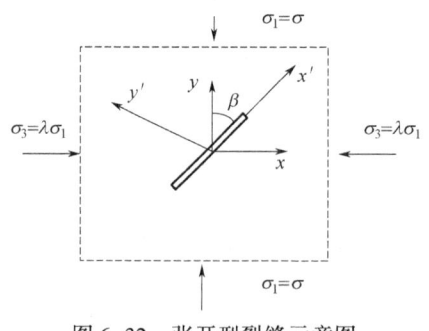

图 6-32　张开型裂缝示意图

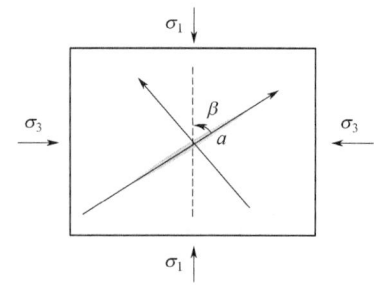

图 6-33　闭合裂缝示意图

此处规定拉应力为正应力，并且在后续所有研究裂缝起裂扩展的问题中均规定拉应力为正应力，根据断裂力学理论，同时考虑裂缝尖端的非奇异应力项，以裂缝尖端为原点进行极坐标条件下的 Williams 展开。

摩尔—库仑屈服准则简称 C—M 准则。C—M 准则是考虑了正应力或平均应力作用的最大剪应力或单一剪应力的屈服理论，即当剪切面上的剪应力与正应力之比达到最大时，材料发生屈服于破坏（图 6-34）。

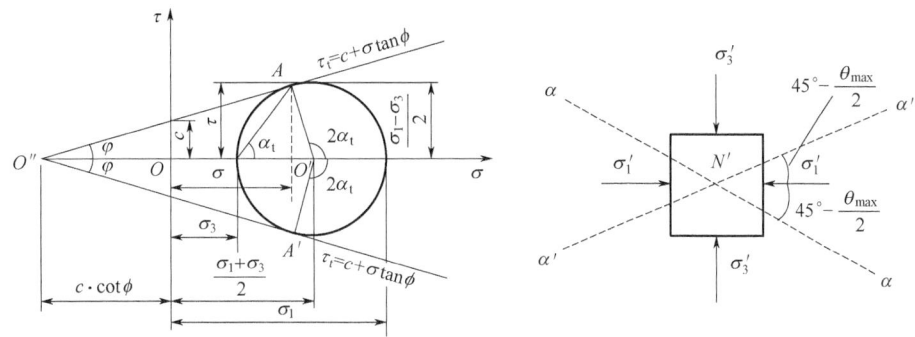

图 6-34　摩尔—库仑屈服准则力学构造图

图 6-35 为任意一点受力摩尔—库仑屈服准则示意图，为判别岩石是否被破坏，可将该点的莫尔应力圆与抗剪强度包线绘在同一坐标图上并作相对位置比较，它们之间的关系存在以下三种情况：

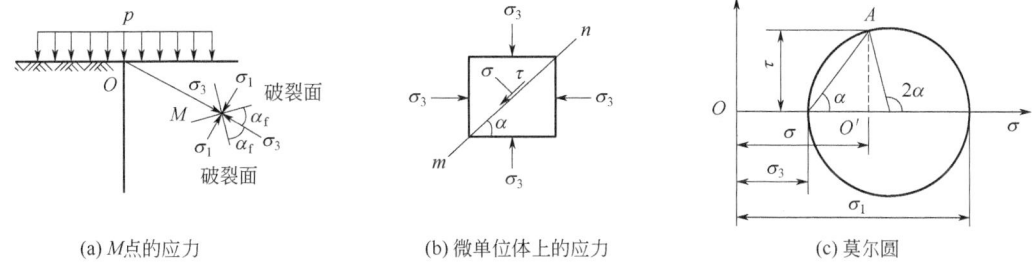

(a) M 点的应力　　　　　(b) 微单位体上的应力　　　　　(c) 莫尔圆

图 6-35　任意一点受力摩尔—库仑屈服准则示意图

（1）M 点莫尔应力图整体位于抗剪强度包线的下方，莫尔应力圆与抗剪强度线相离，表明该点在任何平面上的剪应力均小于岩体所能发挥的抗剪强度，表明该点未被剪破。

（2）M 点莫尔应力圆与抗剪强度包线相切，说明在切点所代表的平面上，剪应力恰好等于岩体的抗剪强度，该点就处于极限平衡状态，此时莫尔应力圆亦称极限应力圆。由图中切点的位置还可确定 M 点破坏面的方向。连接切点与莫尔应力圆圆心，连线与横坐标之间的夹角为 α，根据莫尔圆原理，可知岩体中 M 点的破坏面与最大主应力作用面方向夹角为 α_f。

（3）M 点莫尔应力圆与抗剪强度包线相割，则 M 点早已破坏，应力已超出弹性范畴，圆所代表的应力状态是不可能存在的。

对于张开裂缝的拉伸开裂，拉伸破坏的最大周向应力准则假设：（1）拉伸起裂破坏将在与最大周向应力垂直的方向开始；（2）当最大周向应力达到材料的抗拉强度时裂缝才能开始起裂扩展，抗拉强度为材料的固有属性。

对于张开裂缝的剪切开裂，仍采用摩尔—库仑准则，同时假设：（1）剪应力的正负只代表了应力方向的不同，剪切裂纹将沿着有效剪切应力绝对值的最大值方向扩展；（2）当有效剪应力的绝对值满足摩尔—库仑准则，即裂缝发生剪切开裂。

图 6-36 为裂缝闭合状态分析参数设置，图 6-37 为随裂缝倾角 β 变化闭合系数变化规律，图 6-38 为随裂缝倾角 β 变化闭合压力变化规律。

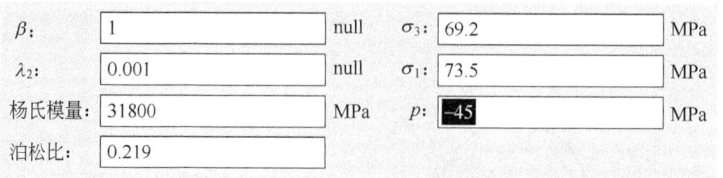

图 6-36　裂缝闭合状态分析参数设置

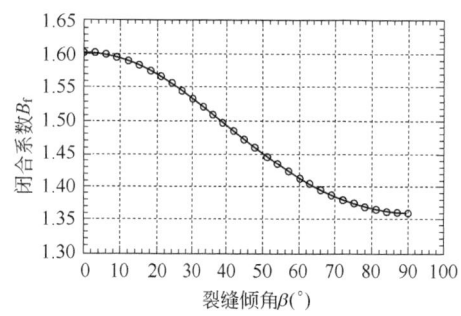

图 6-37　随倾角 β 变化闭合系数的变化

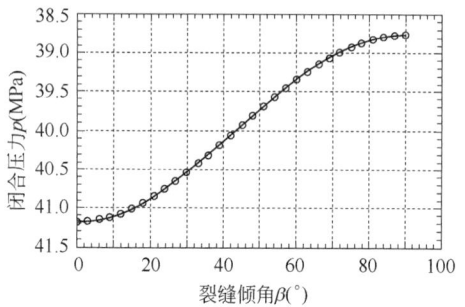

图 6-38　随倾角 β 变化闭合压力的变化

五、考虑应力损伤的碳酸盐岩裂缝闭合分析

假设岩样内部存在一条截面为椭圆形的裂缝（图 6-39），裂缝所受到的远场应力 σ_1 = 73.5MPa，σ_3 = 69.2MPa，侧压系数 λ_1 = 0.941，主要岩石力学参数取值如下：杨氏模量 E = 31.8GPa，泊松比 ν = 0.219，则岩石的杨氏模量 G = 13.0MPa。裂缝的短、长轴之比越大，裂缝的闭合系数越高，即裂缝越不容易闭合。这与实际储层条件是相符的，即储层中的大尺度裂缝（断层、水力裂缝的主裂缝，裂缝的短、长轴比值极小）总是容易闭合的，而小尺度裂缝（裂缝短、长轴比值较大）则容易保持开启。极限情况下 λ_2 = 1，裂缝退化为圆形孔隙，显然在储层条件下孔隙容易保持开启，这也是储层储集和输运流体的基本条件。

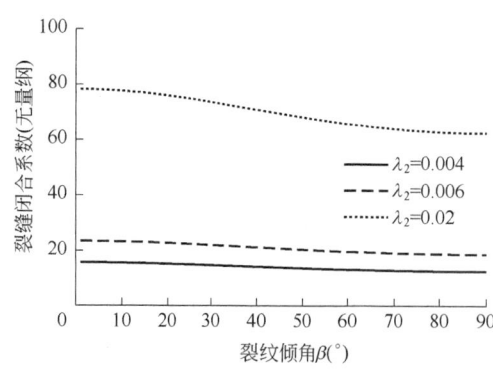

图 6-39　裂缝闭合系数随裂缝倾角变化

图 6-40 显示，裂缝的起裂状态具有明显的多尺度型，当裂缝长度改变，裂缝尖端的塑性区尺寸也可能随之改变，从而影响裂缝尖端的应力集中程度和应力大小。总体来看，在一定尺度范围内，裂缝长度越小，裂缝尖端的应力集中越明显，周向拉伸应力越大，越容易发生拉伸起裂，即裂缝扩展所需的裂缝流体压力阈值越低。对比可知，当裂缝长度在 50mm 时，当缝内流体压力达到 84MPa 时，裂缝才发生较为明显的拉伸起裂；当裂缝长度在 10mm 时，这一阈值压力可以降低到 80MPa 以下。

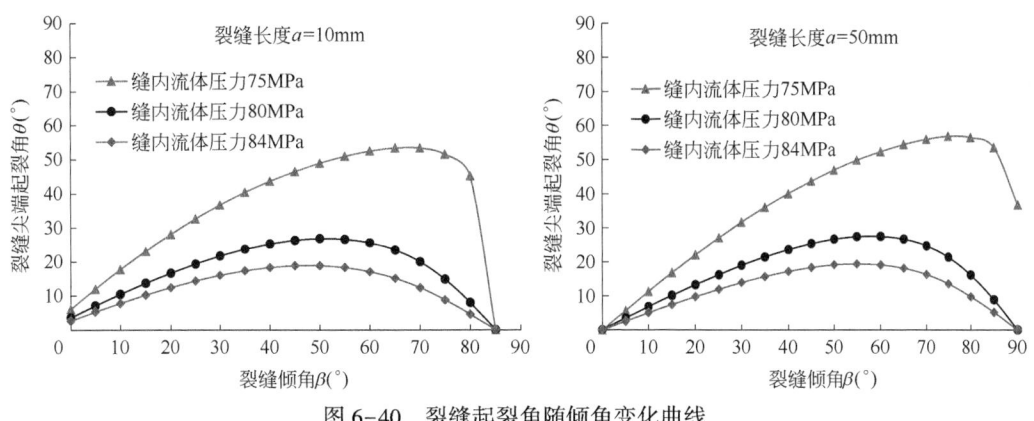

图 6-40　裂缝起裂角随倾角变化曲线

假设裂缝的剪切起裂破坏符合摩尔—库仑屈服准则，具体到本实例中则是裂缝尖端的剪应力满足如下方程：

$$\frac{d|\tau_{eff}|}{d\theta}\bigg|_{\theta=\theta_2} = \frac{d||\tau_{r\theta}|-\mu|\sigma_\theta||}{d\theta}\bigg|_{\theta=\theta_2} = 0, \frac{d^2|\tau_{eff}|}{d\theta^2}\bigg|_{\theta=\theta_2} < 0 \qquad (6-34)$$

如图 6-41 所示，裂缝通常在倾角为 0°附近取得最大的有效剪应力，此时所对应的裂缝起裂角为 55°左右。对比裂缝的拉伸起裂和剪切起裂图版可知，在高远场压应力且缝内压力接近有效应力的条件下，裂缝更容易发生剪切破坏。同样地，裂缝长度越长，裂缝越容易扩展。此处所测试的是岩块的内聚力值之间裂缝起裂角，而其中层理等弱结构面的内聚力值可能更低，约在 2~6MPa。据图 6-41 所示，当缝内流体压力达到 75MPa 时，裂缝就可能产生明显的剪切起裂。

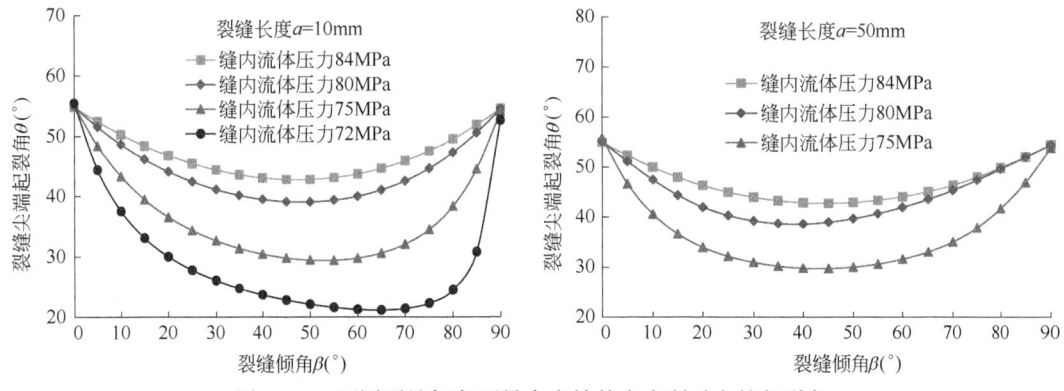

图 6-41　不同裂缝倾角下最大有效剪应力所对应的起裂角

以马五某井的实际井例为计算基本参数，该井位于内蒙古鄂尔多斯市伊旗扎萨克镇门克庆二社，其基础数据见表 6-9，该井构造位置为鄂尔多斯盆地伊陕斜坡东北部，完钻井垂深 2902.88m，斜深 4111.00m，完钻层位是马五$_{1+2}$ 段。裂缝所受到最大水平主应力为 σ_1 = 73.5MPa，最小水平主应力为 σ_3 = 69.2MPa，侧压系数 λ_1 = 0.941，杨氏模量 E = 31.8GPa，泊松比 ν = 0.219。

表 6-9 马五某井基础数据

名称	数值		名称	数值
闭合压力（MPa）	35		酸液压缩系数（1/MPa）	0.0000435
支撑剂密度（kg/m³）	2650		瞬时关井井口压力（MPa）	22
支撑剂平均粒径（mm）	40/70 目	0.00034	停泵后裂缝延伸时间（min）	0
	30/50 目	0.00045		
	20/40 目	0.000635		
油嘴直径（mm）	8		返排时间（min）	120
支撑剂用量（m³）	30		支撑剂体积密度（kg/m³）	1600

图 6-42 为碳酸盐岩剪切模量（G = 31800MPa、G = 33800MPa、G = 36800MPa 及 G = 37800MPa）对闭合压力的影响。随剪切模量的增大，裂缝闭合压力呈现增大的趋势。假设碳酸盐岩内部存在一条截面为椭圆形的裂缝，裂缝的短、长轴之比越大，碳酸盐岩裂缝的闭合系数越高，即碳酸盐岩裂缝越不容易闭合。这与实际储层条件是相符的，即碳酸盐岩中的大尺度裂缝（断层、水力裂缝的主裂缝，裂缝的短、长轴比值极小）总是容易闭合的，而小尺度裂缝（裂缝短、长轴比值较大）则容易保持开启。

图 6-43 为碳酸盐岩最小水平主应力（σ_3 = 69.2MPa、σ_3 = 59.2MPa、σ_3 = 49.2MPa、σ_3 = 39.2MPa）对裂缝闭合压力影响。随着最大主应力的增大，闭合压力呈现增大的趋势，最大水平主应力对较小的裂缝倾斜角的闭合应力影响较大。随裂缝倾斜角的增大，最小水平主应力对闭合压力的影响越弱。σ_3 = 69.2MPa 与 σ_3 = 39.2MPa 相比，最小水平主应力减小了 43%，闭合压力增大了 76.58%。

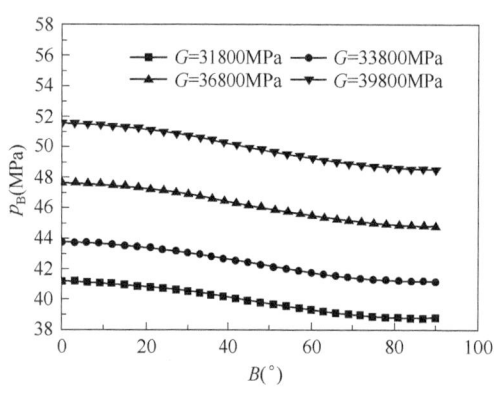

图 6-42 碳酸盐岩杨氏模量对裂缝闭合压力的影响

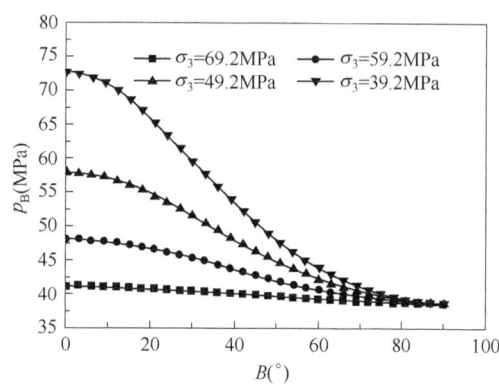

图 6-43 碳酸盐岩最小水平主应力对裂缝闭合压力的影响

图 6-44 为碳酸盐岩泊松比（ν = 0.219、ν = 0.319、ν = 0.419、ν = 0.519）对裂缝闭合压力的影响。碳酸盐岩泊松比指在单向受拉或受压时，横向正应变与轴向正应变的绝对值的比值，也称横向变形系数，它是反映碳酸盐岩横向变形的弹性常数。极限情况下 λ = 1，裂缝退化为圆形孔隙，显然在储层条件下孔隙容易保持开启，这也是储层储集和输送流体的基本条件。随着碳酸盐岩泊松比增大，闭合压力呈现增大的趋势。

图 6-45 为碳酸盐岩最大水平主应力（σ_1 = 73.5MPa、σ_1 = 83.5MPa、σ_1 = 93.5MPa、σ_1 = 103.5MPa）对裂缝闭合压力的影响。随最大主应力增大，闭合压力呈现增大的趋势，在裂缝倾角 0°到 60°后内，闭合压力增大趋势较明显，裂缝倾角大于 60°后，闭合压力变化趋势不明显。最大水平主应力 σ_1 = 103.5MPa 与 σ_1 = 73.5MPa 相比，最大水平主应力增大了 30MPa，闭合压力大大增加。最大水平主应力对较小的裂缝切斜角的闭合应力影响较大。

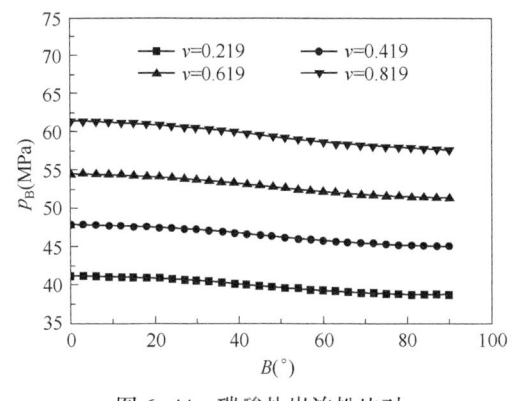

图 6-44 碳酸盐岩泊松比对裂缝闭合压力的影响

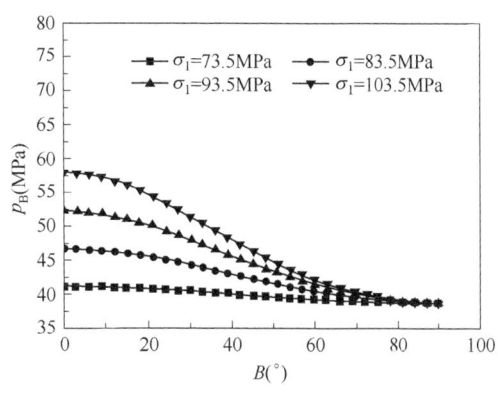

图 6-45 碳酸盐岩最大水平主应力对裂缝闭合压力的影响

第三节 致密砂岩返排模型建立及制度优化

一、高导流酸化压裂返排模型建立

模型建立过程中的假设条件为：
(1) 停泵时，压裂输砂剖面为全悬浮式。
(2) 裂缝闭合后缝中支撑剂停止沉降。
(3) 考虑流体压缩性。
(4) 忽略有关壁厚占据的截面积。
(5) 返排油嘴的进口压力等于对应时间的井口压力（0.1MPa）。

由物质平衡原理，返排期间裂缝体积的变化量等于停泵后的滤失量与返排量之和：

$$\Delta V_\mathrm{f} = V_\mathrm{f}(t) - V_\mathrm{f}(t_\mathrm{p}) = \Delta V_1(t) + \Delta V_\mathrm{fc} \tag{6-35}$$

$$\frac{\pi}{4} H_\mathrm{L} L_\mathrm{p} (W_\mathrm{p} - W) - \frac{\pi}{4} W H_\mathrm{L} \Delta L = \int_{t_\mathrm{p}}^{t+t_\mathrm{p}} \int_0^{L_\mathrm{p}+\Delta L} \frac{2 C_\mathrm{L} H_\mathrm{L}}{\sqrt{t - \tau(x)}} \mathrm{d}x \mathrm{d}t + 2 H_\mathrm{L} \Delta L S_\mathrm{p} + \frac{1}{2} c' V_\mathrm{out} \tag{6-36}$$

$$c' = 1 - c_\mathrm{f} \beta_\mathrm{S} (p'_\mathrm{ISIP} + p_\mathrm{h})$$

式中 ΔV_f——返排 t 时间内裂缝体积的变化量，m^3；

$\Delta V_1(t)$——返排 t 时间内压裂液的滤失量，m^3；

ΔV_fc——停泵后 t 时间内井口返排的压裂液量，m^3；

t_p——酸化压裂施工时间，min；

t——停泵后返排时间，min；
W_p——停泵时平均裂缝宽度，m；
W——返排 t 时刻的平均裂缝宽度，m；
H_L——裂缝高度，m；
L_p——停泵时裂缝半长，m；
ΔL——停泵后延伸的裂缝长度，m；
C_L——酸液滤失系数，m/min$^{0.5}$；
S_p——初滤失系数，m^3/m^2；
β_S——停泵后缝内平均压力与井底压力之比，无量纲；
p'_{ISIP}——停泵后瞬时关井井口压力，MPa；
p_h——静压柱压力，MPa；
c'——酸液有效压缩系数，无量纲；
V_{out}——不考虑流体压缩性时，t 时间内井口返排的压裂液量，m^3；
c_f——酸液压缩系数，MPa^{-1}。

返排期间裂缝闭合过程中体积变化量计算方法如下：

$$\Delta V_f = \frac{\pi}{8} \frac{\beta_S}{E'} H_L L_P b \left[p'_{ISIP} + p_h - p_c - (p + p_h - p_c) \left(\frac{t_p + \Delta t}{t_p} \right)^e \right] \quad (6-37)$$

式中　p——井口压力，MPa；
　　　p_h——水平应力，MPa；
　　　p_c——返排临界毛管力，MPa。

返排期间裂缝闭合过程中酸液滤失量计算方法如下：

$$\Delta V_1(t) = \frac{2\sqrt{\pi}\,\Gamma(e) C_L H_L L_P \left(\frac{t_p + \Delta t}{t_p} \right)^e \left(\sqrt{t + t_p} - \sqrt{t_p} \right)}{(e+0.5)\Gamma(e+0.5)} + 2 H_L L_P \left[\left(\frac{t_p + \Delta t}{t_p} \right)^e - 1 \right] S_p \quad (6-38)$$

式中　Δt——时间，s。

不同时刻的返排流量计算方法如下：

返排过程中，返排液在返排管柱和井口的油嘴中的流动都是一维流动，且在持续返排的过程中这种一维流动是相对稳定的，由 Bernoulli 方程可以得到在不同时刻放喷油嘴中压裂液的流量：

$$q(t) = 7.44 \times 10^4 \frac{\pi}{4} r^2 \rho^{-0.5} \left[1 + 0.5 \left(1 - \frac{r^2}{R^2} \right) + \varepsilon \right]^{-0.5} [p(t) - 0.1]^{0.5} \quad (6-39)$$

累计返排量：

$$V_{out} = \int_0^t 1.86 \times 10^4 \pi r^2 \rho^{-0.5} \left[1 + 0.5 \left(1 - \frac{r^2}{R^2} \right) + \varepsilon \right]^{-0.5} [p(t) - 0.1]^{0.5} dt \quad (6-40)$$

$$p_w(t) = p(t) + \rho g H \quad (6-41)$$

式中　ρ——返排酸液密度，kg/m^3；
　　　ε——嘴损系数，无量纲；
　　　r——油嘴半径，m；
　　　R——井筒半径，m；

$p(t)$——排液过程中 t 时刻井口压力,MPa;

H——井深,m。

对于石灰岩储层,酸化压裂后立即返排,因此考虑裂缝强制闭合模型,即上述模型;而对于白云岩储层,由于酸化压裂后需要关井一段时间,因此在开井返排前为裂缝自然闭合过程,此时仅考虑酸液向地层的滤失;开井后,在考虑滤失的情况下,加上井口返排量。

1. 裂缝闭合时间

现场认为裂缝闭合与否的判断条件为裂缝内的压力是否已经达到闭合压力。当裂缝的缝内压力达到了闭合压力则说明裂缝已经闭合,由此可以由裂缝闭合时裂缝内压力与井底的关系式:

$$P_f(t_C) \cdot \beta_S = P_C \tag{6-42}$$

可以得到裂缝闭合时的井底压力,将井底压力与前面得到的井底压力随时间的变化规律相对照便得到裂缝的闭合时间。

2. 返排临界排量

酸化压裂结束后支撑剂在近井筒带堆起量最大,在返排过程中近井筒带的支撑剂也是最容易回流的。如果在近井筒带的支撑剂都没有随压裂液排出,那么远离井筒的支撑剂也不会被返排液携带排出裂缝。所以在计算酸液的临界返排流量时,以近井筒带的支撑剂为研究对象。

1)模型的建立

支撑剂在压裂液返排时的受力情况如图 6-46 所示,下面对支撑剂所受每个力的计算进行分析。由于支撑剂颗粒非常小,浮力相对于其他力来说可以忽略,在此不对支撑剂的浮力进行考虑。

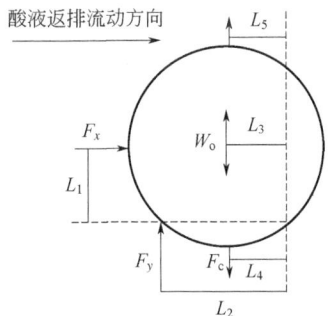

图 6-46 支撑剂运动受力示意图

W_o—颗粒在液体中的重力,N;F_x—返排液对支撑剂颗粒向前的携带力,N;F_y—返排液对支撑剂颗粒向上的携带力,N;F_c—支撑剂颗粒间的相互作用力,N;F_p—压裂液对支撑剂的下压力,N;

L_1,L_2,L_3,L_4,L_5—F_x,F_y,W_o,F_c,F_p 作用力臂长度,m

返排液对支撑剂颗粒向前的携带力为:

$$F_x = \frac{\pi}{4} C_d \frac{\rho d_S^2 v^2}{2} \tag{6-43}$$

式中 C_d——酸液对支撑剂颗粒的阻力系数,无量纲;

d_S——支撑剂颗粒粒径，m；

v——返排液流速，m/s。

假设返排液对支撑剂向上的携带力等于返排液对支撑剂向前的携带力，则：

$$F_y = \frac{\pi}{4} C_d \frac{\rho d_S^2 v^2}{2} \quad (6-44)$$

假设形状为球形，则颗粒在液体中的重量 W_o 可通过下式计算：

$$W_o = \frac{\pi}{6} d_S^3 g (\rho_S - \rho) \quad (6-45)$$

$$F_c = \frac{\pi}{32} d_S \varepsilon \quad (6-46)$$

$$F_p = \frac{\pi}{32} \gamma h d_S \delta \quad (6-47)$$

式中 ε——支撑剂颗粒间作用力系数，Pa·m；

γ——返排液重度，N/m³；

δ——返排液薄膜参数，m；

g——重力加速度，m/s²。

2) 模型的求解

在裂缝闭合前支撑剂颗粒受力有返排液对支撑剂颗粒向前、向上的携带力及支撑剂所受的重力，由力矩平衡方程有：

$$F_x L_1 + F_y L_2 = W_o L_3 \quad (6-48)$$

不同雷诺数下的酸液返排临界流速不同：

当 $Re \leq 2$ 时，

$$v_c = \frac{1}{36} \frac{d_S^2 g (\rho_S - \rho)}{\mu} \quad (6-49)$$

当 $2 < Re \leq 500$ 时，

$$v_c = \left(\frac{2}{55.5} d_S^{1.6} g \frac{\rho_S - \rho}{\rho^{0.4} \mu^{0.6}} \right)^{\frac{5}{7}} \quad (6-50)$$

当 $Re > 500$ 时，

$$v_c = \frac{1}{6} \sqrt{d_S \frac{\rho_S - \rho}{\rho} g} \quad (6-51)$$

裂缝闭合后支撑剂受力主要有颗粒在液体中的重力，返排液对支撑剂颗粒向前、向上的携带力，支撑剂颗粒间的相互作用力和压裂液对支撑剂的下压力，有力矩平衡方程有：

$$F_x L_1 + F_y L_2 = W_o L_3 + F_c L_4 + F_p L_5 \quad (6-52)$$

同雷诺数下的压裂液返排临界流速不同：

当 $Re \leq 2$ 时，

$$v_c = \frac{1}{36} \frac{d_S^2 g (\rho_S - \rho)}{\mu} + \frac{1}{192} \frac{\varepsilon}{\mu} + \frac{1}{192} \frac{\rho g h \delta}{\mu} \quad (6-53)$$

当 $2 < Re \leq 500$ 时，

$$v_{c}=\left(\frac{2}{55.5}d_{S}^{1.6}g\frac{\rho_{S}-\rho}{\rho^{0.4}\mu^{0.6}}+\frac{\varepsilon}{148d_{S}^{0.4}\rho^{0.4}\mu^{0.6}}+\frac{gh\delta\rho^{0.6}}{148d_{S}^{0.4}\mu^{0.6}}\right)^{\frac{5}{7}} \quad (6-54)$$

当 $Re>500$ 时，

$$v_{c}=\left(1.515d_{S}g\frac{\rho_{S}-\rho}{\rho}+0.284\frac{\varepsilon}{\rho d_{S}}+0.284\frac{gh\delta}{d_{S}}\right)^{0.5} \quad (6-55)$$

二、支撑剂对高导流酸化压裂返排制度的影响

加砂压裂返排流程的配置是关系到加砂压裂完井储层改造工艺的重要步骤，在压后返排过程中，支撑剂回流砂粒沉降带来油管内砂堵的风险。

当从井筒返排出的酸液的流速大于支撑剂回流的临界流速时，裂缝中支撑剂会被携带出裂缝，进而造成支撑剂的回流。

根据高导流酸化压裂返排模型编制了相应的程序，计算返排时不同直径油嘴下井口压力随时间的变化，预测裂缝闭合时间及支撑剂回流临界排量。可以优选合适的油嘴进行放喷，在保证裂缝尽快闭合的前提下，尽可能减少支撑剂的回流量，从而提高裂缝的导流能力，达到增产的目的。结合大牛地马五段地质及施工特征，进行返排制度优化设计，模拟数据见表6-10。

表6-10 模拟基本参数输入

闭合压力（MPa）		35	酸液压缩系数（1/MPa）	0.0000435
支撑剂视密度（kg/m³）		2650	瞬时关井井口压力（MPa）	22
支撑剂平均粒径（mm）	40/70目	0.00034	停泵后裂缝延伸时间（min）	0
	30/50目	0.00045		
	20/40目	0.000635		
油嘴直径（mm）		8	返排时间（min）	120
支撑剂用量（m³）		30	支撑剂体积密度（kg/m³）	1600

1. 马五$_5$段

1）不同直径油嘴下的井口压力

由图6-47可知，随着油嘴直径的增大，井口压力下降的也越快，因此返排时油嘴直径过大，会导致地层压力快速下降，不利于后期生产。

2）不同直径油嘴下的返排流量及累计返排量

由图6-48和图6-49可以看出，随着放喷油嘴直径的增大压裂液返排速率增大，且最大累计返排量也是增大的。这是因为在压裂液返排过程中井底压力的降低是压裂液的排出和压裂液在地层的滤失两方面作用的结果。在使用小油嘴时，由于返排速率的降低，使压裂液有充分的时间滤失到地层，因此在地层压力降低到相同值时，大油嘴返排过程压裂液滤失量小，累计返排量大。

3）不同直径油嘴下的裂缝闭合时间

由图6-50可以看出，放喷油嘴直径的选择在加速裂缝闭合、减少滤失方面可以起到一定的作用，在返排阶段进行放喷油嘴直径的优化设计是非常有必要的。

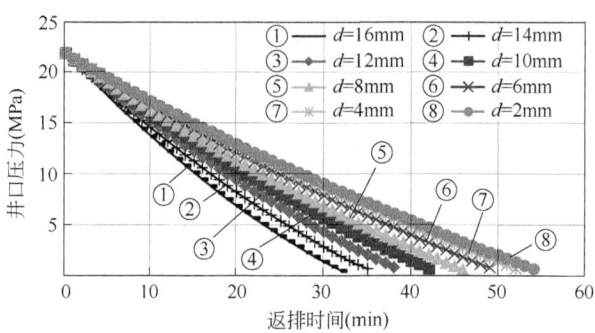

图 6-47 井口压力随时间变化曲线

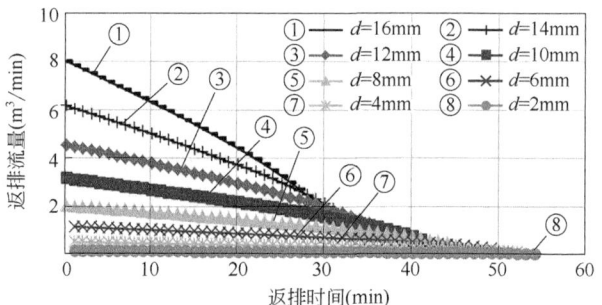

图 6-48 不同放喷油嘴直径下返排流量随时间的变化曲线

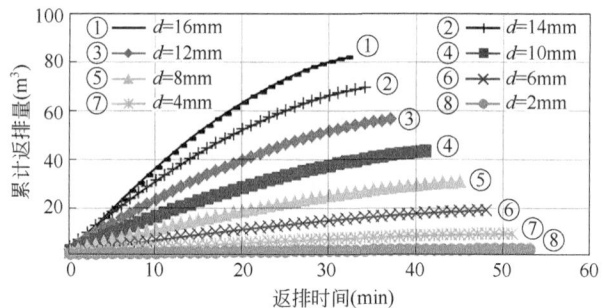

图 6-49 不同放喷油嘴直径下累计返排量随时间的变化曲线

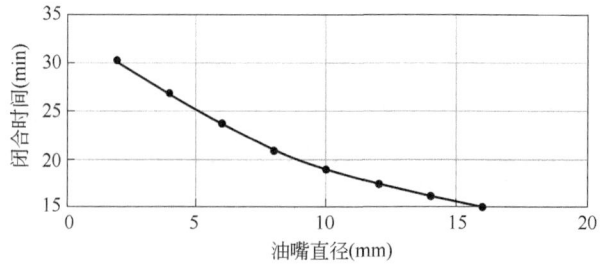

图 6-50 不同嘴径油嘴放喷时裂缝的闭合时间

4) 临界返排流量

由图 6-51 可以看出,裂缝闭合前后压裂液临界返排流量相差很大,支撑剂粒径对临界返排流量有较大的影响。临界返排流量随着支撑剂粒径的增大而增大,因此在压裂施工中选择较大粒径的支撑剂可以有效减少支撑剂的回流。大牛地目前主要采用40/70目(0.34mm)的支撑剂,粒径较小。为减小支撑剂回流,同时增强裂缝导流能力,建议尾注较大粒径支撑剂。

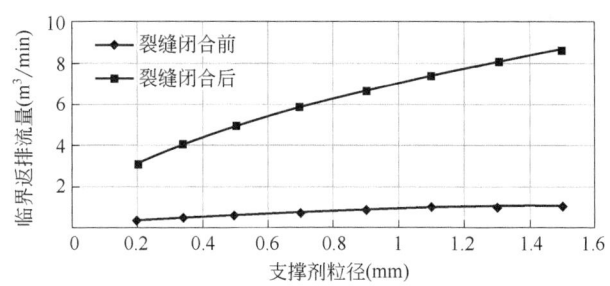

图 6-51 不同支撑剂粒径时临界返排流量

5) 放喷时机及油嘴直径优化

结合图 6-52 可知,为了保证在返排过程中支撑剂不回流,裂缝闭合前应该选择 4mm 油嘴进行返排,裂缝闭合后应选择 8mm 油嘴。为快速返排,减少对储层的伤害,也可选用 10mm 油嘴(少量支撑剂回流)。裂缝闭合后建议选用直径为 8~10mm 的油嘴。为进一步优化返排制度,作不同直径油嘴下支撑剂回流量随时间的变化图。

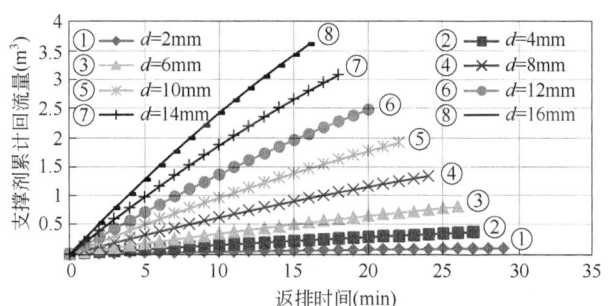

图 6-52 不同直径油嘴下支撑剂回流量随时间的变化

由图 6-52 可以看出,当油嘴直径增大到 10mm 以上,支撑剂回流量随返排时间增幅较大,使用直径为 6mm 的油嘴放喷 26min,井底压力达到闭合压力 35MPa,支撑剂回流量 $0.8m^3$,相对 8mm 或更大直径油嘴的支撑剂回流量较小。综合临界返排流量考虑,建议在裂缝闭合前选用直径为 6mm 的油嘴放喷。

6) 马五$_5$ 段酸化压裂返排图版

由图 6-53,对于马五$_5$ 段酸化压裂返排,在返排初期,井口压力大于 20MPa 时,建议采用 4mm 油嘴返排,之后采用 6mm 尺寸返排至井口,压力降为 12MPa 左右,进一步增大油嘴尺寸,当井口压力下降到 10MPa 后,建议采用 12mm 油嘴尺寸进行返排。

2. 马五$_{1+2}$ 段

马五$_{1+2}$ 段主要为白云岩储层,酸化压裂停泵后建议适当关井(10~15min)。因此返排前裂缝为自然闭合过程,前期裂缝体积变化由残酸滤失引起。

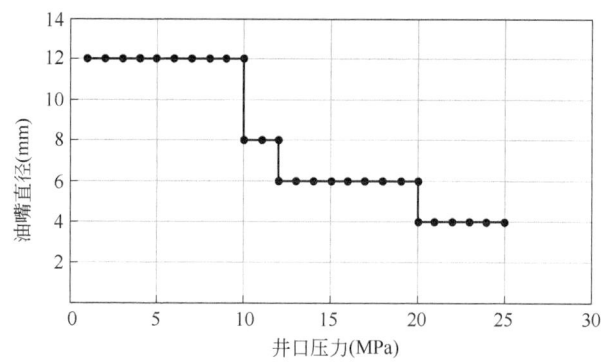

图 6-53 马五$_5$ 段酸化压裂返排不同井口压力对应的油嘴尺寸

1) 不同直径油嘴下的井口压力

由图 6-54 可以看出,随着油嘴直井的加大,压后井口压降速率逐步增大,为了充分利用地层压力,建议初期选用小油嘴进行放喷作业。

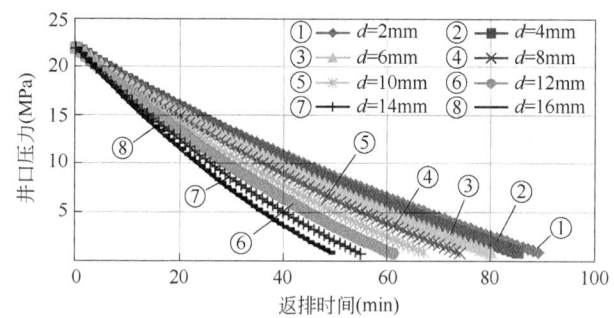

图 6-54 井口压力随时间变化曲线

2) 不同直径油嘴下的返排流量及累计返排量

随返排时间的增加,返排流量均有不同程度的下降,油嘴直径越大,下降幅度越大(图 6-55);随返排时间的增加,累计返排量均有不同程度的上升,油嘴直径越大,上升幅度越大(图 6-56)。

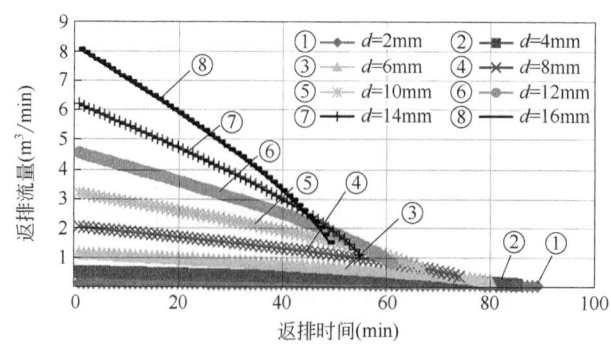

图 6-55 不同放喷油嘴直径下返排流量随时间变化曲线

3) 不同直径油嘴下的裂缝闭合时间

如图 6-57 所示,随着油嘴直径增大,裂缝闭合的时间逐渐减小。

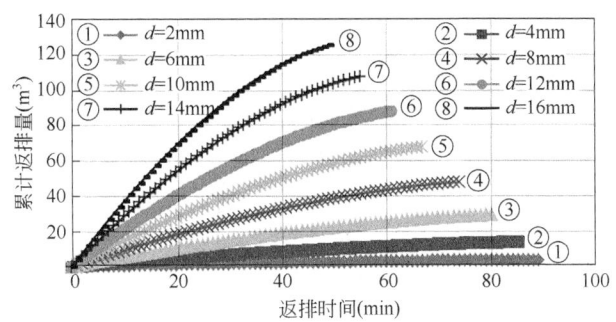

图6-56 不同放喷油嘴直径下累计返排量随时间变化曲线

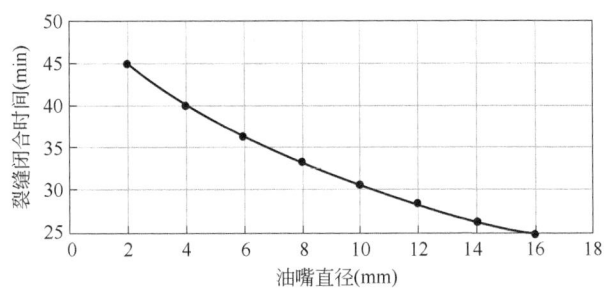

图6-57 不同放喷油嘴直径油嘴放喷时裂缝闭合时间

4）临界返排流量

由图6-58可以看出，对目前大牛地以40/70目支撑剂注入的情况，裂缝闭合前其临界返排流量为0.56m³/min，裂缝闭合后其临界返排流量为4.11m³/min。结合图6-59可知，为了保证在返排过程中支撑剂不回流，裂缝闭合前应该选择4mm油嘴进行返排，为减少残酸对储层的伤害，加快返排速率，可适当加大放喷油嘴尺寸。综合考虑，建议裂缝闭合前选取4~6mm油嘴。

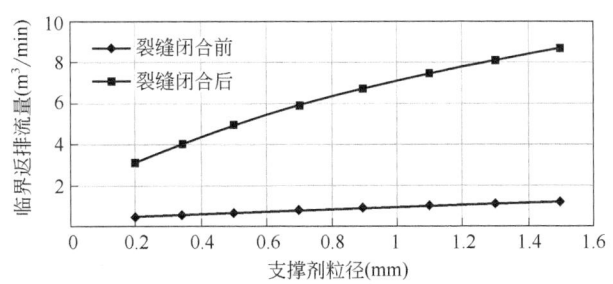

图6-58 不同支撑剂粒径时临界返排流量

5）放喷时机及油嘴直径优化

由图6-59可以看出，当油嘴直径增大到6mm以上，支撑剂回流量随返排时间增幅较大，使用直径为6mm的油嘴放喷36min左右，井底压力达到闭合压力35MPa，支撑剂回流量2.8m³，相对8mm或更大直径油嘴的支撑剂回流量较小，因而建议在裂缝闭合前选用6mm或更小直径的油嘴放喷。裂缝闭合后应选择10mm油嘴（支撑剂不回流），为快速返排，减少对储层的伤害，也可适当加大油嘴直径。

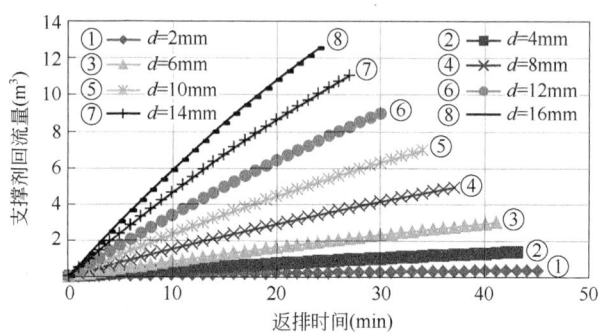

图 6-59 不同直径油嘴下支撑剂回流量随时间的变化

6)马五$_{1+2}$段酸化压裂返排图版

由图 6-60,马五$_{1+2}$段,在酸化压裂返排初期,井口压力大于 15MPa 时,建议采用 4mm 油嘴返排(初期也可采用 3mm 油嘴),之后采用 6mm 油嘴返排至井口压力降为 12MPa 左右,进一步增大油嘴尺寸,当井口压力下降到 10MPa 后,建议采用 10mm 油嘴进行返排。

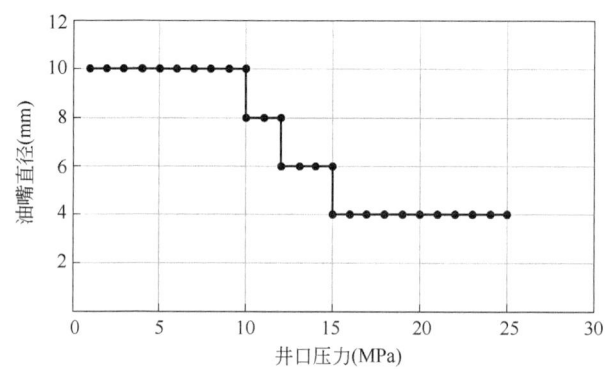

图 6-60 马五$_{1+2}$段酸化压裂返排不同井口压力对应的油嘴尺寸

三、返排流程优化

截至 2018 年 12 月,大牛地下奥陶统储层共有气井 91 口,产气 $43.16×10^4 m^3/d$,开井生产 51 口,水平井 29 口,直井 22 口。统计发现,大牛地气田下奥陶统储层 28 口气井含 H_2S(表 6-11~表 6-12),属于微含—中含 H_2S 范围,含硫气井分布如图 6-61 所示。

表 6-11 大牛地气田下奥陶统储层气井含 H_2S 情况统计

浓度划分	微含硫	低含硫	中含硫	合计
含硫浓度(mg/L)	<13	13~3000	3000~20000	
气井(口)	6	21	1	28
配产($10^4 m^3/d$)	8.48	33.3	2	43.78

表6-12 大牛地气田下奥陶统储层气井含H_2S大于100mg/L情况统计

序号	井号	区别	站别	无阻流量 ($10^4m^3/d$)	产气 ($10^4m^3/d$)	产液 (m^3/d)	H_2S浓度 (mg/L)
1	PG19	一区	10#	7.3432	3.0168	0.3	3973
2	DPF-3	一区	15#	11.6429	3.3725	25.9	1021
3	大平探2	一区	25#	4.4068	3.2398	32	769
4	DPF-2	一区	10#	3.8097	3.7042	7.5	323
5	DPF-5	一区	10#	2.8331	1.4311	40.47	284
6	PG14	六区	50#	2.8719	1.2876	3.03	582
7	PG27	二区	28#	17.3015	3.1758	2	1017
8	DPF-304	二区	28#	6.255	2.1725	1.1	567
9	DPF-306	二区	28#	29.4096	3.4048	8.69	453
10	DPF-305	二区	28#	4.866	3.8962	45.6	395
合计				—	28.7	166.59	—

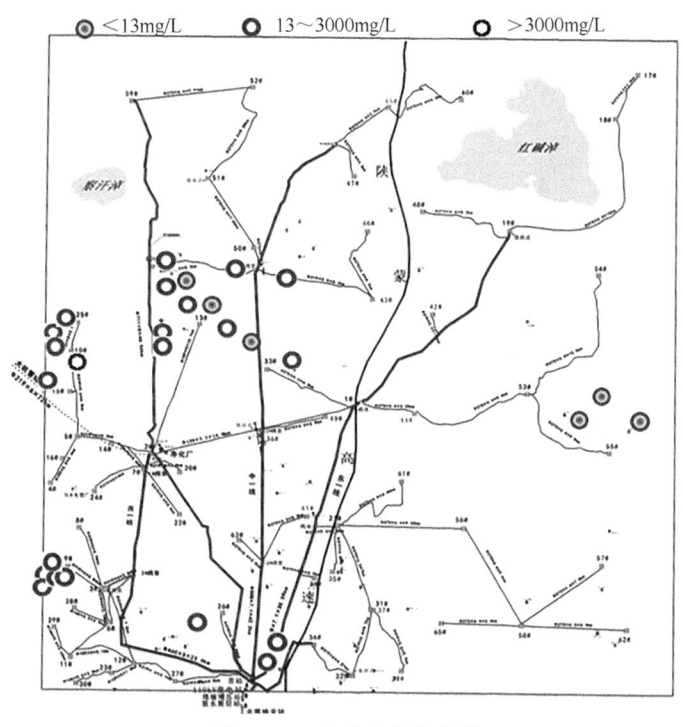

图6-61 含硫气井分布图

根据中华人民共和国国家标准：天然气藏分类（GB/T 26979—2011）对天然气藏的分类标准，对于含硫气藏可分为6类（表6-13）。

表 6-13 含硫化氢气藏分类标准

分类	微含硫气藏	低含硫气藏	中含硫气藏	高含硫气藏	特高含硫气藏	硫化氢气藏
H_2S（g/m³）	<0.02	0.02~5.0	5.0~30.0	30.0~150	150~770	>770
H_2S（%）	<0.0013	0.0013~0.3	0.3~2	2.0~10	10~50	>50

中华人民共和国石油行业标准：高含硫化氢气田地面集输系统设计规范（SY/T 0612—2014）第 8.1.1 条相关要求在高含 H_2S 环境中，只要 H_2S 分压不小于 0.0003MPa，管线材料需要考虑硫化物应力开裂、应力腐蚀开裂、氢致开裂和化学失重腐蚀等影响；根据中华人民共和国化工行业标准：钢制化工容器材料选用规定（HG/T 20581—2011）第 7.8.2 条相关要求，当设备中 H_2S 分压不小于 0.00035MPa，构成湿 H_2S 应力腐蚀环境，需进行抗硫设计。而大牛地气田碳酸盐岩气藏产出气 CO_2 平均含量为 1.43%、H_2S 含量为 0~5000mg/L，存在含硫气井压后放喷过程中硫化氢腐蚀断裂的风险。而目前大牛地使用的常规地面流程不具有抗硫功能，因此有必要对目前的返排管线及流程节点进行防硫工艺配套。

1. 抗硫水套加热炉橇

HJ60-Q/35-Q 抗硫水套加热炉橇是集天然气节流降压、天然气加热、天然气测温测压、水套炉燃烧器为一体的橇块式设备总成，基本技术参数如表 6-14 所示，整个橇块式设备总成具有在压力 35MPa，含硫天然气的含 H_2S 浓度小于 30000mg/L 条件下完成含硫气井压后返排作业。

表 6-14 HJ60-Q/35-Q 抗硫水套加热炉橇主要技术参数

项目	加热管程	燃气管程	壳程	烟火管
设计压力（MPa）	35	—	常压	常压
试验压力（MPa）	54.5	9.0	充水试漏	0.15
设计温度（℃）	100	100	100	250
介质温度（℃）	20~60	20~60	90	200
操作介质	含硫天然气	含硫天然气	水	烟气
传热面积（m²）	2×3.03	0.3		7.7
热功率（kW）	60			
热效率（%）	85			
设备重量（kg）	3600（本体）/（橇装）			
备注	含硫天然气的含 H_2S 浓度小于 30000mg/L			

2. 抗硫化氢防喷器

为了满足返排过程中井控安全的需要，通过结合大牛地下奥陶统储层气井产硫化氢特征，优选河北华北石油荣盛机械有限公司生产的 3FZ18-35 三闸板抗硫化氢防喷器作为大牛地下奥陶统储层气井返排井控用防喷器，其技术参数见表 6-15。该防喷器壳体、闸板体、侧门材料为低合金钢，具有较好的抗硫化氢性能，复合 NACE MR-0175 技术要求，并在中国石油大学按照 NACE MR-0177 的技术要求进行了 SCC 试验。该试验采用的试验介质中 H_2S 的浓度为 35%，CO_2 的浓度为 10%，经历 720h 试样无断裂。防喷器用橡胶材料也进行了抗硫化氢老化试验，试验介质中 H_2S 的浓度为 20%，CO_2 的浓度为 5%，试验结果满足 NACE MR-0187 的要求。

表 6-15 3FZ18-35 三闸板抗硫化氢防喷器主要技术参数

项目	三闸板抗硫化氢防喷器（带剪切腔）
型号	3FZ18-35
上部连接形式	裁丝
下部连接形式	法兰
外形尺寸	2112mm×922mm×456mm
重量	1847kg
通径	179.4mm（7$\frac{1}{16}$in）
静水压试验压力	52.5MPa（7500psi）
额定工作压力	35MPa（5000psi）
液控额定工作压力	21MPa（3000psi）
推荐液控操作压力	8.4~10.5MPa（1200~1500psi）
温度等级	T20（-29~121℃）
说明：防喷器的设计、制作符合 API Spec 16A 规范，防喷器内部接触井内液体的部位抗硫化氢应力腐蚀满足 NACE MR-0175 要求。	

3. 分离器橇 WE0.4X2.7-9.8（抗硫）

根据大牛地下奥陶统储层含硫的特征，项目组优化配套了重庆华川油建装备制造有限公司生产的 WE0.4X2.7-9.8（抗硫）分离器橇，该橇装分离器能够满足中低含硫气井放喷过程中气、液分离的需要具体技术参数见表 6-16。

表 6-16 WE0.4X2.7-9.8 主要技术参数

项目	参数	备注
最高工作压力	9.0MPa	
设计压力	9.8MPa	
设计温度	80℃	液、气处理能力：在工作压力 7.0MPa，工作温度 20℃ 条件下，天然气处理能力：$10×10^4 m^3/d$；液体处理能力：$50 m^3/d$
物料名称	含水原油、天然气	
总容积	$0.42 m^3$	
腐蚀裕度	2mm	
容器净重	1200kg	
外形尺寸	3111mm×534mm×1595mm	

4. 抗硫地面返排油管

结合大牛地下奥陶统储层气井微含—中含 H_2S 的特征，地面返排流程主要采用江苏常宝股份有限公司生产的 $2\frac{7}{8}$in CB80S 普通抗硫型油管。该油管试样在中国石油大学按照 NACE TM-0177-2005 的技术要求进行了 SSCC 试验，试验采用的试验介质为常温常压下 H_2S 饱和溶液，试验前 pH 值为 2.69，试验后 pH 值为 3.9。试验经历 720h 后，试样表面未出现断裂和裂纹，满足大牛地下奥陶统储层地面返排流程抗硫的需要（表 6-17）。

表 6-17　抗硫地面流程主要设备配套

序号	设备名称	规格型号	备注
1	水套炉	HJ60-Q/35-Q	含硫 30000mg/L 以下可用
2	分离器橇	WE0.4X2.7-9.8MPa（抗硫）	
3	抗硫防喷器	3FZ18-35	
4	流程管线	2⅞in	CB80S 普通抗硫型

第四节　高导流酸化压裂返排特点及推荐做法

一、加砂酸化压裂返排特点及推荐做法

1. 加砂返排特点

加砂规模影响到压裂效果，并对投资和最终收益影响较大，因而优化加砂规模是压裂工艺技术的一个重要方面。加砂规模主要与储层渗透率和储层厚度等参数有关，通过气藏模拟软件，从而确定不同气藏条件的合理裂缝长度（图 6-62、图 6-63）。

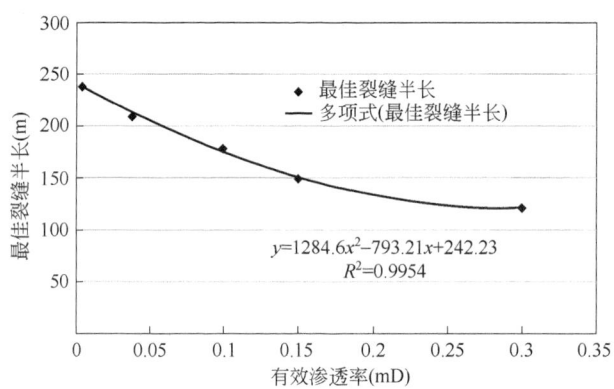

图 6-62　不同渗透率最优裂缝半长及回归关系图

$y=1284.6x^2-793.21x+242.23$
$R^2=0.9954$

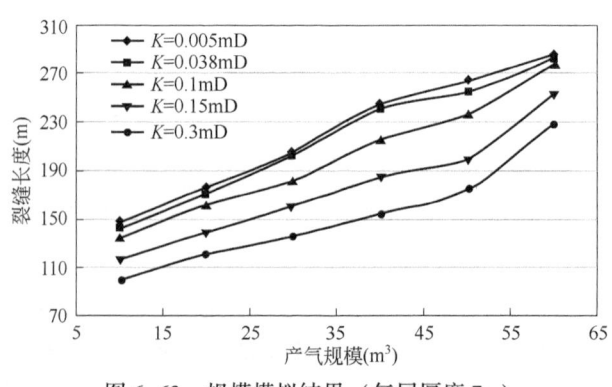

图 6-63　规模模拟结果（气层厚度 7m）

加砂返排速率增加会导致裂缝中流体渗流速率增大，流体的流动阻力增大，裂缝的压力

梯度增大，支撑剂回流的动力增大，支撑剂回流造成裂缝导流能力降低，严重情况下井底沉砂掩埋气层和管柱，造成油层套管不连通，气井不能正常生产。返排速率降低会导致放喷时间增加，液体滤失增加，排液效率降低，携砂速率降低，支撑剂在井筒沉降。

加砂返排工艺要求：

（1）优选适当的破胶剂类型及实施方案，压后快速破胶返排；

（2）要求压裂液具有低的表面张力，有利于压裂液返排。

2. 加砂返排制度优化

1）闭合控制阶段

工作制度：根据压后停泵压力的大小及压力降落情况来确定。停泵压力高、压力降落慢的井要选择小的油嘴，反之选择大的油嘴。选择 3~8mm 油嘴控制，排量控制在 120~240L/min。

特点分析：

（1）因压裂施工的欠量顶替以及压裂液残余黏度的影响，此阶段通常有部分支撑剂被带出地面，一般在 $0.5m^3$ 左右。

（2）通常油压降落速率高于套压降落速率，当套压高于油压 1MPa 时，封隔器解封，油管内的液体在油层套管管压差和地层压力及液体的弹性能量作用下排出井筒。

（3）当井底压力低于裂缝闭合压力，裂缝完全闭合时，控制排量阶段结束，这个过程一般需要 2~4h。

2）放大排量阶段

工作制度：通常用 8~10mm 油嘴控制或畅放，排量控制在 500L/min 以下，以地层不出砂、放喷管线出口不见砂粒（或检查油嘴的磨损程度）为控制原则。

特点分析：

（1）此阶段初期排出物以液体为主，是塞状流，后期为气液两相流，气水同喷。在此阶段通常都能见气点火。

（2）裂缝完全闭合，支撑剂受岩石应力的挤压作用被夹持在裂缝壁面内部，能够比较稳定地固定在一个位置上。

（3）此阶段油压、套压经历了一个先降落至零后再升高的过程（地质条件好的井油压只降到 2~3MPa），而且油压要先于套压上升。

（4）这个过程因井的类别不同，所需时间有较大差别，从几小时到十几个小时不等。

3）压力上升阶段

工作制度：用 6~10mm 油嘴进行控制，并随着气量增大、压力上升而逐步减小油嘴。

特点分析：

（1）阶段初期呈气液两相流，中期呈段塞流（先是一段含液气体之后是一段含气液体），后期因氮气和天然气的溶解度增大，以致在流动过程中形成不了水柱，而只能在高速气流带动下以雾状形式排出井筒，呈雾状流。

（2）油压上升到 2MPa 以上。

（3）返排液量在 70%~80%，即可转入后期间歇放喷阶段。

4）间歇放喷阶段

工作制度：由于深入地层远处的液体向油管聚集速率小于气体，返排液量减少，出气量增大，排液效率降低，则应关井恢复，采取间开工作制度，选择 4~8mm 油嘴放喷。

特点分析：

（1）关井时，由于油层套管环形空间截面积较油管流通截面积大，进入环形空间内的气量多，气体与液体进行置换后占据液体上部空间，并在液体上部形成一定的压强而将环形空间的液体推向油管，同时，地层内液体也进入井筒。

（2）当井口压力上升速率较低时，说明表压加液柱压力已接近地层压力，地层流向井底的液体减少，这时应开井放喷。当开井后见到雾状流就应再次关井恢复。

（3）油管内流体的分布（从井口到井底）为纯气段、气液过渡带段、液体段（含溶解气）。开井后的第一段是纯气流，第二段是两相流（气液过渡段，以气为主），第三段是塞状流（液柱段），第四段为气液两相流，气水同喷，第五段为雾状流。

（4）从中期控制阶段到结束放喷，逐渐由油压高于套压转变为套压高于油压。当井内为纯气柱时，关井油压、套压基本达到平衡，液体返排率达到 85% 以上，并达到一、二、三类井的关井恢复数值，整个放喷过程结束。

二、不加砂酸化压裂返排特点及推荐做法

1. 不加砂放喷返排工艺过程及特点分析

返排速率增加会导致裂缝中流体渗流速率增大，流体的流动阻力增大，裂缝的压力梯度增大；返排速率降低会导致放喷时间增加，液体滤失增加，排液效率降低。

2. 不加砂返排制度优化

1）不加砂返排闭合控制阶段

工作制度：根据压后停泵压力的大小及压力降落情况来确定。停泵压力高、压力降落慢的井要选择小的油嘴，反之选择大的油嘴。现场通常用 2～6mm 油嘴控制，排量控制在 100～200L/min。

特点分析：

（1）通常油压降落速率高于套压降落速率，当套压高于油压 1MPa 时，封隔器解封，油管内的液体在油套压差和地层压力及液体的弹性能量作用下排出井筒。

（2）当井底压力低于裂缝闭合压力，裂缝完全闭合时，控制排量阶段结束，这个过程一般需要 2～4h。

2）不加砂返排放大排量阶段

工作制度：通常用 6～8mm 油嘴控制或畅放，排量控制在 400L/min 以下，以地层不出砂，放喷管线出口不见砂粒（或检查油嘴的磨损程度）为控制原则。

特点分析：

（1）此阶段油压、套压经历了一个先降落至零后再升高的过程（地质条件好的井油压只降到 2～3MPa），而且油压要先于套压上升。

（2）这个过程因井的类别不同，所需时间有较大差别，从几小时到十几个小时不等。

（3）由于气体的指进效应，裂缝和地层中的天然气向井筒运移速率快于液体，气、液溶解度增大，进入油管内的气量增加，喷势加大，井口油压上升，流体呈气液混合状态、出口见喷势，此阶段结束。

3）不加砂返排压力上升阶段

工作制度：用 4～8mm 油嘴进行控制，并随着气量增大、压力上升而逐步减小油嘴。

特点分析：

（1）阶段初期呈气液两相流，中期呈段塞流（先是一段含液气体之后是一段含气液体），后期因氮气和天然气的溶解度增大，以致在流动过程中形成不了水柱，而只能在高速气流带动下以雾状形式排出井筒，呈雾状流

（2）油压上升到 3~6MPa。

（3）返排液量在 70%~80%，即可转入后期间放阶段。

4）不加砂返排间歇放喷阶段

工作制度：由于深入地层远处的液体向油管聚集速率小于气体，返排液量减少，出气量增大，排液效率降低，则应关井恢复，采取间开工作制度，选择 2~6mm 油嘴放喷。

特点分析：

（1）关井时，由于油层套管环形空间截面积较油管流通截面积大，进入环形空间内的气量多，气体与液体进行置换后占据液体上部空间，并在液体上部形成一定的压强而将环形空间的液体推向油管。同时，地层内液体也进入井筒。

（2）当井口压力上升速率较低时，说明表压加液柱压力已接近地层压力，地层流向井底的液体减少，这时应开井放喷。当开井后见到雾状流就应再次关井恢复。

（3）油管内流体的分布（从井口到井底）为纯气段、气液过渡带段、液体段（含溶解气）。开井后的第一段是纯气流，第二段是两相流（气液过渡段，以气为主），第三段是塞状流（液柱段），第四段为气液两相流，气水同喷，第五段为雾状流。

（4）从中期控制阶段到结束放喷，逐渐由油压高于套压转变为套压高于油压。当井内为纯气柱时，关井油压、套压基本达到平衡，液体返排率达到 85% 以上，并达到一、二、三类井的关井恢复数值，整个放喷过程结束。

三、酸化压裂返排推荐做法对比分析

加砂与不加砂返排放喷过程通常需要四个阶段：闭合控制阶段、放大排量阶段、压力上升阶段、间歇放喷阶段。

1. 闭合控制阶段

加砂工艺因支撑剂返出特性（约 $0.5m^3$）需更精细的排量控制，推荐使用 3~8mm 油嘴（排量 120~240L/min），通过动态调整，平衡支撑剂返出与裂缝闭合需求；而不加砂工艺油嘴范围更小（2~6mm，排量 100~200L/min），侧重压力系统平衡。两者均遵循套压高于油压 1MPa 时封隔器解封的共性特征，但加砂工艺需额外关注支撑剂运移对油套压差的影响。

2. 放大排量阶段

加砂工艺因支撑剂夹持固定，可实施更高排量（≤500L/min）甚至畅放，油嘴增至 8~10mm，核心指标为管线出口无砂粒；不加砂工艺仍沿用闭合阶段油嘴范围，排量维持低位（100~200L/min），重点防范地层出砂风险。加砂工艺特有的"油压双峰曲线"（先降后升）反映支撑剂对裂缝导流能力的改善，而不加砂工艺依赖气液溶解度变化驱动排液。

3. 压力上升阶段

加砂工艺油压阈值较低（2~3MPa）但油嘴调节范围更宽（6~10mm），表明支撑剂维持了基础导流能力，需通过动态缩嘴控制气窜；不加砂工艺油压需升至 3~6MPa 才调整，

采用较小油嘴（4~8mm），反映地层原生导流能力较弱，需更高驱动压力。两者均经历雾状流转变，但加砂工艺因支撑剂存在延缓了气液分离速率。

4. 间歇放喷阶段

虽流体分布规律相同，加砂工艺推荐油嘴（4~8mm）仍大于不加砂（2~6mm），体现支撑剂对流动阻力的降低作用。加砂工艺需重点监测油套压转换节点，防止支撑剂二次运移；不加砂工艺更关注气液置换效率，通过频繁间开补偿天然导流能力不足。

5. 综合对比

加砂工艺通过支撑剂实现裂缝导流能力强化，允许更大排量操作窗口（油嘴增幅达40%），但需全程防控支撑剂返出风险；不加砂工艺依赖地层原生导流，采用保守排量策略（油嘴上限降低25%），工艺重心转向压力系统精细调控。两种工艺在流体相态演化方面具有共性规律，但工程参数的差异化设置体现了支撑剂对裂缝—井筒耦合流动的核心影响。二者的做法对比详见表6-18。

表6-18 加砂与不加砂高导流酸化压裂返排推荐做法对比表

酸化压裂返排阶段特点与工作制度		加砂	不加砂
闭合控制阶段	特点	(1) 因压裂施工的欠量顶替以及压裂液残余黏度的影响，此阶段通常有部分支撑剂被带出地面，一般在0.5m³左右； (2) 通常油压降落速率高于套压降落速率，当套压高于油压1MPa时，封隔器解封，油管内的液体在油套压差和地层压力及液体的弹性能量作用下排出井筒； (3) 当井底压力低于裂缝闭合压力，裂缝完全闭合时，控制排量阶段结束，这个过程一般需要2~4h	(1) 通常油压降落速率高于套压降落速率，当套压高于油压1MPa时，封隔器解封，油管内的液体在油套压差和地层压力及液体的弹性能量作用下排出井筒； (2) 当井底压力低于裂缝闭合压力，裂缝完全闭合时，控制排量阶段结束，这个过程一般需要2~4h
	推荐做法	根据压后停泵压力的大小及压力降落情况来确定。停泵压力高、压力降落慢的井要选择小的油嘴，反之选择大的油嘴。选择3~8mm油嘴控制，排量控制在120~240L/min	根据压后停泵压力的大小及压力降落情况来确定。停泵压力高、压力降落慢的井要选择小的油嘴，反之选择大的油嘴。现场通常用2~6mm油嘴控制，排量控制在100~200L/min
放大排量阶段	特点	(1) 此阶段初期排出物以液体为主，是塞状流，后期为气液两相流，气水同喷。在此阶段通常都能见气点火。 (2) 裂缝完全闭合，支撑剂受岩石应力的挤压作用被夹持在裂缝壁面内部，能够比较稳定地固定在一个位置上。 (3) 此阶段油压、套压经历了一个先降落至零后再升高的过程（地质条件好的井油压只降到2~3MPa），而且油压要先于套压上升。 (4) 这个过程因井的类别不同，所需时间有较大差别，从几小时到十几个小时不等	(1) 此阶段油压、套压经历了一个先降落至零后再升高的过程（地质条件好的井油压只降到2~3MPa），而且油压要先于套压上升。 (2) 这个过程因井的类别不同，所需时间有较大差别，从几小时到十几个小时不等。 (3) 由于气体的指进效应，裂缝和地层中的天然气向井筒运移速率快于液体，气、液溶解度增大，进入油管内的气量增加，喷势加大，井口油压上升，流体呈气液混合状态，出口见喷势，此阶段结束
	推荐做法	通常用8~10mm油嘴控制或畅放，排量控制在500L/min以下，以地层不出砂、放喷管线出口不见砂粒（或检查油嘴的磨损程度）为控制原则	通常用6~8mm油嘴控制或畅放，排量控制在400L/min以下，以地层不出砂，放喷管线出口不见砂粒（或检查油嘴的磨损程度）为控制原则

续表

酸化压裂返排阶段特点与工作制度		加砂	不加砂
压力上升阶段	特点	(1) 阶段初期呈气液两相流，中期呈段塞流（先是一段含液气体之后是一段含气液体），后期因氮气和天然气的溶解度增大，以致在流动过程中形成不了水柱，而只能在高速气流带动下以雾状形式排出井筒，呈雾状流。 (2) 油压上升到2MPa。 (3) 返排液量在70%~80%，即可转入后期间放阶段	(1) 阶段初期呈气液两相流，中期呈段塞流（先是一段含液气体之后是一段含气液体），后期因氮气和天然气的溶解度增大，以致在流动过程中形成不了水柱，而只能在高速气流带动下以雾状形式排出井筒，呈雾状流。 (2) 油压上升到3~6MPa。 (3) 返排液量在70%~80%，即可转入后期间放阶段
	推荐做法	用6~10mm油嘴进行控制，并随着气量增大、压力上升而逐步减小油嘴	用4~8mm油嘴进行控制，并随着气量增大、压力上升而逐步减小油嘴
间歇放喷阶段	特点	(1) 关井时，由于油层套管环形空间截面积较油管流通截面积大，进入环形空间内的气量多，气体与液体进行置换后占据液体上部空间，并在液体上部形成一定的压强而将环形空间的液体推向油管，同时，地层内液体也进入井筒。 (2) 当井口压力上升速率较低时，说明表压加液柱压力已接近地层压力，地层流向井底的液体减少，这时应开井放喷。当开井见到雾状流就应再次关井恢复。 (3) 油管内流体的分布（从井口到井底）为纯气段、气液过渡带、液体段（含溶解气）。开井后的第一段是纯气流，第二段是两相流（气液过渡段，以气为主），第三段是塞流（液柱段），第四段为气液两相流，气水同喷，第五段为雾状流。 (4) 从中期控制阶段到结束放喷，逐渐由油压高于套压转变为套压高于油压。当井内为纯气柱时，关井油压、套压基本达到平衡，液体返排率达到85%以上，并达到一、二、三类井的关井恢复数值，整个放喷过程结束	(1) 关井时，由于油层套管环形空间截面积较油管流通截面积大，进入环形空间内的气量多，气体与液体进行置换后占据液体上部空间，并在液体上部形成一定的压强而将环形空间的液体推向油管。同时，地层内液体也进入井筒。 (2) 当井口压力上升速率较低时，说明表压加液柱压力已接近地层压力，地层流向井底的液体减少，这时应开井放喷。当开井见到雾状流就应再次关井恢复。 (3) 油管内流体的分布（从井口到井底）为纯气段、气液过渡带、液体段（含溶解气）。开井后的第一段是纯气流，第二段是两相流（气液过渡段，以气为主），第三段是塞状流（液柱段），第四段为气液两相流，气水同喷，第五段为雾状流。 (4) 从中期控制阶段到结束放喷，逐渐由油压高于套压转变为套压高于油压。当井内为纯气柱时，关井油压、套压基本达到平衡，液体返排率达到85%以上，并达到一、二、三类井的关井恢复数值，整个放喷过程结束
	推荐做法	由于深入地层远处的液体向油管聚集速率小于气体，返排液量减少，出气量增大，排液效率降低，则应关井恢复，采取间开工作制度，选择4~8mm油嘴放喷	由于深入地层远处的液体向油管聚集速率小于气体，返排液量减少，出气量增大，排液效率降低，则应关井恢复，采取间开工作制度，选择2~6mm油嘴放喷

四、现场应用及效果评价

项目研究期间在大牛地气田下奥陶统碳酸盐岩储层共现场应用3口井，25段，施工成功率100%，压后平均无阻流量 $3.78 \times 10^4 \text{m}^3/\text{d}$，平均见气周期4.3d，较项目立项前（2016年）10.1d缩短了5.8d，效果明显（表6-19）。

表6-19 大牛地气田下奥陶统碳酸盐岩储层3口井返排实施情况统计表

序号	井名	层位	压裂段数	总液量(m^3)	总砂量(m^3)	见气时间(d)	试气时间(d)	返排总液量(m^3)	返排率(%)	产气量($10^4 m^3$/d)	产水量(m^3/d)	氯离子(mg/L)	油压(MPa)	套压(MPa)	无阻流量($10^4 m^3$/d)
1	DPF-309	马五$_{1+2}$段	9	5546	239.4	3	12	1739.4	31.3	2.5215	17.1	94297	3	0	2.6561

续表

序号	井名	层位	压裂段数	总液量（m³）	总砂量（m³）	见气时间（d）	试气时间（d）	返排总液量（m³）	返排率（%）	产气量（10⁴m³/d）	产水量（m³/d）	氯离子（mg/L）	油压（MPa）	套压（MPa）	无阻流量（10⁴m³/d）
2	DPF-5	马五₅段	9	4986.3	253.4	5	61	2564	51.4	2.11	28	92000	6.8	12.7	2.8331
3	大平探7	马五₅段	7	6275	—	5	19	2399.7	36.3	3.8828	26.8	117000	15.7	0	5.8115

DPF-309 井，目的层位马五$_{1+2}$段，参考图 6-64 图版，对于马五$_{1+2}$段酸化压裂返排，在返排初期，井口压力大于 15MPa 时，即阶段 1，现场初期采用 3mm 油嘴返排，阶段 2 采用 5~6mm 油嘴尺寸返排至井口压力降为 12MPa 左右，进一步增大油嘴尺寸，当井口压力下降到 10MPa 后，进入阶段 3，现场采用 8~10mm 油嘴尺寸进行返排，见气周期 3d，试气周期 12d，有效缩短了返排时间。

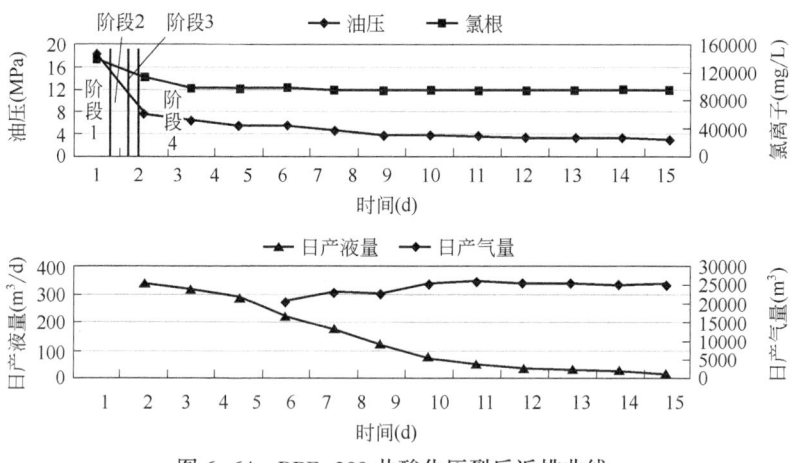

图 6-64　DPF-309 井酸化压裂后返排曲线

第七章

致密油气藏高效压裂技术实践

第一节 DPH-207裸眼水平井暂堵剂加量及参数设计

一、基础数据

1. 钻井基本数据

DPH-207裸眼水平井的钻井基本数据见表7-1。

表7-1 DPH-207井钻井基本数据表

地面海拔（m）		1277.15		设计井深（m）		垂深2788.79 斜深3106.97 （B靶点）	
联入（m）		—		完钻井深（m）		垂深2710.79 斜深4117（B靶点）	
开钻日期	2014年2月20日		完钻日期	2014年4月13日	人工井底（m）	4117	
完井方式	裸眼		水平段长（m）	1200	井底位移（m）	1495.31	
完钻层位	太1		固井质量	合格	闭合方位（°）	345	
造斜点数据	深度（m）	2141	最大井斜数据		深度（m）	3244	
	方位（′）	189.90			方位（°）	343.55	
	造斜率（°/10m）	—			斜度（°）	92.10	
井身结构		钻头311.20mm×404.50m+套管244.50mm×404.35m 钻头222.3mm×2917.00m+套管177.80mm×2916.5m 钻头152.40mm×4117m					
套管程序	尺寸（mm）	钢级	壁厚（mm）	下入深度（m）	水泥塞深（m）	水泥返高（m）	出地高（m）
表层套管	244.50	J55	8.94	404.35		地面	-0.56

续表

套管程序	尺寸（mm）	钢级	壁厚（mm）	下入深度（m）	水泥塞深（m）	水泥返高（m）	出地高（m）
技术套管	177.80	N80	8.05 9.19	2916.5		地面	0
				阻流环井深（m）			
裸眼		（钻头）					

2. 油管级别强度

DPH-207井油管级别强度见表7-2。

表7-2 油管级别与强度

油管数据	外径（mm）	长度（m）	扣型	内径（mm）	壁厚（mm）	钢级	抗内压（MPa）	抗外挤（MPa）
水平段（含斜井段）	114.3	1481.8	LTC	101.6	6.35	N80或以上	53.6	43.8
生产油管	88.9	2613.4	EUE	76	6.45	N80或以上	70.1	72.7

3. 井身结构

DPH-207井井身结构示意如图7-1所示。

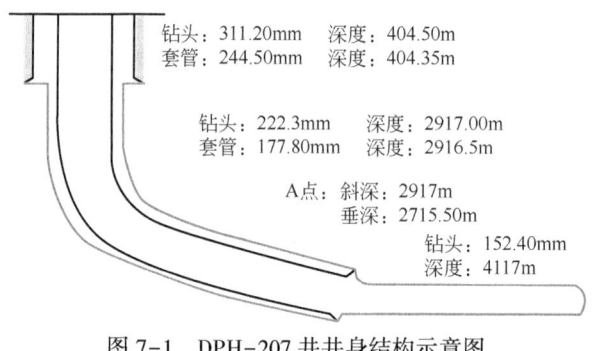

图7-1 DPH-207井井身结构示意图

二、地质概况

1. 区域地质特征

鄂尔多斯盆地位于华北地台西部，面积为$28×10^4 km^2$，是一个长期稳定发育的多旋回大型克拉通叠合盆地。盆地沉积盖层缺失志留系和泥盆系，平均厚度为5000m，其中中、新元古界以海相、陆相裂谷沉积为特征的地层厚度为200~300m；下古生界沉积的海相碳酸盐岩地层厚度为400~1600m；上古生界以河流、三角洲相沉积为主的地层厚度为600~1700m；新生界沉积厚度较薄，一般为300m。

鄂尔多斯盆地区域地质构造基本特点为东北高、西南低，盆地内部构造平缓。盆地的地质构造演化可分为五个阶段：（1）中、新元古界以浅海碎屑岩和碳酸盐岩发育为主的裂陷槽盆地阶段；（2）下古生界以陆表海碳酸盐岩沉积为主的复合型克拉通坳陷盆地阶段；（3）上古生界到中三叠统以滨海碳酸盐岩逐渐过渡到碎屑岩台地的联合型克拉通坳陷盆地阶段；（4）上三叠统到白垩系的大型内陆湖泊、河流沉积的坳陷盆地阶段；（5）新生界内陆河湖断陷充填型周缘断陷盆地阶段。从现今盆地的构造面貌来看，地史时期虽然经历了多期次的构造运动，但盆地内部广大地区的构造环境具有长期、整体的稳定性，各时代地层除盆地边缘有角度不整合接触外，一般均为连续沉积或假整合接触。

2. 区域地层概述

研究区内钻井（图 7-2）揭露的地层有第四系，白垩系志丹群，侏罗系安定组、直罗组、延安组，三叠系延长组、二马营组、和尚沟组、刘家沟组，二叠系石千峰组、上石盒子组、下石盒子组、山西组，石炭系太原组、本溪组，奥陶系上马家沟组，钻井平均揭露地层厚度3000m。其中，二叠系下石盒子组、山西组，石炭系太原组为气田主要目的层。

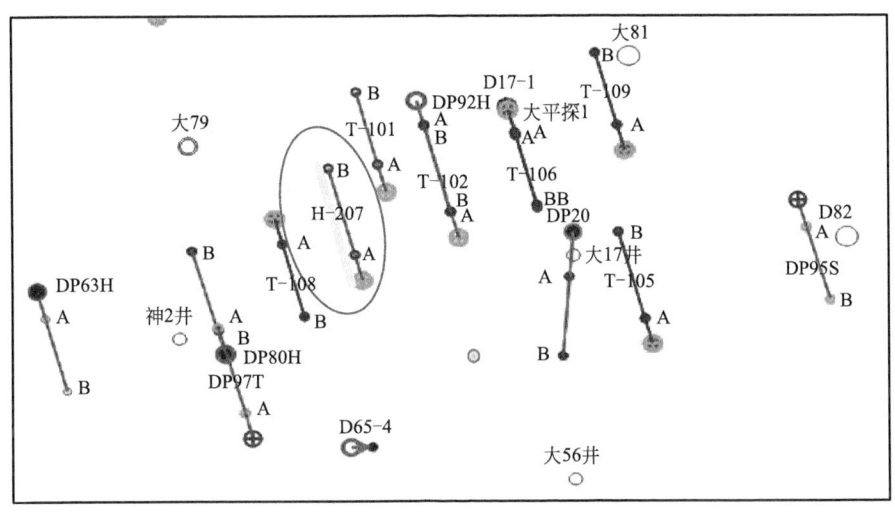

图 7-2 DPH-207 地理位置图

3. 区域生储盖组合

1）烃源岩条件

大牛地气田发育碳酸盐岩、煤和泥岩三大类气源岩，均为有利生油层。

(1) 碳酸盐岩。

寒武—奥陶纪发生的两次大规模的海侵，形成了开阔海和局限海（包括潟湖）沉积，厚300~900m，盆地西南部为沉积中心，厚度达1000~2000m，平均有机碳含量0.2%~0.3%，为有利的生油气层。

(2) 煤。

气田大范围分布有石炭系太原组和二叠系山西组沉积的煤、炭质泥岩，单层厚度为0.5~13.8m，累计厚度8~35.5m。有机质丰度极高，有机碳含量为53.48%~63.13%，氯仿沥青"A"含量为0.6469%~0.8519%，总烃含量为2406.60~3219.63mg/L，为有利的生油气层。

(3) 泥岩。

太原组、山西组的暗色泥岩在气田内分布广泛，单层厚度山西组可达0.5~36m，累计厚度 23～135m。有机质丰度高，有机碳含量为 1.52%～1.92%，氯仿沥青"A"含量为 0.0706%～0.6330%，总烃含量为 195.84～227.20mg/L，为有利的生油气层。

2) 盖层条件

大牛地气田上古生界气藏盖层分为两类：

(1) 局部盖层：下石盒子组、山西组和太原组的厚层泥岩分布，连续性较好，且厚度大（106～385m），突破压力为 10.63～15.5MPa，突破时间为 19.78～42.04a/m，中值压力为 25.0～40.0MPa，封盖高度为 1032～1504m，遮盖指数为 2063～3008，为良好盖层。

(2) 区域性盖层：上二叠统上石盒子组发育一套滨浅湖相的泥质岩，单层厚度 5～20m，总厚 100～200m，分布极为广泛，横向连续性好，为气田理想的区域性盖层。

4. 油气聚集的控制因素

该区山 2 段为岩性气藏，为下生上储型组合，主要控制含气富集程度的地质因素为物性。油层物性好，含气饱和度高，产能高，所以水平井钻井中，水平段应尽量在物性好的部位钻进。

5. 储层物性

太 1 段储层岩性主要为石英砂岩，少量岩屑石英砂岩，物性较好。碎屑颗粒中石英含量为 92%～100%，平均为 96.4%；长石含量为 0～1%，平均为 0.1%；岩屑含量为 0～8%，平均为 3.6%。岩石为颗粒支撑，孔隙式胶结，颗粒之间点—线接触。

太 1 段储层岩石泥质杂基含量低，为 1.4%；自生胶结物成分主要为石英，高岭石、伊利石、方解石、白云石胶结物含量很少。

从岩心分析资料统计表（表7-3）及图7-3、图7-4 可以看出，太 1 段孔隙度主要分布在 6%～10%，平均值为 7.88%，渗透率主要分布在 0.034～5.74mD，平均值为 0.367mD。

表 7-3　太 1 段岩心分析统计表

物性参数	最大	最小	平均
孔隙度（%）	11.7	2.7	7.88
渗透率（mD）	5.74	0.034	0.367

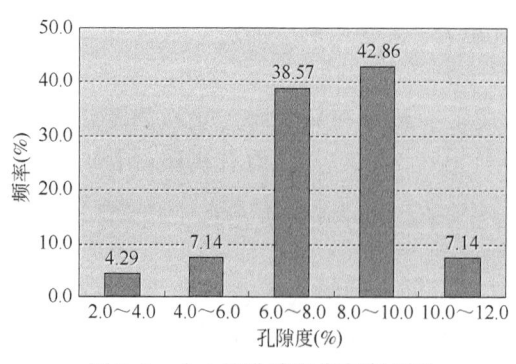

图 7-3　太 1 段孔隙度分布直方图

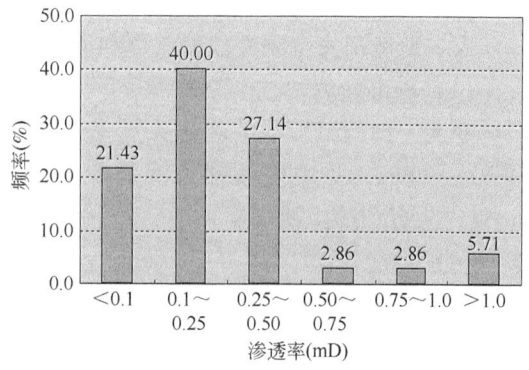

图 7-4　太 1 段渗透率分布直方图

6. 地层压力与气体组分

依据本区已钻井的资料，本区太 1 段压力系数范围为 0.83～0.96，平均压力系数 0.91。

太1段的总体组分见表7-4。

表7-4 太1段气体分析数据

气层组	相对密度	甲烷（%）	烃类（%）	氮气（%）	二氧化碳（%）	硫化氢（%）	甲烷占烃类含量（%）
太1段	0.6384	86.646	96.033	3.119	0.848	0	90

7. 邻井太1层位产能情况

DPH-207井邻井太1层段产能相对较好，统计DPH-207井周围1口井在太1段试气结果见表7-5。

表7-5 太1段产能统计表

井号	DPT-101
无阻流量（$10^4 m^3/d$）	2.1266

三、分段加砂压裂设计

1. 压裂设计思路

（1）从该井裸眼井测井曲线看，压裂目的层砂体20m左右，岩性较纯，且目的层顶部和底部均发育较厚的煤层和泥岩，建议增加前置液比例，优化施工排量为$4.5 m^3/min$。

（2）本井太1段储层为低孔、低渗储层，孔隙度平均值为8.17%，渗透率平均值为0.53mD。气测显示一般，压裂原则上以造长缝为主，以增加泄流体积，提高压裂效果，同时考虑分段压裂施工风险，设计支撑缝半长在120~180m之间。

（3）根据该区地层特性以及砂体下部发育的煤层，设计每段前置液比例保持为39%~42%，平均砂比为20%~23%，每段砂量为$38~42 m^3$。第一段前置液比例稍高，后几段比例逐渐降低，并结合录井、气测、随钻伽马资料，以气测显示较好、伽马值相对较低的井段作为重点改造段，加砂规模适当加大。

（4）本井采取裸眼封隔器+投球滑套分12段完井压裂，通过分段压裂措施，提高单井产量。由于采取裸眼封隔器+投球滑套分段压裂，在施工参数优化上，以保证施工成功为前提。

（5）前置液中支撑剂段塞冲刷，前置液中采用20/40目支撑剂以5%~8%低砂比段塞以打磨裂缝，减少裂缝摩阻。

（6）压裂液采取常用的水基瓜尔胶压裂液体系。

（7）储层压力系数较低，为加快返排速率、增加返排能量，采用液氮伴注增能助排。

（8）该井储层砂体顶部和底部均有煤层发育，压裂改造时，压裂液滤失严重，容易造成裂缝内砂比过高，造成砂堵，特别是高砂比段，施工过程中密切注意压力变化，及时预防砂堵等情况的发生。如发生砂堵，应立即顶替，请示后控制后续压裂段的施工，保证压裂施工顺利进行。

（9）目前大牛地气田部分水平井压后出砂严重，给水平井压后试气及气井生产过程带来不便。为了防止水平井压后出砂，在每段最后一个砂比段尾追可固化覆膜石英砂。

2. 裂缝方位

大牛地气田地层最大主应力方向为75°；DPH-207井水平段方位为165°，因此该井水平段压裂裂缝与井轴相交约90°，如图7-5所示。

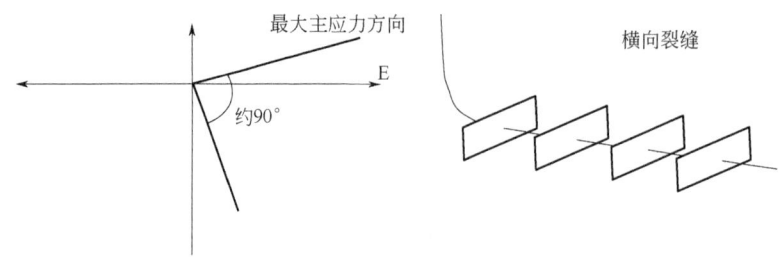

图7-5　裂缝方位及形态示意图

3. 设计主要数据

DPH-207井压裂设计主要数据见表7-6。

表7-6　DPH-207井压裂设计主要依据

管柱内径（mm）	76	孔隙度（%）	8.17
渗透率（mD）	0.53	延伸压力梯度（MPa/m）	0.017~0.02
泊松比	0.2	杨氏模量（MPa）	25000~30000
储层中深（垂深）(m)	2712	井深（斜深）(m)	4117
压裂液流态指数	0.52	压裂液稠度系数（Pa·s^n）	1.47
施工排量（m^3/min）	4.5	—	—

4. 压裂井口选择

压裂管柱采用3½in油管+裸眼封隔器+投球滑套+压差滑套，根据华北分公司常用压裂液摩阻系数以及本井裂缝延伸压力梯度0.017~0.020MPa/m，计算最深压裂段（斜深：4117m/垂深：2710.79m）在不同排量、不同延伸压力梯度下的地面施工压力（考虑增加球座节流摩阻以及液氮摩阻5MPa）（表7-7、表7-8）。

表7-7　DPH-207井不同排量下球座节流摩阻统计表

球径（in）		1.5	1.625	1.75	1.875	2	2.125	2.25	2.375	2.5	2.625
排量（m^3/min）	3	1.58	1.11	0.74	0.56	0.38	0.3	0.2	0.16	0.11	0.1
	3.5	2.41	1.52	1.17	1.03	0.76	0.54	0.31	0.23	0.18	0.15
摩阻（MPa）	4	3.35	2.35	1.57	1.2	0.8	0.64	0.43	0.34	0.22	0.2

表7-8　3½in油管注入不同排量下井口施工压力预测结果

延伸压力梯度（MPa/m）	排量（m^3/min）		
	3	3.5	4
	井口压力（MPa）		
0.017	33.91	39.48	45.12
0.019	38.60	44.17	49.82
0.020	40.94	46.52	52.16

根据计算结果，在4m^3/min排量下，采用3½in油管注入施工压力最大为52.16MPa左右，考虑到本井为水平井压裂，压裂井口故采用KQ78-65/70型压裂井口，井口施工限压

65MPa，环空限压 30MPa。准备双翼井口，其中一边用来正常投球、加砂压裂，另一边用来连接放喷管汇。

第二至九级球从旋塞阀投入，地面泵送小球。第十至十二级球从井口顶部阀门投入。

水马力计算：$p_w = p_s \times Q \times 23.2 = 68 \times 52.16 \times 23.2 = 6310.4$hp。

由于本井 12 段压裂为连续进行，为防止压裂车出现异常，影响现场的连续施工，建议按 100% 备用水马力，即 12000~13000hp 准备泵车。若采用 2000 型压裂车，建议准备 6~7 台（图 7-6）。

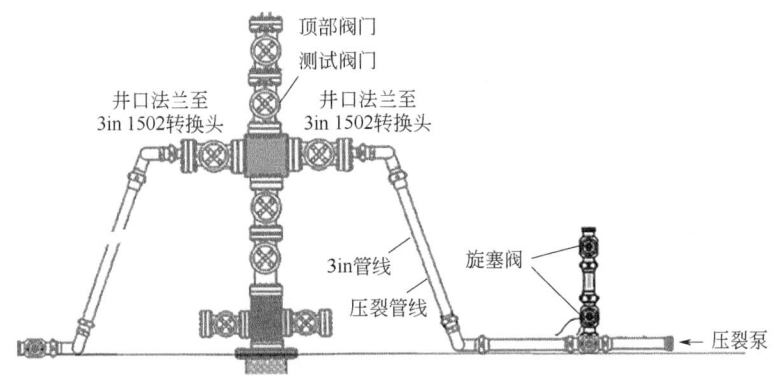

图 7-6 压裂井口设备及连接示意图

5. 压裂液优选

压裂液选择华北分公司压裂液体系，其配方和添加剂加量如下。

1）配方

基液：0.45%HPG（一级）+1%防膨剂+0.1%杀菌剂+1%起泡剂+0.2%助排剂+0.2%Na_2CO_3。

交联剂：交联剂 BCL-61 或 CX-306 体系（A：B=100：6），交联比为 100：0.3（最佳交联比以现场实测为准）。

破胶剂：

胶囊破胶剂：0.02%~0.04%（前置液阶段现场添加）。

过硫酸铵：0.015%~0.1%（携砂液和顶替液阶段现场楔形追加）。

活性水：1%防膨剂+0.2%助排剂。

压裂液用材料性能应符合 SY/T 5107—2016《水基压裂液性能评价方法》、SY/T 6376—2008《压裂液通用技术条件》、SY/T 5764—2007《压裂用植物胶通用技术要求》、SY/T 6380—2008《压裂用破胶剂性能试验方法》、SY/T 5762—1995《压裂酸化用粘土稳定剂性能测定方法》、SY/T 5405—2019《酸化用缓蚀剂性能试验方法及评价指标》、SY/T 5755—2016《压裂酸化用助排剂性能评价方法》、SY/T 6216—1996《压裂用交联剂性能试验方法》、SY/T 5108—2014《水力压裂和砾石充填作业用支撑剂性能测试方法》等的规定。

添加剂：下列压裂液添加剂性能指标均满足体系配伍和实施要求（可任选其中一种）：

（1）助排剂：DL-12；CX-308；ZA-5。

（2）起泡剂：YFP-1；DS-101。

2) 现场要求

压裂施工前 3h,取样测试每一罐中液体的黏度、pH 值,要求黏度为 50~60mPa·s。取各罐的混合样作交联实验,根据实验结果精细调整交联比,使压裂液交联性能良好,延迟时间大于 60s（交联时间的确定以压裂液在井筒流动时间的 1/2~2/3 为宜）。破胶剂加量严格按照设计要求加入,压裂施工过程中保证交联稳定。

6. 支撑剂选择

根据本区块邻井压裂施工资料,本井目的层延伸压力梯度为 0.017~0.020MPa/m,地层闭合压力为 35~40MPa。在闭合压力 40.0MPa 下,石英砂导流能力较低,而且破碎率较高,因此,要求采用 20/40 目陶粒。52MPa 压力下破碎率小于 5%。同时防止水平井压后出砂,在每段最后一个砂比段尾追可固化陶粒,采用 20/40 目、52MPa 可固化覆膜陶粒。

7. 裂缝参数优化

根据 DPH-207 井所处井区山 2 段厚度及其整个垂向应力剖面分布情况,结合该井山 2 段物性参数,通过 FracproPT 软件模拟,确定最优的裂缝参数（图 7-7）。

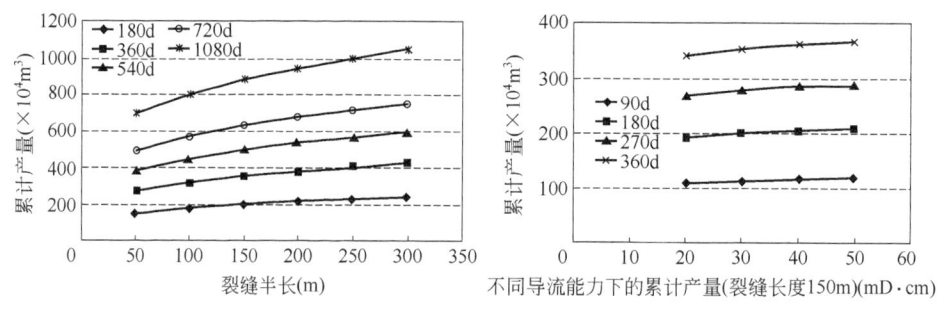

图 7-7　不同裂缝支撑半长及导流能力下的累计产量预测（0.3mD）

根据 DPH-207 井储层平均渗透率为 0.48mD 下不同裂缝支撑半长及导流能力下的累计产量预测,其最优裂缝长度为 100~150m,最优裂缝导流能力为 30~40mD·cm。

8. 各段施工规模设计

结合裂缝间距及录井、气测、随钻伽马资料,以气测显示较好、伽马值相对较低的井段作为重点改造段,加砂规模适当加大,同时依据布缝原则,建议各段加砂规模见表 7-9。

表 7-9　DPH-207 井各段加砂规模建议

分段	井段	加砂量（m³）	暂堵剂加量（kg）
第一段	4028.98~4117	37.8	7.938
第二段	3924.72~4028.98	39.2	8.232
第三段	3822.72~3924.72	39.6	8.316
第四段	3725.92~3822.72	39.6	8.313
第五段	3620.75~3725.92	41.9	8.799
第六段	3506.73~3620.75	39.9	8.379
第七段	3411.93~3506.73	39.9	8.378
第八段	3316.24~3411.93	39.9	8.379

续表

分段	井段	加砂量（m³）	暂堵剂加量（kg）
第九段	3223.73~3316.24	39.9	8.380
第十段	3128.59~3223.73	39.9	8.379
第十一段	3006.07~3128.59	42	8.82
第十二段	2841.51~3006.07	42	8.85
合计		481.6	101.36

9. 泵注程序

从该井裸眼测井及砂体反演资料可以看出储层段离煤层较近，压裂裂缝纵向上易沟通煤层，压裂液滤失较大，施工砂堵风险比较大，因此，施工砂比不宜过高，前置液的比例较其他段有所增加。尤其是第一段施工，保证施工成功的基础上进行平稳加砂，确保施工顺利进行。

1）第一段压裂泵注程序（压裂井段4028.98~4117m，滑套位置4074.68m）

设计加砂量37.8m³，泵注液量314m³，平均砂比20.6%，前置液比例41.8%。详细数据见表7-10。

表7-10 第一段压裂泵注程序表

阶段	液名	施工液量（m³）		砂量（m³）	支撑剂类型	混砂液量（m³）	胶囊破胶剂（kg）	APS破胶剂（kg）	砂比（%）	排量（m³/min）		时间（min）
		液量	液氮							压裂液	液氮	
前置液	交联液	38	2.36			38	3.8			4.5	0.28	8.4
	交联液	10	0.64	0.5		10.3	2		5	4.5	0.28	2.3
	交联液	40	2.49	0		40	8			4.5	0.28	8.9
	交联液	10	0.65	0.7		10.3	2		7	4.5	0.28	2.3
	交联液	30	1.87	0	陶粒 34.8m³	30	9			4.5	0.28	6.7
携砂液	交联液	30	1.95	2.1		31.3	9		7	4.5	0.28	6.9
	交联液	40	2.7	5.6		43.4	16		14	4.5	0.28	9.6
	交联液	50	3.5	10.5		56.3		7.5	21	4.5	0.28	12.5
	交联液	30	2.18	8.4		35	4.5		28	4.5	0.28	7.8
	交联液	20	1.51	7		24.2		7	35	4.5	0.28	5.4
	交联液	8	0.61	3	覆膜陶粒 3m³	9.8		4	38	4.5	0.28	2.2
顶替	原胶液	5				5				4.5		1.1
投球	原胶液	3				3				1.5		2
合计		314	20.46	37.8		336.7	49.8	23				76.1

（1）现场施工技术人员可根据施工压力变化做好排量、砂比等相关参数的调整。

（2）待顶替液注入后，从井口旋塞阀投入1.375in球，采用冻胶液进行顶替投球，打开下级滑套所需顶替量为22.9m³，顶替19.9m³时降低排量到1.5m³/min，等待小球入座。送球过程中要注意调整排量，准确计算液量，并观察井口压力变化，确定球已入座并打开滑套后方可进行下段压裂施工。

(3) 施工后期若压力上升快,以500kg/m³砂浓度结束(图7-8、表7-11)。

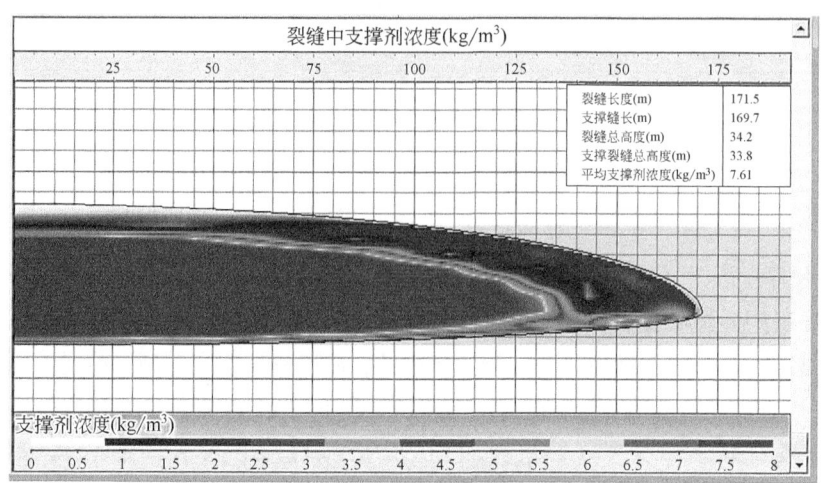

图7-8 第一段压裂裂缝模拟图

表7-11 第一段压裂裂缝模拟裂缝参数表

总液量 (m³)	314	20/40目陶粒及覆膜陶粒 (m³)	37.8
前置液体积 (m³)	128	裂缝长度 (m)	171.5
携砂液体积 (m³)	178	裂缝总高度 (m)	34.2
前置液百分比 (%)	41.8	平均支撑宽度 (mm)	5.54

2) 第二段压裂泵注程序(压裂井段3924.72~4028.98m,滑套位置3972.46m)

设计加砂量39.2m³,泵注液量311m³,平均砂比21.3%,前置液比例41.2%。详细数据见表7-12。

表7-12 第二段压裂泵注程序表

阶段	液名	施工液量 (m³)		砂量 (m³)	支撑剂类型	混砂液量 (m³)	胶囊破胶剂 (kg)	APS破胶剂 (kg)	砂比 (%)	排量 (m³/min)		时间 (min)
		液量	液氮							压裂液	液氮	
前置液	交联液	40	2.49			40.0	4			4.5	0.28	8.9
	交联液	10	0.64	0.5		10.3	2		5	4.5	0.28	2.3
	交联液	35	2.18	0.0		35.0	7			4.5	0.28	7.8
	交联液	10	0.65	0.7		10.4	3		7	4.5	0.28	2.3
	交联液	30	1.87	0.0	陶粒 36.2m³	30.0	9			4.5	0.28	6.7
携砂液	交联液	30	1.95	2.1		31.3	9		7	4.5	0.28	6.9
	交联液	35	2.36	4.9		37.9	14		14	4.5	0.28	8.4
	交联液	45	3.15	9.5		50.7		6.75	21	4.5	0.28	11.3
	交联液	35	2.54	9.8		40.9		5.25	28	4.5	0.28	9.1
	交联液	25	1.88	8.8		30.3		8.75	35	4.5	0.28	6.7
	交联液	8	0.61	3.0	覆膜陶粒 3m³	9.8		4	38	4.5	0.28	2.2

续表

阶段	液名	施工液量 (m^3)		砂量 (m^3)	支撑剂类型	混砂液量 (m^3)	胶囊破胶剂 (kg)	APS破胶剂 (kg)	砂比 (%)	排量 (m^3/min)		时间 (min)
		液量	液氮							压裂液	液氮	
顶替	原胶液	5				5.0				4.5		1.1
投球	原胶液	3				3.0				1.5		2.0
合计		311	20.32	39.3		334.5	48	24.75				75.7

(1) 现场施工技术人员可根据施工压力变化做好排量、砂比等相关参数的调整。

(2) 待顶替液注入后,从井口旋塞阀投入1.500in球,采用冻胶液进行顶替投球,打开下级滑套所需顶替量为22.1m^3,顶替19.1m^3时降低排量到1.5m^3/min,等待小球入座。送球过程中要注意调整排量,准确计算液量,并观察井口压力变化,确定球已入座并打开滑套后方可进行下段压裂施工。

(3) 施工后期若压力上升快,以500kg/m^3砂浓度结束(图7-9、表7-13)。

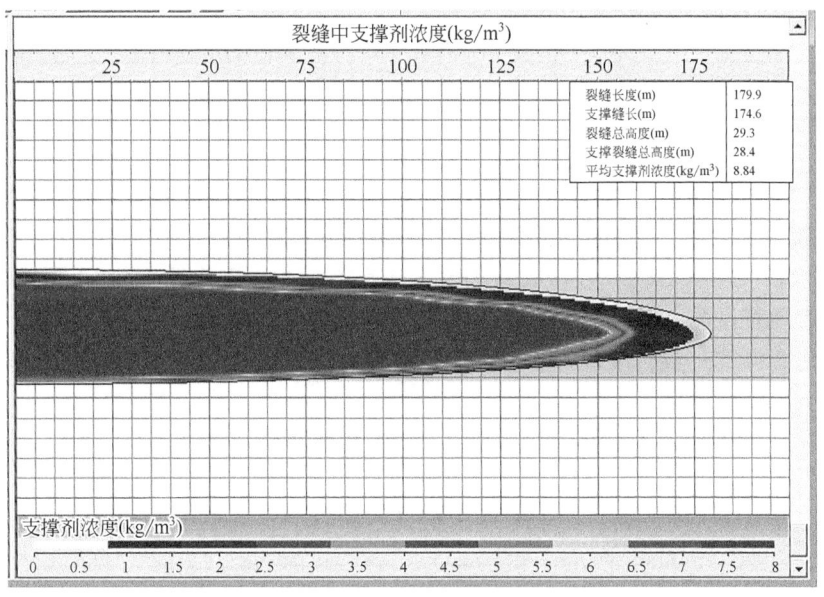

图7-9 第二段压裂裂缝模拟图

表7-13 第二段压裂裂缝模拟裂缝参数表

总液量(m^3)	311	20/40目陶粒及覆膜陶粒(m^3)	39.2
前置液体积(m^3)	125	裂缝长度(m)	179.9
携砂液体积(m^3)	178	裂缝总高度(m)	29.3
前置液百分比(%)	41.2	平均支撑宽度(mm)	6.13

3) 第三段压裂泵注程序(压裂井段3822.72~3924.72m,滑套位置3879.14m)

设计加砂量39.6m^3,泵注液量292m^3,平均砂比22.8%,前置液比例40.8%。详细数据见表7-14。

表 7-14 第三段压裂泵注程序表

阶段	液名	施工液量 (m³) 液量	液氮	砂量 (m³)	支撑剂类型	混砂液量 (m³)	胶囊破胶剂 (kg)	APS破胶剂 (kg)	砂比 (%)	排量 (m³/min) 压裂液	液氮	时间 (min)
前置液	交联液	36	2.24			36.0	3.6			4.5	0.28	8.0
	交联液	10	0.64	0.5		10.3	2		5	4.5	0.28	2.3
	交联液	35	2.18	0.0		35.0	7			4.5	0.28	7.8
	交联液	10	0.65	0.7		10.4	3		7	4.5	0.28	2.3
	交联液	25	1.56	0.0	陶粒 36.6m³	25.0	10			4.5	0.28	5.6
携砂液	交联液	20	1.30	1.4		20.8		2	7	4.5	0.28	4.6
	交联液	30	2.02	4.2		32.5		6	14	4.5	0.28	7.2
	交联液	45	3.15	9.5		50.7		11.25	21	4.5	0.28	11.3
	交联液	35	2.54	9.8		40.9		12.25	28	4.5	0.28	9.1
	交联液	30	2.26	10.5		36.3		10.5	35	4.5	0.28	8.1
	交联液	8	0.61	3.0	覆膜陶粒 3m³	9.8		4	38	4.5	0.28	2.2
顶替	原胶液	5				5.0				4.5		1.1
投球	原胶液	3				3.0				1.5		2.0
合计		292	19.15	39.6		315.7	25.6	46				71.6

（1）现场施工技术人员可根据施工压力变化做好排量、砂比等相关参数的调整。

（2）待顶替液注入后，从井口旋塞阀投入 1.625in 球，采用冻胶液进行顶替投球，打开下级滑套所需顶替量为 21.3m³，顶替 18.3m³ 时降低排量到 1.5m³/min，等待小球入座。送球过程中要注意调整排量，准确计算液量，并观察井口压力变化，确定球已入座并打开滑套后方可进行下段压裂施工。

（3）施工后期若压力上升快，以 500kg/m³ 砂浓度结束（图 7-10、表 7-15）。

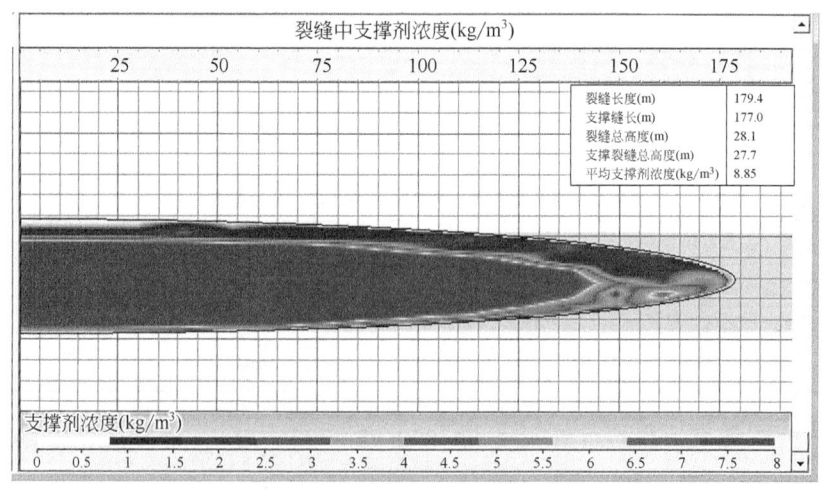

图 7-10 第三段压裂裂缝模拟图

表 7-15 第三段压裂裂缝模拟裂缝参数表

总液量（m³）	292	20/40目陶粒及覆膜陶粒（m³）	39.6
前置液体积（m³）	116	裂缝长度（m）	179.4
携砂液体积（m³）	168	裂缝总高度（m）	28.1
前置液百分比（%）	40.8	平均支撑宽度（mm）	6.24

4）第四段压裂泵注程序（压裂井段3725.92~3822.72m，滑套位置3776.94m）

设计加砂量39.6m³，泵注液量291m³，平均砂比22.8%，前置液比例40.6%。详细数据见表7-16。

表 7-16 第四段压裂泵注程序表

阶段	液名	施工液量（m³）		砂量（m³）	支撑剂类型	混砂液量（m³）	胶囊破胶剂（kg）	APS破胶剂（kg）	砂比（%）	排量（m³/min）		时间（min）
		液量	液氮							压裂液	液氮	
前置液	交联液	35	2.18			35.0	3.5			4.5	0.28	7.8
	交联液	10	0.64	0.5		10.3	2		5	4.5	0.28	2.3
	交联液	35	2.18	0.0		35.0	10.5			4.5	0.28	7.8
	交联液	10	0.65	0.7		10.4	3		7	4.5	0.28	2.3
	交联液	25	1.56	0.0	陶粒 36.6m³	25.0	10			4.5	0.28	5.6
携砂液	交联液	20	1.30	1.4		20.8		2	7	4.5	0.28	4.6
	交联液	30	2.02	4.2		32.5		6	14	4.5	0.28	7.2
	交联液	45	3.15	9.5		50.7		11.25	21	4.5	0.28	11.3
	交联液	35	2.54	9.8		40.9		8.75	28	4.5	0.28	9.1
	交联液	30	2.26	10.5		36.3		10.5	35	4.5	0.28	8.1
	交联液	8	0.61	3.0	覆膜陶粒3m³	9.8		4.4	38	4.5	0.28	2.2
顶替	原胶液	5				5.0				4.5		1.1
投球	原胶液	3				3.0				1.5		2.0
合计		291	19.09	39.6		314.7	29	42.9				71.4

（1）现场施工技术人员可根据施工压力变化做好排量、砂比等相关参数的调整。

（2）待顶替液注入后，从井口旋塞阀投入1.700in球，采用冻胶液进行顶替投球，打开下级滑套所需顶替量为20.5m³，顶替17.5m³时降低排量到1.5m³/min，等待小球入座。送球过程中要注意调整排量，准确计算液量，并观察井口压力变化，确定球已入座并打开滑套后方可进行下段压裂施工。

（3）施工后期若压力上升快，以500kg/m³砂浓度结束（图7-11、表7-17）。

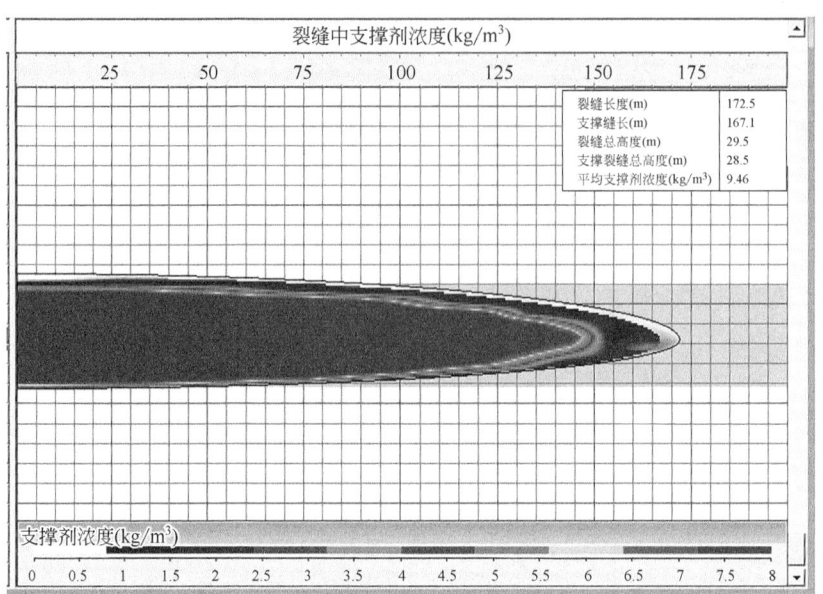

图 7-11 第四段压裂裂缝模拟图

表 7-17 第四段压裂裂缝模拟裂缝参数表

总液量（m³）	291	20/40 目陶粒及覆膜陶粒（m³）	39.6
前置液体积（m³）	115	裂缝长度（m）	172.5
携砂液体积（m³）	168	裂缝总高度（m）	29.5
前置液百分比（%）	40.6	平均支撑宽度（mm）	6.38

5）第五段压裂泵注程序（压裂井段 3620.75~3725.92m，滑套位置 3679.84m）

设计加砂量 41.9m³，泵注液量 307m³，平均砂比 22.9%，前置液比例 40.5%。详细数据见表 7-18。

表 7-18 第五段压裂泵注程序表

阶段	液名	施工液量（m³）		砂量（m³）	支撑剂类型	混砂液量（m³）	胶囊破胶剂（kg）	APS破胶剂（kg）	砂比（%）	排量（m³/min）		时间（min）
		液量	液氮							压裂液	液氮	
前置液	交联液	36	2.24			36.0	3.6			4.5	0.28	8.0
	交联液	10	0.64	0.5		10.3	2		5	4.5	0.28	2.3
	交联液	40	2.49	0.0		40.0	12			4.5	0.28	8.9
	交联液	10	0.65	0.7		10.4	3		7	4.5	0.28	2.3
	交联液	25	1.56	0.0	陶粒 38.9m³	25.0	10			4.5	0.28	5.6
携砂液	交联液	20	1.30	1.4		20.8		2	7	4.5	0.28	4.6
	交联液	30	2.02	4.2		32.5		6	14	4.5	0.28	7.2
	交联液	50	3.50	10.5		56.3		12.5	21	4.5	0.28	12.5
	交联液	42	3.05	11.8		49.1		10.5	28	4.5	0.28	10.9
	交联液	28	2.11	9.8		33.9		9.8	35	4.5	0.28	7.5
	交联液	8	0.61	3.0	覆膜陶粒 3m³	9.8		4	38	4.5	0.28	2.2

续表

阶段	液名	施工液量（m³）		砂量（m³）	支撑剂类型	混砂液量（m³）	胶囊破胶剂（kg）	APS破胶剂（kg）	砂比（%）	排量（m³/min）		时间（min）
		液量	液氮							压裂液	液氮	
顶替	原胶液	5				5.0				4.5		1.1
投球	原胶液	3				3.0				1.5		2.0
合计		307	20.17	41.9		332.1	30.6	44.8				75.1

（1）现场施工技术人员可根据施工压力变化做好排量、砂比等相关参数的调整。

（2）待顶替液注入后，从井口旋塞阀投入1.875in球，采用冻胶液进行顶替投球，打开下级滑套所需顶替量为19.6m³，顶替16.6m³时降低排量到1.5m³/min，等待小球入座。送球过程中要注意调整排量，准确计算液量，并观察井口压力变化，确定球已入座并打开滑套后方可进行下段压裂施工。

（3）施工后期若压力上升快，以500kg/m³砂浓度结束（图7-12、表7-19）。

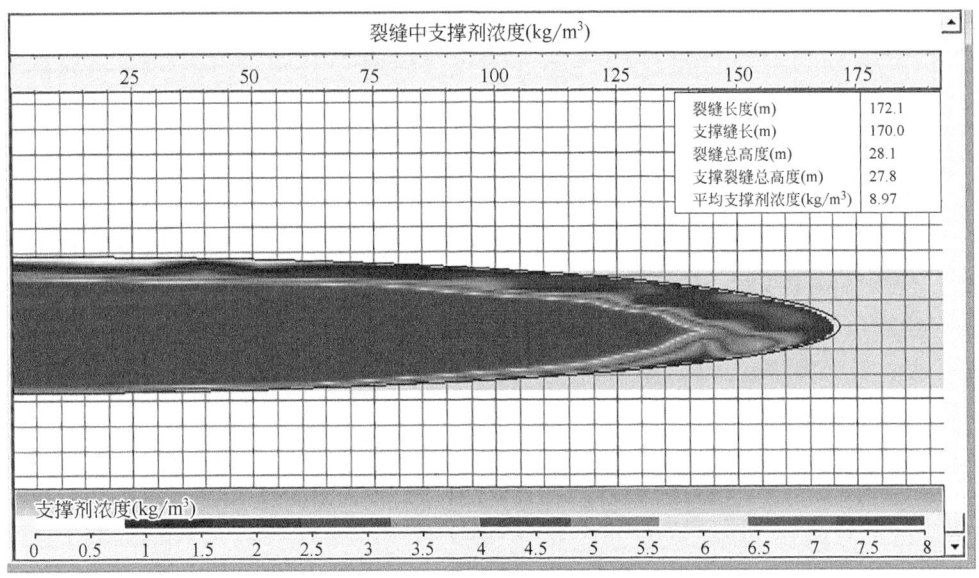

图7-12 第五段压裂裂缝模拟图

表7-19 第五段压裂裂缝模拟裂缝参数表

总液量（m³）	307	20/40目陶粒及覆膜陶粒（m³）	41.9
前置液体积（m³）	121	裂缝长度（m）	172.1
携砂液体积（m³）	178	裂缝总高度（m）	28.1
前置液百分比（%）	40.5	平均支撑宽度（mm）	6.27

6）第六段压裂泵注程序（压裂井段3506.73~3620.75m，滑套位置3574m）

设计加砂量39.9m³，泵注液量298m³，平均砂比22.4%，前置液比例40.3%。详细数据见表7-20。

表 7-20 第六段压裂泵注程序表

阶段	液名	施工液量 (m³)		砂量 (m³)	支撑剂类型	混砂液量 (m³)	胶囊破胶剂 (kg)	APS破胶剂 (kg)	砂比 (%)	排量 (m³/min)		时间 (min)
		液量	液氮							压裂液	液氮	
前置液	交联液	37	2.30			37.0	3.7			4.5	0.28	8.2
	交联液	10	0.64	0.5		10.3	2		5	4.5	0.28	2.3
	交联液	30	1.87	0.0		30.0	9			4.5	0.28	6.7
	交联液	10	0.65	0.7		10.4	3		7	4.5	0.28	2.3
	交联液	30	1.87	0.0	陶粒 36.9m³	30.0	12			4.5	0.28	6.7
携砂液	交联液	25	1.62	1.8		26.1		2.5	7	4.5	0.28	5.8
	交联液	30	2.02	4.2		32.5		6	14	4.5	0.28	7.2
	交联液	45	3.15	9.5		50.7		11.25	21	4.5	0.28	11.3
	交联液	35	2.54	9.8		40.9		8.75	28	4.5	0.28	9.1
	交联液	30	2.26	10.5		36.3		10.5	35	4.5	0.28	8.1
	交联液	8	0.61	3.0	覆膜陶粒 3m³	9.8		4	38	4.5	0.28	2.2
顶替	原胶液	5				5.0				4.5		1.1
投球	原胶液	3				3.0				1.5		2.0
合计		298	19.53	40		322.0	29.7	43				73

（1）现场施工技术人员可根据施工压力变化做好排量、砂比等相关参数的调整。

（2）待顶替液注入后，从井口旋塞阀投入2.000in球，采用冻胶液进行顶替投球，打开下级滑套所需顶替量为18.8m³，顶替15.8m³时降低排量到1.5m³/min，等待小球入座。送球过程中要注意调整排量，准确计算液量，并观察井口压力变化，确定球已入座并打开滑套后方可进行下段压裂施工。

（3）施工后期若压力上升快，以500kg/m³砂浓度结束（图7-13、表7-21）。

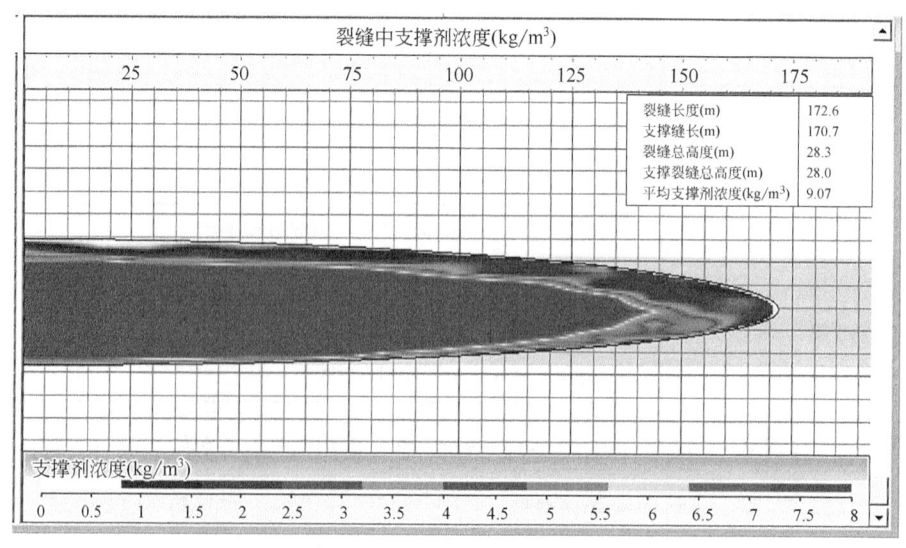

图 7-13 第六段压裂裂缝模拟图

表 7-21 第六段压裂裂缝模拟裂缝参数表

总液量（m³）	298	20/40目陶粒及覆膜陶粒（m³）	39.9
前置液体积（m³）	117	裂缝长度（m）	172.6
携砂液体积（m³）	173	裂缝总高度（m）	28.3
前置液百分比（%）	40.3	平均支撑宽度（mm）	6.31

7）第七段压裂泵注程序（压裂井段3411.93~3506.73m，滑套位置3468.69m）

设计加砂量39.9m³，泵注液量297m³，平均砂比22.4%，前置液比例40.1%。详细数据见表7-22。

表 7-22 第七段压裂泵注程序表

阶段	液名	施工液量（m³）		砂量（m³）	支撑剂类型	混砂液量（m³）	胶囊破胶剂（kg）	APS破胶剂（kg）	砂比（%）	排量（m³/min）		时间（min）
		液量	液氮							压裂液	液氮	
前置液	交联液	36	2.24			36.0	3.6			4.5	0.28	8.0
	交联液	10	0.64	0.5		10.3	2		5	4.5	0.28	2.3
	交联液	30	1.87	0.0		30.0	9			4.5	0.28	6.7
	交联液	10	0.65	0.7		10.4	3		7	4.5	0.28	2.3
	交联液	30	1.87	0.0	陶粒 36.9m³	30.0	12			4.5	0.28	6.7
携砂液	交联液	25	1.62	1.8		26.1		2.5	7	4.5	0.28	5.8
	交联液	30	2.02	4.2		32.5		7.5	14	4.5	0.28	7.2
	交联液	45	3.15	9.5		50.7		11.25	21	4.5	0.28	11.3
	交联液	35	2.54	9.8		40.9		8.75	28	4.5	0.28	9.1
	交联液	30	2.26	10.5		36.3		10.5	35	4.5	0.28	8.1
	交联液	8	0.61	3.0	覆膜陶粒 3m³	9.8		4.4	38	4.5	0.28	2.2
顶替	原胶液	5				5.0				4.5		1.1
观测	原胶液	3				3.0				1.5		2.0
合计		297	19.47	40		321.0	29.6	44.9				72.8

（1）现场施工技术人员可根据施工压力变化做好排量、砂比等相关参数的调整。

（2）待顶替液注入后，从井口投入2.125in球，采用冻胶液进行顶替投球，打开下级滑套所需顶替量为17.9m³，顶替14.9m³时降低排量到1.5m³/min，等待小球入座。送球过程中要注意调整排量，准确计算液量，并观察井口压力变化，确定球已入座并打开滑套后方可进行下段压裂施工。

（3）施工后期若压力上升快，以500kg/m³砂浓度结束（图7-14、表7-23）。

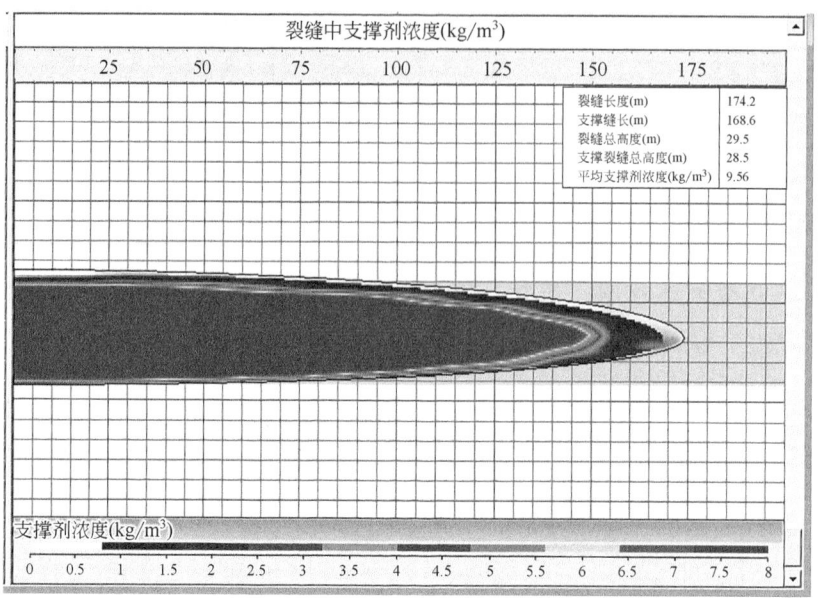

图 7-14 第七段压裂裂缝模拟图

表 7-23 第七段压裂裂缝模拟裂缝参数表

总液量（m³）	297	20/40 目陶粒及覆膜陶粒（m³）	39.9
前置液体积（m³）	116	裂缝长度（m）	174.2
携砂液体积（m³）	173	裂缝总高度（m）	29.5
前置液百分比（%）	40.1	平均支撑宽度（mm）	6.4

8）第八段压裂泵注程序（压裂井段 3316.24~3411.93m，滑套位置 3365.87m）

设计加砂量 39.9m³，泵注液量 296m³，平均砂比 22.4%，前置液比例 39.9%。详细数据见表 7-24。

表 7-24 第八段压裂泵注程序表

阶段	液名	施工液量（m³）		砂量（m³）	支撑剂类型	混砂液量（m³）	胶囊破胶剂（kg）	APS破胶剂（kg）	砂比（%）	排量（m³/min）		时间（min）
		液量	液氮							压裂液	液氮	
前置液	交联液	35	2.18			35.0	3.5			4.5	0.28	7.8
	交联液	10	0.64	0.5		10.3	2		5	4.5	0.28	2.3
	交联液	30	1.87	0.0		30.0	9			4.5	0.28	6.7
	交联液	10	0.65	0.7		10.4	3		7	4.5	0.28	2.3
	交联液	30	1.87	0.0	陶粒 36.9m³	30.0	12			4.5	0.28	6.7
携砂液	交联液	25	1.62	1.8		26.1		2.5	7	4.5	0.28	5.8
	交联液	30	2.02	4.2		32.5		6	14	4.5	0.28	7.2
	交联液	45	3.15	9.5		50.7		11.25	21	4.5	0.28	11.3
	交联液	35	2.54	9.8		40.9		12.25	28	4.5	0.28	9.1
	交联液	30	2.26	10.5		36.3		10.5	35	4.5	0.28	8.1
	交联液	8	0.61	3.0	覆膜陶粒 3m³	9.8		4.4	38	4.5	0.28	2.2

续表

阶段	液名	施工液量（m³）		砂量（m³）	支撑剂类型	混砂液量（m³）	胶囊破胶剂（kg）	APS破胶剂（kg）	砂比（%）	排量（m³/min）		时间（min）
		液量	液氮							压裂液	液氮	
顶替	原胶液	5				5.0				4.5		1.1
投球	原胶液	3				3.0				1.5		2.0
合计		296	19.41	40		320.0	29.5	46.9				72.6

（1）现场施工技术人员可根据施工压力变化做好排量、砂比等相关参数的调整。

（2）待顶替液注入后，从井口投入 2.250in 球，采用冻胶液进行顶替投球，打开下级滑套所需顶替量为 17.2m³，顶替 14.2m³ 时降低排量到 1.5m³/min，等待小球入座。送球过程中要注意调整排量，准确计算液量，并观察井口压力变化，确定球已入座并打开滑套后方可进行下段压裂施工。

（3）施工后期若压力上升快，以 500kg/m³ 砂浓度结束（图 7-15、表 7-25）。

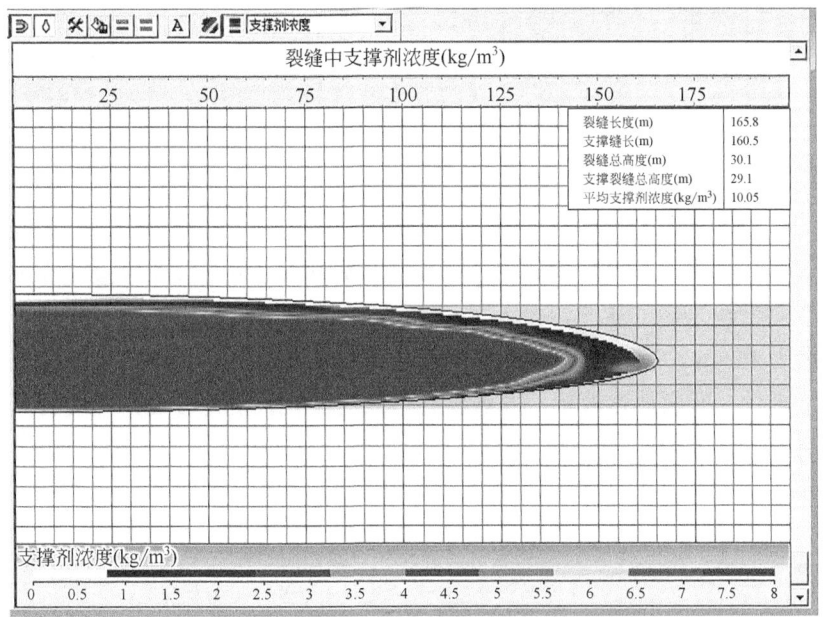

图 7-15 第八段压裂裂缝模拟图

表 7-25 第八段压裂裂缝模拟裂缝参数表

总液量（m³）	296	20/40目陶粒及覆膜陶粒（m³）	39.9
前置液体积（m³）	115	裂缝长度（m）	165.8
携砂液体积（m³）	173	裂缝总高度（m）	30.1
前置液百分比（%）	39.9	平均支撑宽度（mm）	6.25

9）第九段压裂泵注程序（压裂井段 3223.73~3316.24m，滑套位置 3269.81m）

设计加砂量 39.9m³，泵注液量 295m³，平均砂比 22.4%，前置液比例 39.7%。详细数据见表 7-26。

表 7-26 第九段压裂泵注程序表

阶段	液名	施工液量 (m^3)		砂量 (m^3)	支撑剂类型	混砂液量 (m^3)	胶囊破胶剂 (kg)	APS破胶剂 (kg)	砂比 (%)	排量 (m^3/min)		时间 (min)
		液量	液氮							压裂液	液氮	
前置液	交联液	34	2.12			34.0	3.4			4.5	0.28	7.6
	交联液	10	0.64	0.5		10.3	2		5	4.5	0.28	2.3
	交联液	30	1.87	0.0		30.0	9			4.5	0.28	6.7
	交联液	10	0.65	0.7		10.4	3		7	4.5	0.28	2.3
	交联液	30	1.87	0.0	陶粒 36.9m^3	30.0	12			4.5	0.28	6.7
携砂液	交联液	25	1.62	1.8		26.1		2.5	7	4.5	0.28	5.8
	交联液	30	2.02	4.2		32.5		6	14	4.5	0.28	7.2
	交联液	45	3.15	9.5		50.7		11.25	21	4.5	0.28	11.3
	交联液	35	2.54	9.8		40.9		12.25	28	4.5	0.28	9.1
	交联液	30	2.26	10.5		36.3		10.5	35	4.5	0.28	8.1
	交联液	8	0.61	3.0	覆膜陶粒 3m^3	9.8		4.4	38	4.5	0.28	2.2
顶替	原胶液	5				5.0				4.5		1.1
投球	原胶液	3				3.0				1.5		2.0
合计		295	19.35	40		319.0	29.4	46.9				72.4

(1) 现场施工技术人员可根据施工压力变化做好排量、砂比等相关参数的调整。

(2) 待顶替液注入后,从井口投入 2.375in 球,采用冻胶液进行顶替投球,打开下级滑套所需顶替量为 16.4m^3,顶替 13.4m^3 时降低排量到 1.5m^3/min,等待小球入座。送球过程中要注意调整排量,准确计算液量,并观察井口压力变化,确定球已入座并打开滑套后方可进行下段压裂施工。

(3) 施工后期若压力上升快,以 500kg/m^3 砂浓度结束(图 7-16、表 7-27)。

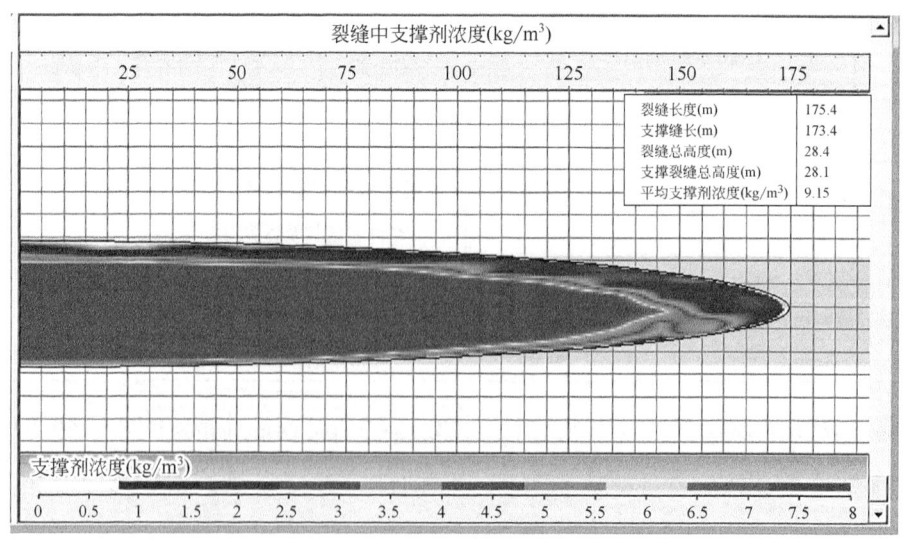

图 7-16 第九段压裂裂缝模拟图

表 7-27 第九段压裂裂缝模拟裂缝参数表

总液量（m³）	295	20/40 目陶粒及覆膜陶粒（m³）	39.9
前置液体积（m³）	114	裂缝长度（m）	175.4
携砂液体积（m³）	173	裂缝总高度（m）	28.4
前置液百分比（%）	39.7	平均支撑宽度（mm）	6.33

10）第十段压裂泵注程序（压裂井段 3128.59~3223.73m，滑套位置 3174.36m）

设计加砂量 39.9m³，泵注液量 294m³，平均砂比 22.4%，前置液比例 39.5%。详细数据见表 7-28。

表 7-28 第十段压裂泵注程序表

阶段	液名	施工液量（m³）		砂量（m³）	支撑剂类型	混砂液量（m³）	胶囊破胶剂（kg）	APS破胶剂（kg）	砂比（%）	排量（m³/min）		时间（min）
		液量	液氮							压裂液	液氮	
前置液	交联液	38	2.36			38.0	3.8			4.5	0.28	8.4
	交联液	10	0.64	0.5		10.3	2		5	4.5	0.28	2.3
	交联液	25	1.56	0.0		25.0	7.5			4.5	0.28	5.6
	交联液	10	0.65	0.7		10.4	3		7	4.5	0.28	2.3
	交联液	30	1.87	0.0	陶粒 36.9m³	30.0	12			4.5	0.28	6.7
携砂液	交联液	25	1.62	1.8		26.1		5	7	4.5	0.28	5.8
	交联液	30	2.02	4.2		32.5		7.5	14	4.5	0.28	7.2
	交联液	45	3.15	9.5		50.7		11.25	21	4.5	0.28	11.3
	交联液	35	2.54	9.8		40.9		12.25	28	4.5	0.28	9.1
	交联液	30	2.26	10.5		36.3		10.5	35	4.5	0.28	8.1
	交联液	8	0.61	3.0	覆膜陶粒 3m³	9.8		4.4	38	4.5	0.28	2.2
顶替	原胶液	5				5.0				4.5		1.1
投球	原胶液	3				3.0				1.5		2.0
合计		294	19.28	40		318.0	28.3	50.9				72.1

（1）现场施工技术人员可根据施工压力变化做好排量、砂比等相关参数的调整。

（2）待顶替液注入后，从井口投入 2.500in 球，采用冻胶液进行顶替投球，打开下级滑套所需顶替量为 15.5m³，顶替 12.5m³ 时降低排量到 1.5m³/min，等待小球入座。送球过程中要注意调整排量，准确计算液量，并观察井口压力变化，确定球已入座并打开滑套后方可进行下段压裂施工。

（3）施工后期若压力上升快，以 500kg/m³ 砂浓度结束（图 7-17、表 7-29）。

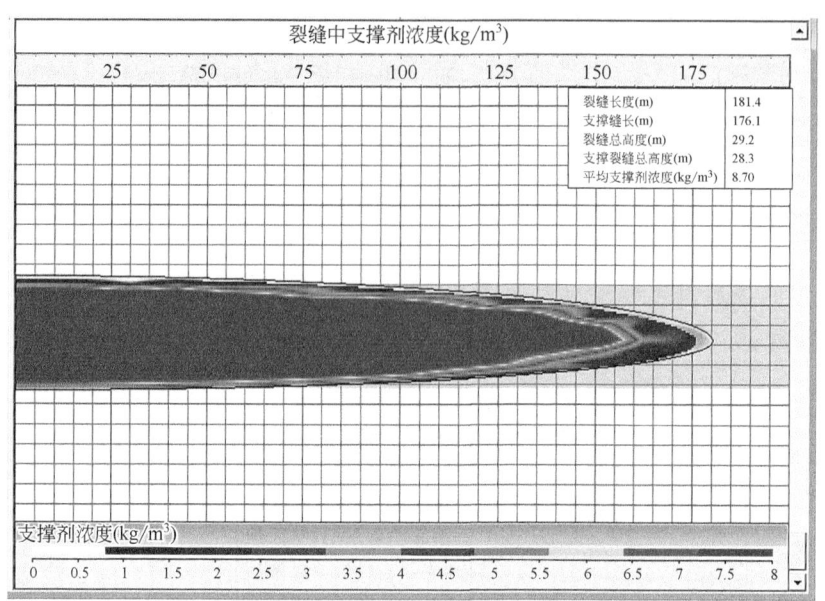

图 7-17 第十段压裂裂缝模拟图

表 7-29 第十段压裂裂缝模拟裂缝参数表

总液量（m³）	294	20/40 目陶粒及覆膜陶粒（m³）	39.9
前置液体积（m³）	113	裂缝长度（m）	181.4
携砂液体积（m³）	173	裂缝总高度（m）	29.2
前置液百分比（%）	39.5	平均支撑宽度（mm）	6.33

11）第十一段压裂泵注程序（压裂井段 3006.07~3128.59m，滑套位置 3068.83m）

设计加砂量 42m³，泵注液量 301m³，平均砂比 22.9%，前置液比例 39.2%。详细数据见表 7-30。

表 7-30 第十一段压裂泵注程序表

阶段	液名	施工液量（m³）		砂量（m³）	支撑剂类型	混砂液量（m³）	胶囊破胶剂（kg）	APS破胶剂（kg）	砂比（%）	排量（m³/min）		时间（min）
		液量	液氮							压裂液	液氮	
前置液	交联液	33	2.05		陶粒 39m³	33.0	6.6			4.5	0.28	7.3
	交联液	10	0.64	0.5		10.3	2		5	4.5	0.28	2.3
	交联液	30	1.87	0.0		30.0	9			4.5	0.28	6.7
	交联液	10	0.65	0.7		10.4	3		7	4.5	0.28	2.3
	交联液	32	1.99	0.0		32.0	12.8			4.5	0.28	7.1
携砂液	交联液	20	1.30	1.4		20.8		4	7	4.5	0.28	4.6
	交联液	35	2.36	4.9		37.9		8.75	14	4.5	0.28	8.4
	交联液	40	2.80	8.4		45.0		10	21	4.5	0.28	10.0
	交联液	45	3.27	12.6		52.6		15.75	28	4.5	0.28	11.7
	交联液	30	2.26	10.5		36.3		10.5	35	4.5	0.28	8.1
	交联液	8	0.61	3.0	覆膜陶粒 3m³	9.8		4.4	38	4.5	0.28	2.2

续表

阶段	液名	施工液量（m³）		砂量（m³）	支撑剂类型	混砂液量（m³）	胶囊破胶剂（kg）	APS破胶剂（kg）	砂比（%）	排量（m³/min）		时间（min）
		液量	液氮							压裂液	液氮	
顶替	原胶液	5				5.0				4.5		1.1
投球	原胶液	3				3.0				1.5		2.0
合计		301	19.80	42.0		326.1	33.4	53.4				73.8

(1) 现场施工技术人员可根据施工压力变化做好排量、砂比等相关参数的调整。

(2) 待顶替液注入后，从井口投入2.625in球，采用冻胶液进行顶替投球，打开下级滑套所需顶替量为14.7m³，顶替11.7m³时降低排量到1.5m³/min，等待小球入座。送球过程中要注意调整排量，准确计算液量，并观察井口压力变化，确定球已入座并打开滑套后方可进行下段压裂施工。

(3) 施工后期若压力上升快，以500kg/m³砂浓度结束（图7-18、表7-31）。

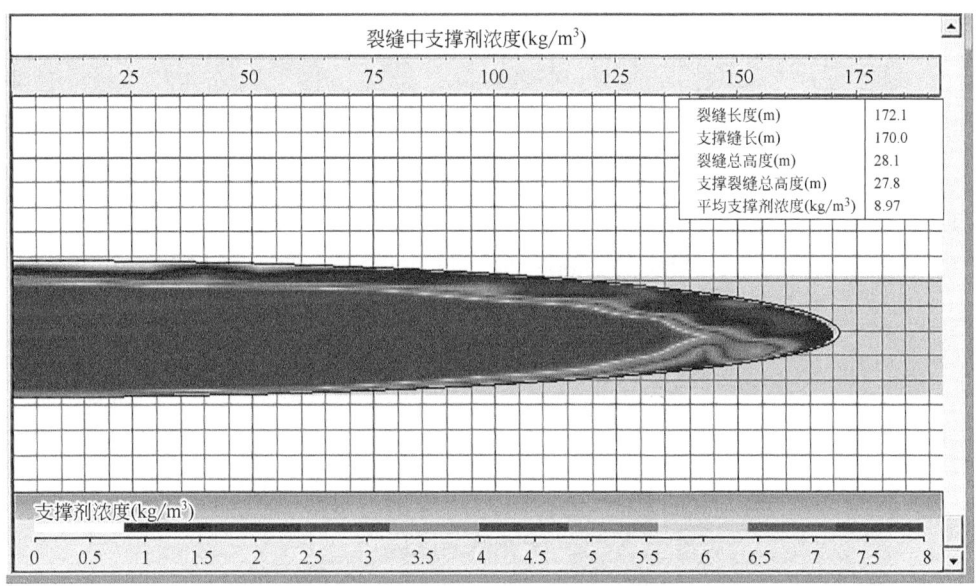

图7-18 第十一段压裂裂缝模拟图

表7-31 第十一段压裂裂缝模拟裂缝参数表

总液量（m³）	301	20/40目陶粒及覆膜陶粒（m³）	42
前置液体积（m³）	115	裂缝长度（m）	172.1
携砂液体积（m³）	178	裂缝总高度（m）	28.1
前置液百分比（%）	39.2	平均支撑宽度（mm）	6.27

12) 第十二段压裂泵注程序（压裂井段2841.51~3006.07m，滑套位置2962.86m）

设计加砂量42.0m³，泵注液量306.7m³，平均砂比22.9%，前置液比例39%。详细数据见表7-32。

表 7-32 第十二段压裂泵注程序表

阶段	液名	施工液量 (m^3)		砂量 (m^3)	支撑剂类型	混砂液量 (m^3)	胶囊破胶剂 (kg)	APS破胶剂 (kg)	砂比 (%)	排量 (m^3/min)		时间 (min)
		液量	液氮							压裂液	液氮	
前置液	交联液	32	1.99			32.0	6.4			4.5	0.28	7.1
	交联液	10	0.64	0.5		10.3	3		5	4.5	0.28	2.3
	交联液	30	1.87	0.0		30.0	9			4.5	0.28	6.7
	交联液	10	0.65	0.7		10.4	4		7	4.5	0.28	2.3
	交联液	32	1.99	0.0	陶粒 39.0m^3	32.0	12.8			4.5	0.28	7.1
携砂液	交联液	20	1.30	1.4		20.8		5	7	4.5	0.28	4.6
	交联液	35	2.36	4.9		37.9		8.75	14	4.5	0.28	8.4
	交联液	40	2.80	8.4		45.0		14	21	4.5	0.28	10.0
	交联液	45	3.27	12.6		52.6		15.75	28	4.5	0.28	11.7
	交联液	30	2.26	10.5		36.3		10.5	35	4.5	0.28	8.1
	交联液	8	0.61	3.0	覆膜陶粒 3m^3	9.8		4.4	38	4.5	0.28	2.2
顶替	原胶液	14.7				14.7				4.5		3.3
合计		306.7	19.74	42.0		331.8	35.2	58.4				73.8

（1）现场施工技术人员可根据施工压力变化做好排量、砂比等相关参数的调整。

（2）正常顶替 14.7m^3 原胶液。

（3）施工后期若压力上升快，以 500kg/m^3 砂浓度结束（图 7-19、表 7-33）。

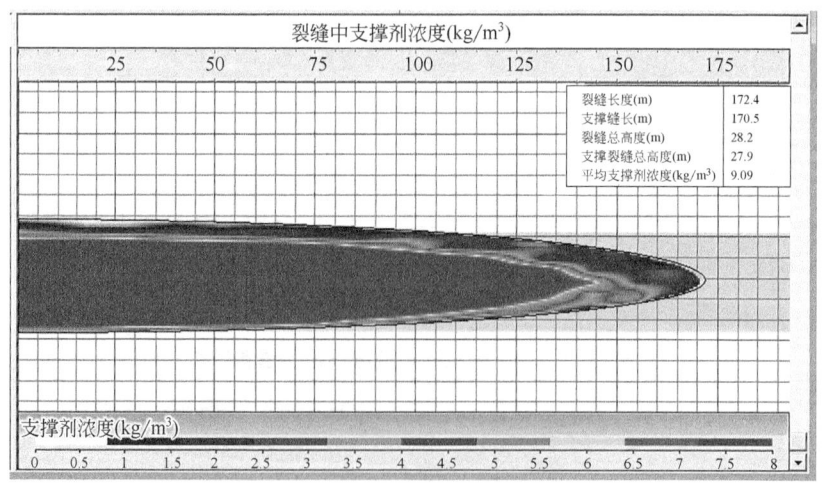

图 7-19 第十二段压裂裂缝模拟图

表 7-33 第十二段压裂裂缝模拟裂缝参数表

总液量（m^3）	306.7	20/40目陶粒及覆膜陶粒（m^3）	42.0
前置液体积（m^3）	114	裂缝长度（m）	172.4
携砂液体积（m^3）	178	裂缝总高度（m）	28.2
前置液百分比（%）	39	平均支撑宽度（mm）	6.3

DPH-207井全部十二段压裂设计参数汇总见表7-34。

表7-34　DPH-207井十二段压裂设计参数

分段	前置液量（m^3）	携砂液量（m^3）	前置液比例（%）	总液量（m^3）	砂量（m^3）	平均砂比（%）	液氮量（m^3）
第一段	128	178	41.8	314	37.8	20.6	20.45
第二段	125	178	41.2	311	39.2	21.4	20.32
第三段	116	168	40.8	292	39.6	22.8	19.15
第四段	115	168	40.6	291	39.6	22.9	19.09
第五段	121	178	40.4	307	41.9	22.9	20.17
第六段	117	173	40.3	298	39.9	22.4	19.54
第七段	116	173	40.1	297	39.9	22.4	19.47
第八段	115	173	39.9	296	39.9	22.4	19.41
第九段	114	148	39.7	295	39.9	22.4	19.35
第十段	113	173	39.5	294	39.9	22.4	19.29
第十一段	115	178	39.2	301	42	22.9	19.8
第十二段	114	178	39	306.7	42	22.9	19.74
合计				3602.7	481.6		235.78

DPH-207井压裂液罐、用水及液氮准备情况见表7-35。

表7-35　DPH-207井压裂液罐、用水及液氮准备情况一览表

名称	总罐数（个）	30m^3 原胶液罐（个）	原胶液用水（m^3）	30m^3 活性水液罐（个）	活性水用水（m^3）	液氮（m^3）
数量	141	139	3892	1	28	236

DPH-207井压裂液材料用量及备量见表7-36。

表7-36　DPH-207井压裂液材料用量及备量表

压裂用添加剂	基液	交联液	实际用量
羟丙基瓜尔胶（一级）（kg）	17514	—	17514
氯化钾（kg）	38920	280	39200
杀菌剂（kg）	5838	—	5838
助排剂（kg）	7784	56	7840
碳酸钠（kg）	7784	—	7784
起泡剂（kg）	38920	—	38920
过硫酸铵（kg）	—	—	525.9
胶囊破胶剂（kg）	—	—	398.1
交联剂A剂（kg）	—	—	11676
交联剂B剂（kg）	—	—	700.56

第二节 D1-1-39井压裂暂堵剂加量及参数设计

一、D1-1-39井基本概况

1. 钻井和固井基本情况

D1-1-39井钻井基本数据见表7-37。

表7-37 D1-1-39井钻井基本数据表

地面海拔（m）		1293.28		设计井深（m）		2955	
联入（m）				完钻井深（m）		2963.0	
开钻日期		—		完钻日期	—	人工井底（m）	2937.33（实探）
完钻层位		石炭系太原组		固井质量		优	
井身结构		钻头 311.15mm×241.51m+套管 244.48mm×240.52m 钻头 215.9mm×2963m+套管 139.7mm×2961.16m					
套管程序	尺寸（mm）	钢级	壁厚（mm）	下入深度（m）	抗内压强度（MPa）	水泥返高（m）	出地高（m）
表层套管	244.48	J55	10.03	240.52	24.3	地面	—
油层套管	139.7	N80	9.17	2961.16	63.4	975	—
定位短节	尺寸（mm）			钢级		下深（m~m）	
	139.7			N80		①2670.5~2673.5 ②2740.5~2742.3 ③2842.8~2845.8	
目的层附近套管接箍数据（从固井质量测井图中读出）(m)	2670.5、2673.5、2684.7、2695.9、2707.0、2718.1、2729.3、2740.5、2742.3、2753.5、2764.6、2775.9、2787.0、2798.1、2809.3、2820.5、2831.5、2842.8、2845.8、2857.0、2867.2、2877.5、2887.6、2899.0、2909.0、2919.2、2929.5						

D1-1-39井山1-1、盒1-1层固井质量曲线如图7-20所示。

2. 录井岩性和油气显示情况

D1-1-39井山1-1、盒1-1层录井岩性及油气显示情况见表7-38。

表7-38 D1-1-39井山1-1、盒1-1层录井显示数据表

层位	井段（m）	视厚度（m）	岩性	全烃净增（%）	槽面显示	评价级别
盒1-1	2796.5~2799.0	2.5	灰白色粗砂岩	44.186	针尖状气泡约20%	气层
山1-1	2894.0~2896.0	2.0	灰白色中砂岩	22.425	针尖状气泡约10%	气层
	2898.5~2900.5	2.0	灰白色中砂岩	6.999	针尖状气泡<5%	含气层
	2912.0~2919.0	7.0	灰白色中砂岩	3.845	针尖状气泡<5%	含气层

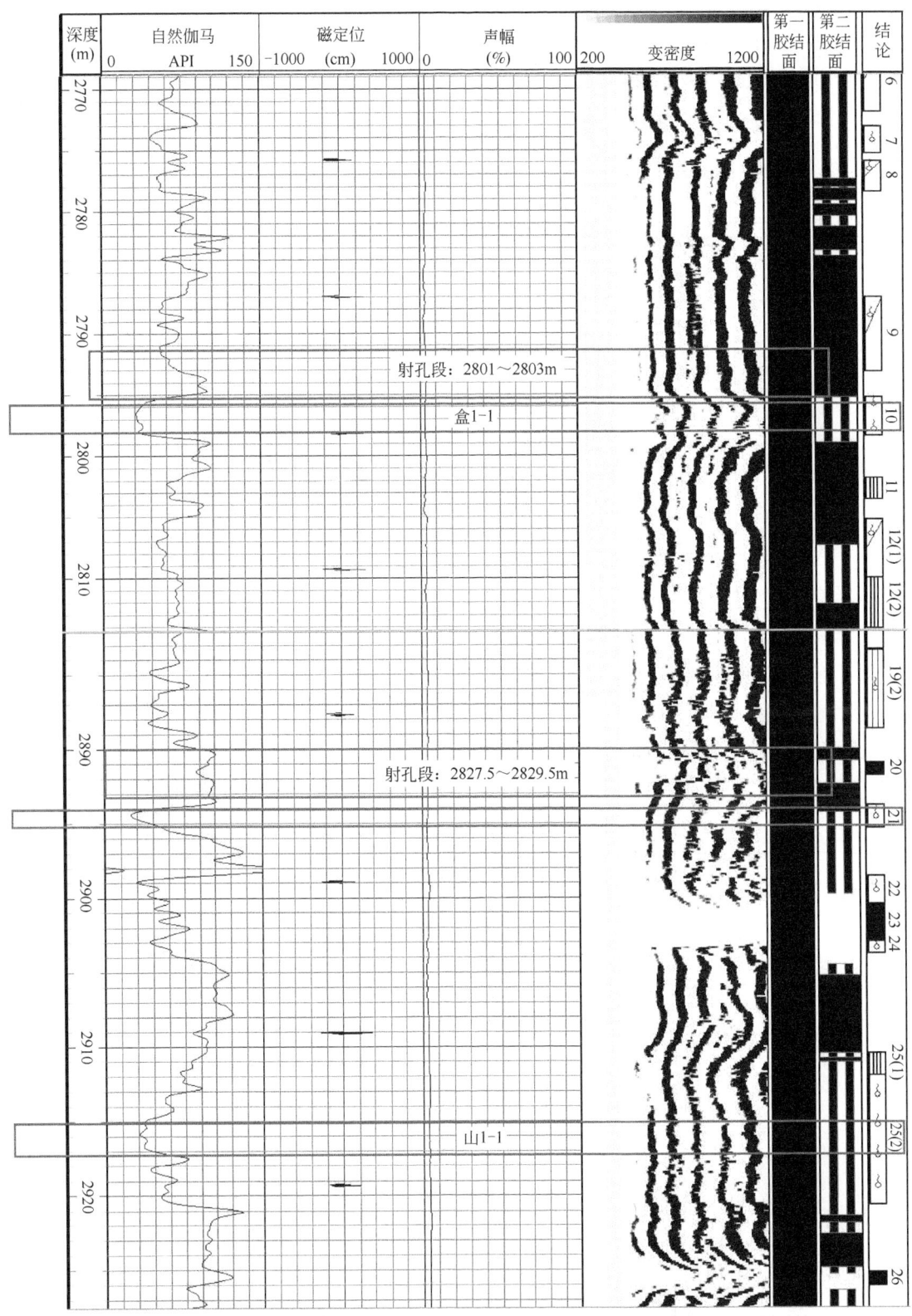

图 7-20 D1-1-39 井山 1-1、盒 1-1 层固井质量曲线

3. 测井解释数据

D1-1-39井山1-1、盒1-1层测井数据见表7-39，D1-1-39井山1-1、盒1-1层测井解释成果图如图7-21所示。

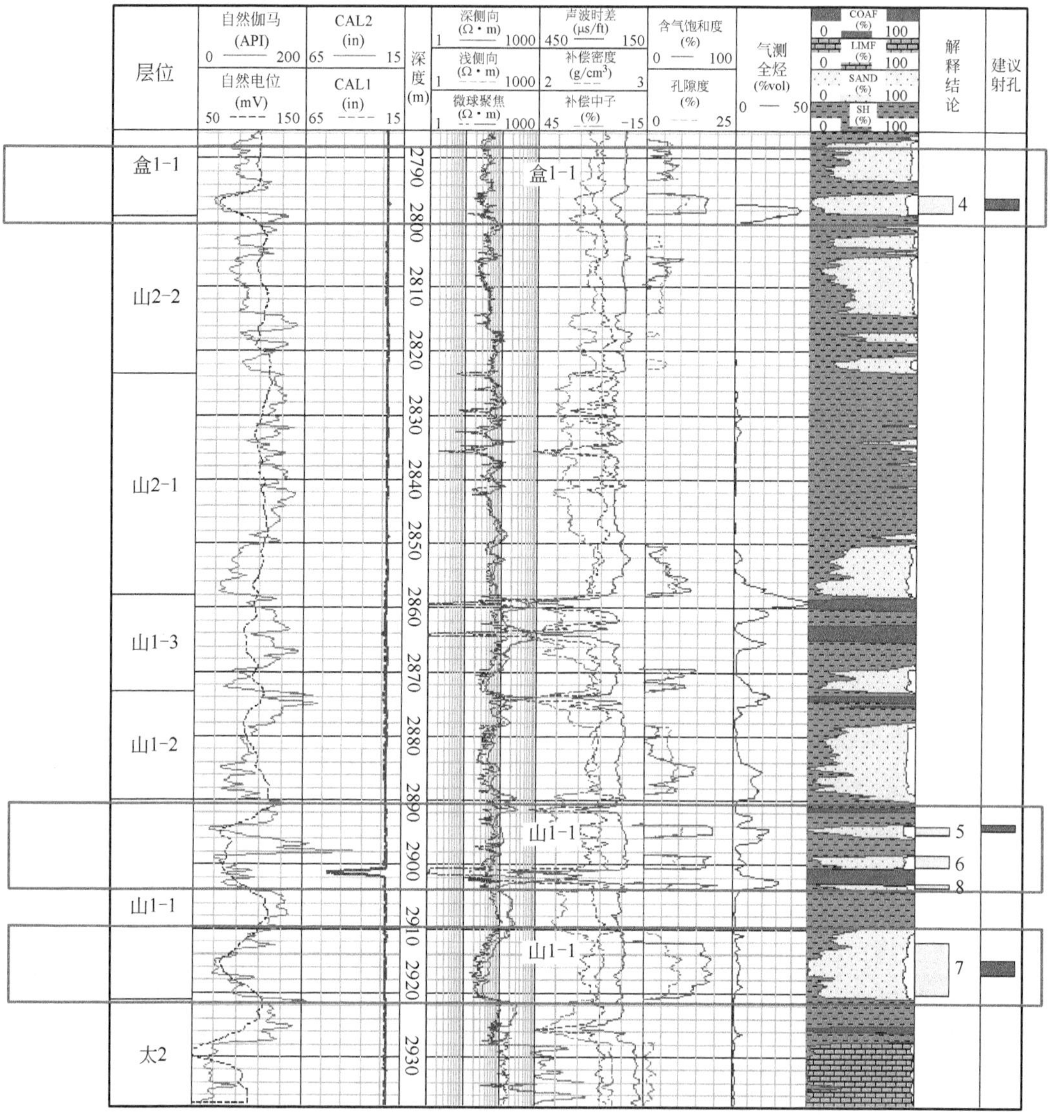

图7-21 D1-1-39井山1-1、盒1-1层测井解释成果图

表7-39 D1-1-39井山1-1、盒1-1层测井解释数据表

层位	井段 （m）	视厚度 （m）	自然 伽马 （API）	深侧向 电阻率 （Ω·m）	声波 时差 （μs/m）	补偿 中子 （%）	密度 （g/cm³）	泥质 含量 （%）	孔隙度 （%）	渗透率 （mD）	含气 饱和度 （%）	解释 结论
盒1-1	2795.3~2798.5	3.2	46.8	30.8	233.9	13.9	2.40	10.2	10.1	2.56	64.7	气层
山1-1	2893.8~2895.4	1.6	53.3	113.2	205.1	9.2	2.42	14.1	10.7	2.83	76.2	气层
	2898.6~2900.5	1.9	57.1	65.8	198.5	5.9	2.48	16.1	9.8	2.15	69.3	气层
	2912.0~2920.7	8.7	76.6	54.5	210.8	8.9	2.49	13.0	8.1	1.08	66.0	气层

4. 邻井对比

D1-1-39 井山 1-1 层邻井 D1-1-97、D1-1-32、D1-1-41、D1-1-188 井均已打开试气。D1-1-97 井距 D1-1-39 井 636m，该井山 1-1 层气厚 6.7m，累产气 1709×10^{4}m^3，根据容积法折算泄气半径 230m，泄气半径低于井距，不存在井间干扰。D1-1-32 井距 D1-1-39 井 817m，该井 2014 年补孔山 1-1 层，累产气 2975×10^{4}m^3，根据容积法折算泄气半径 415m，泄气半径低于井距，不存在井间干扰。D1-1-41 井距 D1-1-39 井 702m，该井 2017 年补孔太 2、山 1-1、山 1-2 层，山 1-1 层累产气 355×10^{4}m^3，根据容积法折算泄气半径 130m，泄气半径低于井距，不存在井间干扰。D1-1-188 井距 D1-1-39 井 982m，该井山 1-1 层视厚 28m，累产气 3626×10^{4}m^3，根据容积法折算泄气半径 445m，泄气半径低于井距，不存在井间干扰。

D1-1-39 井盒 1-1 层邻井仅 D1-1-109 井打开试气。D1-1-109 井与 D1-1-39 井井距在 2km 以上，不存在井间干扰。

5. 已测试层（盒 3-1 层）简况

D1-1-39 井盒 3-1 层于 2005 年 7 月 28 日由吐哈压裂队进行液氮伴注加砂压裂，施工排量（5.0~5.2）m^3/min，入地层净液量 655.8m^3，砂量 103m^3，液氮总量 36.5m^3，地层破裂压力 29MPa。压裂施工曲线如图 7-22 所示。

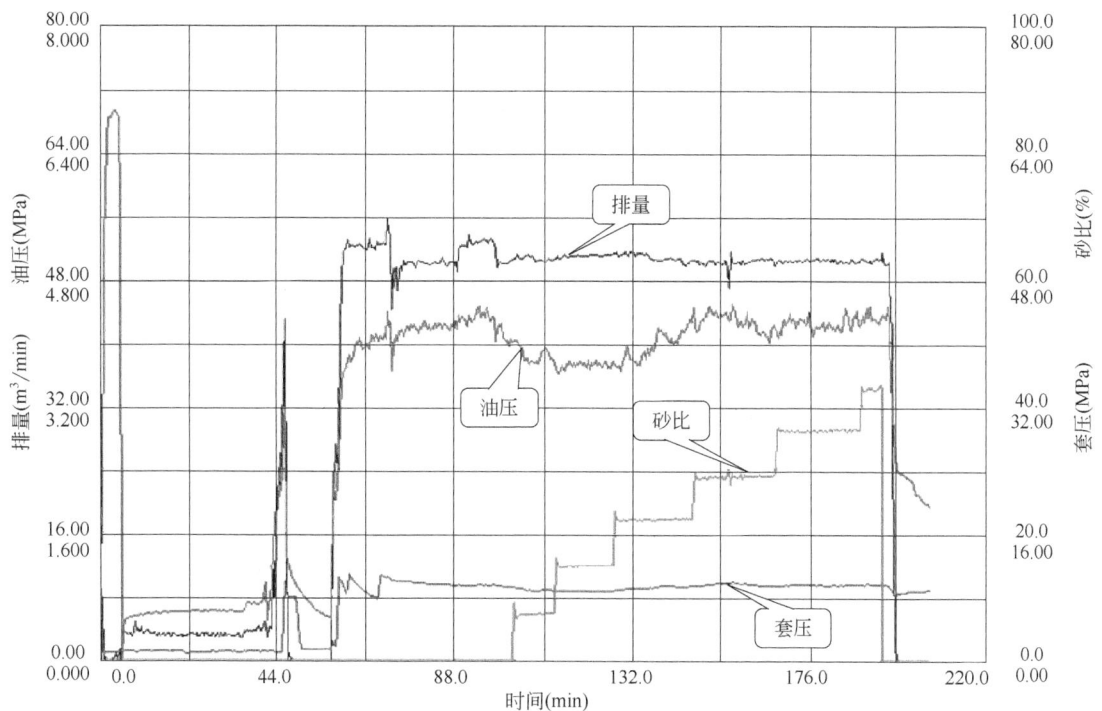

图 7-22 D1-1-39 井盒 3-1 层压裂施工曲线图

2005 年 7 月 28 日至 8 月 3 日采用油嘴控制放喷排液，累计排液 420.7m^3，压裂液返排率为 60%，排液最终氯离子含量为 12396mg/L。8 月 3 日至 4 日用 3mm 油嘴控制 12mm 临界孔板一点法求产 24h，在井口油压 16.9MPa、套压 20.7MPa、流压 24.355MPa（2698m）、流温 82.210℃（2698m）的条件下，平均稳定气产量为 2.5557×10^{4}m^3/d，计算无阻流量为 12.4795×10^{4}m^3/d。综合评价该层为工业气层（表 7-40）。

表 7-40　D1-1-39 井盒 3-1 气层求产数据表

日期	时间 (h：min)	油嘴 (mm)	油压 (MPa)	套压 (MPa)	产水量 (m³)	产气量 (m³)	产油量 (m³)	氯离子 (mg/L)	pH值	黏度 (mPa·s)	含砂 (%)	备注
7月28日	16：16		14.5	11.0								
	20：16	3	8.3	7.6	50				9	42	0	
7月29日	1：16	4	4.9	4.5	11			3699	9	23		微量
	3：16	5	3.2	3.1	25							
	5：16	6	1.2	1.1	15							
	8：00	阀门控制	0.1	0.3	12							
	9：00	6	2.5	0.3	7.8			7498	8	2	0	
	17：00	4	15.4	1.0	62			7698	7	2	0	15：30 点火可燃
7月30日	8：00	4	15.9	11.0	144	21806		8497	7	2	0	
7月31日	8：00	4	16.1	17.9	81.4	35070		15995	7	2	0	
	9：00	4	15.9	17.9	0.8	1399		20594	7	2	0	
8月1日	8：00	4	15.1	18.05	11.1	40660		13996	7	2	0	
	14：00	4	15.2	18.09	0.2	11597		12996	7	2	0	
8月2日	8：00	3	16.8	20.3	0.4	19083		12396	7	2	0	
8月3日	8：00	10	16.85	20.6		24494	0.05					
合计	143：20				排液期间累计产气 15.4109×10⁴m³，油 0.05m³，水 420.7m³							

6. 投产情况

D1-1-39 井投产于 2005 年 9 月 30 日，投产初期油压 21.1MPa，套压 22.2MPa，日均产气 $1.7×10^4 m^3/d$，产液 $0.2m^3/d$。2011 年 4 月油压降至 6.0MPa，套压降至 7.5MPa，日产气 $6400m^3/d$，产液 $0.3m^3/d$。稳定生产至今，油压 1.2MPa，套压 2.3MPa，日产气 $3000m^3/d$，产液 $0.3m^3/d$，累产气 $5373×10^4 m^3$，动态储量采出程度 82.5%（图 7-23）。

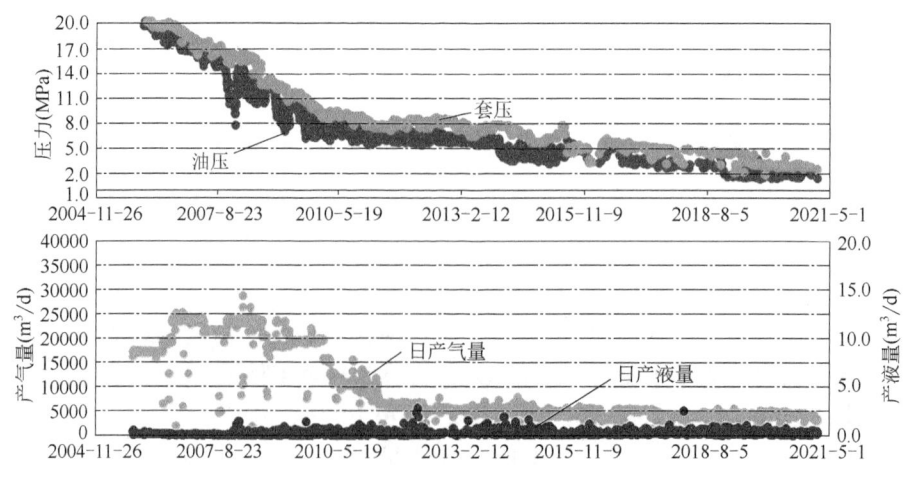

图 7-23　D1-1-39 井生产曲线图

7. 目前井筒情况

井口采气树为 KQ70/65 型，闸门完好。井内为原压裂管柱，井底落有高 41mm、内径 30mm、外径 φ50mm 的球座一个，直径 φ31.8mm 的钢球一个，完井井身及管柱结构如图 7-24 所示。

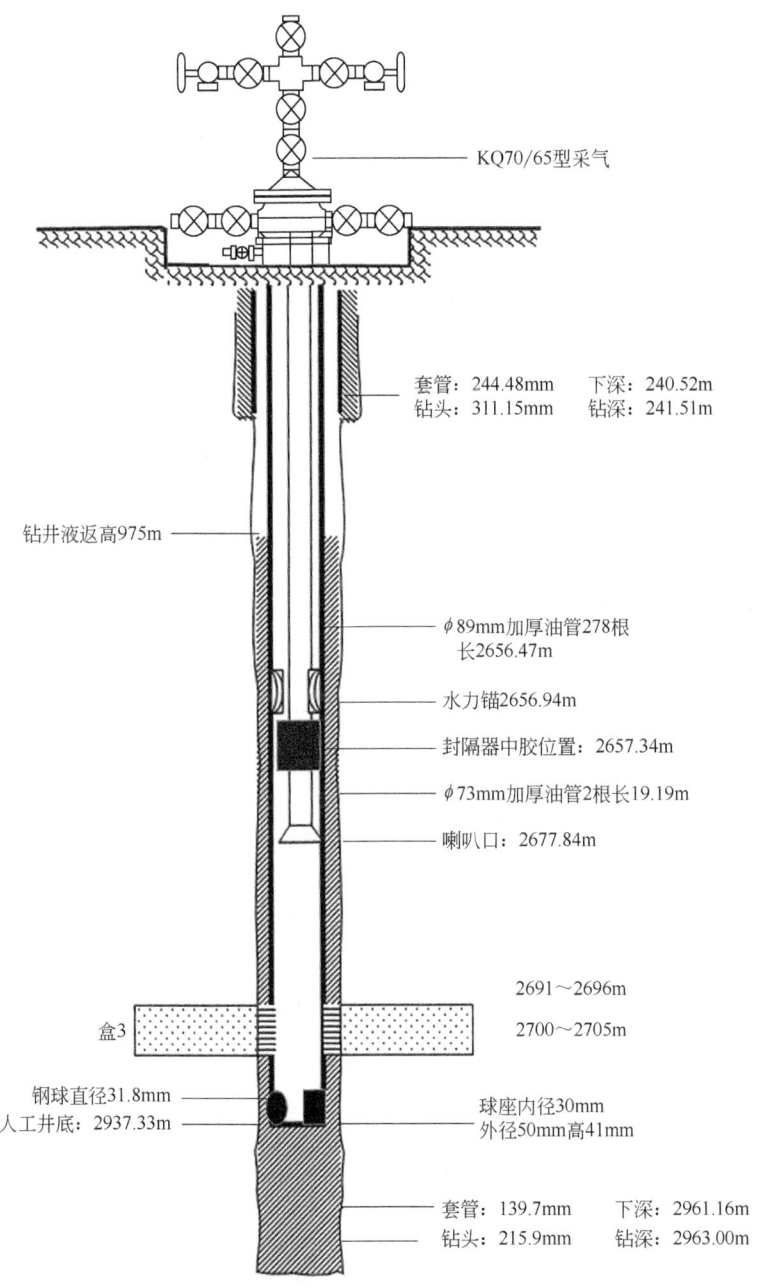

图 7-24　D1-1-39 井井身结构示意图

二、射孔设计

D1-1-39 井采用电缆传输射孔，射孔数据见表 7-41。

表 7-41　D1-1-39 井射孔数据表

层位	射孔井段（m）	厚度（m）	射孔密度（孔/m）	相位（°）	枪型	弹型	传输方式
盒 1-1	2796.0~2798.0	2.0	16	90	89	89	电缆传输
山 1-1	2894.0~2895.0	1.0	16	90	89	89	电缆传输
	2915.0~2917.0	2.0	16	90	89	89	电缆传输

三、压裂工程设计

1. 设计技术思路及要求

（1）该井采用二级井身结构，5½in 套管固井完井。根据地质要求及目的层上下隔层发育情况，采用三层机械分压工艺，长缝压裂设计思路。

（2）由于加砂规模大，排量高，采用 $\phi 89mm$ 外加厚油管作为压裂管柱。

（3）在前置液中加入段塞降低或消除近井筒裂缝的迂曲摩阻，降低压裂液滤失，提高压裂液效率。

（4）为提高压裂液返排速率，采用液氮伴注工艺。

（5）要求采用一级胍胶，降低残渣伤害和提高液体性能。

2. 压裂液及支撑剂设计

1）压裂液

根据 DST 测试资料，山 1-1 层平均地温梯度 2.6℃/100m，山 1-1 层射孔段中部深度 2916.0m，预测地层温度为 87.43℃，优选 0.4%胍胶压裂液体系。

（1）压裂液体系配方。

基液：0.4%HPG（一级）+1%KCL+0.05%杀菌剂+0.3%起泡助排剂+0.2%Na_2CO_3。根据压裂液检测 pH 值确定 Na_2CO_3 加量，确保 pH 值保持在 9~10。

交联剂：交联剂 A，交联比为 100∶0.3（最佳交联比以现场实测为准）。

破胶剂：胶囊破胶剂，0.015%~0.04%（质量比，根据泵注程序添加）；过硫酸铵，0.015%~0.055%（质量比，携砂液和顶替液阶段现场楔形追加）。

（2）压裂液性能要求。

① 配制压裂液所用清水技术指标见表 7-42。

表 7-42　配制压裂液所用清水技术指标

序号	项目	技术指标
1	外观	澄清，透明
2	pH 值	6~7
3	固相含量（%）	≤0.1
4	浊度（FTU）	≤20

② 0.4%HPG 压裂液技术指标见表 7-43。

表 7-43　0.4% HPG 压裂液技术指标

序号	项目		技术指标
1	基液表观黏度（mPa·s）	常温、六速旋转黏度计 $170s^{-1}$ 剪切	38~50
2	交联时间（s）	交联比为 100∶0.3	45~150s 可调
3	耐温耐剪切能力（mPa·s）	90℃温度、$170s^{-1}$ 剪切速率下连续剪切 120min，表观黏度	≥80
4	破胶性能	破胶液表面张力（mN/m）	≤26
		破胶液与煤油界面张力（mN/m）	≤2
		压后破胶液黏度（mPa·s）　8h	≤5
5	残渣含量（mg/L）		≤400
6	压裂液与地层水配伍性		无沉淀，无絮凝
7	压裂液滤液对基质岩心渗透率损害率（%）		≤15
8	pH 值		9~10

2）支撑剂

根据邻井施工资料反映，地层闭合压力梯度约为 0.016MPa/m，地层闭合压力为 46.66MPa，主加砂阶段采用 30/50 目 35MPa 石英砂和 20/40 目 52MPa 陶粒支撑剂组合，优选石英砂与陶粒比例 3∶7，支撑剂性能要求见表 7-44。

表 7-44　支撑剂技术指标

支撑剂规格			检测标准					
类型	粒径规格	压力级别（MPa）	体积密度/视密度（g/cm³）	破碎率（%）	球度	圆度	浊度（FTU）	酸溶解度（%）
陶粒	20/40 目	52	≤1.65/≤3.00	≤9	≥0.8	≥0.8	≤100	≤5
石英砂	30/50 目	35	—	≤8	≥0.6	≥0.6	≤100	≤7

3）暂堵剂参数要求

（1）暂堵转向剂 2h 以内封堵压力≥10MPa。

（2）设计暂堵剂加工生产流程，提供暂堵剂样品 0.5kg，80℃条件下，暂堵剂 24h 降解后残渣含量≤20%。

（3）D1-1-39 井山 1-1 下层加注 28kg；D1-1-39 井山 1-1 上层加注 35kg；D1-1-39 井盒 1-1 层加注 31kg。

4）返排液技术参数要求

返排液技术参数要求见表 7-45。

表 7-45　作业用压裂液返排液技术参数要求

序号	项目	技术指标
1	pH 值	6~9
2	固体颗粒直径（μm）	<180

要求：井下作业过程中必须优先使用处理合格的压裂返排液。处理后返排液作为顶替用液的技术参数要求见表7-46。

表7-46 处理后返排液作为顶替用液的技术参数要求

序号	项目	技术指标
1	pH值	6~9
2	固体颗粒直径（μm）	<125
3	固体悬浮物（mg/L）	≤220

5）压裂井口设计

依据邻井压裂施工分析，结合常用压裂液摩阻系数（表7-47），计算在不同压力梯度、不同排量下的地面施工压力见表7-48。

表7-47 压裂液摩阻系数

施工排量（m³/min）	3.5	4.0	4.5
压裂液沿程摩阻（MPa）	13.21	16.04	19.13

表7-48 不同施工排量下井口施工压力预测结果

	施工排量（m³/min）			延伸压力梯度（MPa/m）
	3.5	4.0	4.5	
井口压力（MPa）	35.1	37.9	41.0	0.016
	38.0	40.8	43.9	0.017
	40.9	43.7	46.8	0.018

根据计算结果，在4.0m³/min排量下，预计井口施工压力最大为43.7MPa。

根据预测施工压力及压裂工艺和安全施工的要求，D1-1-39井选择KQ65/70型压裂井口。压裂管柱采用N80的3½in油管（内径76mm）+N80的2⅞in油管（内径62mm）（表7-49）。

表7-49 施工管柱强度要求

外径（mm）	钢级	单重（kg/m）	壁厚（mm）	内径（mm）	通径（mm）	抗拉强度（kN）	抗内压（MPa）	抗挤强度（MPa）
88.9	N80	13.84	6.45	76.00	72.82	922	70.1	72.6
73.0	N80	9.67	5.51	62.00	59.61	645	72.9	76.9

注：①作业管柱的安全系数：抗拉≥1.8，抗外挤≥1.25，抗内压≥1.25；②施工限压60MPa，环空限压30MPa。

6）泵注程序和裂缝参数模拟

（1）泵注程序。

根据D1-1-39井储层情况及规模优化组合测井综合解释结果，优化泵注程序设计（表7-50~表7-52）。

表7-50 D1-1-39井山1-1下层（2915~2917m）压裂泵注程序表

程序	液体类型	压裂液 排量(m³/min)	净液量(m³)	混砂液量(m³)	累计混砂液量(m³)	砂比(%)	支撑剂 砂量(m³)	累计砂量(m³)	液氮 排量(m³/min)	液氮量(m³)	破胶剂 胶囊(kg)	APS(kg)	泵注时间(min)	支撑剂类型
低替	原胶液	0.5~1.0	10	10	10								10	
坐封														
前置液95m³,比例30.6%	交联液	4.0	35	35.0	45.0					1.8	7.0		8.8	
	交联液	4.0	30	30.9	75.9	5.0	1.5	1.5	0.20	1.5	6.0		7.7	30/50目石英砂
	交联液	4.0	30	30.0	105.9			1.5	0.20	1.5	6.0		7.5	
	交联液	4.0	30	31.3	137.2	7.0	2.1	3.6	0.20	1.6	9.0		7.8	
	交联液	4.0	30	32.5	169.7	14.0	4.2	7.8	0.20	1.6	9.0		8.1	30/50目石英砂
携砂液215m³,砂比24.6%	交联液	4.0	40	45.0	214.7	21.0	8.4	16.2	0.20	2.3		8.0	11.3	
	交联液	4.0	50	58.4	273.1	28.0	14.0	30.2	0.20	2.9		12.5	14.6	20/40目陶粒
	交联液	4.0	35	42.4	315.5	35.0	12.3	42.5	0.20	2.1		10.5	10.6	
	交联液	4.0	20	24.6	340.1	38.0	7.6	50.1	0.20	1.2		6.0	6.2	
	交联液	4.0	10	12.5	352.6	42.0	4.2	54.3	0.20	0.6		3.5	3.1	
顶替液	交联液	4.0	3	3.0	355.6							1.1	0.8	
	返排液	4.0	10	10.0	365.6								2.5	
合计			333	365.6	365.6		54.3	54.3		17.1	37.0	41.6	99.0	

注：①施工过程若出现异常，现场可适当调整排量；②模拟泵压：43.7MPa，施工过程中油管限压60MPa，套管限压30MPa，施工结束后压差低于30MPa；③设计顶替量为管内顶替量，实际顶替液附加约1m³，由现场队相关人员最终确定；④顶替液结束后，投40.5mm球，小排量起泵送球，打开滑套，进行下一层压裂施工。

表 7-51 D1-1-39 井山 1-1 上层（2894~2895m）压裂泵注程序表

程序	压裂液					支撑剂			液氮		破胶剂		泵注时间(min)	支撑剂类型
	液体类型	排量(m³/min)	净液量(m³)	混砂液量(m³)	累计混砂液量(m³)	砂比(%)	砂量(m³)	累计砂量(m³)	排量(m³/min)	液氮量(m³)	胶囊(kg)	APS(kg)		
前置液28m³，比例30.8%	交联液	3.0	10	10.0	10.0					0.5	2.0		3.3	
	交联液	3.0	8	8.2	18.2	5.0	0.4	0.4	0.15	0.4	1.6		2.7	30/50目石英砂
	交联液	3.0	10	10.0	28.2			0.4	0.15	0.5	2.0		3.3	
	交联液	3.0	10	10.4	38.6	7.0	0.7	1.1	0.15	0.5	3.0		3.5	
	交联液	3.0	10	10.8	49.4	14.0	1.4	2.5	0.15	0.5	3.0		3.6	30/50目石英砂
	交联液	3.0	10	11.3	60.7	21.0	2.1	4.6	0.15	0.6		2.0	3.8	
携砂液63m³，砂比24.0%	交联液	3.0	15	17.5	78.2	28.0	4.2	8.8	0.15	0.9		3.8	5.8	
	交联液	3.0	10	12.1	90.3	35.0	3.5	12.3	0.15	0.6		3.0	4.0	20/40目陶粒
	交联液	3.0	4	4.9	95.2	38.0	1.5	13.8	0.15	0.2		1.2	1.6	
	交联液	3.0	4	5.0	100.2	42.0	1.7	15.5	0.15	0.3		1.4	1.7	
顶替液	交联液	3.0	3	3.0	103.2			15.5				1.1	1.0	
	返排液	3.0	9.9	9.9	113.1								3.3	
合计			103.9	113.1	113.1		15.5			5.0	11.6	12.5	37.6	

注：①施工过程若出现异常，现场可适当调整排量；②模拟泵压：32.3MPa，施工过程中油管限压60MPa，套管限压30MPa，控制油套压差低于30MPa；③设计顶替量为管内顶替量；实际顶替量按施工设备地面管线情况，由现场监督及压裂队相关人员最终确定；④顶替液附加约1m³，施工结束后，投46mm球，小排量起泵送球，打开滑套，进行下一层压裂施工。

表 7-52 D1-1-39 井盒 1-1 层（2796~2798m）压裂泵注程序表

程序	压裂液					支撑剂			液氮		破胶剂		泵注时间（min）	支撑剂类型
	液体类型	排量（m³/min）	净液量（m³）	混砂液量（m³）	累计混砂液量（m³）	砂比（%）	砂量（m³）	累计砂量（m³）	排量（m³/min）	液氮量（m³）	胶囊（kg）	APS（kg）		
前置液 90m³，比例 31.6%	交联液	4	35	35.0	35.0					1.8	7.0		8.8	
	交联液	4	25	25.8	60.8	5.0	1.3	1.3	0.20	1.3	5.0		6.5	30/50 目石英砂
	交联液	4	30	30.0	90.8			1.3	0.20	1.5	6.0		7.5	
	交联液	4	25	26.1	116.9	7.0	1.8	3.1	0.20	1.3	7.5		6.5	
	交联液	4	30	32.5	149.4	14.0	4.2	7.3	0.20	1.6	9.0		8.1	30/50 目石英砂
	交联液	4	35	39.4	188.8	21.0	7.4	14.7	0.20	2.0		7.0	9.9	
携砂液 195m³，砂比 24.8%	交联液	4	45	52.6	241.4	28.0	12.6	27.3	0.20	2.6		11.3	13.2	
	交联液	4	30	36.3	277.7	35.0	10.5	37.8	0.20	1.8		9.0	9.1	20/40 目陶粒
	交联液	4	20	24.6	302.3	38.0	7.6	45.4	0.20	1.2		6.0	6.2	
	交联液	4	10	12.5	314.8	42.0	4.2	49.6	0.20	0.6		3.5	3.1	
顶替液	交联液	4	3	3.0	317.8							1.1	0.8	
	返排液	4	9.7	9.7	327.5								2.4	
合计			297.7	327.5	327.5		49.6	49.6		15.7	34.5	37.9	82.1	

注：①施工过程若出现异常，现场可适当调整排量；②模拟泵压：35.9MPa，油管限压 60MPa，套管限压 30MPa，施工过程中油管套压差低于 30MPa，控制油套压差低于 30MPa；③设计顶替量为管内顶替量，实际顶替量按施工设备地面管线情况，由现场监督及压裂队相关人员最终确定。

（2）裂缝参数模拟。

使用FracproPT模拟计算了所选参数（表7-53）下的裂缝形态，结果见表7-54和如图7-25、图7-26、图7-27所示。

表7-53 D1-1-39井山1-1、盒1-1层裂缝模拟计算输入参数

名称	选值		名称	选值	
	山1-1	盒1-1		山1-1	盒1-1
裂缝闭合应力（MPa）	48.42	46.41	泵注排量（m³/min）	3.0~4.0	4.0
杨氏模量（MPa）	17000	18760	压裂液流态指数	0.53	0.53
泊松比	0.25	0.2	压裂液稠度系数（Pa·s^n）	1.42	1.42

表7-54 D1-1-39井山1-1、盒1-1层压裂裂缝模拟结果

层位	射孔井段（m）	裂缝半长（m）		裂缝高度（m）		支撑裂缝宽度（cm）	铺砂浓度（kg/m²）	暂堵剂加量（kg）
		水力	支撑	支撑裂缝高度	支撑井段			
山1-1下层	2915~2917	212.5	206.4	11.8	2909.7~2921.5	0.852	10.23	28
山1-1上层	2894~2895	172.3	165.0	2.1	2893.6~2895.7	0.611	8.61	35
盒1-1	2796~2798	209.9	201.7	11.1	2788.2~2799.3	0.796	9.65	31

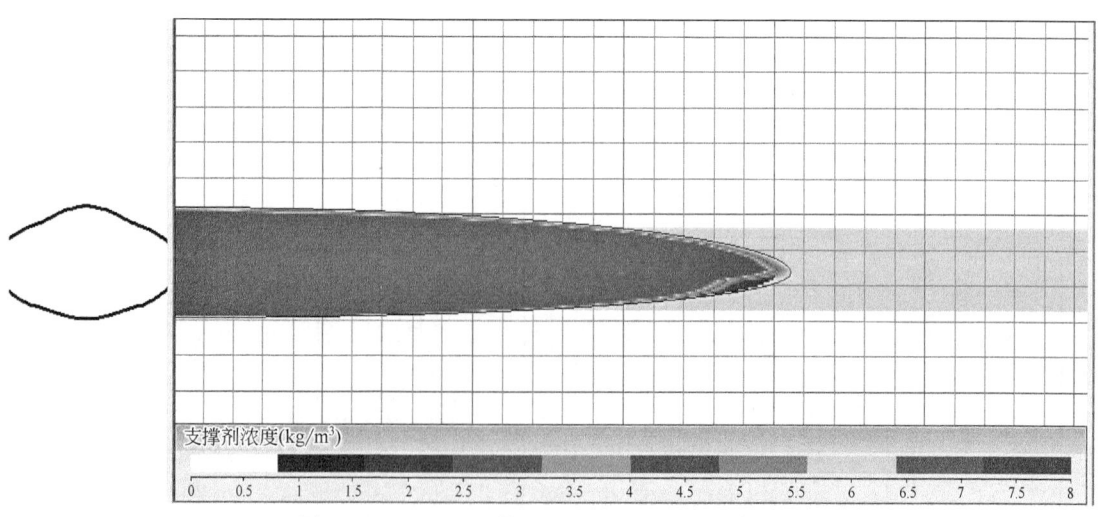

图7-25 D1-1-39井山1-1下层裂缝延伸模拟图

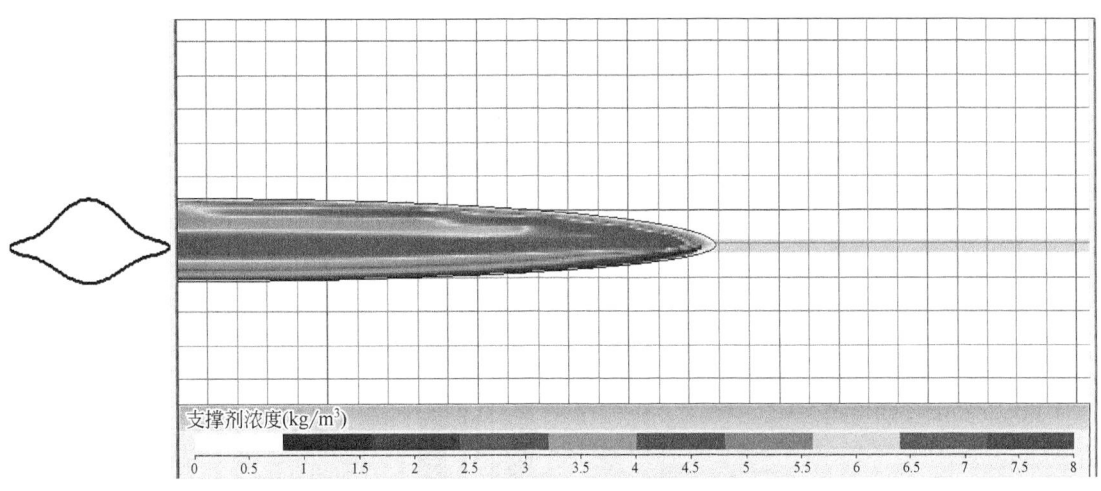

图 7-26　D1-1-39 井山 1-1 上层裂缝延伸模拟图

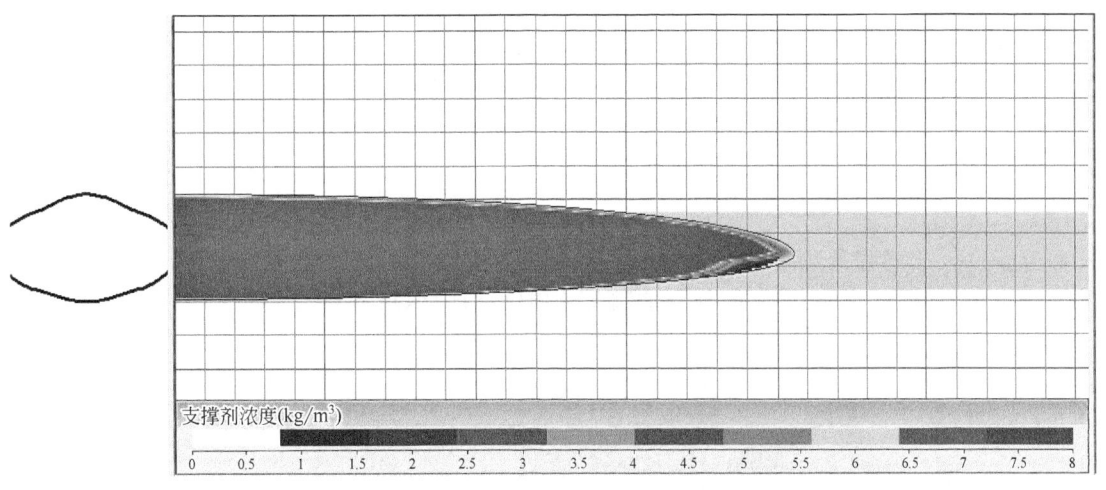

图 7-27　D1-1-39 井盒 1-1 层裂缝延伸模拟图

第三节　耐酸性暂堵剂现场应用设计

一、塔河油田奥陶系油藏 12 区 TH12497 井酸化压裂施工设计

1. 基本情况

图 7-28 为 12 区 TH12497 井井身结构。本次酸化压裂层段为 6592.88~6772 裸眼井段，岩性为黄灰色泥晶灰岩、含砂屑泥晶灰岩、砂屑泥晶灰岩。相似背景邻井自喷期较短，需注水替油生产，井区老井沿断裂及边部平均动液面在 1000m 以下，均需深抽生产，泵挂 2800m 以下。TH12432 井区能量不足，均注水替油，未见底水，TH12435 井预测油柱高度大于 201m，本井 B

点进山 171m，见水风险低。目标靶体累计漏失钻井液 230.46m³。综合邻井实测、钻井地质预测和目的层实钻情况，预测本井地层压力系数取 1.08 左右，地层压力为 71.75MPa（6772m），邻井地温梯度为 2.31℃/100m，折算本井井底温度为 156.43℃（6772m）。

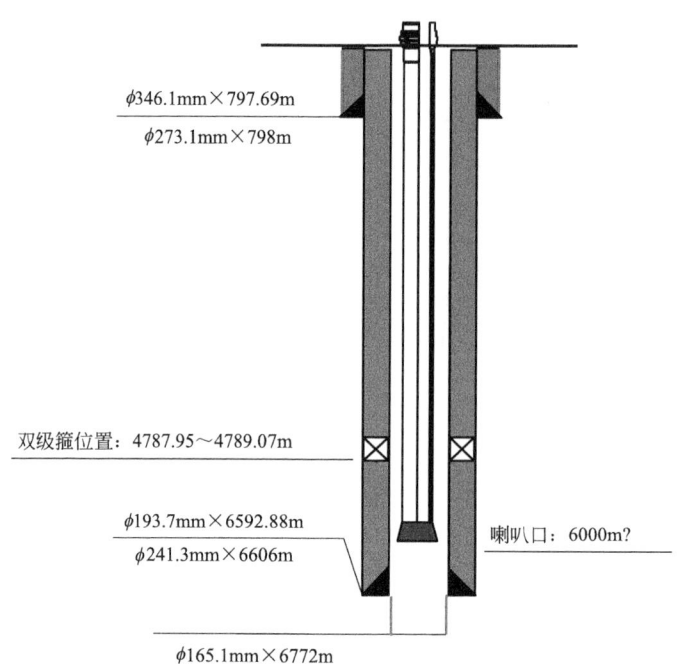

图 7-28　12 区 TH12497 井井身结构

认识一：岩溶背景及储层类型——井区断裂带为强充注区，目标靶体为主干断裂破碎带，主要为裂缝孔洞型储层，底部为溶洞型储集体（图 7-29）。

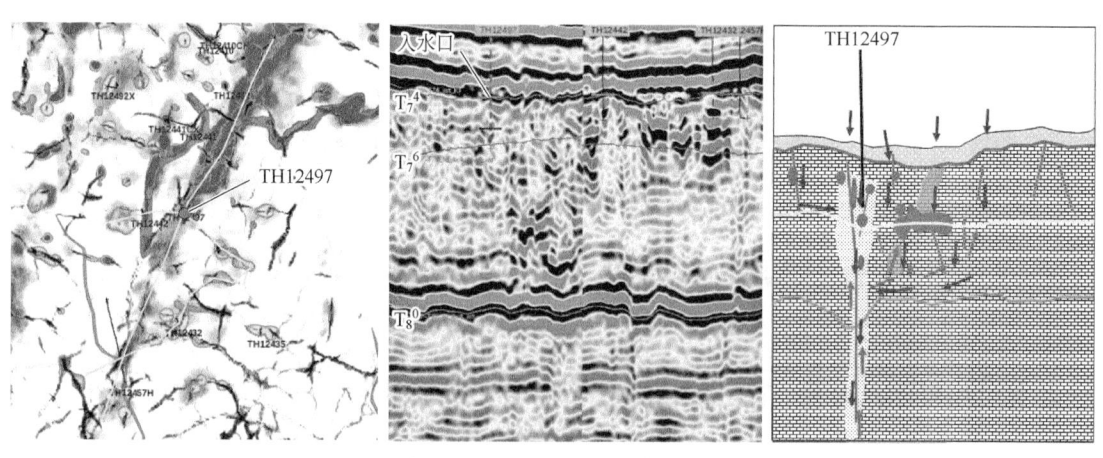

图 7-29　TH12497 井岩溶背景

认识二：能量及水体——天然能量弱，多数井自喷期较短，需注水替油生产；TH12432 井区能量不足，均注水替油，未见底水，TH12435 井预测油柱高度大于 201m，本井 B 点进山 171m，见水风险低（图 7-30）。

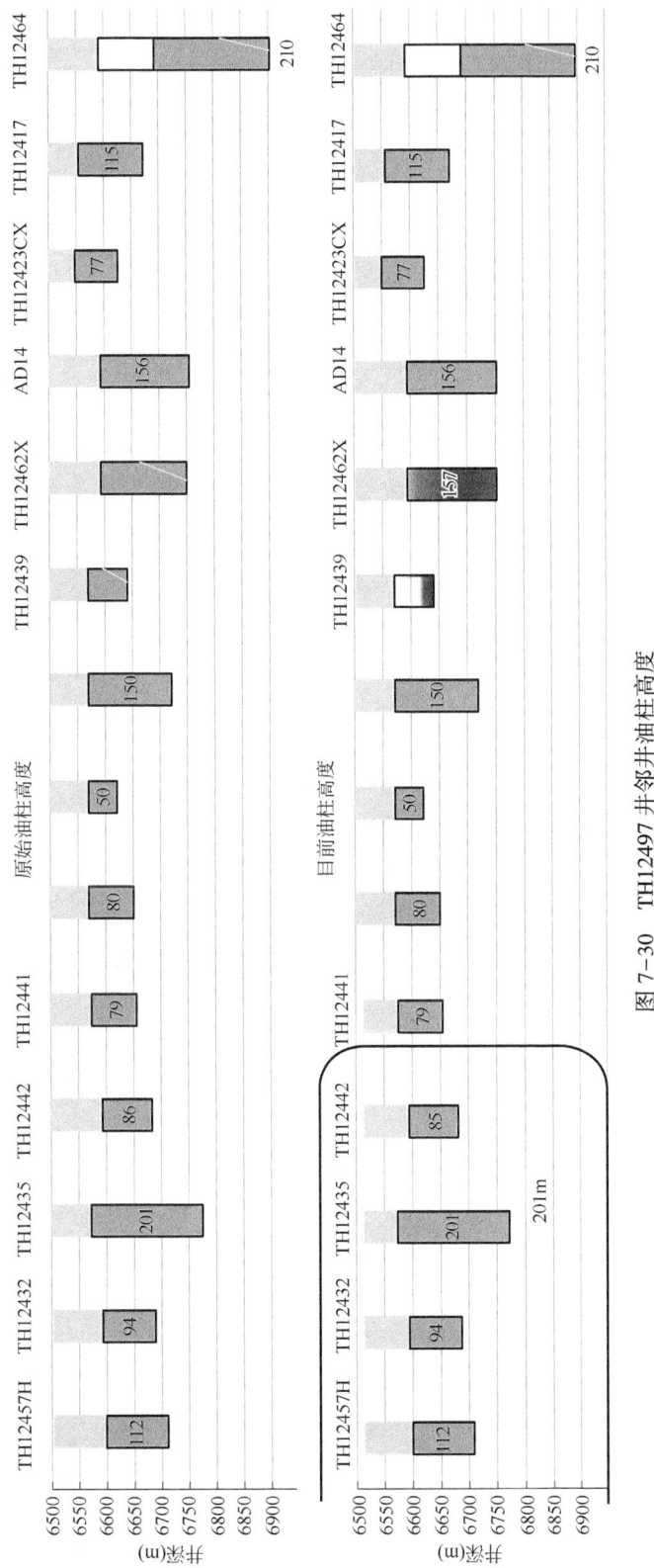

图 7-30 TH12497 井邻井油柱高度

认识三：裂缝主应力方位——储集体主要分布在太 7-4 以下 68~174m，最大主应力方位解释为：北偏西 10°~北偏西 30°（图 7-31）。

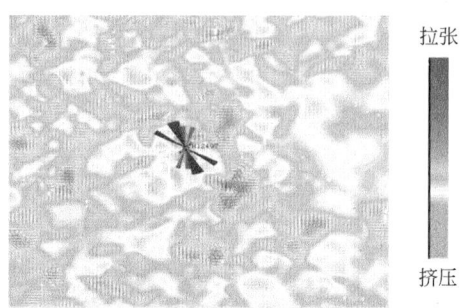

图 7-31　TH12497 井地应力方位

认识四：改造目标确定——井周发育Ⅰ、Ⅱ、Ⅲ号储集体为本次重点改造目标，井轨迹距离Ⅰ号储集体边界 121m，距离Ⅱ号储集体边界 51m，距离Ⅲ号储集体边界 74m（图 7-32）。

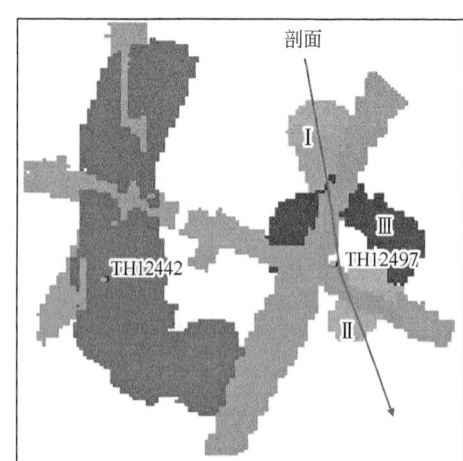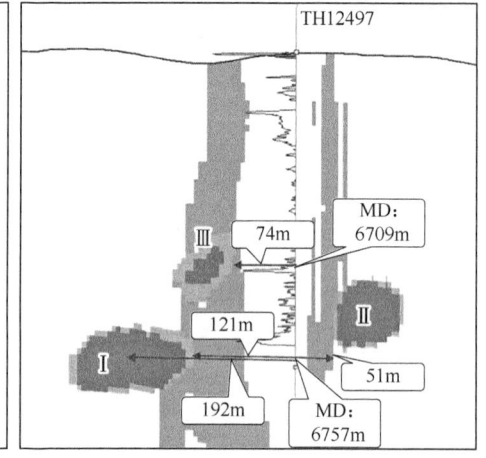

图 7-32　TH12497 井储集体展布

2. 酸化压裂施工设计思路

（1）本井未直接钻遇目标储集体，总体思路为先进行侦察酸化，若施工压力低，表示沟通良好，结束施工；若施工压力高、地层进液不通畅，则暂堵后进行酸化压裂改造。

第一步：侦察酸化，若施工压力低，则酸化结束施工；若施工压力高，则进行二到三步。

第二步：采用 1.5%4~6mm 纤维 600kg+1.2%1mm 颗粒 480kg 进行暂堵。

第三步：压裂液+高黏缓速酸+高黏缓速酸（不交联）进行交替注入，沟通储集体。

（2）本次施工采用在线混配一体化压裂液，方便现场实时调整，节约施工成本。

（3）本井储层温度 156.43℃，采用耐温 140℃ 的液体体系。

（4）预测本井奥陶系目的层段 H_2S 含量为 13000~27000mg/m³，本井采用防硫油管施工，完井施工及建产后需加强硫化氢监测与防护、井控安全工作。

（5）超深井、高压、带 H_2S 作业，施工设计将充分考虑 QHSE 要求，并制定相应的安全预案。

（6）施工结束后，关井反应120min后立即开井放喷。施工后应保证快速返排，若不能自喷，采用气举或抽汲助排。

3. 暂堵设计

4~6mm暂堵纤维FD-A：1300kg加量设计见表7-55。

表7-55 4~6mm暂堵纤维FD-A：1300kg加量设计

名称	真密度（g/cm³）	视密度（g/cm³）	准备量
4~6mm暂堵纤维	1.28	0.47	1300kg
备注	设计用量600kg，准备1400kg，以便现场调整，据实结算		

1.0mm暂堵颗粒FD-B：1000kg加量设计见表7-56。

表7-56 1.0mm暂堵颗粒FD-B：1000kg加量设计

名称	真密度（g/cm³）	视密度（g/cm³）	准备量
1.0mm暂堵纤维	1.28	0.7	1000kg
备注	设计用量480kg，准备1100kg，以便现场调整，据实结算		

二、塔河油田奥陶系油藏TH10119CH井酸化压裂施工设计

1. 基本情况

图7-33为TH10119CH井井身结构。TH10119CH井为溶洞+裂缝孔洞型储层，进山131m，钻完井过程中累计漏失1461m³。完井现场压力预测分析，深部靶点未动用，压力系数接近地层原始压力系数值。主要目标储集体为下部Ⅰ号体，录、测井显示对应较好，最大主应力北东向70~80°，与北北西向断裂方向垂直，近东西向应力方向与近东西向暗河管道、断裂破碎带方向近似平行，北西向应力方向与北北西向断裂破碎带一致。靶点所在核心位置平均孔隙度17%，向西距离孔隙度较大位置180m，向东距离孔隙度较大位置70m。TH10119CH井邻井生产差异较大，机抽占比大，后期多注水替油生产，区块整体水体不发育、能量不足。邻井TH10133H酸化压裂平均规模1330m³，排量6m³/min，破压梯度为0.0164~0.0172MPa/m。本井封隔器位置在6060m。测井解释目的层发育Ⅲ类储层17.5m，Ⅱ类储层7.5m，Ⅰ类储层1.5m，轨迹穿过目标体，储层发育。应力剖面显示6095.3~6109.8m优先起裂，对应轨迹进入储集体位置，伴泥质充填。综合邻井实测、钻井地质预测和目的层实钻情况，预测TH10119CH井地层压力系数为1.08左右，计算地层压力为61.86MPa（5838.85m），地层温度梯度2.25℃/100m，地层温度131.37℃（5838.85m）。

认识一：岩溶背景及储层类型——TH10119CH井邻井储集体类型以溶洞型、裂缝—孔洞型为主，井区溶洞型储层主要分布在暗河+断裂部位（图7-34）。

认识二：主应力方位——根据物探解释，本井目的层储集体在105m以下，通过面元优化（搜索半径50m~300m），综合解释应力方向及强度，其中最大主应力北东向70~80°，与北北西向断裂方向垂直，近东西向应力方向与近东西向暗河管道、断裂破碎带方向近似平行，北西向应力方向与北北西向断裂破碎带一致（图7-35）。

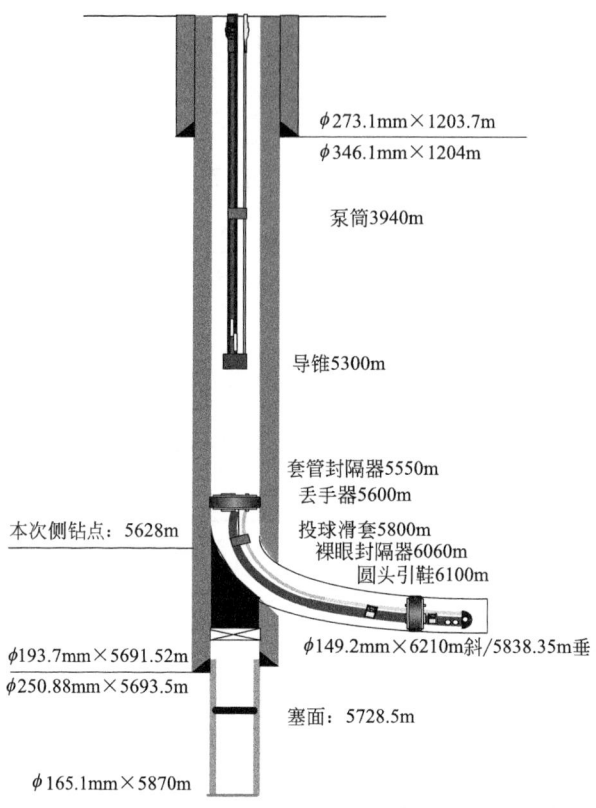

图 7-33　TH10119CH 井井身结构

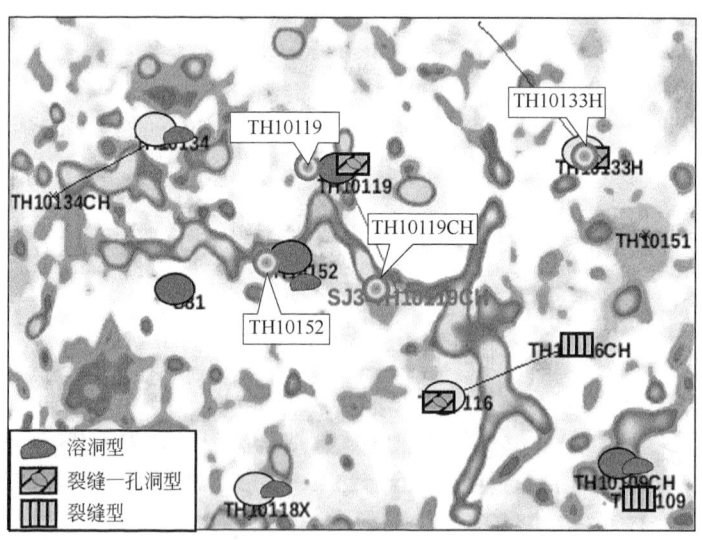

图 7-34　TH10119CH 井构造部位

认识三：储集体分析——本井穿①号、②号近东西向断裂（①号断裂自太 7-4 面以下开始发育，高度 130m，②号自太 7-4 面以下 170m 开始发育，断裂高度 110m）（图 7-36）。

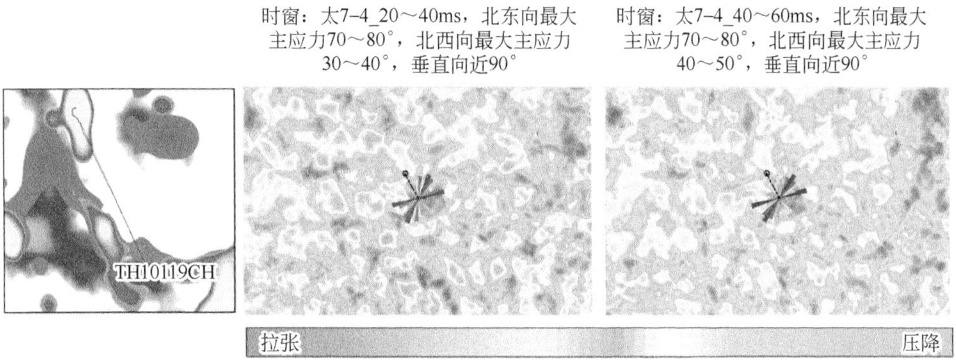

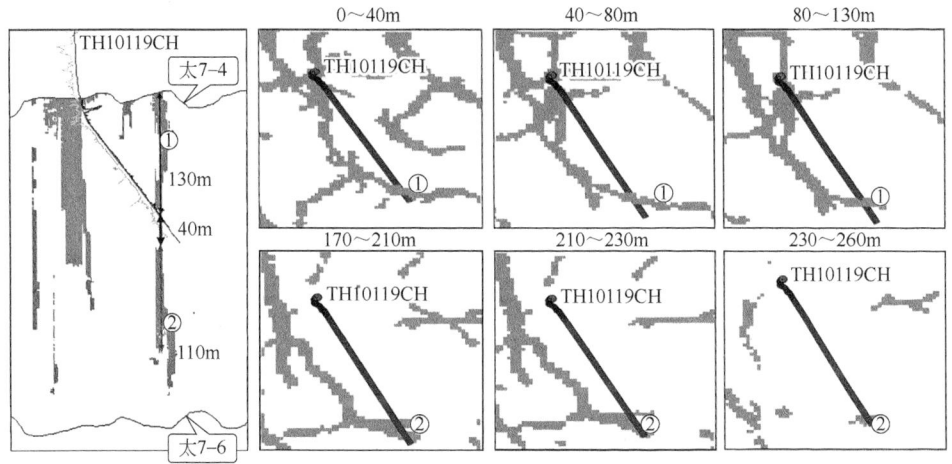

图 7-35 TH10119CH 井主应力方位

图 7-36 TH10119CH 井不同深度断裂切片图（地质模型图）

认识四：改造目标确定——TH10119CH 井深部穿局部河道长 330m，靶点所在核心位置平均孔隙度 17%，向西距离孔隙度较大位置 180m，向东距离孔隙度较大位置 70m（图 7-37）。

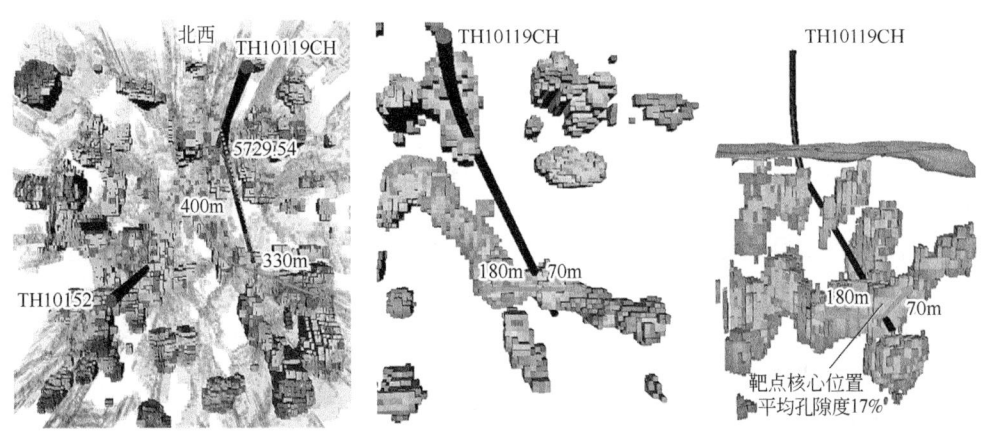

图 7-37 TH10119CH 井钻遇断裂情况

认识五：储量计算——深部河道靶点总地质储量 $23×10^4t$：溶洞 $13×10^4t$，孔洞 $2×10^4t$，断裂 $5×10^4t$，裂缝 $3×10^4t$。

孔隙度取值——溶洞（5%~17%）；孔洞（2%~5%）；断裂 2% 定值；小尺度裂缝 1.5% 定值，油水界面 300m（图 7-38）。

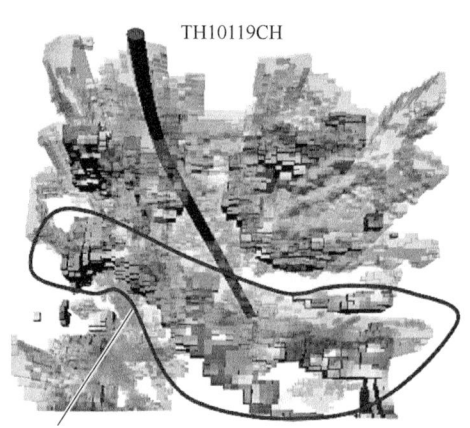

图 7-38 TH10119CH 井储量计算范围

2. 酸化压裂施工设计思路

（1）总体思路：本井改造目标为Ⅰ号体储集体，井轨迹穿过Ⅰ号体，距边部 70~180m、人工缝沿应力方向延伸，建议采用缝内暂堵转向酸化压裂扩大改造范围沟通储集体及河道。

第一步：注压裂液，提高排量泵注，尽量扩展裂缝长度。

第二步：注胶凝酸并滑溜水过顶替，酸蚀远井河道储层。

第三步：纤维缝内暂堵转向。

第四步：注胶凝酸，提高排量泵注，扩大井周裂缝沟通范围。

（2）本次施工采用在线混配一体化压裂液，方便现场实时调整，节约施工成本。

（3）本井天然裂缝较发育，为激活井周天然裂缝，形成复杂缝，提高沟通率，酸液选用低黏易渗透的胶凝酸体系。

（4）为进一步提高注酸期间施工排量，增加井底净压力，扩大酸化压裂酸蚀范围，液体注入方式采用油套同注泵注。

（5）原井 TH10119 井 H_2S 浓度为 $2354.47mg/m^3$，邻井 TH10133H 井 H_2S 浓度为 $995.81mg/m^3$，TH10134 井 H_2S 浓度为 $1549.52mg/m^3$，S81 井 H_2S 浓度为 $1133.80mg/m^3$，预测本井奥陶系目的层段 H_2S 浓度为 900~$2500mg/m^3$，因此本井要求做好 H_2S 的监测和防护工作。

（6）超深井、高压、带 H_2S 作业，施工设计将充分考虑 QHSE 要求，并制定相应的安全预案。

（7）施工结束后，关井反应 120min 后立即开井放喷。施工后应保证快速返排，若不能自喷，采用气举或抽汲助排。

3. 暂堵设计

表 7-57 为 TH10119CH 井酸化压裂暂堵施工泵注程序加量设计。

表 7-57 TH10119CH 井酸化压裂暂堵施工泵注程序加量设计

阶段	序号	工序	液量（m³）	累计液量（m³）	排量（m³/min）	泵压预计（MPa）	备注	
暂堵转向	1	正注滑溜水 1	30	990	≥4.0		油管注入，加入 1.0%4~6mm 纤维 300kg+0.8%1mm 颗粒 250kg	
		正注滑溜水 1	40	1030	≥4.0		油管注入，顶替暂堵液	
扩大改造范围	2	正挤胶凝酸	200	1230	≥10.0		油管注入	油套同注，尽量提高排量
		反挤滑溜水 2	100	1330			套管注入	
顶替	3	正挤滑溜水 1	100	1430	≥5.0		油管注入，将酸液顶入地层	
停泵	4	停泵			测压降 30min			

三、塔河油田奥陶系油藏 TP1109X 井酸化压裂施工设计

1. 基本情况

图 7-39 为 TP1109X 井井身结构。本次改造井段为 6600.50~7131.00m 裸眼井段，岩性灰色、浅灰色泥晶灰岩、含砂屑泥晶灰岩、砂屑泥晶灰岩，针对顶部和底部储集体进行分段改造。钻至 7189.65m 发生漏失，累计漏失钻井液 332.38m³；钻至 7204.04m 发生溢流，溢流量 0.80m³。该区域压力系数为 1.113，属于常压油藏；区域地层温度梯度为 2.24℃/100m，预计储层中深（6719m）温度为 150.5℃。

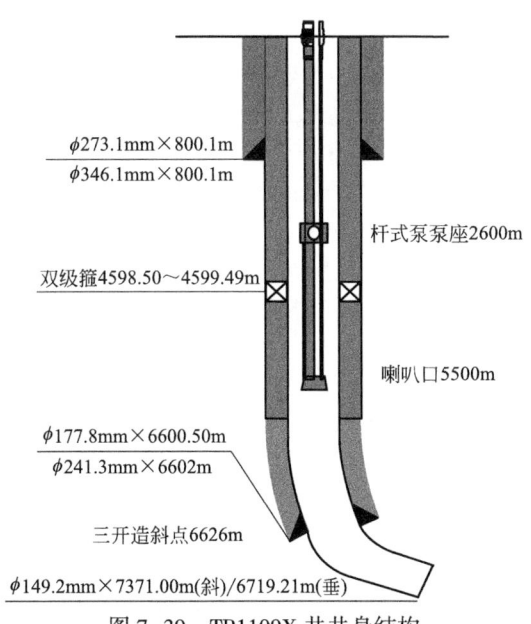

图 7-39 TP1109X 井井身结构

认识一：储层的岩溶模式——地表水系供给+顺断裂侧向及垂向岩溶+构造面控制的深层垂向承压岩溶。

认识二：水体认识，油柱高度——TP183CH、TP1106X 井在进山 145m 见油，认为北东

向次级断裂油柱高度大于145m。邻井目前油柱高度均小于50m，但生产特征反映表层连通条件差，油水界面整体抬升的可能性小。断裂上充注落实，存在底水，水体规模小，部署井无被动用风险，预测有一定的无水采油期。

认识三：井轨迹与断裂关系——TP1109X井穿过①号断裂（图7-40）。

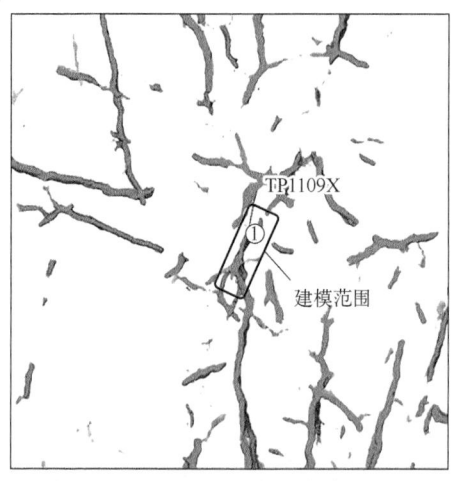

图7-40 TP1109X井轨迹与断裂关系

认识四：井轨迹与储层关系——TP1109X井穿过Ⅰ号、Ⅱ号缝洞体；Ⅰ号缝洞体距离太7-4顶面88m，缝洞高52m；Ⅱ号缝洞体距离太7-4顶面100m，缝洞高55m（图7-41）。

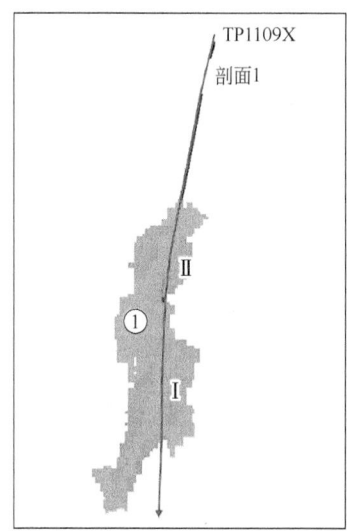
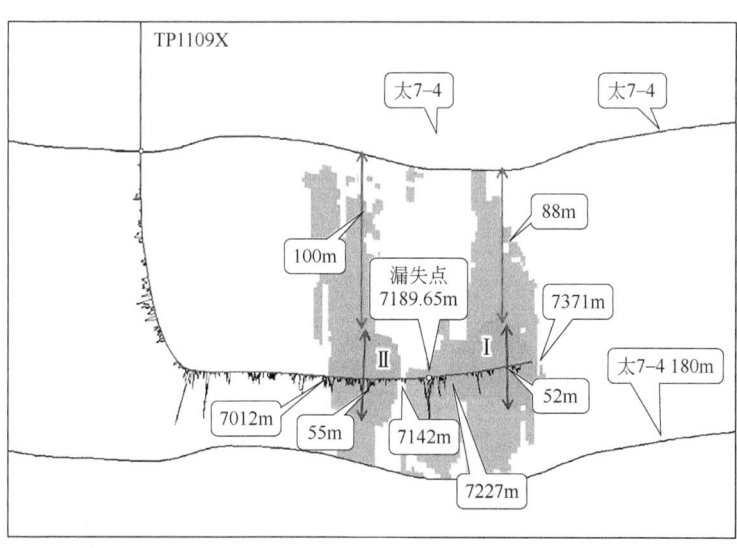

图7-41 TP1109X井轨迹与溶洞/孔洞关系

认识五：改造目标确定——Ⅰ号缝洞体，纵向高度52m，横向沟通范围144m；Ⅱ号缝洞体，纵向高度55m，横向沟通范围130m（图7-42）。

2. 酸化压裂施工设计思路

总体思路：本井改造目标为Ⅰ号体和Ⅱ号体，采用暂堵分段工艺，先对Ⅰ号体进行改造，之后视现场压力情况进行暂堵，改造Ⅱ号体。

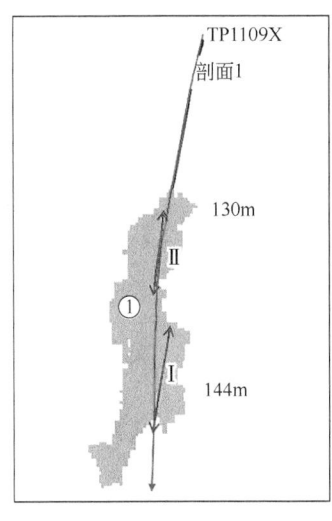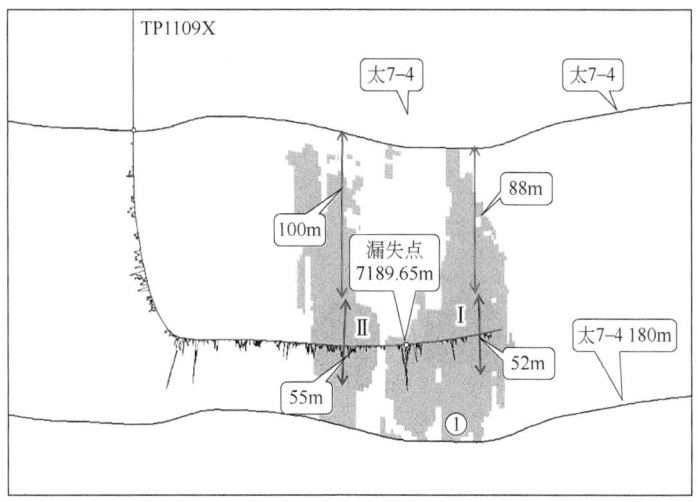

图 7-42 TP1109X 井模型图

(1) 改造 7189.65m 漏失点以及Ⅰ号体，采用高黏压裂液尽可能扩大人工裂缝沟通范围后，以油套同注方式对裂缝进行深度改造提高储量动用。

(2) 顶替阶段现场分析井底净压力是否具备暂堵分段条件，若井底压力大于 123MPa，则对漏失点和Ⅰ号体进行缝口暂堵，暂堵后对Ⅱ号体进行循缝扩体改造；若井底压力<123MPa，不具备暂堵分段条件，则对Ⅰ号体进行缝内暂堵，采用酸性滑溜水进一步扩大改造范围。

(3) 本次施工采用光管柱施工。

(4) 本次施工采用在线混配一体化压裂液，方便现场实时调整，节约施工成本。

(5) 施工前期采用高黏压裂液强压造缝，提高通过漏失点沟通Ⅰ号体的概率。

(6) 预计储层中深（6719m）温度为 150.5℃，采用黏度较低的胶凝酸体系，并配套油套同注方式。尽量通过酸液循缝激活井周天然裂缝。

(7) 邻井 H_2S 浓度为 35627.69mg/m³（按 10MPa 折算其分压为 234.39kPa，大于分压限值 0.35kPa）。本井采用防硫油管施工，完井施工及建产后需加强 H_2S 监测与防护、井控安全工作。

(8) 超深井、高压、带 H_2S 作业，施工设计将充分考虑 QHSE 要求，并制定相应的安全预案。

(9) 施工结束后，关井反应 120min 后立即开井放喷。施工后应保证快速返排，若不能自喷，采用气举或抽汲助排。

3. 暂堵设计

4~6mm 暂堵纤维（DCF-1）：900kg 加量设计见表 7-58。

表 7-58 4~6mm 暂堵纤维（DCF-1）：900kg 加量设计

名称	真密度(g/cm³)	视密度(g/cm³)	准备量
4~6mm 暂堵纤维	1.28	0.47	900kg
备注	设计用量480kg，准备1000kg，以便现场调整，据实结算		

1.0mm 暂堵颗粒（DCF-2）：700kg 加量设计见表 7-59。

表 7-59 1.0mm 暂堵颗粒（DCF-2）：700kg 加量设计

名称	真密度（g/cm³）	视密度（g/cm³）	准备量
1.0mm 暂堵颗粒	1.28	0.7	700kg
备注	设计用量 400kg，准备 800kg，以便现场调整，据实结算		

参 考 文 献

[1] Li S, Zhang S, Ma X, et al. Hydraulic fractures induced by water-/carbon dioxide-based fluids in tight sandstones [J]. Rock Mechanics and Rock Engineering, 2019, 52：3323-3340.

[2] 韩峰, 王建全, 薛占峰, 等. 致密油气藏水平井全通径压裂技术 [J]. 中国海洋平台, 2017, 32 (03)：12-17.

[3] 周福建, 李根生, 刘皓, 等. 致密油气藏精准压裂-提高采收率一体化技术发展现状及建议 [J]. 前瞻科技, 2023, 2 (02)：75-88.

[4] 彭海军, 潘丽燕, 刘荷冲, 等. 基于储层甜点特征的致密砂砾岩油气藏压裂增产技术研究 [J]. 钻采工艺, 2024, 47 (01)：94-101.

[5] 郭子航. 致密油气藏压裂返排液清洁化处理技术研究 [D]. 中国石油大学（北京），2020. DOI：10.27643/d.cnki.gsybu.2020.000528.

[6] 艾白布·阿不力米提, 普宏槟, 刘永红, 等. 致密油水平井连续油管自适应定向水力喷砂射孔改造技术的应用 [J]. 科学技术与工程, 2022, 22 (15)：6066-6074.

[7] 李根生, 黄中伟, 李敬彬. 水力喷射径向水平井钻井关键技术研究 [J]. 石油钻探技术, 2017, 45 (02)：1-9.

[8] 田守嶒, 黄中伟, 李根生, 等. 径向井复合脉动水力压裂煤层气储层解堵和增产室内实验 [J]. 天然气工业, 2018, 38 (09)：88-94.

[9] 武晓光, 黄中伟, 李根生, 等. "连续管+柔性钻具"超短半径水平井钻井技术研究与现场试验 [J]. 石油钻探技术, 2022, 50 (06)：56-63.

[10] 吴宝成, 周福建, 王明星, 等. 绳结式暂堵剂运移及封堵规律实验研究 [J]. 钻采工艺, 2022, 45 (04)：61-66.

[11] 周福建, 袁立山, 刘雄飞, 等. 暂堵转向压裂关键技术与进展 [J]. 石油科学通报, 2022, 7 (03)：365-381.

[12] 李奔, 李岩, 周福建, 等. 微支撑剂对页岩油气的增产机理及选配原则 [J]. 地质与勘探, 2020, 56 (03)：627-634.

[13] 郭建春, 唐堂, 张涛, 等. 深层页岩压裂多级裂缝内支撑剂运移与分布规律 [J]. 天然气工业, 2024, 44 (07)：1-11.

[14] 孙亚东, 杨立, 李新亮. 高温酸化杂化胶凝剂的研制与性能评价 [J]. 油田化学, 2023, 40 (02)：223-228.

[15] Detournay E, Peirce A P, Bunger A P. Viscosity-dominated hydraulic fractures [C]//ARMA Canada-US Rock Mechanics Symposium. ARMA, 2007：ARMA-07-205.

[16] Teeuw D, Hesselink F T. Power-law flow and hydrodynamic behaviour of biopolymer solutions in porous media [C]//SPE International Conference on Oilfield Chemistry？. SPE, 1980：SPE-8982-MS.

[17] 中华人民共和国国家质量监督检验检疫总局, 中国国家标准化管理委员会. 天然气藏分类：GB/T 26979—2011 [S]. 北京：中国标准出版社, 2012.

[18] 国家能源局. 高含硫化氢气田地面集输系统设计规范：SY/T 0612—2014 [S]. 北京：石油工业出版社, 2014.

[19] 中华人民共和国工业和信息化部. 钢制化工容器材料选用规定：HG/T 20581—2020 [S]. 北京：新华出版社, 2021.

附　录

附录一　三维裂缝几何尺寸数据

段数	簇数	垂直射孔顶深（m）	沿裂缝高度网格号	裂缝宽度（cm）	裂缝高度（m）	裂缝长度（m）	应力差（MPa）	杨氏模量（GPa）	裂缝宽度坐标（m）
1	1	5037.25	1	-0.12	0.00	0.00	10.62	10.97	5037.24
1	1	5037.25	2	-0.11	0.25	20.51	10.60	10.96	5037.24
1	1	5037.25	3	-0.1	0.51	39.23	10.59	10.95	5037.24
1	1	5037.25	4	-0.09	0.76	56.17	10.58	10.94	5037.24
1	1	5037.25	5	-0.09	1.02	56.17	10.56	10.93	5037.24
1	1	5037.25	6	-0.08	1.27	71.33	10.55	10.91	5037.24
1	1	5037.25	7	-0.08	1.52	71.33	10.53	10.90	5037.24
1	1	5037.25	8	-0.07	1.78	84.71	10.52	10.89	5037.24
1	1	5037.25	9	-0.07	2.03	84.71	10.50	10.88	5037.24
1	1	5037.25	10	-0.06	2.28	96.30	10.49	10.87	5037.24
1	1	5037.25	11	-0.06	2.54	96.30	10.48	10.86	5037.24
1	1	5037.25	12	-0.05	2.79	106.11	10.46	10.85	5037.25
1	1	5037.25	13	-0.05	3.05	106.11	10.45	10.84	5037.25
1	1	5037.25	14	-0.04	3.30	114.13	10.43	10.83	5037.25
1	1	5037.25	15	-0.04	3.55	114.13	10.42	10.81	5037.25
1	1	5037.25	16	-0.03	3.81	120.37	10.41	10.80	5037.25
1	1	5037.25	17	-0.03	4.06	120.37	10.39	10.79	5037.25
1	1	5037.25	18	-0.02	4.31	124.83	10.38	10.78	5037.25
1	1	5037.25	19	-0.02	4.57	124.83	10.36	10.77	5037.25

续表

段数	簇数	垂直射孔顶深（m）	沿裂缝高度网格号	裂缝宽度（cm）	裂缝高度（m）	裂缝长度（m）	应力差（MPa）	杨氏模量（GPa）	裂缝宽度坐标（m）
1	1	5037.25	20	0	4.82	128.40	10.35	10.76	5037.25
1	1	5037.25	21	0.02	4.57	124.83	10.36	10.77	5037.25
1	1	5037.25	22	0.02	4.31	124.83	10.38	10.78	5037.25
1	1	5037.25	23	0.03	4.06	120.37	10.39	10.79	5037.25
1	1	5037.25	24	0.03	3.81	120.37	10.41	10.80	5037.25
1	1	5037.25	25	0.04	3.55	114.13	10.42	10.81	5037.25
1	1	5037.25	26	0.04	3.30	114.13	10.43	10.83	5037.25
1	1	5037.25	27	0.05	3.05	106.11	10.45	10.84	5037.26
1	1	5037.25	28	0.05	2.79	106.11	10.46	10.85	5037.26
1	1	5037.25	29	0.06	2.54	96.30	10.48	10.86	5037.26
1	1	5037.25	30	0.06	2.28	96.30	10.49	10.87	5037.26
1	1	5037.25	31	0.07	2.03	84.71	10.50	10.88	5037.26
1	1	5037.25	32	0.07	1.78	84.71	10.52	10.89	5037.26
1	1	5037.25	33	0.08	1.52	71.33	10.53	10.90	5037.26
1	1	5037.25	34	0.08	1.27	71.33	10.55	10.91	5037.26
1	1	5037.25	35	0.09	1.02	56.17	10.56	10.93	5037.26
1	1	5037.25	36	0.09	0.76	56.17	10.58	10.94	5037.26
1	1	5037.25	37	0.1	0.51	39.23	10.59	10.95	5037.26
1	1	5037.25	38	0.11	0.25	20.51	10.60	10.96	5037.26
1	1	5037.25	39	0.12	0.00	0.00	10.62	10.97	5037.26
1	2	5030.25	1	−0.12	0.00	(0.00)	10.60	10.96	5030.24
1	2	5030.25	2	−0.11	0.25	19.45	10.59	10.95	5030.24
1	2	5030.25	3	−0.1	0.51	37.21	10.57	10.94	5030.24
1	2	5030.25	4	−0.09	0.76	53.27	10.56	10.93	5030.24
1	2	5030.25	5	−0.09	1.02	53.27	10.54	10.91	5030.24
1	2	5030.25	6	−0.08	1.27	67.65	10.53	10.90	5030.24
1	2	5030.25	7	−0.08	1.52	67.65	10.52	10.89	5030.24
1	2	5030.25	8	−0.07	1.78	80.33	10.50	10.88	5030.24
1	2	5030.25	9	−0.07	2.03	80.33	10.49	10.87	5030.24
1	2	5030.25	10	−0.06	2.28	91.32	10.47	10.86	5030.24
1	2	5030.25	11	−0.06	2.54	91.32	10.46	10.85	5030.24
1	2	5030.25	12	−0.05	2.79	100.63	10.45	10.84	5030.25

续表

段数	簇数	垂直射孔顶深（m）	沿裂缝高度网格号	裂缝宽度（cm）	裂缝高度（m）	裂缝长度（m）	应力差（MPa）	杨氏模量（GPa）	裂缝宽度坐标（m）
1	2	5030.25	13	-0.05	3.05	100.63	10.43	10.83	5030.25
1	2	5030.25	14	-0.04	3.30	108.24	10.42	10.82	5030.25
1	2	5030.25	15	-0.04	3.55	108.24	10.40	10.80	5030.25
1	2	5030.25	16	-0.03	3.81	114.16	10.39	10.79	5030.25
1	2	5030.25	17	-0.03	4.06	114.16	10.37	10.78	5030.25
1	2	5030.25	18	-0.02	4.31	118.38	10.36	10.77	5030.25
1	2	5030.25	19	-0.02	4.57	118.38	10.35	10.76	5030.25
1	2	5030.25	20	0	4.82	121.77	10.33	10.75	5030.25
1	2	5030.25	21	0.02	4.57	118.38	10.35	10.76	5030.25
1	2	5030.25	22	0.02	4.31	118.38	10.36	10.77	5030.25
1	2	5030.25	23	0.03	4.06	114.16	10.37	10.78	5030.25
1	2	5030.25	24	0.03	3.81	114.16	10.39	10.79	5030.25
1	2	5030.25	25	0.04	3.55	108.24	10.40	10.80	5030.25
1	2	5030.25	26	0.04	3.30	108.24	10.42	10.82	5030.25
1	2	5030.25	27	0.05	3.05	100.63	10.43	10.83	5030.26
1	2	5030.25	28	0.05	2.79	100.63	10.45	10.84	5030.26
1	2	5030.25	29	0.06	2.54	91.32	10.46	10.85	5030.26
1	2	5030.25	30	0.06	2.28	91.32	10.47	10.86	5030.26
1	2	5030.25	31	0.07	2.03	80.33	10.49	10.87	5030.26
1	2	5030.25	32	0.07	1.78	80.33	10.50	10.88	5030.26
1	2	5030.25	33	0.08	1.52	67.65	10.52	10.89	5030.26
1	2	5030.25	34	0.08	1.27	67.65	10.53	10.90	5030.26
1	2	5030.25	35	0.09	1.02	53.27	10.54	10.91	5030.26
1	2	5030.25	36	0.09	0.76	53.27	10.56	10.93	5030.26
1	2	5030.25	37	0.1	0.51	37.21	10.57	10.94	5030.26
1	2	5030.25	38	0.11	0.25	19.45	10.59	10.95	5030.26
1	2	5030.25	39	0.12	0.00	(0.00)	10.60	10.96	5030.26
1	3	5021.25	1	-0.12	0.00	0.00	10.58	11.16	5021.24
1	3	5021.25	2	-0.11	0.26	18.86	10.56	11.15	5021.24
1	3	5021.25	3	-0.1	0.51	36.08	10.55	11.14	5021.24
1	3	5021.25	4	-0.09	0.77	51.66	10.54	11.13	5021.24
1	3	5021.25	5	-0.09	1.02	51.66	10.52	11.12	5021.24

续表

段数	簇数	垂直射孔顶深（m）	沿裂缝高度网格号	裂缝宽度（cm）	裂缝高度（m）	裂缝长度（m）	应力差（MPa）	杨氏模量（GPa）	裂缝宽度坐标（m）
1	3	5021.25	6	-0.08	1.28	65.61	10.51	11.11	5021.24
1	3	5021.25	7	-0.08	1.53	65.61	10.49	11.10	5021.24
1	3	5021.25	8	-0.07	1.79	77.91	10.48	11.08	5021.24
1	3	5021.25	9	-0.07	2.04	77.91	10.46	11.07	5021.24
1	3	5021.25	10	-0.06	2.30	88.57	10.45	11.06	5021.24
1	3	5021.25	11	-0.06	2.55	88.57	10.44	11.05	5021.24
1	3	5021.25	12	-0.05	2.81	97.59	10.42	11.04	5021.25
1	3	5021.25	13	-0.05	3.06	97.59	10.41	11.03	5021.25
1	3	5021.25	14	-0.04	3.32	104.97	10.39	11.02	5021.25
1	3	5021.25	15	-0.04	3.57	104.97	10.38	11.01	5021.25
1	3	5021.25	16	-0.03	3.83	110.71	10.36	10.99	5021.25
1	3	5021.25	17	-0.03	4.08	110.71	10.35	10.98	5021.25
1	3	5021.25	18	-0.02	4.34	114.81	10.34	10.97	5021.25
1	3	5021.25	19	-0.02	4.59	114.81	10.32	10.96	5021.25
1	3	5021.25	20	0	4.85	118.09	10.31	10.95	5021.25
1	3	5021.25	21	0.02	4.59	114.81	10.32	10.96	5021.25
1	3	5021.25	22	0.02	4.34	114.81	10.34	10.97	5021.25
1	3	5021.25	23	0.03	4.08	110.71	10.35	10.98	5021.25
1	3	5021.25	24	0.03	3.83	110.71	10.36	10.99	5021.25
1	3	5021.25	25	0.04	3.57	104.97	10.38	11.01	5021.25
1	3	5021.25	26	0.04	3.32	104.97	10.39	11.02	5021.25
1	3	5021.25	27	0.05	3.06	97.59	10.41	11.03	5021.26
1	3	5021.25	28	0.05	2.81	97.59	10.42	11.04	5021.26
1	3	5021.25	29	0.06	2.55	88.57	10.44	11.05	5021.26
1	3	5021.25	30	0.06	2.30	88.57	10.45	11.06	5021.26
1	3	5021.25	31	0.07	2.04	77.91	10.46	11.07	5021.26
1	3	5021.25	32	0.07	1.79	77.91	10.48	11.08	5021.26
1	3	5021.25	33	0.08	1.53	65.61	10.49	11.10	5021.26
1	3	5021.25	34	0.08	1.28	65.61	10.51	11.11	5021.26
1	3	5021.25	35	0.09	1.02	51.66	10.52	11.12	5021.26
1	3	5021.25	36	0.09	0.77	51.66	10.54	11.13	5021.26
1	3	5021.25	37	0.1	0.51	36.08	10.55	11.14	5021.26

续表

段数	簇数	垂直射孔顶深（m）	沿裂缝高度网格号	裂缝宽度（cm）	裂缝高度（m）	裂缝长度（m）	应力差（MPa）	杨氏模量（GPa）	裂缝宽度坐标（m）
1	3	5021.25	38	0.11	0.26	18.86	10.56	11.15	5021.26
1	3	5021.25	39	0.12	0.00	0.00	10.58	11.16	5021.26
1	4	5012.25	1	-0.12	0.00	0.00	10.54	11.67	5012.24
1	4	5012.25	2	-0.11	0.26	18.36	10.53	11.66	5012.24
1	4	5012.25	3	-0.1	0.52	35.12	10.52	11.65	5012.24
1	4	5012.25	4	-0.09	0.77	50.29	10.50	11.63	5012.24
1	4	5012.25	5	-0.09	1.03	50.29	10.49	11.62	5012.24
1	4	5012.25	6	-0.08	1.29	63.85	10.47	11.61	5012.24
1	4	5012.25	7	-0.08	1.55	63.85	10.46	11.60	5012.24
1	4	5012.25	8	-0.07	1.80	75.83	10.44	11.59	5012.24
1	4	5012.25	9	-0.07	2.06	75.83	10.43	11.57	5012.24
1	4	5012.25	10	-0.06	2.32	86.20	10.42	11.56	5012.24
1	4	5012.25	11	-0.06	2.58	86.20	10.40	11.55	5012.24
1	4	5012.25	12	-0.05	2.83	94.98	10.39	11.54	5012.25
1	4	5012.25	13	-0.05	3.09	94.98	10.37	11.53	5012.25
1	4	5012.25	14	-0.04	3.35	102.17	10.36	11.52	5012.25
1	4	5012.25	15	-0.04	3.61	102.17	10.35	11.50	5012.25
1	4	5012.25	16	-0.03	3.86	107.75	10.33	11.49	5012.25
1	4	5012.25	17	-0.03	4.12	107.75	10.32	11.48	5012.25
1	4	5012.25	18	-0.02	4.38	111.75	10.30	11.47	5012.25
1	4	5012.25	19	-0.02	4.64	111.75	10.29	11.46	5012.25
1	4	5012.25	20	0	4.89	114.94	10.28	11.45	5012.25
1	4	5012.25	21	0.02	4.64	111.75	10.29	11.46	5012.25
1	4	5012.25	22	0.02	4.38	111.75	10.30	11.47	5012.25
1	4	5012.25	23	0.03	4.12	107.75	10.32	11.48	5012.25
1	4	5012.25	24	0.03	3.86	107.75	10.33	11.49	5012.25
1	4	5012.25	25	0.04	3.61	102.17	10.35	11.50	5012.25
1	4	5012.25	26	0.04	3.35	102.17	10.36	11.52	5012.25
1	4	5012.25	27	0.05	3.09	94.98	10.37	11.53	5012.26
1	4	5012.25	28	0.05	2.83	94.98	10.39	11.54	5012.26
1	4	5012.25	29	0.06	2.58	86.20	10.40	11.55	5012.26
1	4	5012.25	30	0.06	2.32	86.20	10.42	11.56	5012.26

续表

段数	簇数	垂直射孔顶深（m）	沿裂缝高度网格号	裂缝宽度（cm）	裂缝高度（m）	裂缝长度（m）	应力差（MPa）	杨氏模量（GPa）	裂缝宽度坐标（m）
1	4	5012.25	31	0.07	2.06	75.83	10.43	11.57	5012.26
1	4	5012.25	32	0.07	1.80	75.83	10.44	11.59	5012.26
1	4	5012.25	33	0.08	1.55	63.85	10.46	11.60	5012.26
1	4	5012.25	34	0.08	1.29	63.85	10.47	11.61	5012.26
1	4	5012.25	35	0.09	1.03	50.29	10.49	11.62	5012.26
1	4	5012.25	36	0.09	0.77	50.29	10.50	11.63	5012.26
1	4	5012.25	37	0.1	0.52	35.12	10.52	11.65	5012.26
1	4	5012.25	38	0.11	0.26	18.36	10.53	11.66	5012.26
1	4	5012.25	39	0.12	0.00	0.00	10.54	11.67	5012.26
1	5	5003.25	1	−0.12	0.00	0.00	10.50	12.17	5003.24
1	5	5003.25	2	−0.11	0.26	17.44	10.49	12.15	5003.24
1	5	5003.25	3	−0.1	0.52	33.36	10.48	12.14	5003.24
1	5	5003.25	4	−0.09	0.78	47.77	10.46	12.13	5003.24
1	5	5003.25	5	−0.09	1.04	47.77	10.45	12.12	5003.24
1	5	5003.25	6	−0.08	1.29	60.66	10.43	12.10	5003.24
1	5	5003.25	7	−0.08	1.55	60.66	10.42	12.09	5003.24
1	5	5003.25	8	−0.07	1.81	72.03	10.41	12.08	5003.24
1	5	5003.25	9	−0.07	2.07	72.03	10.39	12.07	5003.24
1	5	5003.25	10	−0.06	2.33	81.89	10.38	12.05	5003.24
1	5	5003.25	11	−0.06	2.59	81.89	10.36	12.04	5003.24
1	5	5003.25	12	−0.05	2.85	90.23	10.35	12.03	5003.25
1	5	5003.25	13	−0.05	3.11	90.23	10.34	12.02	5003.25
1	5	5003.25	14	−0.04	3.36	97.06	10.32	12.01	5003.25
1	5	5003.25	15	−0.04	3.62	97.06	10.31	11.99	5003.25
1	5	5003.25	16	−0.03	3.88	102.36	10.29	11.98	5003.25
1	5	5003.25	17	−0.03	4.14	102.36	10.28	11.97	5003.25
1	5	5003.25	18	−0.02	4.40	106.16	10.26	11.96	5003.25
1	5	5003.25	19	−0.02	4.66	106.16	10.25	11.94	5003.25
1	5	5003.25	20	0	4.92	109.19	10.24	11.93	5003.25
1	5	5003.25	21	0.02	4.66	106.16	10.25	11.94	5003.25
1	5	5003.25	22	0.02	4.40	106.16	10.26	11.96	5003.25
1	5	5003.25	23	0.03	4.14	102.36	10.28	11.97	5003.25

续表

段数	簇数	垂直射孔顶深（m）	沿裂缝高度网格号	裂缝宽度（cm）	裂缝高度（m）	裂缝长度（m）	应力差（MPa）	杨氏模量（GPa）	裂缝宽度坐标（m）
1	5	5003.25	24	0.03	3.88	102.36	10.29	11.98	5003.25
1	5	5003.25	25	0.04	3.62	97.06	10.31	11.99	5003.25
1	5	5003.25	26	0.04	3.36	97.06	10.32	12.01	5003.25
1	5	5003.25	27	0.05	3.11	90.23	10.34	12.02	5003.26
1	5	5003.25	28	0.05	2.85	90.23	10.35	12.03	5003.26
1	5	5003.25	29	0.06	2.59	81.89	10.36	12.04	5003.26
1	5	5003.25	30	0.06	2.33	81.89	10.38	12.05	5003.26
1	5	5003.25	31	0.07	2.07	72.03	10.39	12.07	5003.26
1	5	5003.25	32	0.07	1.81	72.03	10.41	12.08	5003.26
1	5	5003.25	33	0.08	1.55	60.66	10.42	12.09	5003.26
1	5	5003.25	34	0.08	1.29	60.66	10.43	12.10	5003.26
1	5	5003.25	35	0.09	1.04	47.77	10.45	12.12	5003.26
1	5	5003.25	36	0.09	0.78	47.77	10.46	12.13	5003.26
1	5	5003.25	37	0.1	0.52	33.36	10.48	12.14	5003.26
1	5	5003.25	38	0.11	0.26	17.44	10.49	12.15	5003.26
1	5	5003.25	39	0.12	0.00	0.00	10.50	12.17	5003.26
1	6	4992.25	1	−0.12	0.00	0.00	10.46	12.45	4992.24
1	6	4992.25	2	−0.11	0.26	16.82	10.45	12.44	4992.24
1	6	4992.25	3	−0.1	0.52	32.18	10.43	12.42	4992.24
1	6	4992.25	4	−0.1	0.78	32.18	10.42	12.41	4992.24
1	6	4992.25	5	−0.09	1.05	46.07	10.40	12.40	4992.24
1	6	4992.25	6	−0.08	1.31	58.51	10.39	12.38	4992.24
1	6	4992.25	7	−0.08	1.57	58.51	10.38	12.37	4992.24
1	6	4992.25	8	−0.07	1.83	69.48	10.36	12.36	4992.24
1	6	4992.25	9	−0.07	2.09	69.48	10.35	12.35	4992.24
1	6	4992.25	10	−0.06	2.35	78.98	10.33	12.33	4992.24
1	6	4992.25	11	−0.06	2.61	78.98	10.32	12.32	4992.24
1	6	4992.25	12	−0.05	2.87	87.03	10.31	12.31	4992.25
1	6	4992.25	13	−0.05	3.14	87.03	10.29	12.30	4992.25
1	6	4992.25	14	−0.04	3.40	93.61	10.28	12.28	4992.25
1	6	4992.25	15	−0.04	3.66	93.61	10.26	12.27	4992.25
1	6	4992.25	16	−0.03	3.92	98.73	10.25	12.26	4992.25

续表

段数	簇数	垂直射孔顶深（m）	沿裂缝高度网格号	裂缝宽度（cm）	裂缝高度（m）	裂缝长度（m）	应力差（MPa）	杨氏模量（GPa）	裂缝宽度坐标（m）
1	6	4992.25	17	-0.03	4.18	98.73	10.24	12.25	4992.25
1	6	4992.25	18	-0.02	4.44	102.39	10.22	12.23	4992.25
1	6	4992.25	19	-0.02	4.70	102.39	10.21	12.22	4992.25
1	6	4992.25	20	0	4.96	105.31	10.19	12.21	4992.25
1	6	4992.25	21	0.02	4.70	102.39	10.21	12.22	4992.25
1	6	4992.25	22	0.02	4.44	102.39	10.22	12.23	4992.25
1	6	4992.25	23	0.03	4.18	98.73	10.24	12.25	4992.25
1	6	4992.25	24	0.03	3.92	98.73	10.25	12.26	4992.25
1	6	4992.25	25	0.04	3.66	93.61	10.26	12.27	4992.25
1	6	4992.25	26	0.04	3.40	93.61	10.28	12.28	4992.25
1	6	4992.25	27	0.05	3.14	87.03	10.29	12.30	4992.26
1	6	4992.25	28	0.05	2.87	87.03	10.31	12.31	4992.26
1	6	4992.25	29	0.06	2.61	78.98	10.32	12.32	4992.26
1	6	4992.25	30	0.06	2.35	78.98	10.33	12.33	4992.26
1	6	4992.25	31	0.07	2.09	69.48	10.35	12.35	4992.26
1	6	4992.25	32	0.07	1.83	69.48	10.36	12.36	4992.26
1	6	4992.25	33	0.08	1.57	58.51	10.38	12.37	4992.26
1	6	4992.25	34	0.08	1.31	58.51	10.39	12.38	4992.26
1	6	4992.25	35	0.09	1.05	46.07	10.40	12.40	4992.26
1	6	4992.25	36	0.1	0.78	32.18	10.42	12.41	4992.26
1	6	4992.25	37	0.1	0.52	32.18	10.43	12.42	4992.26
1	6	4992.25	38	0.11	0.26	16.82	10.45	12.44	4992.26
1	6	4992.25	39	0.12	0.00	0.00	10.46	12.45	4992.26
1	7	4982.25	1	-0.12	0.00	0.00	10.41	12.75	4982.24
1	7	4982.25	2	-0.11	0.26	16.88	10.40	12.74	4982.24
1	7	4982.25	3	-0.1	0.53	32.29	10.39	12.73	4982.24
1	7	4982.25	4	-0.1	0.79	32.29	10.37	12.72	4982.24
1	7	4982.25	5	-0.09	1.06	46.24	10.36	12.70	4982.24
1	7	4982.25	6	-0.08	1.32	58.72	10.34	12.69	4982.24
1	7	4982.25	7	-0.08	1.58	58.72	10.33	12.68	4982.24
1	7	4982.25	8	-0.07	1.85	69.73	10.32	12.66	4982.24
1	7	4982.25	9	-0.07	2.11	69.73	10.30	12.65	4982.24

续表

段数	簇数	垂直射孔顶深（m）	沿裂缝高度网格号	裂缝宽度（cm）	裂缝高度（m）	裂缝长度（m）	应力差（MPa）	杨氏模量（GPa）	裂缝宽度坐标（m）
1	7	4982.25	10	-0.06	2.37	79.27	10.29	12.64	4982.24
1	7	4982.25	11	-0.06	2.64	79.27	10.27	12.63	4982.24
1	7	4982.25	12	-0.05	2.90	87.34	10.26	12.61	4982.25
1	7	4982.25	13	-0.05	3.17	87.34	10.25	12.60	4982.25
1	7	4982.25	14	-0.04	3.43	93.95	10.23	12.59	4982.25
1	7	4982.25	15	-0.04	3.69	93.95	10.22	12.57	4982.25
1	7	4982.25	16	-0.03	3.96	99.09	10.20	12.56	4982.25
1	7	4982.25	17	-0.03	4.22	99.09	10.19	12.55	4982.25
1	7	4982.25	18	-0.02	4.48	102.76	10.18	12.54	4982.25
1	7	4982.25	19	-0.02	4.75	102.76	10.16	12.52	4982.25
1	7	4982.25	20	0	5.01	105.69	10.15	12.51	4982.25
1	7	4982.25	21	0.02	4.75	102.76	10.16	12.52	4982.25
1	7	4982.25	22	0.02	4.48	102.76	10.18	12.54	4982.25
1	7	4982.25	23	0.03	4.22	99.09	10.19	12.55	4982.25
1	7	4982.25	24	0.03	3.96	99.09	10.20	12.56	4982.25
1	7	4982.25	25	0.04	3.69	93.95	10.22	12.57	4982.25
1	7	4982.25	26	0.04	3.43	93.95	10.23	12.59	4982.25
1	7	4982.25	27	0.05	3.17	87.34	10.25	12.60	4982.26
1	7	4982.25	28	0.05	2.90	87.34	10.26	12.61	4982.26
1	7	4982.25	29	0.06	2.64	79.27	10.27	12.63	4982.26
1	7	4982.25	30	0.06	2.37	79.27	10.29	12.64	4982.26
1	7	4982.25	31	0.07	2.11	69.73	10.30	12.65	4982.26
1	7	4982.25	32	0.07	1.85	69.73	10.32	12.66	4982.26
1	7	4982.25	33	0.08	1.58	58.72	10.33	12.68	4982.26
1	7	4982.25	34	0.08	1.32	58.72	10.34	12.69	4982.26
1	7	4982.25	35	0.09	1.06	46.24	10.36	12.70	4982.26
1	7	4982.25	36	0.1	0.79	32.29	10.37	12.72	4982.26
1	7	4982.25	37	0.1	0.53	32.29	10.39	12.73	4982.26
1	7	4982.25	38	0.11	0.26	16.88	10.40	12.74	4982.26
1	7	4982.25	39	0.12	0.00	0.00	10.41	12.75	4982.26
1	8	4974.25	1	-0.12	0.00	0.00	10.38	12.92	4974.24
1	8	4974.25	2	-0.11	0.27	17.59	10.37	12.91	4974.24

续表

段数	簇数	垂直射孔顶深（m）	沿裂缝高度网格号	裂缝宽度（cm）	裂缝高度（m）	裂缝长度（m）	应力差（MPa）	杨氏模量（GPa）	裂缝宽度坐标（m）
1	8	4974.25	3	-0.1	0.53	33.66	10.35	12.89	4974.24
1	8	4974.25	4	-0.1	0.80	33.66	10.34	12.88	4974.24
1	8	4974.25	5	-0.09	1.06	48.19	10.32	12.87	4974.24
1	8	4974.25	6	-0.08	1.33	61.20	10.31	12.86	4974.24
1	8	4974.25	7	-0.08	1.59	61.20	10.30	12.84	4974.24
1	8	4974.25	8	-0.07	1.86	72.67	10.28	12.83	4974.24
1	8	4974.25	9	-0.07	2.12	72.67	10.27	12.82	4974.24
1	8	4974.25	10	-0.06	2.39	82.62	10.25	12.80	4974.24
1	8	4974.25	11	-0.06	2.65	82.62	10.24	12.79	4974.24
1	8	4974.25	12	-0.05	2.92	91.03	10.23	12.78	4974.25
1	8	4974.25	13	-0.05	3.18	91.03	10.21	12.76	4974.25
1	8	4974.25	14	-0.04	3.45	97.92	10.20	12.75	4974.25
1	8	4974.25	15	-0.04	3.71	97.92	10.18	12.74	4974.25
1	8	4974.25	16	-0.04	3.98	97.92	10.17	12.73	4974.25
1	8	4974.25	17	-0.03	4.24	103.27	10.16	12.71	4974.25
1	8	4974.25	18	-0.02	4.51	107.10	10.14	12.70	4974.25
1	8	4974.25	19	-0.02	4.77	107.10	10.13	12.69	4974.25
1	8	4974.25	20	0	5.04	110.15	10.12	12.67	4974.25
1	8	4974.25	21	0.02	4.77	107.10	10.13	12.69	4974.25
1	8	4974.25	22	0.02	4.51	107.10	10.14	12.70	4974.25
1	8	4974.25	23	0.03	4.24	103.27	10.16	12.71	4974.25
1	8	4974.25	24	0.04	3.98	97.92	10.17	12.73	4974.25
1	8	4974.25	25	0.04	3.71	97.92	10.18	12.74	4974.25
1	8	4974.25	26	0.04	3.45	97.92	10.20	12.75	4974.25
1	8	4974.25	27	0.05	3.18	91.03	10.21	12.76	4974.26
1	8	4974.25	28	0.05	2.92	91.03	10.23	12.78	4974.26
1	8	4974.25	29	0.06	2.65	82.62	10.24	12.79	4974.26
1	8	4974.25	30	0.06	2.39	82.62	10.25	12.80	4974.26
1	8	4974.25	31	0.07	2.12	72.67	10.27	12.82	4974.26
1	8	4974.25	32	0.07	1.86	72.67	10.28	12.83	4974.26
1	8	4974.25	33	0.08	1.59	61.20	10.30	12.84	4974.26
1	8	4974.25	34	0.08	1.33	61.20	10.31	12.86	4974.26

续表

段数	簇数	垂直射孔顶深（m）	沿裂缝高度网格号	裂缝宽度（cm）	裂缝高度（m）	裂缝长度（m）	应力差（MPa）	杨氏模量（GPa）	裂缝宽度坐标（m）
1	8	4974.25	35	0.09	1.06	48.19	10.32	12.87	4974.26
1	8	4974.25	36	0.1	0.80	33.66	10.34	12.88	4974.26
1	8	4974.25	37	0.1	0.53	33.66	10.35	12.89	4974.26
1	8	4974.25	38	0.11	0.27	17.59	10.37	12.91	4974.26
1	8	4974.25	39	0.12	0.00	0.00	10.38	12.92	4974.26
1	9	4964.25	1	−0.12	0.00	0.00	10.37	12.74	4964.24
1	9	4964.25	2	−0.11	0.27	18.18	10.35	12.73	4964.24
1	9	4964.25	3	−0.11	0.53	18.18	10.34	12.72	4964.24
1	9	4964.25	4	−0.1	0.80	34.78	10.33	12.70	4964.24
1	9	4964.25	5	−0.09	1.07	49.79	10.31	12.69	4964.24
1	9	4964.25	6	−0.08	1.33	63.23	10.30	12.68	4964.24
1	9	4964.25	7	−0.08	1.60	63.23	10.28	12.67	4964.24
1	9	4964.25	8	−0.07	1.86	75.09	10.27	12.65	4964.24
1	9	4964.25	9	−0.07	2.13	75.09	10.26	12.64	4964.24
1	9	4964.25	10	−0.06	2.40	85.36	10.24	12.63	4964.24
1	9	4964.25	11	−0.06	2.66	85.36	10.23	12.61	4964.24
1	9	4964.25	12	−0.05	2.93	94.06	10.21	12.60	4964.25
1	9	4964.25	13	−0.05	3.20	94.06	10.20	12.59	4964.25
1	9	4964.25	14	−0.04	3.46	101.17	10.19	12.58	4964.25
1	9	4964.25	15	−0.04	3.73	101.17	10.17	12.56	4964.25
1	9	4964.25	16	−0.04	3.99	101.17	10.16	12.55	4964.25
1	9	4964.25	17	−0.03	4.26	106.70	10.14	12.54	4964.25
1	9	4964.25	18	−0.02	4.53	110.65	10.13	12.52	4964.25
1	9	4964.25	19	−0.02	4.79	110.65	10.12	12.51	4964.25
1	9	4964.25	20	0	5.06	113.82	10.10	12.50	4964.25
1	9	4964.25	21	0.02	4.79	110.65	10.12	12.51	4964.25
1	9	4964.25	22	0.02	4.53	110.65	10.13	12.52	4964.25
1	9	4964.25	23	0.03	4.26	106.70	10.14	12.54	4964.25
1	9	4964.25	24	0.04	3.99	101.17	10.16	12.55	4964.25
1	9	4964.25	25	0.04	3.73	101.17	10.17	12.56	4964.25
1	9	4964.25	26	0.04	3.46	101.17	10.19	12.58	4964.25
1	9	4964.25	27	0.05	3.20	94.06	10.20	12.59	4964.26

续表

段数	簇数	垂直射孔顶深（m）	沿裂缝高度网格号	裂缝宽度（cm）	裂缝高度（m）	裂缝长度（m）	应力差（MPa）	杨氏模量（GPa）	裂缝宽度坐标（m）
1	9	4964.25	28	0.05	2.93	94.06	10.21	12.60	4964.26
1	9	4964.25	29	0.06	2.66	85.36	10.23	12.61	4964.26
1	9	4964.25	30	0.06	2.40	85.36	10.24	12.63	4964.26
1	9	4964.25	31	0.07	2.13	75.09	10.26	12.64	4964.26
1	9	4964.25	32	0.07	1.86	75.09	10.27	12.65	4964.26
1	9	4964.25	33	0.08	1.60	63.23	10.28	12.67	4964.26
1	9	4964.25	34	0.08	1.33	63.23	10.30	12.68	4964.26
1	9	4964.25	35	0.09	1.07	49.79	10.31	12.69	4964.26
1	9	4964.25	36	0.1	0.80	34.78	10.33	12.70	4964.26
1	9	4964.25	37	0.11	0.53	18.18	10.34	12.72	4964.26
1	9	4964.25	38	0.11	0.27	18.18	10.35	12.73	4964.26
1	9	4964.25	39	0.12	0.00	0.00	10.37	12.74	4964.26
1	10	4954.25	1	−0.12	0.00	0.00	10.37	12.31	4954.24
1	10	4954.25	2	−0.11	0.27	19.11	10.35	12.29	4954.24
1	10	4954.25	3	−0.11	0.53	19.11	10.34	12.28	4954.24
1	10	4954.25	4	−0.1	0.80	36.56	10.33	12.27	4954.24
1	10	4954.25	5	−0.09	1.07	52.35	10.31	12.26	4954.24
1	10	4954.25	6	−0.08	1.33	66.47	10.30	12.25	4954.24
1	10	4954.25	7	−0.08	1.60	66.47	10.29	12.23	4954.24
1	10	4954.25	8	−0.07	1.86	78.93	10.27	12.22	4954.24
1	10	4954.25	9	−0.07	2.13	78.93	10.26	12.21	4954.24
1	10	4954.25	10	−0.06	2.40	89.74	10.24	12.20	4954.24
1	10	4954.25	11	−0.06	2.66	89.74	10.23	12.18	4954.24
1	10	4954.25	12	−0.05	2.93	98.88	10.22	12.17	4954.25
1	10	4954.25	13	−0.05	3.20	98.88	10.20	12.16	4954.25
1	10	4954.25	14	−0.04	3.46	106.35	10.19	12.15	4954.25
1	10	4954.25	15	−0.04	3.73	106.35	10.17	12.13	4954.25
1	10	4954.25	16	−0.04	3.99	106.35	10.16	12.12	4954.25
1	10	4954.25	17	−0.03	4.26	112.17	10.15	12.11	4954.25
1	10	4954.25	18	−0.02	4.53	116.32	10.13	12.10	4954.25
1	10	4954.25	19	−0.02	4.79	116.32	10.12	12.08	4954.25
1	10	4954.25	20	0	5.06	119.65	10.10	12.07	4954.25

续表

段数	簇数	垂直射孔顶深（m）	沿裂缝高度网格号	裂缝宽度（cm）	裂缝高度（m）	裂缝长度（m）	应力差（MPa）	杨氏模量（GPa）	裂缝宽度坐标（m）
1	10	4954.25	21	0.02	4.79	116.32	10.12	12.08	4954.25
1	10	4954.25	22	0.02	4.53	116.32	10.13	12.10	4954.25
1	10	4954.25	23	0.03	4.26	112.17	10.15	12.11	4954.25
1	10	4954.25	24	0.04	3.99	106.35	10.16	12.12	4954.25
1	10	4954.25	25	0.04	3.73	106.35	10.17	12.13	4954.25
1	10	4954.25	26	0.04	3.46	106.35	10.19	12.15	4954.25
1	10	4954.25	27	0.05	3.20	98.88	10.20	12.16	4954.26
1	10	4954.25	28	0.05	2.93	98.88	10.22	12.17	4954.26
1	10	4954.25	29	0.06	2.66	89.74	10.23	12.18	4954.26
1	10	4954.25	30	0.06	2.40	89.74	10.24	12.20	4954.26
1	10	4954.25	31	0.07	2.13	78.93	10.26	12.21	4954.26
1	10	4954.25	32	0.07	1.86	78.93	10.27	12.22	4954.26
1	10	4954.25	33	0.08	1.60	66.47	10.29	12.23	4954.26
1	10	4954.25	34	0.08	1.33	66.47	10.30	12.25	4954.26
1	10	4954.25	35	0.09	1.07	52.35	10.31	12.26	4954.26
1	10	4954.25	36	0.1	0.80	36.56	10.33	12.27	4954.26
1	10	4954.25	37	0.11	0.53	19.11	10.34	12.28	4954.26
1	10	4954.25	38	0.11	0.27	19.11	10.35	12.29	4954.26
1	10	4954.25	39	0.12	0.00	0.00	10.37	12.31	4954.26
1	11	4944.25	1	−0.12	0.00	0.00	10.37	11.57	4944.24
1	11	4944.25	2	−0.11	0.27	19.47	10.36	11.56	4944.24
1	11	4944.25	3	−0.11	0.53	19.47	10.34	11.54	4944.24
1	11	4944.25	4	−0.1	0.80	37.24	10.33	11.53	4944.24
1	11	4944.25	5	−0.09	1.07	53.33	10.31	11.52	4944.24
1	11	4944.25	6	−0.08	1.33	67.71	10.30	11.51	4944.24
1	11	4944.25	7	−0.08	1.60	67.71	10.29	11.50	4944.24
1	11	4944.25	8	−0.07	1.86	80.41	10.27	11.49	4944.24
1	11	4944.25	9	−0.07	2.13	80.41	10.26	11.47	4944.24
1	11	4944.25	10	−0.06	2.40	91.42	10.24	11.46	4944.24
1	11	4944.25	11	−0.06	2.66	91.42	10.23	11.45	4944.24
1	11	4944.25	12	−0.05	2.93	100.73	10.22	11.44	4944.25
1	11	4944.25	13	−0.05	3.20	100.73	10.20	11.43	4944.25

续表

段数	簇数	垂直射孔顶深（m）	沿裂缝高度网格号	裂缝宽度（cm）	裂缝高度（m）	裂缝长度（m）	应力差（MPa）	杨氏模量（GPa）	裂缝宽度坐标（m）
1	11	4944.25	14	-0.04	3.46	108.34	10.19	11.42	4944.25
1	11	4944.25	15	-0.04	3.73	108.34	10.17	11.40	4944.25
1	11	4944.25	16	-0.04	3.99	108.34	10.16	11.39	4944.25
1	11	4944.25	17	-0.03	4.26	114.27	10.15	11.38	4944.25
1	11	4944.25	18	-0.02	4.53	118.50	10.13	11.37	4944.25
1	11	4944.25	19	-0.02	4.79	118.50	10.12	11.36	4944.25
1	11	4944.25	20	0	5.06	121.89	10.11	11.35	4944.25
1	11	4944.25	21	0.02	4.79	118.50	10.12	11.36	4944.25
1	11	4944.25	22	0.02	4.53	118.50	10.13	11.37	4944.25
1	11	4944.25	23	0.03	4.26	114.27	10.15	11.38	4944.25
1	11	4944.25	24	0.04	3.99	108.34	10.16	11.39	4944.25
1	11	4944.25	25	0.04	3.73	108.34	10.17	11.40	4944.25
1	11	4944.25	26	0.04	3.46	108.34	10.19	11.42	4944.25
1	11	4944.25	27	0.05	3.20	100.73	10.20	11.43	4944.26
1	11	4944.25	28	0.05	2.93	100.73	10.22	11.44	4944.26
1	11	4944.25	29	0.06	2.66	91.42	10.23	11.45	4944.26
1	11	4944.25	30	0.06	2.40	91.42	10.24	11.46	4944.26
1	11	4944.25	31	0.07	2.13	80.41	10.26	11.47	4944.26
1	11	4944.25	32	0.07	1.86	80.41	10.27	11.49	4944.26
1	11	4944.25	33	0.08	1.60	67.71	10.29	11.50	4944.26
1	11	4944.25	34	0.08	1.33	67.71	10.30	11.51	4944.26
1	11	4944.25	35	0.09	1.07	53.33	10.31	11.52	4944.26
1	11	4944.25	36	0.1	0.80	37.24	10.33	11.53	4944.26
1	11	4944.25	37	0.11	0.53	19.47	10.34	11.54	4944.26
1	11	4944.25	38	0.11	0.27	19.47	10.36	11.56	4944.26
1	11	4944.25	39	0.12	0.00	0.00	10.37	11.57	4944.26
1	12	4934.25	1	-0.13	0.00	0.00	10.35	10.56	4934.24
1	12	4934.25	2	-0.11	0.27	35.64	10.34	10.55	4934.24
1	12	4934.25	3	-0.11	0.54	35.64	10.32	10.54	4934.24
1	12	4934.25	4	-0.1	0.80	51.23	10.31	10.53	4934.24
1	12	4934.25	5	-0.09	1.07	65.34	10.30	10.52	4934.24
1	12	4934.25	6	-0.09	1.34	65.34	10.28	10.51	4934.24

续表

段数	簇数	垂直射孔顶深（m）	沿裂缝高度网格号	裂缝宽度（cm）	裂缝高度（m）	裂缝长度（m）	应力差（MPa）	杨氏模量（GPa）	裂缝宽度坐标（m）
1	12	4934.25	7	-0.08	1.61	77.96	10.27	10.50	4934.24
1	12	4934.25	8	-0.07	1.87	89.10	10.25	10.49	4934.24
1	12	4934.25	9	-0.07	2.14	89.10	10.24	10.48	4934.24
1	12	4934.25	10	-0.06	2.41	98.75	10.23	10.47	4934.24
1	12	4934.25	11	-0.06	2.68	98.75	10.21	10.46	4934.24
1	12	4934.25	12	-0.05	2.94	106.92	10.20	10.45	4934.25
1	12	4934.25	13	-0.05	3.21	106.92	10.19	10.44	4934.25
1	12	4934.25	14	-0.05	3.48	106.92	10.17	10.43	4934.25
1	12	4934.25	15	-0.04	3.75	113.60	10.16	10.42	4934.25
1	12	4934.25	16	-0.04	4.01	113.60	10.14	10.41	4934.25
1	12	4934.25	17	-0.03	4.28	118.79	10.13	10.39	4934.25
1	12	4934.25	18	-0.02	4.55	122.51	10.12	10.38	4934.25
1	12	4934.25	19	-0.02	4.82	122.51	10.10	10.37	4934.25
1	12	4934.25	20	0	5.08	125.48	10.09	10.36	4934.25
1	12	4934.25	21	0.02	4.82	122.51	10.10	10.37	4934.25
1	12	4934.25	22	0.02	4.55	122.51	10.12	10.38	4934.25
1	12	4934.25	23	0.03	4.28	118.79	10.13	10.39	4934.25
1	12	4934.25	24	0.04	4.01	113.60	10.14	10.41	4934.25
1	12	4934.25	25	0.04	3.75	113.60	10.16	10.42	4934.25
1	12	4934.25	26	0.05	3.48	106.92	10.17	10.43	4934.26
1	12	4934.25	27	0.05	3.21	106.92	10.19	10.44	4934.26
1	12	4934.25	28	0.05	2.94	106.92	10.20	10.45	4934.26
1	12	4934.25	29	0.06	2.68	98.75	10.21	10.46	4934.26
1	12	4934.25	30	0.06	2.41	98.75	10.23	10.47	4934.26
1	12	4934.25	31	0.07	2.14	89.10	10.24	10.48	4934.26
1	12	4934.25	32	0.07	1.87	89.10	10.25	10.49	4934.26
1	12	4934.25	33	0.08	1.61	77.96	10.27	10.50	4934.26
1	12	4934.25	34	0.09	1.34	65.34	10.28	10.51	4934.26
1	12	4934.25	35	0.09	1.07	65.34	10.30	10.52	4934.26
1	12	4934.25	36	0.1	0.80	51.23	10.31	10.53	4934.26
1	12	4934.25	37	0.11	0.54	35.64	10.32	10.54	4934.26
1	12	4934.25	38	0.11	0.27	35.64	10.34	10.55	4934.26
1	12	4934.25	39	0.13	0.00	0.00	10.35	10.56	4934.26

附录二　暂堵剂沿着井筒运移数据

深度(m)	球时间(s)	球速(m/s)	球加速度(m/s²)	球浮力(N)	球阻力(N)	球重力(N)	球雷诺数	球阻力系数	液速(m/s)	液雷诺数	液流动形态	管壁效应	管柱压力(MPa)	液压力降(MPa)
0	0	0	5.48857	0.00374	3.86324	0.0046	275.3756	0.70198	13.15684	3885.856	紊流	0.899945	70	0
2.689	0.7	3.842	3.77096	0.00374	2.24249	0.0046	194.9617	0.81293	13.15684	3885.856	紊流	0.899945	70.01757	0.00881
7.227	1.4	6.482	2.76739	0.00374	1.33536	0.0046	139.7127	0.94265	13.15684	3885.856	紊流	0.899945	70.04721	0.02368
13.12	2.1	8.419	2.14576	0.00374	0.78949	0.0046	99.16723	1.10619	13.15684	3885.856	紊流	0.899945	70.08571	0.043
20.064	2.8	9.921	1.74738	0.00374	0.44466	0.0046	67.72941	1.33565	13.15684	3885.856	紊流	0.899945	70.13107	0.06576
27.865	3.5	11.144	1.49209	0.00374	0.22144	0.0046	42.12826	1.71926	13.15684	3885.856	紊流	0.899945	70.18204	0.09132
36.397	4.2	12.189	1.34433	0.00374	0.07904	0.0046	20.26745	2.65127	13.15684	3885.856	紊流	0.899945	70.23777	0.11928
45.588	4.9	13.13	2.23647	0.00374	0.001	0.0046	0.57145	41.99813	13.15684	3885.856	紊流	0.899945	70.29781	0.1494
55.874	5.6	14.695	1.75047	0.00374	0.15066	0.0046	32.19537	2.00282	13.15684	3885.856	紊流	0.899945	70.36501	0.18312
67.019	6.3	15.92	-0.9058	0.00374	0.35188	0.0046	57.84183	1.44922	13.15684	3885.856	紊流	0.899945	70.43781	0.21964
77.719	7	15.286	-0.20536	0.00374	0.24028	0.0046	44.5708	1.66664	13.15684	3885.856	紊流	0.899945	70.50772	0.25471
88.319	7.7	15.143	-0.05421	0.00374	0.21716	0.0046	41.56201	1.73222	13.15684	3885.856	紊流	0.899945	70.57696	0.28945
98.892	8.4	15.105	-0.0149	0.00374	0.21119	0.0046	40.76776	1.75092	13.15684	3885.856	紊流	0.899945	70.64603	0.3241
109.458	9.1	15.094	-0.00414	0.00374	0.20956	0.0046	40.54946	1.75617	13.15684	3885.856	紊流	0.899945	70.71506	0.35873
120.022	9.8	15.091	-0.00115	0.00374	0.20911	0.0046	40.48879	1.75764	13.15684	3885.856	紊流	0.899945	70.78407	0.39335
130.585	10.5	15.09	-0.00032	0.00374	0.20898	0.0046	40.47187	1.75805	13.15684	3885.856	紊流	0.899945	70.85308	0.42797

续表

深度 (m)	球时间 (s)	球速 (m/s)	球加速度 (m/s²)	球浮力 (N)	球阻力 (N)	球重力 (N)	球雷诺数	球阻力系数	液速 (m/s)	液雷诺数	液流动形态	管壁效应	管柱压力 (MPa)	液压力降 (MPa)
141.148	11.2	15.09	-0.00009	0.00374	0.20895	0.0046	40.46716	1.75816	13.15684	3885.856	紊流	0.899945	70.92208	0.46258
151.712	11.9	15.09	-0.00003	0.00374	0.20894	0.0046	40.46584	1.75819	13.15684	3885.856	紊流	0.899945	70.99109	0.4972
162.275	12.6	15.09	-0.00001	0.00374	0.20894	0.0046	40.46547	1.7582	13.15684	3885.856	紊流	0.899945	71.06009	0.53182
172.838	13.3	15.09	0	0.00374	0.20894	0.0046	40.46537	1.75821	13.15684	3885.856	紊流	0.899945	71.1291	0.56644
183.401	14	15.09	0	0.00374	0.20894	0.0046	40.46534	1.75821	13.15684	3885.856	紊流	0.899945	71.19811	0.60106
193.964	14.7	15.09	0	0.00374	0.20894	0.0046	40.46533	1.75821	13.15684	3885.856	紊流	0.899945	71.26711	0.63568
204.527	15.4	15.09	0	0.00374	0.20894	0.0046	40.46533	1.75821	13.15684	3885.856	紊流	0.899945	71.33612	0.6703
215.09	16.1	15.09	0	0.00374	0.20894	0.0046	40.46533	1.75821	13.15684	3885.856	紊流	0.899945	71.40512	0.70491
225.654	16.8	15.09	0	0.00374	0.20894	0.0046	40.46533	1.75821	13.15684	3885.856	紊流	0.899945	71.47413	0.73953
236.217	17.5	15.09	0	0.00374	0.20894	0.0046	40.46533	1.75821	13.15684	3885.856	紊流	0.899945	71.54313	0.77415
246.78	18.2	15.09	0	0.00374	0.20894	0.0046	40.46533	1.75821	13.15684	3885.856	紊流	0.899945	71.61214	0.80877
257.343	18.9	15.09	0	0.00374	0.20894	0.0046	40.46533	1.75821	13.15684	3885.856	紊流	0.899945	71.68115	0.84339
267.906	19.6	15.09	0	0.00374	0.20894	0.0046	40.46533	1.75821	13.15684	3885.856	紊流	0.899945	71.75015	0.87801
278.469	20.3	15.09	0	0.00374	0.20894	0.0046	40.46533	1.75821	13.15684	3885.856	紊流	0.899945	71.81916	0.91262
289.032	21	15.09	0	0.00374	0.20894	0.0046	40.46533	1.75821	13.15684	3885.856	紊流	0.899945	71.88816	0.94724
299.595	21.7	15.09	0	0.00374	0.20894	0.0046	40.46533	1.75821	13.15684	3885.856	紊流	0.899945	71.95717	0.98186
310.159	22.4	15.09	0	0.00374	0.20894	0.0046	40.46533	1.75821	13.15684	3885.856	紊流	0.899945	72.02617	1.01648
320.722	23.1	15.09	0	0.00374	0.20894	0.0046	40.46533	1.75821	13.15684	3885.856	紊流	0.899945	72.09518	1.0511

续表

深度(m)	球时间(s)	球速(m/s)	球加速度(m/s²)	球浮力(N)	球阻力(N)	球重力(N)	球雷诺数	球阻力系数	液速(m/s)	液雷诺数	液流动形态	管壁效应	管柱压力(MPa)	液压力降(MPa)
331.285	23.8	15.09	0	0.00374	0.20894	0.0046	40.46533	1.75821	13.15684	3885.856	紊流	0.899945	72.16419	1.08572
341.848	24.5	15.09	0	0.00374	0.20894	0.0046	40.46533	1.75821	13.15684	3885.856	紊流	0.899945	72.23319	1.12034
352.411	25.2	15.09	0	0.00374	0.20894	0.0046	40.46533	1.75821	13.15684	3885.856	紊流	0.899945	72.3022	1.15495
362.974	25.9	15.09	0	0.00374	0.20894	0.0046	40.46533	1.75821	13.15684	3885.856	紊流	0.899945	72.3712	1.18957
373.537	26.6	15.09	0	0.00374	0.20894	0.0046	40.46533	1.75821	13.15684	3885.856	紊流	0.899945	72.44021	1.22419
384.1	27.3	15.09	0	0.00374	0.20894	0.0046	40.46533	1.75821	13.15684	3885.856	紊流	0.899945	72.50922	1.25881
394.664	28	15.09	0	0.00374	0.20894	0.0046	40.46533	1.75821	13.15684	3885.856	紊流	0.899945	72.57822	1.29343
405.227	28.7	15.09	0	0.00374	0.20894	0.0046	40.46533	1.75821	13.15684	3885.856	紊流	0.899945	72.64723	1.32805
415.79	29.4	15.09	0	0.00374	0.20894	0.0046	40.46533	1.75821	13.15684	3885.856	紊流	0.899945	72.71623	1.36266
426.353	30.1	15.09	0	0.00374	0.20894	0.0046	40.46533	1.75821	13.15684	3885.856	紊流	0.899945	72.78524	1.39728
436.916	30.8	15.09	0	0.00374	0.20894	0.0046	40.46533	1.75821	13.15684	3885.856	紊流	0.899945	72.85424	1.4319
447.479	31.5	15.09	0	0.00374	0.20894	0.0046	40.46533	1.75821	13.15684	3885.856	紊流	0.899945	72.92325	1.46652
458.042	32.2	15.09	0	0.00374	0.20894	0.0046	40.46533	1.75821	13.15684	3885.856	紊流	0.899945	72.99226	1.50114
468.605	32.9	15.09	0	0.00374	0.20894	0.0046	40.46533	1.75821	13.15684	3885.856	紊流	0.899945	73.06126	1.53576
479.169	33.6	15.09	0	0.00374	0.20894	0.0046	40.46533	1.75821	13.15684	3885.856	紊流	0.899945	73.13027	1.57038
489.732	34.3	15.09	0	0.00374	0.20894	0.0046	40.46533	1.75821	13.15684	3885.856	紊流	0.899945	73.19927	1.60499
500.295	35	15.09	0	0.00374	0.20894	0.0046	40.46533	1.75821	13.15684	3885.856	紊流	0.899945	73.26828	1.63961
510.858	35.7	15.09	0	0.00374	0.20894	0.0046	40.46533	1.75821	13.15684	3885.856	紊流	0.899945	73.33729	1.67423

续表

深度 (m)	球时间 (s)	球速 (m/s)	球加速度 (m/s²)	球浮力 (N)	球阻力 (N)	球重力 (N)	球雷诺数	球阻力系数	液速 (m/s)	液雷诺数	液流动形态	管壁效应	管柱压力 (MPa)	液压力降 (MPa)
521.421	36.4	15.09	0	0.00374	0.20894	0.0046	40.46533	1.75821	13.15684	3885.856	紊流	0.899945	73.40629	1.70885
531.984	37.1	15.09	0	0.00374	0.20894	0.0046	40.46533	1.75821	13.15684	3885.856	紊流	0.899945	73.4753	1.74347
542.547	37.8	15.09	0	0.00374	0.20894	0.0046	40.46533	1.75821	13.15684	3885.856	紊流	0.899945	73.5443	1.77809
553.11	38.5	15.09	0	0.00374	0.20894	0.0046	40.46533	1.75821	13.15684	3885.856	紊流	0.899945	73.61331	1.8127
563.674	39.2	15.09	0	0.00374	0.20894	0.0046	40.46533	1.75821	13.15684	3885.856	紊流	0.899945	73.68231	1.84732
574.237	39.9	15.09	0	0.00374	0.20894	0.0046	40.46533	1.75821	13.15684	3885.856	紊流	0.899945	73.75132	1.88194
584.8	40.6	15.09	0	0.00374	0.20894	0.0046	40.46533	1.75821	13.15684	3885.856	紊流	0.899945	73.82033	1.91656
595.363	41.3	15.09	0	0.00374	0.20894	0.0046	40.46533	1.75821	13.15684	3885.856	紊流	0.899945	73.88933	1.95118
605.926	42	15.09	0	0.00374	0.20894	0.0046	40.46533	1.75821	13.15684	3885.856	紊流	0.899945	73.95834	1.9858
616.489	42.7	15.09	0	0.00374	0.20894	0.0046	40.46533	1.75821	13.15684	3885.856	紊流	0.899945	74.02734	2.02042
627.052	43.4	15.09	0	0.00374	0.20894	0.0046	40.46533	1.75821	13.15684	3885.856	紊流	0.899945	74.09635	2.05503
637.615	44.1	15.09	0	0.00374	0.20894	0.0046	40.46533	1.75821	13.15684	3885.856	紊流	0.899945	74.16535	2.08965
648.179	44.8	15.09	0	0.00374	0.20894	0.0046	40.46533	1.75821	13.15684	3885.856	紊流	0.899945	74.23436	2.12427
658.742	45.5	15.09	0	0.00374	0.20894	0.0046	40.46533	1.75821	13.15684	3885.856	紊流	0.899945	74.30337	2.15889
669.305	46.2	15.09	0	0.00374	0.20894	0.0046	40.46533	1.75821	13.15684	3885.856	紊流	0.899945	74.37237	2.19351
679.868	46.9	15.09	0	0.00374	0.20894	0.0046	40.46533	1.75821	13.15684	3885.856	紊流	0.899945	74.44138	2.22813
690.431	47.6	15.09	0	0.00374	0.20894	0.0046	40.46533	1.75821	13.15684	3885.856	紊流	0.899945	74.51038	2.26274
700.994	48.3	15.09	0	0.00374	0.20894	0.0046	40.46533	1.75821	13.15684	3885.856	紊流	0.899945	74.57939	2.29736

续表

深度(m)	球时间(s)	球速(m/s)	球加速度(m/s²)	球浮力(N)	球阻力(N)	球重力(N)	球雷诺数	球阻力系数	液速(m/s)	液雷诺数	液流动形态	管壁效应	管柱压力(MPa)	液压力降(MPa)
711.557	49	15.09	0	0.00374	0.20894	0.0046	40.46533	1.75821	13.15684	3885.856	紊流	0.899945	74.6484	2.33198
722.12	49.7	15.09	0	0.00374	0.20894	0.0046	40.46533	1.75821	13.15684	3885.856	紊流	0.899945	74.7174	2.3666
732.684	50.4	15.09	0	0.00374	0.20894	0.0046	40.46533	1.75821	13.15684	3885.856	紊流	0.899945	74.78641	2.40122
743.247	51.1	15.09	0	0.00374	0.20894	0.0046	40.46533	1.75821	13.15684	3885.856	紊流	0.899945	74.85541	2.43584
753.81	51.8	15.09	0	0.00374	0.20894	0.0046	40.46533	1.75821	13.15684	3885.856	紊流	0.899945	74.92442	2.47046
764.373	52.5	15.09	0	0.00374	0.20894	0.0046	40.46533	1.75821	13.15684	3885.856	紊流	0.899945	74.99342	2.50507
774.936	53.2	15.09	0	0.00374	0.20894	0.0046	40.46533	1.75821	13.15684	3885.856	紊流	0.899945	75.06243	2.53969
785.499	53.9	15.09	0	0.00374	0.20894	0.0046	40.46533	1.75821	13.15684	3885.856	紊流	0.899945	75.13144	2.57431
796.062	54.6	15.09	0	0.00374	0.20894	0.0046	40.46533	1.75821	13.15684	3885.856	紊流	0.899945	75.20044	2.60893
806.625	55.3	15.09	0	0.00374	0.20894	0.0046	40.46533	1.75821	13.15684	3885.856	紊流	0.899945	75.26945	2.64355
817.189	56	15.09	0	0.00374	0.20894	0.0046	40.46533	1.75821	13.15684	3885.856	紊流	0.899945	75.33845	2.67817
827.752	56.7	15.09	0	0.00374	0.20894	0.0046	40.46533	1.75821	13.15684	3885.856	紊流	0.899945	75.40746	2.71278
838.315	57.4	15.09	0	0.00374	0.20894	0.0046	40.46533	1.75821	13.15684	3885.856	紊流	0.899945	75.47647	2.7474
848.878	58.1	15.09	0	0.00374	0.20894	0.0046	40.46533	1.75821	13.15684	3885.856	紊流	0.899945	75.54547	2.78202
859.441	58.8	15.09	0	0.00374	0.20894	0.0046	40.46533	1.75821	13.15684	3885.856	紊流	0.899945	75.61448	2.81664
870.004	59.5	15.09	0	0.00374	0.20894	0.0046	40.46533	1.75821	13.15684	3885.856	紊流	0.899945	75.68348	2.85126
880.567	60.2	15.09	0	0.00374	0.20894	0.0046	40.46533	1.75821	13.15684	3885.856	紊流	0.899945	75.75249	2.88588
891.13	60.9	15.09	0	0.00374	0.20894	0.0046	40.46533	1.75821	13.15684	3885.856	紊流	0.899945	75.82149	2.92049

续表

深度（m）	球时间（s）	球速（m/s）	球加速度（m/s²）	球浮力（N）	球阻力（N）	球重力（N）	球雷诺数	球阻力系数	液速（m/s）	液雷诺数	液流动形态	管壁效应	管柱压力（MPa）	液压力降（MPa）
901.694	61.6	15.09	0	0.00374	0.20894	0.0046	40.46533	1.75821	13.15684	3885.856	紊流	0.899945	75.8905	2.95511
912.257	62.3	15.09	0	0.00374	0.20894	0.0046	40.46533	1.75821	13.15684	3885.856	紊流	0.899945	75.95951	2.98973
922.82	63	15.09	0	0.00374	0.20894	0.0046	40.46533	1.75821	13.15684	3885.856	紊流	0.899945	76.02851	3.02435
933.383	63.7	15.09	0	0.00374	0.20894	0.0046	40.46533	1.75821	13.15684	3885.856	紊流	0.899945	76.09752	3.05897
943.946	64.4	15.09	0	0.00374	0.20894	0.0046	40.46533	1.75821	13.15684	3885.856	紊流	0.899945	76.16652	3.09359
954.509	65.1	15.09	0	0.00374	0.20894	0.0046	40.46533	1.75821	13.15684	3885.856	紊流	0.899945	76.23553	3.12821
965.072	65.8	15.09	0	0.00374	0.20894	0.0046	40.46533	1.75821	13.15684	3885.856	紊流	0.899945	76.30453	3.16282
975.635	66.5	15.09	0	0.00374	0.20894	0.0046	40.46533	1.75821	13.15684	3885.856	紊流	0.899945	76.37354	3.19744
986.199	67.2	15.09	0	0.00374	0.20894	0.0046	40.46533	1.75821	13.15684	3885.856	紊流	0.899945	76.44255	3.23206
996.762	67.9	15.09	0	0.00374	0.20894	0.0046	40.46533	1.75821	13.15684	3885.856	紊流	0.899945	76.51155	3.26668
1007.325	68.6	15.09	0	0.00374	0.20894	0.0046	40.46533	1.75821	13.15684	3885.856	紊流	0.899945	76.58056	3.3013
1017.888	69.3	15.09	0	0.00374	0.20894	0.0046	40.46533	1.75821	13.15684	3885.856	紊流	0.899945	76.64956	3.33592
1028.451	70	15.09	0	0.00374	0.20894	0.0046	40.46533	1.75821	13.15684	3885.856	紊流	0.899945	76.71857	3.37053
1039.014	70.7	15.09	0	0.00374	0.20894	0.0046	40.46533	1.75821	13.15684	3885.856	紊流	0.899945	76.78758	3.40515
1049.577	71.4	15.09	0	0.00374	0.20894	0.0046	40.46533	1.75821	13.15684	3885.856	紊流	0.899945	76.85658	3.43977
1060.14	72.1	15.09	0	0.00374	0.20894	0.0046	40.46533	1.75821	13.15684	3885.856	紊流	0.899945	76.92559	3.47439
1070.704	72.8	15.09	0	0.00374	0.20894	0.0046	40.46533	1.75821	13.15684	3885.856	紊流	0.899945	76.99459	3.50901
1081.267	73.5	15.09	0	0.00374	0.20894	0.0046	40.46533	1.75821	13.15684	3885.856	紊流	0.899945	77.0636	3.54363

续表

深度（m）	球时间（s）	球速（m/s）	球加速度（m/s²）	球浮力（N）	球阻力（N）	球重力（N）	球雷诺数	球阻力系数	液速（m/s）	液雷诺数	液流动形态	管壁效应	管柱压力（MPa）	液压力降（MPa）
1091.83	74.2	15.09	0	0.00374	0.20894	0.0046	40.46533	1.75821	13.15684	3885.856	紊流	0.899945	77.1326	3.57825
1102.393	74.9	15.09	0	0.00374	0.20894	0.0046	40.46533	1.75821	13.15684	3885.856	紊流	0.899945	77.20161	3.61286
1112.956	75.6	15.09	0	0.00374	0.20894	0.0046	40.46533	1.75821	13.15684	3885.856	紊流	0.899945	77.27062	3.64748
1123.519	76.3	15.09	0	0.00374	0.20894	0.0046	40.46533	1.75821	13.15684	3885.856	紊流	0.899945	77.33962	3.6821
1134.082	77	15.09	0	0.00374	0.20894	0.0046	40.46533	1.75821	13.15684	3885.856	紊流	0.899945	77.40863	3.71672
1144.645	77.7	15.09	0	0.00374	0.20894	0.0046	40.46533	1.75821	13.15684	3885.856	紊流	0.899945	77.47763	3.75134
1155.209	78.4	15.09	0	0.00374	0.20894	0.0046	40.46533	1.75821	13.15684	3885.856	紊流	0.899945	77.54664	3.78596
1165.772	79.1	15.09	0	0.00374	0.20894	0.0046	40.46533	1.75821	13.15684	3885.856	紊流	0.899945	77.61565	3.82057
1176.335	79.8	15.09	0	0.00374	0.20894	0.0046	40.46533	1.75821	13.15684	3885.856	紊流	0.899945	77.68465	3.85519
1186.898	80.5	15.09	0	0.00374	0.20894	0.0046	40.46533	1.75821	13.15684	3885.856	紊流	0.899945	77.75366	3.88981
1197.461	81.2	15.09	0	0.00374	0.20894	0.0046	40.46533	1.75821	13.15684	3885.856	紊流	0.899945	77.82266	3.92443
1208.024	81.9	15.09	0	0.00374	0.20894	0.0046	40.46533	1.75821	13.15684	3885.856	紊流	0.899945	77.89167	3.95905
1218.587	82.6	15.09	0	0.00374	0.20894	0.0046	40.46533	1.75821	13.15684	3885.856	紊流	0.899945	77.96067	3.99367
1229.15	83.3	15.09	0	0.00374	0.20894	0.0046	40.46533	1.75821	13.15684	3885.856	紊流	0.899945	78.02968	4.02829
1239.714	84	15.09	0	0.00374	0.20894	0.0046	40.46533	1.75821	13.15684	3885.856	紊流	0.899945	78.09869	4.0629
1250.277	84.7	15.09	0	0.00374	0.20894	0.0046	40.46533	1.75821	13.15684	3885.856	紊流	0.899945	78.16769	4.09752
1260.84	85.4	15.09	0	0.00374	0.20894	0.0046	40.46533	1.75821	13.15684	3885.856	紊流	0.899945	78.2367	4.13214
1271.403	86.1	15.09	0	0.00374	0.20894	0.0046	40.46533	1.75821	13.15684	3885.856	紊流	0.899945	78.3057	4.16676

附录三 返排井筒流体力学关键数据

时间 (s)	喷嘴尺寸 (mm)	喷嘴系数	井口压力 (MPa)	井底压力 (MPa)	累计裂缝体积变化量 (m^3)	累计滤失量 (m^3/h)	累计排量 (m^3/h)	滤失量 (m^3/h)	返排量 (m^3/h)	裂缝变化量 (m^3/h)	返排速率 (m/s)	摩阻压降 (MPa)	支撑剂回流量 (m^3)	支撑剂回流体积 (m^3)	支撑剂回流速率 (m/s)
1.00	4	0.04	37.03	84.79	0.91	0.05	0.89	0.03	0.54	0.91	11.85	7.89	0.54	0.89	0.32
100.99	4	0.04	37.68	84.71	1.87	0.11	1.70	0.04	0.49	0.96	10.75	7.16	0.49	1.70	0.29
200.98	4	0.04	37.55	84.63	2.71	0.19	2.52	0.05	0.49	0.84	10.84	7.22	0.49	2.52	0.29
300.96	4	0.04	37.48	84.55	3.67	0.29	3.34	0.06	0.49	0.96	10.82	7.21	0.49	3.33	0.29
400.95	4	0.04	37.41	84.48	4.51	0.39	4.15	0.06	0.49	0.84	10.81	7.20	0.49	4.15	0.29
500.94	4	0.04	37.34	84.39	5.47	0.51	4.96	0.07	0.49	0.96	10.80	7.19	0.49	4.96	0.29
600.93	4	0.04	37.26	84.32	6.42	0.63	5.78	0.07	0.49	0.96	10.79	7.19	0.49	5.78	0.29
700.91	4	0.04	37.18	84.23	7.38	0.76	6.59	0.08	0.49	0.96	10.78	7.18	0.49	6.59	0.29
800.90	4	0.04	37.11	84.15	8.34	0.90	7.40	0.08	0.49	0.96	10.77	7.17	0.49	7.40	0.29
900.89	4	0.04	37.03	84.07	9.30	1.05	8.21	0.09	0.49	0.96	10.76	7.16	0.49	8.21	0.29
1000.88	4	0.04	36.96	83.98	10.26	1.21	9.02	0.09	0.49	0.96	10.75	7.16	0.49	9.02	0.29
1100.86	4	0.04	36.88	83.90	11.22	1.37	9.83	0.10	0.49	0.96	10.73	7.15	0.49	9.83	0.29
1200.85	8	0.05	36.62	83.61	14.58	1.56	13.05	0.11	1.93	3.36	10.69	7.12	1.93	13.05	0.28
1300.84	8	0.05	36.34	83.31	18.05	1.77	16.26	0.12	1.93	3.48	10.66	7.10	1.93	16.26	0.28
1400.83	8	0.05	36.08	83.02	21.41	1.99	19.46	0.14	1.92	3.36	10.62	7.07	1.92	19.46	0.28
1500.81	10	0.05	35.66	82.56	26.68	2.25	24.44	0.15	2.99	5.27	10.57	7.04	2.99	24.44	0.28
1600.80	10	0.05	35.24	82.11	31.95	2.52	29.39	0.17	2.97	5.27	10.51	7.00	2.97	29.39	0.28
1700.79	10	0.05	34.84	81.66	37.11	2.82	34.31	0.18	2.95	5.15	10.45	6.96	2.95	34.31	0.28

续表

时间(s)	喷嘴尺寸(mm)	喷嘴系数	井口压力(MPa)	井底压力(MPa)	累计裂缝体积变化量(m³)	累计滤失量(m³/h)	累计排量(m³/h)	滤失量(m³/h)	返排量(m³/h)	裂缝变化量(m³/h)	返排速率(m/s)	摩阻压降(MPa)	支撑剂回流量(m³)	支撑剂回流体积(m³)	支撑剂回流速率(m/s)
1800.78	10	0.05	34.42	81.21	42.38	3.14	39.20	0.19	2.93	5.27	10.38	6.92	2.93	39.20	0.28
1900.76	10	0.05	34.02	80.76	47.54	3.48	44.06	0.20	2.92	5.15	10.32	6.87	2.92	44.06	0.28
2000.75	10	0.05	33.61	80.31	52.69	3.83	48.89	0.21	2.90	5.15	10.26	6.83	2.90	48.89	0.27
2100.74	10	0.05	33.21	79.87	57.84	4.20	53.70	0.22	2.88	5.15	10.20	6.79	2.88	53.70	0.27
2200.73	10	0.05	32.79	79.42	63.12	4.59	58.47	0.23	2.87	5.27	10.14	6.75	2.87	58.47	0.27
2300.71	11	0.05	32.31	78.89	69.23	5.00	64.21	0.24	3.44	6.11	10.07	6.71	3.44	64.21	0.27
2400.70	11	0.05	31.83	78.36	75.34	5.42	69.91	0.25	3.42	6.11	10.00	6.66	3.42	69.91	0.27
2500.69	11	0.05	31.35	77.83	81.46	5.86	75.56	0.26	3.39	6.11	9.92	6.61	3.39	75.56	0.26
2600.68	11	0.05	30.88	77.31	87.45	6.32	81.17	0.27	3.37	5.99	9.85	6.56	3.37	81.17	0.26
2700.66	11	0.05	30.41	76.78	93.56	6.79	86.74	0.28	3.34	6.11	9.77	6.51	3.34	86.74	0.26
2800.65	11	0.05	29.94	76.27	99.56	7.28	92.27	0.29	3.32	5.99	9.70	6.46	3.32	92.27	0.26
2900.64	11	0.05	29.47	75.75	105.55	7.78	97.75	0.30	3.29	5.99	9.62	6.41	3.29	97.75	0.26
3000.63	11	0.05	29.00	75.23	111.54	8.30	103.19	0.31	3.26	5.99	9.55	6.36	3.26	103.19	0.25
3100.61	11	0.05	28.55	74.72	117.41	8.83	108.59	0.32	3.24	5.87	9.47	6.31	3.24	108.59	0.25
3200.60	11	0.05	28.09	74.21	123.29	9.37	113.94	0.33	3.21	5.87	9.39	6.26	3.21	113.94	0.25
3300.59	11	0.05	27.63	73.70	129.16	9.93	119.25	0.33	3.19	5.87	9.32	6.21	3.19	119.25	0.25
3400.58	11	0.05	27.17	73.20	135.03	10.49	124.52	0.34	3.16	5.87	9.24	6.16	3.16	124.52	0.25
3500.56	12	0.05	26.64	72.61	141.87	11.08	130.73	0.35	3.73	6.83	9.16	6.10	3.73	130.73	0.24
3600.55	12	0.05	26.12	72.03	148.58	11.67	136.88	0.36	3.69	6.71	9.07	6.04	3.69	136.88	0.24
3700.54	12	0.05	25.60	71.45	155.29	12.28	142.98	0.37	3.66	6.71	8.98	5.98	3.66	142.98	0.24

续表

时间(s)	喷嘴尺寸(mm)	喷嘴系数	井口压力(MPa)	井底压力(MPa)	累计裂缝体积变化量(m³)	累计滤失量(m³/h)	累计排量(m³/h)	滤失量(m³/h)	返排量(m³/h)	裂缝变化量(m³/h)	返排速率(m/s)	摩阻压降(MPa)	支撑剂回流量(m³)	支撑剂回流体积(m³)	支撑剂回流速率(m/s)
3800.53	12	0.05	25.09	70.87	161.88	12.90	149.01	0.37	3.62	6.59	8.89	5.92	3.62	149.01	0.24
3900.51	12	0.05	24.58	70.30	168.47	13.54	154.98	0.38	3.58	6.59	8.80	5.86	3.58	154.98	0.23
4000.50	12	0.05	24.07	69.73	175.07	14.18	160.89	0.39	3.55	6.59	8.71	5.80	3.55	160.89	0.23
4100.49	12	0.05	23.57	69.18	181.54	14.84	166.73	0.40	3.51	6.47	8.62	5.74	3.51	166.73	0.23
4200.48	14	0.05	22.88	68.43	190.17	15.52	174.61	0.40	4.72	8.63	8.53	5.68	4.72	174.61	0.23
4300.46	14	0.05	22.24	67.70	198.56	16.21	182.36	0.41	4.66	8.39	8.40	5.60	4.66	182.36	0.22
4400.45	14	0.05	21.60	66.98	206.95	16.91	190.01	0.42	4.59	8.39	8.29	5.52	4.59	190.01	0.22
4500.44	14	0.05	20.96	66.27	215.22	17.63	197.55	0.43	4.52	8.27	8.16	5.44	4.52	197.55	0.22
4600.43	14	0.05	20.34	65.56	223.37	18.36	204.97	0.44	4.45	8.15	8.04	5.36	4.45	204.97	0.21
4700.41	14	0.05	19.72	64.87	231.40	19.10	212.28	0.45	4.39	8.03	7.92	5.28	4.39	212.28	0.21
4800.40	14	0.05	19.12	64.18	239.31	19.86	219.48	0.45	4.32	7.91	7.80	5.19	4.32	219.48	0.21
4900.39	14	0.05	18.52	63.50	247.22	20.62	226.57	0.46	4.25	7.91	7.68	5.11	4.25	226.57	0.20
5000.38	14	0.05	17.94	62.84	254.89	21.41	233.55	0.47	4.19	7.67	7.56	5.03	4.19	233.55	0.20
5100.36	14	0.05	17.35	62.17	262.56	22.20	240.41	0.48	4.12	7.67	7.44	4.95	4.12	240.41	0.20
5200.35	14	0.05	16.78	61.52	270.12	23.00	247.16	0.48	4.05	7.55	7.31	4.87	4.05	247.16	0.20
5300.34	14	0.05	16.21	60.87	277.67	23.82	253.80	0.49	3.98	7.55	7.19	4.79	3.98	253.80	0.19
5400.33	14	0.05	15.66	60.24	284.98	24.64	260.33	0.50	3.91	7.31	7.07	4.71	3.91	260.33	0.19
5500.31	14	0.05	15.12	59.61	292.17	25.48	266.74	0.50	3.85	7.19	6.95	4.63	3.85	266.74	0.19
5600.30	14	0.05	14.58	59.00	299.36	26.32	273.04	0.51	3.78	7.19	6.82	4.55	3.78	273.04	0.18
5700.29	14	0.05	14.05	58.39	306.43	27.18	279.22	0.51	3.71	7.07	6.70	4.46	3.71	279.22	0.18

续表

时间 (s)	喷嘴尺寸 (mm)	喷嘴系数	井口压力 (MPa)	井底压力 (MPa)	累计裂缝体积变化量 (m³)	累计滤失量 (m³/h)	累计排量 (m³/h)	滤失量 (m³/h)	返排量 (m³/h)	裂缝变化量 (m³/h)	返排速率 (m/s)	摩阻压降 (MPa)	支撑剂回流量 (m³)	支撑剂回流体积 (m³)	支撑剂回流速率 (m/s)
5800.28	14	0.05	13.53	57.78	313.39	28.04	285.29	0.52	3.64	6.95	6.58	4.38	3.64	285.29	0.18
5900.26	14	0.05	13.03	57.19	320.22	28.92	291.25	0.52	3.57	6.83	6.45	4.30	3.57	291.25	0.17
6000.25	14	0.05	12.53	56.61	326.93	29.80	297.09	0.53	3.51	6.71	6.33	4.22	3.51	297.09	0.17
6100.24	14	0.05	12.04	56.04	333.52	30.69	302.82	0.54	3.44	6.59	6.21	4.13	3.44	302.82	0.17
6200.23	14	0.05	11.56	55.48	339.99	31.60	308.44	0.54	3.37	6.47	6.08	4.05	3.37	308.44	0.16
6300.21	14	0.05	11.08	54.93	346.47	32.51	313.94	0.55	3.30	6.47	5.96	3.97	3.30	313.94	0.16
6400.20	14	0.05	10.63	54.38	352.70	33.42	319.33	0.55	3.23	6.23	5.84	3.89	3.23	319.33	0.16
6500.19	14	0.05	10.17	53.84	358.93	34.35	324.60	0.56	3.16	6.23	5.71	3.81	3.16	324.60	0.15
6600.18	14	0.05	9.73	53.32	365.04	35.28	329.76	0.56	3.10	6.11	5.59	3.72	3.10	329.76	0.15
6700.16	14	0.05	9.29	52.80	371.04	36.22	334.80	0.57	3.03	5.99	5.46	3.64	3.03	334.80	0.15
6800.15	14	0.05	8.87	52.29	376.91	37.17	339.73	0.57	2.96	5.87	5.34	3.56	2.96	339.73	0.14
6900.14	14	0.05	8.45	51.79	382.66	38.13	344.54	0.57	2.89	5.75	5.21	3.47	2.89	344.54	0.14
7000.13	14	0.05	8.05	51.30	388.30	39.09	349.24	0.58	2.82	5.63	5.09	3.39	2.82	349.24	0.14
7100.11	14	0.05	7.65	50.82	393.93	40.06	353.83	0.58	2.75	5.63	4.96	3.31	2.75	353.82	0.13
7200.10	14	0.05	7.27	50.35	399.32	41.04	358.29	0.59	2.68	5.39	4.84	3.22	2.68	358.29	0.13
7300.09	14	0.05	6.88	49.89	404.72	42.02	362.64	0.59	2.61	5.39	4.71	3.14	2.61	362.64	0.13
7400.08	14	0.05	6.52	49.44	409.87	43.01	366.87	0.59	2.54	5.15	4.59	3.05	2.54	366.87	0.12
7500.06	14	0.05	6.16	49.00	415.03	44.01	370.99	0.60	2.47	5.15	4.46	2.97	2.47	370.99	0.12
7600.05	14	0.05	5.81	48.56	420.06	45.01	374.99	0.60	2.40	5.03	4.33	2.89	2.40	374.99	0.12
7700.04	14	0.05	5.48	48.15	424.85	46.02	378.87	0.60	2.33	4.79	4.21	2.80	2.33	378.87	0.11

附录四 混合水起裂压力关键数据

斜角 (°)	方位角 (°)	σ_{xx} (MPa)	σ_{yy} (MPa)	σ_{zz} (MPa)	σ_{xy} (MPa)	σ_{xz} (MPa)	σ_{yz} (MPa)	θ (°)	σ_{θ} (MPa)	$p_{起}$ (MPa)
0	15	79.78848	85.98152	70	1.78668	0	0	15	80.96272	65.12175
1	15	79.78551	85.98152	70.02577	1.78641	0.17072	0.03117	14.99215	80.96351	65.12242
2	15	79.77657	85.98152	70.10303	1.78559	0.34123	0.06232	14.96863	80.96587	65.12444
3	15	79.7617	85.98152	70.2317	1.78423	0.51133	0.09346	14.92956	80.96978	65.1278
4	15	79.7409	85.98152	70.41162	1.78233	0.6808	0.12457	14.87512	80.97524	65.13248
5	15	79.71421	85.98152	70.64256	1.77989	0.84945	0.15564	14.80559	80.98221	65.13846
6	15	79.68164	85.98152	70.92426	1.7769	1.01706	0.18666	14.72128	80.99068	65.14571
7	15	79.64325	85.98152	71.25636	1.77337	1.18344	0.21763	14.6226	81.00059	65.15421
8	15	79.59908	85.98152	71.63846	1.76931	1.34837	0.24853	14.51002	81.01192	65.16392
9	15	79.54918	85.98152	72.0701	1.7647	1.51166	0.27936	14.38404	81.02461	65.1748
10	15	79.49362	85.98152	72.55075	1.75956	1.67312	0.3101	14.24523	81.03861	65.1868
11	15	79.43246	85.98152	73.07982	1.75388	1.83253	0.34074	14.09423	81.05385	65.19987
12	15	79.36578	85.98152	73.65668	1.74767	1.98972	0.37129	13.93167	81.07029	65.21396
13	15	79.29365	85.98152	74.28061	1.74093	2.14448	0.40171	13.75826	81.08784	65.229
14	15	79.21617	85.98152	74.95087	1.73366	2.29664	0.43202	13.57472	81.10643	65.24494
15	15	79.13343	85.98152	75.66663	1.72586	2.446	0.4622	13.38179	81.12599	65.26171
16	15	79.04553	85.98152	76.42703	1.71753	2.59238	0.49223	13.18021	81.14644	65.27925
17	15	78.95258	85.98152	77.23113	1.70869	2.7356	0.52212	12.97077	81.1677	65.29747
18	15	78.85468	85.98152	78.07796	1.69932	2.8755	0.55184	12.75422	81.18968	65.31632
19	15	78.75197	85.98152	78.96649	1.68944	3.0119	0.5814	12.53133	81.21231	65.33571
20	15	78.64456	85.98152	79.89564	1.67904	3.14463	0.61078	12.30286	81.23549	65.35559
21	15	78.53259	85.98152	80.86427	1.66813	3.27354	0.63998	12.06954	81.25914	65.37586
22	15	78.41619	85.98152	81.87122	1.65671	3.39846	0.66898	11.83209	81.28319	65.39648
23	15	78.2955	85.98152	82.91524	1.64479	3.51924	0.69778	11.59122	81.30754	65.41735
24	15	78.17067	85.98152	83.99507	1.63237	3.63574	0.72636	11.34759	81.33211	65.43842
25	15	78.04186	85.98152	85.1094	1.61945	3.74782	0.75472	11.10186	81.35683	65.45961
26	15	77.90921	85.98152	86.25688	1.60604	3.85533	0.78286	10.85462	81.38163	65.48087
27	15	77.7729	85.98152	87.43609	1.59214	3.95815	0.81075	10.60646	81.40643	65.50213
28	15	77.63308	85.98152	88.64562	1.57775	4.05615	0.8384	10.35792	81.43116	65.52333
29	15	77.48993	85.98152	89.88398	1.56289	4.14922	0.8658	10.10951	81.45576	65.54442

续表

斜角 (°)	方位角 (°)	σ_{xx} (MPa)	σ_{yy} (MPa)	σ_{zz} (MPa)	σ_{xy} (MPa)	σ_{xz} (MPa)	σ_{yz} (MPa)	θ (°)	σ_θ (MPa)	$p_起$ (MPa)
30	15	77.34361	85.98152	91.14967	1.54755	4.23724	0.89293	9.86169	81.48017	65.56535
31	15	77.19432	85.98152	92.44114	1.53173	4.3201	0.91979	9.61489	81.50433	65.58606
32	15	77.04223	85.98152	93.75684	1.51546	4.3977	0.94637	9.3695	81.52819	65.60651
33	15	76.88752	85.98152	95.09515	1.49872	4.46995	0.97266	9.1259	81.5517	65.62667
34	15	76.73039	85.98152	96.45445	1.48152	4.53676	0.99865	8.88439	81.57482	65.64649
35	15	76.57102	85.98152	97.83308	1.46388	4.59805	1.02434	8.64526	81.59751	65.66594
36	15	76.40961	85.98152	99.22937	1.44579	4.65374	1.04972	8.40878	81.61974	65.685
37	15	76.24636	85.98152	100.6416	1.42726	4.70376	1.07478	8.17516	81.64147	65.70363
38	15	76.08146	85.98152	102.0681	1.40829	4.74807	1.09952	7.9446	81.66269	65.72182
39	15	75.91512	85.98152	103.5071	1.3889	4.78659	1.12391	7.71726	81.68336	65.73954
40	15	75.74753	85.98152	104.9568	1.36908	4.81929	1.14797	7.49328	81.70347	65.75678
41	15	75.57891	85.98152	106.4155	1.34885	4.84612	1.17168	7.27278	81.723	65.77352
42	15	75.40945	85.98152	107.8814	1.3282	4.86705	1.19503	7.05584	81.74195	65.78976
43	15	75.23936	85.98152	109.3528	1.30716	4.88206	1.21801	6.84254	81.76029	65.80549
44	15	75.06886	85.98152	110.8277	1.28571	4.89113	1.24063	6.63292	81.77804	65.82071
45	15	74.89814	85.98152	112.3045	1.26388	4.89424	1.26287	6.42702	81.79518	65.8354
46	15	74.72742	85.98152	113.7814	1.24165	4.8914	1.28472	6.22485	81.81171	65.84957
47	15	74.5569	85.98152	115.2565	1.21905	4.8826	1.30619	6.0264	81.82764	65.86323
48	15	74.38679	85.98152	116.728	1.19608	4.86786	1.32725	5.83167	81.84296	65.87636
49	15	74.2173	85.98152	118.1943	1.17275	4.8472	1.34791	5.64063	81.85769	65.88899
50	15	74.04863	85.98152	119.6533	1.14906	4.82064	1.36817	5.45325	81.87182	65.90111
51	15	73.88099	85.98152	121.1035	1.12502	4.78821	1.388	5.26947	81.88538	65.91273
52	15	73.71459	85.98152	122.543	1.10064	4.74995	1.40742	5.08924	81.89836	65.92386
53	15	73.54962	85.98152	123.9701	1.07592	4.70591	1.4264	4.91251	81.91078	65.9345
54	15	73.38629	85.98152	125.383	1.05087	4.65614	1.44495	4.73919	81.92265	65.94468
55	15	73.22479	85.98152	126.7801	1.02551	4.60071	1.46306	4.56922	81.93398	65.95439
56	15	73.06532	85.98152	128.1595	0.99983	4.53968	1.48073	4.40252	81.94478	65.96365
57	15	72.90809	85.98152	129.5198	0.97385	4.47312	1.49794	4.23899	81.95507	65.97247
58	15	72.75326	85.98152	130.8591	0.94757	4.40112	1.5147	4.07857	81.96486	65.98087
59	15	72.60105	85.98152	132.1758	0.92101	4.32376	1.531	3.92115	81.97417	65.98884
60	15	72.45162	85.98152	133.4684	0.89416	4.24113	1.54683	3.76664	81.983	65.99642
61	15	72.30517	85.98152	134.7353	0.86704	4.15335	1.5622	3.61494	81.99138	66.0036

续表

斜角 (°)	方位角 (°)	σ_{xx} (MPa)	σ_{yy} (MPa)	σ_{zz} (MPa)	σ_{xy} (MPa)	σ_{xz} (MPa)	σ_{yz} (MPa)	θ (°)	σ_{θ} (MPa)	$p_{起}$ (MPa)
62	15	72.16187	85.98152	135.975	0.83966	4.06051	1.57708	3.46597	81.99932	66.01041
63	15	72.02189	85.98152	137.1859	0.81202	3.96273	1.59149	3.31963	82.00683	66.01685
64	15	71.88542	85.98152	138.3665	0.78414	3.86013	1.60541	3.1758	82.01393	66.02293
65	15	71.7526	85.98152	139.5154	0.75601	3.75282	1.61885	3.03441	82.02063	66.02867
66	15	71.62361	85.98152	140.6313	0.72766	3.64095	1.63179	2.89534	82.02694	66.03409
67	15	71.49859	85.98152	141.7128	0.69909	3.52465	1.64423	2.7585	82.03288	66.03918
68	15	71.37771	85.98152	142.7584	0.6703	3.40406	1.65618	2.62379	82.03847	66.04397
69	15	71.26111	85.98152	143.7671	0.64131	3.27933	1.66762	2.49111	82.04371	66.04846
70	15	71.14894	85.98152	144.7375	0.61212	3.1506	1.67855	2.36037	82.04862	66.05267
71	15	71.04132	85.98152	145.6685	0.58275	3.01804	1.68897	2.23145	82.05321	66.0566
72	15	70.93839	85.98152	146.5589	0.5532	2.88181	1.69888	2.10428	82.05749	66.06027
73	15	70.84027	85.98152	147.4077	0.52348	2.74206	1.70827	1.97874	82.06147	66.06369
74	15	70.74709	85.98152	148.2137	0.4936	2.59899	1.71714	1.85475	82.06517	66.06686
75	15	70.65896	85.98152	148.9761	0.46357	2.45274	1.72549	1.7322	82.06859	66.06979
76	15	70.57598	85.98152	149.694	0.4334	2.30352	1.73332	1.61101	82.07174	66.07249
77	15	70.49825	85.98152	150.3663	0.4031	2.15149	1.74061	1.49108	82.07464	66.07497
78	15	70.42588	85.98152	150.9924	0.37268	1.99684	1.74738	1.37232	82.07728	66.07724
79	15	70.35895	85.98152	151.5714	0.34214	1.83976	1.75361	1.25463	82.07969	66.07931